"十二五"职业教育国家规划教材
经全国职业教育教材审定委员会审定
高职高专"十二五"电力技术类专业规划教材

热工自动检测技术

刘正华　赵津津　佟莹欣　编
苏　杰　主审

机械工业出版社

本书为高职高专“十二五”电力技术类专业规划教材。本书首先介绍了热工检测技术的基本知识，然后分别介绍了温度、压力、流量、液位、成分、机械量等各种热工参数的检测方法及相关仪表。

本书内容紧密结合目前我国火力发电机组热工检测的实际，体现热工检测的新技术，具有很强的实用性。

本书可作为高职高专院校电力技术类专业及相关专业的教材，也可以作为电力企业的培训教材，还可以供工程技术人员参考。

本书配有免费电子课件、模拟试卷及解答等，凡选用本书作为授课用书的学校，均可来电索取。咨询电话：010-88379375；E-mail：wangzongf@163.com。

图书在版编目（CIP）数据

热工自动检测技术/刘正华，赵津津，佟莹欣编．—北京：机械工业出版社，2011.8（2025.8 重印）
“十二五”职业教育国家规划教材．经全国职业教育教材审定委员会审定．高职高专“十二五”电力技术类专业规划教材
ISBN 978-7-111-34428-5

Ⅰ.①热…　Ⅱ.①刘…②赵…③佟…　Ⅲ.①热工测量－高等职业教育－教材　Ⅳ.①TK31

中国版本图书馆 CIP 数据核字（2011）第 137633 号

机械工业出版社（北京市百万庄大街 22 号　邮政编码 100037）
策划编辑：于　宁　王宗锋　责任编辑：王宗锋　曲世海
版式设计：霍永明　责任校对：李秋荣
封面设计：路恩中　责任印制：张　博
固安县铭成印刷有限公司印刷
2025 年 8 月第 1 版第 5 次印刷
184mm×260mm · 14 印张 · 343 千字
标准书号：ISBN 978-7-111-34428-5
定价：34.00 元

凡购本书，如有缺页、倒页、脱页，由本社发行部调换

电话服务
服务咨询热线：010-88379833
读者购书热线：010-88379649

网络服务
机 工 官 网：www.cmpbook.com
机 工 官 博：weibo.com/cmp1952
教育服务网：www.cmpedu.com
金 书 网：www.golden-book.com

前　言

根据教育部《关于全面提高高等职业教育教学质量的若干意见》的精神，本书的编写突出高职教育的实践性，体现了高等职业教育的“职业性”和“高等性”的统一。

本书从应用的角度介绍基本理论，在基本理论阐述清楚的前提下，增加了仪表的校验、安装、测量系统的故障分析等实践性的内容，并且与电力生产实践紧密结合，体现了高等职业教育的性质、任务和培养目标，符合高等职业教育的课程教学基本要求、有关岗位职业能力要求。在取材上尽量反映目前我国火力发电机组热工检测的实际，体现热工检测的新技术。

本书由山东电力高等专科学校的刘正华、郑州电力高等专科学校的赵津津、辽宁科技学院的佟莹欣编写。其中，刘正华编写第1章、第4章、第8章、第9章和第6章的6.1~6.3节，赵津津编写第2章、第3章、第7章，佟莹欣编写第5章和第6章的6.4~6.10节，刘正华对全书进行统稿。

本书由华北电力大学的苏杰副教授担任主审，苏老师对书稿进行了认真仔细的审阅，并提出了许多宝贵意见，在此表示衷心的感谢。

由于编者水平有限，书中难免有疏漏和不足之处，恳请广大读者批评指正。

编　者

目　　录

第 1 章　热工检测的基础知识

1.1 热工检测的基本概念

1.1.1　热工检测的意义

热工检测技术是指用于获取热工参数的测量技术，是研究测量原理、测量方法和测量工具的一门科学。随着科学技术的不断发展，热工过程参数的测量越来越广泛地使用了自动检测技术。热工参数的自动检测，不仅可以方便及时地反映热工系统及其设备的运行工况，同时也为热工系统过程的自动控制提供了所需的信号，是实现热工系统安全可靠、高效经济运行的必要手段。

随着电力工业逐渐向大电网、大机组、高参数、高度自动化发展，对热工检测的准确性、可靠性和机组自动化水平的要求也日益提高。以“4C（计算机、控制、通信、CRT）技术”为基础的现代火电机组热工自动化技术也得到了迅速发展。大容量的机组监视点多达几千个，例如：300MW 燃煤机组 I/O 点数约 5000 个；600MW 燃煤机组 I/O 点数约 6000 ~7000 个；1000MW 燃煤机组 I/O 点数达 10000 多个。另外，大容量机组参数变化速度快、控制对象数量大，而各控制对象间又相互关联，所以，操作稍有失误，就可能引起十分严重的后果。如果将大机组的监视与控制操作任务仅交给运行人员去完成，不仅体力和脑力劳动强度大，而且很难做到及时调整和避免人为的操作失误，因此，必须由高度计算机化的机组集中控制来取代人工检测与控制，也就是说，大型火电机组必须采用热工自动化系统。

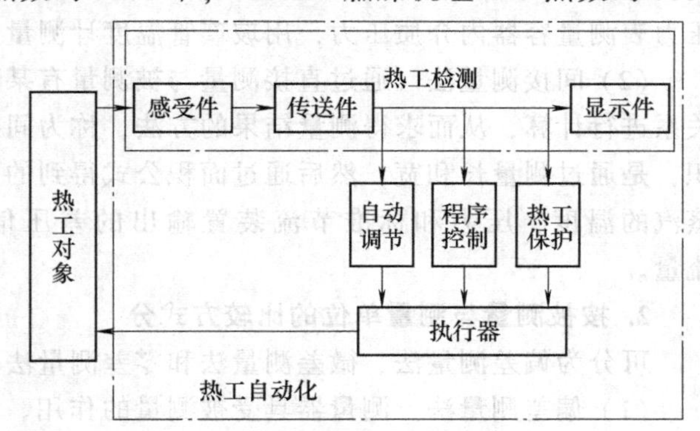

图 1-1　热工检测和热工自动化的关系

热工自动检测是实现热工自动化的基础。电厂的热工自动化主要包括：自动调节、热工保护及程序控制等，这些都必须通过热工检测获得准确的参数，图 1-1 反映了热工检测和热工自动化的关系。现代化的工业离开了自动检测，就无法安全经济地进行生产。

1.1.2　测量的定义

测量是以确定量值为目的的一组操作。测量过程中，人们借助专门工具，通过实验和对实验数据的分析计算，将被测量 X_0 以测量单位 U 的倍数 μ 显示出来，即

$$X_0 = \mu U \tag{1-1}$$

式（1-1）称为测量的基本方程式。式中，数值化后的比值 μ 称为被测量的真实数值，

简称为真值。实际测量中，由于测量方法不够完善、测量工具不够精确、观测者的主观性、周围环境的影响以及所取数值化后的位数有限等，都会引起测量误差，所以通过测量所得到的测量结果 x 只能近似地等于真值μ，所以式（1-1）变为

$$X_0 \approx xU \tag{1-2}$$

测量过程中不可避免地存在着测量误差，测量工作者的任务之一就是要尽量使之减小。因此，测量时应选择合理的测量方法；所用的测量单位必须是稳定的，并且是国家法定或国际公认的；所用的测量工具必须足够准确，并事先经过检定等。通常将测量方法、测量单位及测量工具称为测量过程的三要素。

热工测量是指对压力、温度及流量等热力状态参数的测量，通常还包括对一些与热力生产过程密切相关的参数的测量，如液位、振动、位移、转速和烟气成分等。

1.1.3 测量方法

测量方法就是获得测量结果的方法。测量方法有很多种，从不同的角度可进行不同的分类。

1. 按测量结果的获取方式分

可分为直接测量法和间接测量法，这种分类方法对测量误差的分析很有意义。

（1）直接测量法　使被测量直接与测量单位进行比较，或者用预先标定好的测量仪器进行测量，从而得到测量结果的测量方法，称直接测量法。例如，用直尺测量长度，用弹簧管压力表测量容器内介质压力，用玻璃管温度计测量介质温度等。

（2）间接测量法　通过直接测量与被测量有某种确定函数关系的其他各变量，再按函数关系进行计算，从而求得测量结果的方法，称为间接测量法。例如：用直尺测量长方形的面积，是通过测量长和宽，然后通过面积公式得到的；电厂中主蒸汽流量的测量，是先测量主蒸汽的温度、压力和标准节流装置输出的差压信号，然后通过计算得到主蒸汽的质量流量。

2. 按被测量与测量单位的比较方式分

可分为偏差测量法、微差测量法和零差测量法。

（1）偏差测量法　测量器具受被测量的作用，其工作参数产生相对于初始状态的偏离，由偏离量得到测量结果，称为偏差测量法。例如：用玻璃管温度计测量温度，在测量过程中水银柱偏离初始零刻度点，偏离量就显示了被测温度值；用弹簧秤测量质量；热电偶测量温度；热电阻测量温度；弹簧管压力表测量压力等，都是采用了偏差测量法。

（2）微差测量法　用准确已知的、与被测量同类的恒定量去平衡掉被测量的大部分，然后用偏差测量法测量余下的差值，测量结果是已知量值和偏差测量法测得值的代数和。例如：用微差测量法检定热电偶时，将同类型的标准热电偶与被校热电偶反向串接，两者的热端同置于检定炉中，冷端置于冰点槽中，用电位差计测量标准热电偶与被校热电偶热电动势的差值。由于标准热电偶热电动势的准确度很高，被校热电偶的热电动势大部分被其所平衡，两者差值很小，再通过电位差计测量此差值，就可得到较高的测量准确度。

（3）零差测量法　测量过程中通过调整已知的连续可变的标准量，使它与被测量相等，也就是说，使已知的标准量和被测量的差值为零，这时偏差测量仅起检零作用，因此，被测量就是已知的标准量。例如：用电位差计测量热电偶产生的热电动势；用天平测量质量等。

零差测量法比微差测量法具有更高的测量准确度，但操作时间较长，更适用于稳定参数的测量。

3. 按测量仪表是否与被测对象是否接触分

可分为接触测量法和非接触测量法。

（1）接触测量法　在测量中，仪表的全部或一部分与被测对象相接触，受到被测对象的直接作用才能得出测量结果的测量方法。

（2）非接触测量法　在测量中，仪表的任何部分都不必与被测对象直接接触就能得到测量结果的测量方法。

1.1.4　热工测量仪表的组成

热工参数的测量过程也就是信号的转换与传递过程，热工仪表种类繁多，结构、原理以及外形千差万别，但根据各部分的功能不同，可分为感受件、传送件和显示件三部分，各部分之间的联系如图 1-2 所示。

1. 感受件

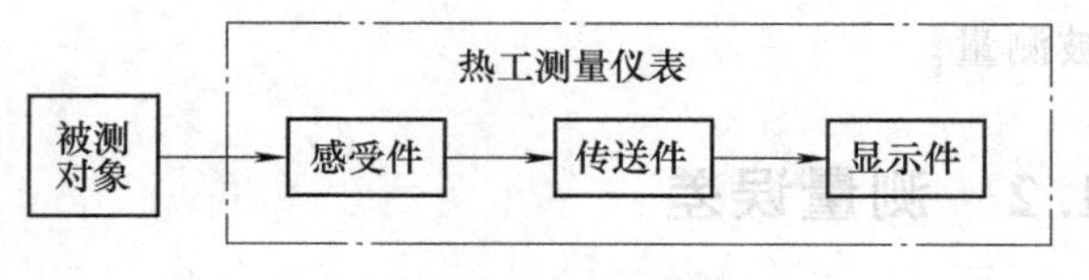

图 1-2　热工测量仪表的组成

感受件也称为传感器、一次元件、发送器等。感受件直接与被测对象相联系，其作用是感受被测量，并把它转变成相应的信号输出。例如热电偶温度计中的热电偶，弹性压力计中的弹性元件等。

仪表是否能够快速准确地反映被测量，很大程度上取决于感受件。作为感受件，必须满足下列要求：

1）输出信号必须随被测量的变化而变化，它们的关系是稳定的，可复现的。

2）输出信号只能随被测量的变化而变化，也就是说，非被测量对输出信号的影响应小到可以忽略的程度，否则要采取补偿措施。

3）输出信号与被测信号之间是单值关系，最好是线性关系。只有单值关系输出信号才能反映被测量的大小，线性关系可以使仪表读数或信号处理简化，如果不是线性关系必要时可以进行线性化处理。

4）感受件应尽量少地消耗被测对象的能量，并且不干扰被测对象的状态或干扰很少。

2. 显示件

显示件也叫二次仪表，其作用是向观测者显示被测参数的量值。

显示件的显示方式有模拟式、数字式和屏幕式三种。模拟式显示仪表是通过指针、光点或液面相对于标尺标记的位置，反映被测量的连续变化。模拟式显示有时伴有记录，即以曲线形式给出测量数据。数字式显示仪表用数字量显示出测量结果。屏幕式显示是通过 CRT 显示屏或液晶显示屏以图形、数字等多种形式显示被测量的大小，是目前电厂比较常见的显示方式。

显示件具有不同显示功能，分别是：

1）显示被测参数的瞬时值（指示仪表）；

2）记录被测参数随时间的变化规律（记录仪表）；

3）显示被测参数对时间的积分结果（积算式仪表）；

4）反映被测参数是否超过规定的限值（信号式仪表）。

有的显示件只有其中一项功能，也有的可以兼有几项功能。

3. 传送件

传送件也叫传送变换元件或中间件，其作用是将感受件输出的信号，根据显示件的要求，传输给显示件。根据不同情况，传送件有下列功能：

(1) 单纯起传输作用　当感受件输出的信号能够直接被显示件接收时，传送件只起传输作用。如电缆、光导纤维等，都只起传送信息的作用。

(2) 起放大作用　当感受件输出的信号比较微弱时，它需要对信号进行放大，以满足远距离传输以及驱动显示、记录装置的需要。

(3) 起转换作用　为了使各种感受件的输出信号便于与显示仪表和调节装置配套，常常把信号转换成标准化的统一信号，即各种感受件的输出信号都被转换成统一数值范围的气、电信号，这时的传送件常称为变送器。例如压力变送器、流量变送器等。通过变送器把不同类型的被测参数转变成统一的标准信号后，可以使用同一种类型的显示仪表显示不同类型的被测量。

1.2　测量误差

1.2.1　测量误差及其表示方法

任何一个被测量，在任一时刻它都具有一个客观存在的量值，这一量值称为真值，用 μ 表示。测量的目的就是获得被测量的真值，但是，由于测量仪表、测量方法、人的观察能力等各方面的限制，通过测量仪表测量得到的结果往往和真值存在一定的差值，我们把通过测量得到的值称为测量结果，用 x 表示。测量误差就是表征被测量参数的测量结果与其真值的接近程度的指标。

测量误差通常有下面几种表示方法。

1. 绝对误差

仪表测量结果与被测量的真值之间的差值，称为绝对误差，绝对误差用 δ 表示，即

$$\delta = x - \mu \tag{1-3}$$

式中，δ 为绝对误差；x 为测量结果；μ 为真值。

但由于被测参数的真值是不可知的，在实际测量中我们通常用下面几种方法来获得真值：

1）用标准物质（标准器）所提供的标准值，例如水的三相点。此方法获得的真值准确，但应用受限制。

2）用标准仪表测量得到的值近似作为真值。此方法是在仪表校验时经常采用的方法，用此方法获得的值与真值之间仍存在误差，其误差的大小决定于标准仪表的准确度，一般规定标准仪表应具备有效的计量合格检定证明。

3）对被测量进行多次等准确度测量，各次测量得到的显示值的算术平均值近似为真值。从理论上讲，当测量次数无穷多时，平均值就等于真值，测量次数越多，平均值越接近真值。

2. 相对误差

相对误差为绝对误差与真值之比，常用百分数的形式表示。相对误差常用 γ 表示，即

$$\gamma = \frac{\delta}{\mu} \times 100\% = \frac{x-\mu}{\mu} \times 100\%$$

上述两种误差的表示方法，通常用来表示测量结果的准确度。绝对误差与被测量具有相同的量纲，其值可正可负，是表示误差的基本形式，但相对误差更能体现测量结果的准确程度。例如：用温度计测量体温，假设体温的真值是 36.5℃，如果读数是 37.5℃，那么其绝对误差为 +1℃，相对误差为 +2.74%；用温度计测量主蒸汽温度，假设主蒸汽温度的真值为 540℃，温度计的指示值为 541℃，其绝对误差为 +1℃，相对误差约为 +0.19%。这两次测量绝对误差相同，但两个指示值的准确性是不同的，显然用相对误差表示测量结果的准确度更合适。

3. 引用误差

引用误差又叫诱导相对误差，是用测量仪表的量程代替真值所得到的相对误差。引用误差为绝对误差与仪表量程之比，也常用百分数的形式表示。引用误差也叫折合误差。

$$\gamma_y = \frac{\delta}{A} \times 100\% = \frac{x-\mu}{A_{max}-A_{min}} \times 100\%$$

式中，A 为仪表的量程；A_{max}、A_{min} 分别代表仪表的测量上限和测量下限。

引用误差通常用于表示仪表的质量指标。例如仪表的基本误差、允许误差一般都用引用误差的形式来表示。

1.2.2　测量误差的分类及处理方法

在测量过程中，测量误差是不可避免的，因此，只有在得到测量结果的同时，给出测量误差的范围，所得的测量结果才是有意义的。为了得到准确的测量结果，需要对测量误差进行分析与处理，并根据误差的规律性，找出消除或减少误差的方法，科学地表达测量结果，合理地设计测量系统。

根据测量误差性质不同，可将测量误差分为系统误差、随机误差和粗大误差三类，以便对测量误差采取不同的误差处理方法。

1. 随机误差

随机误差的定义是：测量结果与在重复性条件下对同一被测量进行无限多次测量所得结果的平均值之差。在实际测量中，由于我们只能进行有限次测量，所以往往只能确定随机误差的估计值。随机误差的特征是：在相同条件下多次测量同一被测量时，误差的绝对值和符号毫无规律地变化。这类误差对于单个测量结果来说，误差的大小和正负都是不确定的，但对于一系列重复测量结果来说，误差的分布服从统计规律。

随机误差大多是由测量过程中大量彼此独立的微小因素对测量影响的综合结果造成的。这些因素通常是测量者所不知道的，或者因其变化过分微小而无法加以严格控制，因此，随机误差是无法消除的，只能通过分析找出误差的界限及误差出现的概率。

（1）　随机误差的正态分布性质　随机误差对于单个直接示值来说，它的大小和符号是不可预知的，但在同样条件下，对同一被测量进行反复测量，它的分布则服从统计规律。在测量次数足够多的前提下，随机误差概率密度分布服从正态分布规律，随机误差的正态分

布曲线如图 1-3 所示。图中，$f(\delta)$ 为概率密度函数，其大小反映误差出现的概率。从大量测量结果观察统计，可得到随机误差的分布性质。

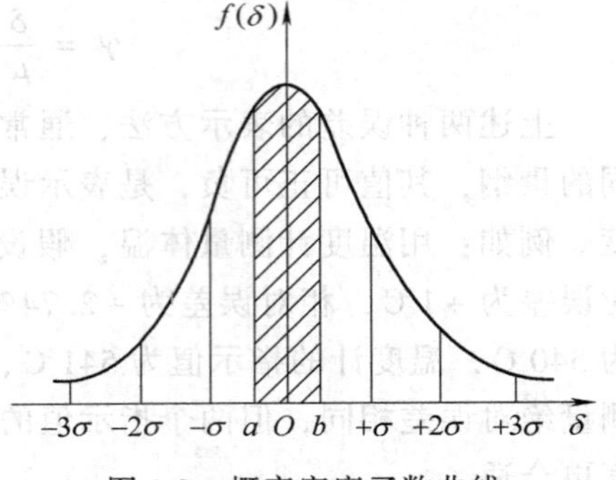

图 1-3 概率密度函数曲线

1）单峰性。绝对值小的随机误差比绝对值大的随机误差出现的概率大，绝对值为零的误差出现的概率最大。正态分布曲线在误差为零处最高，好像一座小山峰。

2）对称性。绝对值相等的正误差和负误差出现的概率相同。正态分布曲线以零误差为中心呈对称分布。

3）有界性。绝对值很大的随机误差出现的概率接近零。正态分布曲线沿横轴向两边延伸时，逐渐接近横轴。

4）抵偿性。当测量次数趋近无穷多时，所有误差的平均值趋近于零。由此可得出一个结论：当测量次数趋近无穷多时，平均值 $\bar{x}$ 就等于真值 μ，所以在实际测量中，常用有限次测量的平均值来代替真值 μ。

（2）随机误差的正态分布概率　假设在同一条件下，重复测量同一被测量，测量次数用 n 表示，直接示值分别为 x_1、x_2、…、x_i、…、x_n。

概率密度函数可用下式表示：

$$f(\delta) = \frac{1}{\sigma\sqrt{2\pi}}\exp\left(-\frac{\delta^2}{2\sigma^2}\right) \tag{1-4}$$

式中，δ 为绝对误差，$\delta = x - \mu$；σ 为测量列的标准（偏）差。

$$\sigma = \sqrt{\frac{1}{n}\sum_{i=1}^{n}\delta_i^2} = \sqrt{\frac{1}{n}\sum_{i=1}^{n}(x_i - \mu)^2}$$

标准（偏）差是由测量条件决定的，其数值大小说明在一定条件下进行测量时随机误差出现的概率密度分布情况。在一定的测量条件下，随机误差的分布是确定的，标准（偏）差的值也是确定的。

同一条件下的一系列直接示值，具有相同的标准（偏）差，不同条件下的两组测量量一般具有不同的标准（偏）差。标准（偏）差越小，直接示值的准确度越高，正态分布曲线越尖锐；标准（偏）差越大，正态分布曲线越平缓。图 1-4 给出了三组具有不同标准（偏）差的直接示值的随机误差正态分布曲线。

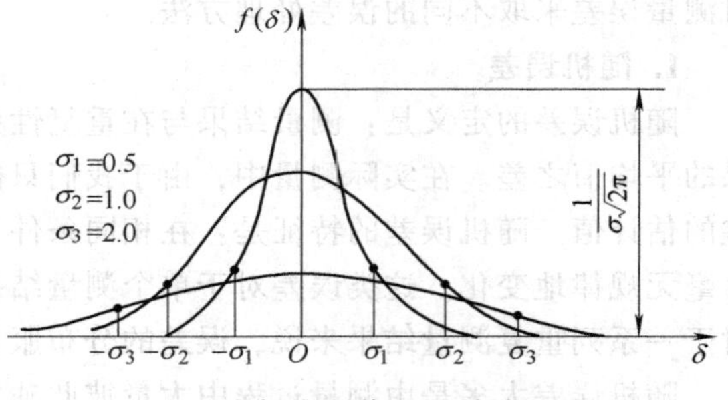

图 1-4 标准（偏）差对随机误差概率密度曲线的影响

对概率密度函数求定积分就可以求出误差出现在某个区间 $[a,b]$ 内的概率。

$$P\{a \leqslant \delta \leqslant b\} = \int_a^b f(\delta)\,\mathrm{d}\delta = \int_a^b \frac{1}{\sigma\sqrt{2\pi}}\exp\left(-\frac{\delta^2}{2\sigma^2}\right)\mathrm{d}\delta$$

如果把区间改成标准（偏）差的倍数，即可求出误差出现在区间 $[-z\sigma,\ +z\sigma]$ 内的

概率为

$$\Phi(z)=P\{-z\sigma\leqslant\delta\leqslant+z\sigma\}=\int_{-z\sigma}^{+z\sigma}f(\delta)\mathrm{d}\delta=\int_{-z\sigma}^{+z\sigma}\frac{1}{\sigma\sqrt{2\pi}}\exp\left(-\frac{\delta^2}{2\sigma^2}\right)\mathrm{d}\delta$$

对于任意一组直接示值，只要 z 的值确定了，误差出现在这个区间的概率 $\Phi(z)$ 就确定了，其对应关系见表1-1。

表1-1　随机误差函数表

z	0	0.1	0.2	0.3	0.4	0.5	0.6	0.7	0.8	0.9
0	0.00000	0.07966	0.15852	0.23582	0.31084	0.38293	0.45149	0.51607	0.57629	0.63188
1	0.68269	0.72867	0.76986	0.80640	0.83849	0.86639	0.89040	0.91087	0.92814	0.94257
2	0.95450	0.96427	0.97219	0.97855	0.98360	0.98758	0.99068	0.99307	0.99489	0.99627
3	0.99730	0.99806	0.99863	0.99903	0.99933	0.99954	0.99968	0.99978	0.99986	0.99990

$[a,b]$或$[-z\sigma,+z\sigma]$称为置信区间，置信区间所对应的概率 $P\{a\leqslant\delta\leqslant b\}$ 或 $P\{-z\sigma\leqslant\delta\leqslant+z\sigma\}$ 叫置信概率，也可叫置信水平。置信区间和置信概率共同表示测量结果的可靠性。z 称为置信因数。置信区间$[-\infty,+\infty]$内的置信概率为1，$\alpha=1-\Phi(z)$叫显著性水平，代表误差落在置信区间以外的概率。从表1-1中可以看出，置信区间为$[-3\sigma,+3\sigma]$的置信概率为0.9973，也就是说99.73%的随机误差的绝对值都小于3σ，所以，通常把3σ看作随机误差的限。

(3) 测量结果的分析与表示方法　随机误差在测量过程中是无法消除的，但我们可以根据随机误差规律，科学地表达测量结果。经过对随机误差的分析，可以得出下面的结论：当测量次数趋近无穷多时，平均值 $\bar{x}$ 就等于真值 μ，但这只是理论值，实际上我们是无法进行无数次测量的，也就是我们只是测量“母体”中的一部分，这部分称为子样，我们也只能从子样中求取母体的真值和实验标准(偏)差。假设在同一条件下对同一量进行 n 次测量，直接示值分别为 x_1、x_2、…、x_i、…、x_n，下面介绍如何表示测量结果。

1) 真值的估算。

真值的估算值为
$$\hat{\mu}=\bar{x}=\frac{\sum_{i=1}^{n}x_i}{n}$$

2) 实验标准（偏）差。

在真值不知道的前提下，绝对误差和标准（偏）差是无法求出的。用真值的估算值代替真值，就得到残差（剩余偏差）和实验标准（偏）差。

残差为
$$v_i=x_i-\bar{x}\quad(i=1,2,3,\cdots n)$$

实验标准（偏）差为
$$s=\sqrt{\frac{\sum_{i=1}^{n}(x_i-\bar{x})^2}{n-1}}$$

式中，$n-1$为自由度。在标准差的计算中，和的项数减去对和的限制条件的个数就是自由度。由于残差有 $\sum_{i=1}^{n}v_i=0$ 的性质，也就是只有这一个限制条件，所以，这时的自由度为 $n-1$。

3) 算术平均值的标准（偏）差。

测量子样的平均值是一个服从正态分布的随机变量，可以得到，算术平均值的标准（偏）差为

$$s_{\bar{x}} = \frac{s}{\sqrt{n}} = \sqrt{\frac{1}{n(n-1)}\sum_{i=1}^{n}(x_i - \bar{x})^2}$$

从上式看出算术平均值的标准（偏）差 $s_{\bar{x}}$ 是标准（偏）差值 s 的 $\frac{1}{\sqrt{n}}$ 倍，也就是说，用有限次测量的平均值作为测量结果比单次测量结果具有更高的准确度，增加测量次数能提高平均值的准确度。但由于是二次方根的关系，在测量次数超过 30 次时，若再增加测量次数，效果就不明显了。此外，也很难做到长时间的重复测量而保持测量对象和测量条件的稳定。

4）测量结果的表示。

对于进行有限次重复测量，测量结果一般可以表示为：以子样的平均值为中心，另外附加一个误差限，即 $x = \bar{x} \pm z s_{\bar{x}}$，其中 z 是置信因数，其值由置信概率确定，因此表示测量结果时，也要把置信概率标出来，例如 $x = \bar{x} \pm 3 s_{\bar{x}}$（$P = 99.73\%$）。

【例题 1-1】 用温度计测量一个恒定的温度，得到下列值（单位为℃）：98.61，97.80，98.13，97.90，98.47，98.35，98.10，97.96，98.27，98.36，98.32，98.53，98.20，求被测温度（要求测量结果的置信概率为 95%）。

【解】 1）求平均值：$\bar{x} = \frac{1}{13}\sum_{i=1}^{13} x_i \approx 98.23℃$

2）求实验标准（偏）差：$s = \sqrt{\frac{1}{12}\sum_{i=1}^{13}(x_i - \bar{x})^2} \approx 0.246℃$

3）求算术平均值的标准（偏）差：$s_{\bar{x}} = \frac{s}{\sqrt{n}} = \frac{0.246}{\sqrt{13}}℃ \approx 0.068℃$

4）根据置信概率求置信区间：根据置信概率为 95%，查表 1-1，用内插法得到：$z = 1.96$。则

$$z s_{\bar{x}} = 0.068 \times 1.96℃ \approx 0.13℃$$

5）测量结果表示为 $x = (98.23 \pm 0.13)℃ (P = 95\%)$。

实际工作中，如果已经得到同样条件下的标准（偏）差估算值时，为简化起见，可以只进行一次测量，用单次测量的值与得到的标准（偏）差表示测量结果。如 $x = x_d \pm z s$（标出置信概率），其中 x_d 为单次测量的值，z 是由置信概率决定的置信因数。但用此方法表示时，在同样的置信概率下，置信区间增加了。

2. 系统误差

系统误差的定义是：在重复性条件下，对同一被测量进行无限多次测量所得结果的平均值与被测量真值之差。由于只能进行有限次测量，真值是无法得到的，所以我们往往用适当次数重复测量的平均值代替真值，因此只能确定系统误差的估计值。系统误差的特征是：绝对值和符号保持不变或按某种确定规律变化，前者称为定值系统误差，后者称为变值系统误差。系统误差通常是由测量仪表本身的原因、仪表使用不当以及环境条件发生较大改变等原因引起的。例如：仪表零位未调整好，会引起恒值系统误差；环境条件发生较大变化往往引起变值系统误差。

测量系统和测量条件不变时，增加重复测量次数并不能减少系统误差。定值系统误差可

通过对测量仪表进行校验确定系统误差的值，求得与该误差数值相等符号相反的校正值，加到测量结果上来消除。对于变值系统误差，因为容易与随机误差混淆，所以首先要判断出是否属于系统误差。变值系统误差可以通过实验方法找出产生误差的原因及变化规律，改善测量条件来加以消除，也可以通过计算或在仪表上附加补偿装置加以校正。变值系统误差可通过下面几种方法判断。

(1) 根据测定值残差的变化规律判断　直接示值的误差需要在真值已知的前提下才能得到，在有限次测量的情况下，用平均值代替真值得到的绝对误差称为残差，通常用 v_i 表示。

$$v_i = x_i - \bar{x}$$

将直接示值按测量的先后顺序排列，如果残差的代数值逐渐向正的或负的方向变化，则可能含有累积系统误差；如果残差的符号有规律地交替变化，则可能含有周期性系统误差。

(2) 马尔科夫准则　将直接示值按测量的先后顺序排列，用前一半直接示值残差之和减去后一半直接示值残差之和，当测量次数很多时，只要差值不等于零，就认为含有累积系统误差；当测量次数不很多时，只有差值大于测量列中的最大残差，才认为含有累积系统误差。

(3) 阿贝准则　将直接示值按测量的先后顺序排列，求出测量列标准（偏）差的估计值 s，计算统计量 $c = \sum_{i=1}^{n-1} v_i v_{i+1}$。若 $|c| > \sqrt{n-1}s^2$，则认为该组直接示值中含有周期性系统误差。

注意：随机误差与变值系统误差之间既有区别又有联系，二者并无绝对的界限，在一定条件下它们可以相互转化。随着测量条件的改善和认识水平的提高，一些过去被视为随机误差的测量误差可能分离出来作为系统误差处理。

3. 粗大误差

测量结果明显地歪曲了真值的误差叫粗大误差，也叫疏失误差。粗大误差一般数值较大，严重影响测量结果的真实性，所以含有粗大误差的值叫坏值，也叫异常值。异常值应该剔除掉。粗大误差产生的原因往往是由于测量者的主观过失，如观测者过于疲劳，缺乏经验，操作不当或责任心不强等造成；也可能是测量系统突发故障。

需要说明的是，对粗大误差的处理不同于随机误差和系统误差，测量结果中的测量误差往往是系统误差和随机误差的综合，但不允许出现粗大误差。对粗大误差的处理方法是通过检验发现粗大误差，以便剔除。在我国的国家计量技术规范 JJF 1001—1998《通用计量术语及定义》和 JJF 1059—1999《测量不确定度评定与表示》中均取消了“粗大误差”这一术语，但保留了术语“异常值”的使用。JJF1059—1999 中明确指出：异常值的剔除应通过对数据的适当检验进行。目前在最新国家标准 GB/T 4883—2008《数据的统计处理和解释　正态样本离群值的判断和处理》中，又把“异常值”改为“离群值”。

下面介绍对粗大误差的检验及处理办法。对于同一条件下，多次测量同一被测量所得的一组直接示值 x_1、x_2、…、x_i、…、x_n，判断粗大误差的方法通常有下面两种。

(1) 拉依达准则　对于一组直接示值，如果其中某一直接示值的残差 v_i 的绝对值大于该测量列的标准（偏）差的三倍，那么可认为该直接示值含有粗大误差，即

$$|v_i| = |x_i - \bar{x}| > 3\sigma$$

实际使用中，如果标准（偏）差 σ 没法得到，可以用标准（偏）差的估计值 s 代替。

按上述方法剔除异常值后，应重新计算剔除异常值后测量列的算术平均值和实验标准（偏）差 s，再判断，直至余下直接示值中无异常值存在。用此准则判断粗大误差的存在，依据是随机误差的正态分布规律，所以测量次数越多越准确，如果测量次数不够多时，由于所取界限太宽，粗大误差漏判的可能性较大，当测量次数少于 10 次时，不建议使用此方法。

（2）格拉布斯准则　把格拉布斯准则数 T_i 与格拉布斯准则的临界值 $T(n,\alpha)$ 相比较。

格拉布斯准则数为
$$T_i = \frac{|v_i|}{s} = \frac{|x_i - \bar{x}|}{s}$$

然后根据直接示值的个数 n 和所选取的判断显著性水平 α，从表 1-2 中查出相应的格拉布斯准则临界值 $T(n,\alpha)$，当 $T_i \geqslant T(n,\alpha)$ 时，则认为 x_i 含有粗大误差，应剔除，然后重新计算格拉布斯准则数，重新判断，一次只能剔除一个异常值。

表 1-2　格拉布斯准则临界值 $T(n,\ \alpha)$

n \ α	0.05	0.01	n \ α	0.05	0.01
3	1.153	1.155	17	2.475	2.785
4	1.463	1.492	18	2.504	2.821
5	1.672	1.749	19	2.532	2.854
6	1.822	1.944	20	2.557	2.884
7	1.938	2.097	21	2.580	2.912
8	2.032	2.221	22	2.603	2.939
9	2.110	2.323	23	2.624	2.963
10	2.176	2.410	24	2.644	2.987
11	2.234	2.485	25	2.663	3.009
12	2.285	2.550	30	2.745	3.103
13	2.331	2.607	35	2.811	3.178
14	2.371	2.659	40	2.866	3.240
15	2.409	2.705	45	2.914	3.292
16	2.443	2.747	50	2.956	3.336

在用格拉布斯准则判断粗大误差时，实际上给粗大误差定了一个界限值，当误差大于等于界限值时，就认为是粗大误差，否则，就不是粗大误差。界限值的大小是由显著性水平决定的，显著性水平在表 1-2 中可以取 0.05 和 0.01。通过对随机误差的学习我们知道，对于同一组测量数值，显著性水平取的越大，置信区间就小，也就是把粗大误差的界限值的绝对值取得小。在标准 GB/T 4883—2008 中，把离群值分为检出水平下岐离值和剔除水平下的统计离群值，如无特殊约定一般岐离值的 α 取 0.05，统计离群值的 α 取 0.01，但在任何情况下，剔除水平的 α 的取值都不应该超过检出水平的 α。

在用上述两种方法判断粗大误差时，为了简便起见，应先从误差绝对值最大的开始判断，然后按误差绝对值逐渐减小的顺序逐渐判断。下面通过例题说明粗大误差的判断方法。

【例题 1-2】　对某喷嘴开孔直径进行 15 次测量，直接示值如下（单位为 mm）：120.42，120.43，120.40，120.43，120.42，120.30，120.39，120.43，120.40，120.43，120.42，120.41，120.39，120.39，120.40。试分别用拉依达准则和格拉布斯准则判断该批数据是否含有粗大误差（取显著性水平 $\alpha = 0.05$）。

【解】 1）求平均值：

$$\bar{x}=\frac{\sum_{i=1}^{15}x_i}{15}\approx 120.40\text{mm}$$

2）求实验标准（偏）差：

$$s=\sqrt{\frac{\sum_{i=1}^{15}(x_i-\bar{x})^2}{15-1}}\approx 0.033\text{mm}$$

3）用拉依达准则判断。为了节省时间，首先从误差的绝对值最大者开始判断，通过观察误差最大者为

$$|v_6|=|120.30-120.40|\text{mm}=0.1\text{mm}$$

$$3s=0.099\text{mm}$$

因为 $v_6>3s$，所以 x_6 含有粗大误差，应把此值去掉。

4）重新计算平均值和实验标准（偏）差：

$$\bar{x}=\frac{\sum_{i=1}^{5}x_i+\sum_{i=7}^{15}x_i}{14}\approx 120.41\text{mm}$$

$$s=\sqrt{\frac{\sum_{i=1}^{5}(x_i-\bar{x})^2+\sum_{i=7}^{15}(x_i-\bar{x})^2}{14-1}}\approx 0.016\text{mm}$$

5）重新用拉依达准则判断：

$$3s=0.048\text{mm}$$

剩下的直接示值中误差绝对值最大者为 0.02mm，很明显小于 3s，不含粗大误差。

6）用格拉布斯准则判断时，前两步计算平均值和实验标准（偏）差与上述方法相同，然后计算格拉布斯准则数，仍然从误差的绝对值最大的开始。

$$T_6=\frac{|v_6|}{s}=\frac{0.1}{0.033}=3.0303$$

查表 1-2 得，T（15，0.05）=2.409。

因为 $T_6>T$（15，0.05），所以 T_6 含有粗大误差，应剔除。

7）重新计算平均值和标准（偏）差的估计值：

$$\bar{x}=\frac{\sum_{i=1}^{5}x_i+\sum_{i=7}^{15}x_i}{14}\approx 120.41\text{mm}$$

$$s=\sqrt{\frac{\sum_{i=1}^{5}(x_i-\bar{x})^2+\sum_{i=7}^{15}(x_i-\bar{x})^2}{14-1}}\approx 0.016\text{mm}$$

8）在剩余的值中从误差的绝对值最大者计算格拉布斯准则数：

$$T_2=\frac{0.02}{0.016}=1.25$$

查表 1-2 得，T（14，0.05）=2.371。

因为 $T_i < T$（14，0.05），所以其余值中不含有粗大误差。

1.2.3 测量不确定度

测量不确定度表征合理的赋予被测量之值的分散性，是与测量结果相关联的参数。由于测量结果含有误差，不确定度是对用测量结果代表测量真值时的不能肯定的程度，是对被测量的真值以多大可能性处于由测量结果所决定的某个量值范围之内的估计。评定测量不确定度时，应先剔除异常值并对测量结果尽可能地进行修正。

根据测量不确定度的表示方法不同又分为标准不确定度和扩展不确定度。标准不确定度是以标准（偏）差表示的测量不确定度，当测量结果是由若干个其他量的值求得（也就是用间接测量法获得测量结果）时，按其他量的方差和协方差算得的标准不确定度称为合成标准不确定度。扩展不确定度是确定测量结果区间的量，合理赋予被测量之值分布的大部分可望含于此区间。扩展不确定度用标准（偏）差与包含因子的乘积表示。包含因子是一数值，一般为 2～3，包含因子与置信概率有确定的关系，如果按正态分布规律计算不确定度时，包含因子也就是按表 1-1 确定的置信因数，不同的分布规律置信概率与包含因子之间的关系不同。用扩展不确定度时，一般要同时给出包含因子，并说明置信概率。

测量不确定度由多个分量组成。其中一些分量可用测量列结果的统计分布估算，并用实验标准（偏）差表征；另一些分量可用基于经验或其他信息的假定概率分布估算，也可用标准（偏）差表征。

测量不确定度的评定方法也分为两类：不确定度的 A 类评定和不确定度的 B 类评定。

不确定度的 A 类评定是用对观测列进行统计分析的方法，来评定标准不确定度。具体方法是：根据在重复性条件下得出的 n 个测量结果求出其算术平均值的标准（偏）差 $s_{\bar{x}}$，$s_{\bar{x}}$ 就是标准不确定度。

不确定度的 B 类评定是用不同于对观测列进行统计分析的方法来评定标准不确定度。获得不确定度的 B 类评定的信息来源一般包含下列几种：

①以前的观测数据。②对有关技术资料和测量仪器特性的了解和经验。③生产部门提供的技术说明文件。④校准证书、检定证书或其他文件提供的数据、准确度的等级或级别。⑤手册或某些资料给出的参考数据及其不确定度。⑥规定式样方法的国家标准或类似技术文件中给出的重复性限 r 或复现性限 R。

下面的例子是根据校准证书进行的 B 类判定。例如：校准证书上指出标称值为 1kg 的砝码质量 $m = 1000.00032\text{g}$，并说明按包含因子 $k = 3$ 给出的扩展不确定度 $U = 0.24\text{mg}$，则该砝码的标准不确定度为

$$\mu = 0.24\text{mg}/3 = 80\mu\text{g}$$

1.3 仪表的质量指标及仪表的校验

1.3.1 仪表的质量指标

仪表的质量指标主要包括评价仪表计量性能、操作性能、可靠性和经济性等方面的指标。仪表的可靠性是对仪表的基本要求，目前常用有效性（MTBF）作为仪表可靠性指

标，即

$$有效性 = \frac{平均无故障工作时间}{平均无故障工作时间 + 平均修复时间}$$

此外，选用仪表，首要要了解仪表计量性能方面的指标，仪表计量性能方面的指标一共包括下列几项。

1. 准确度

准确度定义是：测量结果与被测量的真值之间的一致程度。通常用误差的大小来表示准确度的高低，根据所描述对象不同一般从下面几方面介绍。

(1) 仪表的基本误差　在规定的工作条件下，仪表量程范围内各示值误差中绝对值最大者称为仪表的基本误差。超出正常工作条件引起的误差称为仪表的附加误差。

仪表的基本误差和附加误差可以用绝对误差的形式表示，但大多数情况下用引用误差的形式表示。

仪表的基本误差为

$$\gamma_{ymax} = \frac{\delta_j}{A} \times 100\% = \frac{\pm|\delta_{max}|}{A} \times 100\%$$

式中，δ_j 是用绝对误差形式表示的基本误差 $\delta_j = \pm|\delta_{max}|$；$\delta_{max}$ 是仪表量程范围内绝对值最大的误差；A 与前面相同，是仪表的量程。

(2) 仪表的准确度等级　其定义是：符合一定的计量要求，使误差保持在规定极限以内的测量仪器的级别。为了保证质量，对各类仪表规定了其基本误差不能超过的极限值，此极限值称为该类仪表的允许误差（或称基本误差限）。允许误差可以用绝对误差的形式表示，也可以用引用误差的形式表示。

允许误差是仪表出厂前就规定好的一个限值，它无法通过实验得到。我们通过实验得到的基本误差应该不大于允许误差，否则仪表就是不合格的。

用引用误差表示的允许误差去掉百分号后余下的数字值为该仪表的准确度等级。常用仪表的准确度等级有0.01，0.02，(0.03)，0.05，0.1，0.2，(0.25)，(0.3)，(0.4)，0.5，1.0，1.5，(2.0)，2.5，4.0，5.0等。括号内的准确度等级不推荐采用，低于5.0级的仪表，其准确度等级可由各类仪表的标准予以规定。准确度等级的数值越小，其准确度越高。仪表的准确度等级是仪表的一项重要指标，一般都标注在仪表的标尺或标牌上，如◇1.0◇或(1.0)表示仪表的准确度等级为1.0。

2. 线性度（或非线性误差）

对于理论上具有线性输入—输出特性曲线的仪表，由于各种原因，实际特性曲线往往偏离线性关系，它们之间最大偏差的绝对值与量程之比的百分数称为线性度。

3. 变差（回差）

在规定条件下对被测参数进行正、反行程（被测量由小逐渐变大为正行程，也叫上行程；被测量由大逐渐变小为反行程，也叫下行程）测量时，对于同一被测量，仪表的示值却不相同。在对同一被测量测量时，正、反行程的测量结果之差的绝对值，称为此刻度上的变差。在整个量程范围内，各刻度点的变差中最大者称为仪表的变差，变差也大多用引用误差的形式表示，如图1-5所示。

用引用误差的形式表示的仪表的变差为

$$\gamma_b = \frac{|\delta_{max}|}{A} \times 100\% = \frac{|\delta_{max}|}{A_{max} - A_{min}} \times 100\%$$

变差通常是由于仪表运动系统的摩擦、间隙以及弹性元件的弹性滞后等原因造成的。对于合格的仪表，其变差不得超过其允许误差。

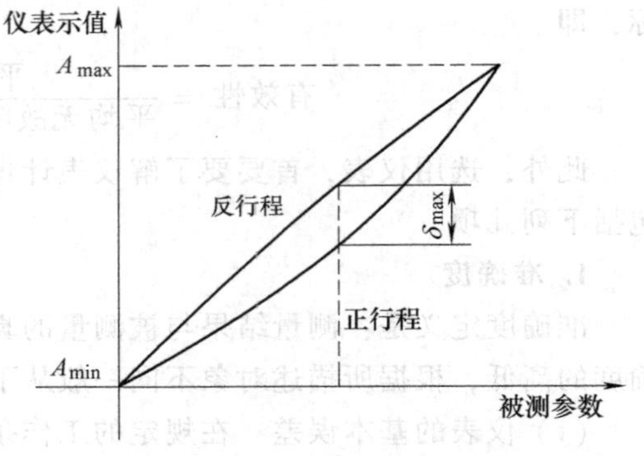

图 1-5 仪表的变差

4. 重复性和重复性误差

在相同的测量条件下重复测量同一个被测量，测量仪表提供相近示值的能力称为重复性。相同的测量条件包括：相同的测量程序；相同的观测者；在相同的条件下使用相同的测量设备；相同的测量地点；在短时间内重复。对于全范围行程，在同一测量条件下从同方向对同一输入值进行多次连续测量所获得的输出，两极限值之间的代数差或标准（偏）差称为重复性误差，它通常以引用误差的形式表示。

5. 灵敏度

灵敏度的定义是：测量仪表响应的变化除以对应的激励变化。也就是仪表在到达稳态后，输出增量与输入增量之比。若仪表具有线性特性，则量程各处的灵敏度为常数。仪表灵敏度应与仪表准确度相适应，即灵敏度的高低只需保证仪表示值的最后一位比允许误差略小即可。灵敏度过低会降低仪表的准确度，过高会增大仪表的重复性误差。

6. 鉴别力（阈）和死区

鉴别力（阈）的定义是：使测量仪表产生未察觉的响应变化的最大激励变化，这种激励变化应缓慢而单调地进行。死区的定义是：不致引起测量仪表响应发生变化的激励双向变动的最大区间。为保证测量准确，一般规定不灵敏区不应大于允许误差的三分之一到十分之一。死区有时需要故意做大些，以防止激励的微小变化引起响应变化。

7. 分辨力

分辨力的定义是：显示装置能有效辨别的最小的示值差。对于数字式显示装置，分辨力就是当变化一个末位有效数字时其示值的变化。

8. 漂移

在保持工作条件和输入信号不变的条件下，经过规定的一段时间之后，示值的变化称为漂移，它以仪表量程各点上示值的最大变化量与量程之比的百分数来表示。

1.3.2 仪表的校验

为了保证仪表测量的准确性和可靠性，仪表在安装之前和使用一定的时间之后要进行校验，以检验仪表是否合格，必要时需对仪表零点、量程、线性度等进行调整。仪表的校验主要是检查仪表的基本误差、变差等是否合格。仪表的校验方法主要有以下两种。

1. 示值比较法

示值比较法就是用标准表和被校表同时测量同一参数，把被校表的读数与标准表的读数进行比较，标准表的读数看作真值，从而求出被校表示值的误差。

作为标准表的允许误差（以绝对误差形式表示）应不大于被校表允许误差的$\frac{1}{3}$，量程应与被校表相同，或略大于被校表。例如：校验准确度等级为 1.5 级、测量范围为 0～500℃的温度计，若标准表的量程与被校表相同，则选用准确度等级优于 0.5 级的温度计即可，如果选用测量范围为 0～600℃的标准表，准确度等级应优于 0.2 级。

检验点一般选取被校表的整数刻度点，包括零点和满刻度点不得少于 5 个点（校验精密仪表时，不能少于 7 个点），校验点应基本均匀分布于被校表的整个量程范围。校验应分为上行程校验和下行程校验。通过各个校验点的数据求出基本误差、变差及线性度等，以判断仪表是否合格。

示值比较法是工业生产中常用的校验仪表的方法。

2. 标准物质法

标准物质是具有一种或多种足够均匀和很好地确定了的特性，用以校准测量装置、评定测量方法或给材料赋值的一种材料或物质。利用标准物质的特殊点可对仪表进行校验，例如，利用一些物质（如水、纯金属）的沸点或凝结点来校验温度计，利用空气中氧含量一定的特性校验氧量计。此方法的优点是准确度高，缺点是灵活性差，因为一种物质往往只提供一个量值，没法像示值比较法中的标准表一样提供全量程内的真值。

本 章 小 结

本章介绍了热工检测的基础知识，主要包括下面几方面的内容。

（1）热工检测的基本概念　热工检测技术是指用于获取热工参数的测量技术，热工检测就是对热工参数的测量。测量的定义是：以确定量值为目的的一组操作。测量的过程实际上是人们借助专门工具，通过实验和对实验数据的分析计算，将被测量 X_0 以测量单位 U 的倍数 μ 显示出来的过程。测量的三要素是：测量单位、测量方法和测量工具。

（2）测量方法　测量方法就是获得测量结果的方法。测量方法有很多种，从不同的角度可进行不同的分类。如可分为：直接测量法和间接测量法；偏差测量法、微差测量法和零差测量法；接触测量法和非接触测量法等。

（3）热工测量仪表的组成　根据各部分的功能不同，可分为感受件、传送件和显示件三部分。感受件的作用是感受被测量，并把它转变成相应的信号输出；显示件的作用是向观测者显示被测参数的量值；传送件的作用是将感受件输出的信号，根据显示件的要求，传输给显示件。

（4）测量误差　测量误差就是表征被测量参数的测量结果与其真值的接近程度的指标。误差的表示方法有：绝对误差、相对误差和引用误差。根据测量误差性质不同，可将测量误差分为随机误差、系统误差和粗大误差三类。

随机误差是测量结果与在重复性条件下，对同一被测量进行无限多次测量所得结果的平均值之差。随机误差服从正态分布规律，具有单峰性、对称性、有界性和抵偿性的分布性质。随机误差无法消除，只能估计其范围。对同一被测量进行重复测量，根据得到的一组测量值，测量结果表示成 $x=\bar{x}\pm 2s_{\bar{x}}$ 的形式，同时要把置信概率标出来。

系统误差是在重复性条件下，对同一被测量进行无限多次测量所得结果的平均值与被测量真值之差。其特点是误差的大小和符号不变或按某一规律变化。

粗大误差是测量结果明显地歪曲了真值的误差。含有粗大误差的值叫坏值，也叫异常值。异常值应该从测量结果中去除。判断粗大误差的方法有拉依达准则和格拉布斯准则。

(5) 测量不确定度　测量不确定度表征合理的赋予被测量之值的分散性，是与测量结果相关联的参数。根据测量不确定度的表示方法不同分为标准不确定度和扩展不确定度。测量不确定度的评定方法也分为两类：不确定度的 A 类评定和不确定度的 B 类评定。

(6) 仪表的质量指标　仪表的质量指标包括：准确度、线性度、变差、重复性误差、灵敏度、分辨力及死区等。仪表准确度指标中还包括仪表的基本误差、附加误差、允许误差和准确度等级等。

(7) 仪表的校检方法　仪表的校检方法有示值比较法和标准物质法。

思考题与习题

1-1　热工检测有何意义？

1-2　何谓热工测量？热工测量的主要参数有哪些？

1-3　热工测量仪表按其各个部分的功能不同，可分为哪几个主要部分？各部分的作用是什么？

1-4　何请绝对误差、相对误差、引用误差？各用在什么场合？

1-5　测量误差根据性质不同可分为哪几种？

1-6　什么是系统误差？系统误差有几种？如何判断系统误差？

1-7　什么是随机误差？随机误差有何特点？

1-8　在测量数据中，系统误差是否都可以通过校验的方法发现？判断系统误差的方法有几种？

1-9　什么是粗大误差？直接示值中如果含有粗大误差该如何处理？

1-10　何谓仪表的基本误差、允许误差、准确度等级、灵敏度、变差？

1-11　用温度计多次测量恒温箱的温度，测得温度的平均值为 1052℃，该组测量结果的标准（偏）差估算值为 8℃，求置信概率为 95% 时的置信区间。

1-12　用测量范围为 -50 ~ +150kPa 的压力表测量 140kPa 压力时，仪表示值为 +142kPa，求该示值的绝对误差、相对误差及引用误差。

1-13　某测温仪表的准确度等级为 1.0 级，绝对误差为 ±1℃，测量下限为负值（下限的绝对值为测量范围的 10%），试确定该表的上限、下限值及量程。

1-14　现有 2.5 级、2.0 级、1.5 级三块测温仪表，对应的测量范围分别为 -100 ~ +500℃、-50 ~ +550℃、0 ~ 1000℃，现要测量 500℃ 的温度，其测量结果的相对误差不超过 2.5%，问选用哪块表最合适？

1-15　下面是对某轴直径进行重复测量得到的一组数据（单位为 mm）：120.42；120.43；120.40；120.43；120.42；120.30；120.39；120.43；120.40；120.43；120.41；120.40；120.41；120.42。分别用拉依达准则和格拉布斯准则判断是否含有粗大误差（显著性水平取 0.05），并把测量结果表达出来。

1-16　用转速表对某恒速转动的机械进行转速测量，得到如下测量数据（单位为 r/min）：4752.8；4752.1；4753.1；4757.5；4752.7；4749.2；4750.6；4751.0；4753.9；4751.2；4750.3；4752.1；4751.2；4752.3。求该旋转机械的转速（要求测量结果的置信概率为 95%）。

1-17　对准确度等级为 0.5 级，量程为 0 ~ 1000℃ 的温度计进行校验，检验记录如下：

标准仪表示值/℃		0	100	200	300	400	500	600	700	800	900	1000
被校仪表示值/℃	正	0	99	201	302	398	502	604	703	800	902	1000
	反	0	98	199	304	403	501	605	705	798	904	1000

求：(1) 变差；(2) 基本误差；(3) 判断仪表是否合格。

第2章 温度测量

2.1 温度测量概述

温度是工农业生产、科学研究以及日常生活中需要进行测量和控制的最为普遍、最为重要的工艺参数，是国际单位制（SI）中七个基本物理量之一，自然界中物质的物理性质、物体的特征参数都与其温度密切有关。在火力发电厂中，温度测量对于保证生产过程的安全性和经济性具有十分重要的意义。例如，锅炉排烟温度需要维持在设计值，过高会增加热损失，降低生产效率，过低则可能结露而腐蚀设备；汽轮机缸体的温度分布应该符合规范，以防产生危险的热应力和变形；发电机绕组应该维持在适当的温度以下，以防烧毁。

2.1.1 温度测量的基本概念

1. 温度和温度测量

温度的宏观概念是物体冷热程度的表示，或者说，互为热平衡的两个物体的温度相等。处于热平衡状态的所有热力学系统都具有共同的宏观性质，这一宏观特性通常用温度表示，即一切处于热平衡状态的热力学系统具有相同的温度。

温度的微观概念标志着系统内部分子无规则热运动的剧烈程度，温度越高，分子热运动越剧烈。

怎样来衡量物体的冷热程度呢？人们对于冷热的认识，最初可以由人的器官感觉出来，但是这既不可靠，也不准确。因为感觉不仅范围有限（过冷和过热都会使皮肤失去知觉），而且常常带有主观性，要正确判断物体的冷热程度，就必须建立一套客观的标准。

随着生产实践的深入，人们逐渐发现某些物质的物理性质和温度有关，因此可以借助于与温度有关的物质物理性质的变化来反映温度的变化。必须强调指出，用来反映物质温度变化的物理性质应该只随温度的变化而变化，而且其性质与温度成单值函数关系。能够满足要求的物质及相应的物理性质有：液体、气体的体积或压力、热电偶的热电性质、导体和半导体的电阻以及物体的热辐射性能等，这些性质都随温度变化，可以作为温度测量的依据。

2. 温标

对温度不能仅限于定性的描述，还必须有定量的表述。不同物质的不同物理性质与温度有着不同的关系，因此即使用同一物质的不同特性，或不同物质的同一种特性对同一个温度进行测量，也会得出不同的量值。为了保证温度量值的统一性和准确性，应该建立一个用来量度温度数值的标准尺度，这就是温度标尺，简称为温标，它规定了温度的读数起点（零点）和测量温度的基本单位。

温标的建立过程是一个复杂的过程，下面简单介绍温标建立的基本条件、几种常用的温标及温标的传递系统。

(1) 温标建立的基本条件

1) 固定点温度（固定点）。要确定一个温标，首先要选择固定点，即物质不同相之间可以复现的平衡温度，一般采用高纯物质（气体或金属）的相平衡状态（液固气共存的状态）作为固定点。规定固定点的温度值之后，其他温度才能与之比较，以确定数值。

2）测温物质。作为测温物质，它的某种物理性质，如体积、电阻、温差电动势以及辐射电磁波的波长等，要求与温度有依赖关系而又有良好的重现性。

3）内插函数。固定点的温度值确定之后，中间任意点的温度值可利用某种函数关系描述，称为内插函数。

（2）常用温标

1）经验温标。经验温标的基础是利用物质的体积膨胀与温度之间的关系。认为在两个易于实现且稳定的温度点之间所选定的测温物质体积的变化与温度成线性关系，把在两温度之间体积的总变化分为若干等份，并把引起体积变化一份的温度定义为1度。经验温标与测温物质有关，有多少种测温物质就有多少个温标，使温标具有随意性和局限性，因此不能适用于任意地区或任何场合。

按照这个原则建立的常用温标有摄氏温标和华氏温标。

① 摄氏温标：所用标准仪器是水银玻璃管温度计。分度方法是规定在标准大气压下，纯水的冰点为0度，沸点为100度，水银体积膨胀被分为100等份，对应每份的温度定义为1摄氏度，单位为摄氏度（℃）。

② 华氏温标：所用标准仪器是水银玻璃管温度计。分度方法是规定在标准大气压下，氯化铵和冰的混合物为0度，水的沸点为212度，水银体积膨胀被分为212等份，对应每份的温度定义为1华氏度，单位为华氏度（°F）。

摄氏温度 t 与华氏温度 θ 满足关系

$$\theta = \frac{9}{5}t + 32 \tag{2-1}$$

2）热力学温标。热力学温标是英国物理学家开尔文（Kelvin）于1948年以热力学第二定律为基础所引出的与测温物质无关的温标，规定分子运动停止（即没有热存在）时的温度为绝对零度。热力学温标是以卡诺循环为基础。卡诺定律指出，一个工作于恒温热源与恒温冷源之间的可逆热机的效率只与热源和冷源的温度有关，而与工作物质无关。假设热机从温度为 T_2 的热源获得的热量为 Q_2，释放给温度为 T_1 的冷源的热量为 Q_1，则有

$$\frac{Q_1}{T_1} = \frac{Q_2}{T_2} \tag{2-2}$$

由式（2-2）看出温度 T 与热量 Q 有关，假设待测热源的温度为 T_2，一个标准热源的温度已知为水的三相点（水蒸气、水、冰共存点）温度值273.16K，利用热机测量温度，令 $T_1 = 273.16\text{K}$，则根据式（2-2）有

$$T_2 = \frac{Q_2}{Q_1}273.16 \tag{2-3}$$

如果能用热机测出比值 $\frac{Q_2}{Q_1}$，则可以根据式（2-3）求得待测热源的温度。

这种温标的最大特点是与选用的测温物质的任何物理性质无关，克服了经验温标随测温物质而变化的缺陷，具有普遍性和绝对性，所以称它为绝对热力学温标，符号为 T，单位为开尔文，简称开（K），由此而得到的温度称为热力学温度。从此，所有的温度测量都以热

力学温标作为基准。

3）国际温标。热力学温标的出现对温标的统一具有十分重要的意义，但是由于卡诺循环是理想循环，卡诺热机实际上并不存在，因此热力学温标是无法实现的。因此，人类一直在研究、寻求一种既准确、又容易施行的统一温标。目前全世界普遍采用的国际温标是一个国际协议性温标，它数值上与热力学温标相接近，而且复现准确度高，使用方便，性能稳定。目前国际通用的温标是1975年第十五届国际权度大会通过的《1968年国际实用温标—1975年修订版》，记为IPTS—1968（Rev—1975）。但是由于IPTS—1968存在一定的不足，国际计量委员会在十八届国际计量大会第七号决议授权予1989年会议通过了1990年国际温标ITS—1990，使用ITS—1990温标替代IPTS—1968。我国自1994年1月1日起全面实施ITS—1990国际温标。

1990年国际温标（ITS—1990）简介如下：

① 温度单位。热力学温度（符号为T）是基本物理量，它的单位为开尔文（符号为K)，定义为水三相点的热力学温度的1/273.16。由于以前的温标定义中，使用了与273.16K（冰点）的差值来表示温度，因此现在仍保留这种方法。

ITS—1990国际温标同时定义国际开尔文温度（符号为T_{90}）和国际摄氏温度（符号为t_{90}），它们的单位分别为开尔文（K）和摄氏度（℃）。其关系为

$$t_{90} = T_{90} - 273.15 \tag{2-4}$$

② ITS—1990国际温标的通则。

ITS—1990国际温标适用温度为由0.65K向上到普朗克辐射定律使用单色辐射方法实际能测量的最高温度。ITS—1990国际温标在全测量范围内，任何温度的T_{90}值非常接近于温标采纳热力学温标时的最佳估计值。与直接测量热力学温度相比，T_{90}的测量要方便得多，而且更为精密，并具有很高的复现性。

③ ITS—1990的定义。整个温度范围分成四个温区，它们有各自的定义方法。某些温区有重叠，重叠区的温度有差异。

第一温区为0.65～5.00K，T_{90}由^{3}He和^{4}He（^{3}He和^{4}He为He的同位素）的蒸气压力与温度的关系式来定义。

第二温区为3.0K到氖的三相点（24.5661K）之间，T_{90}是用氖气体温度计来定义，它使用三个定义固定点并利用规定的内插方法来分度。

第三温区为平衡氢三相点（13.8033K）到银的凝固点（961.78℃）之间，T_{90}由铂热电阻温度计定义，它使用一组规定的定义固定点并利用规定的内插方法来分度。

第四温区为银凝固点（961.78℃）以上的温区，T_{90}是按照普朗克辐射定律来定义的，复现仪器为光学高温计或光电高温计。

ITS—1990定义的固定点共17个，列于表2-1。

表2-1 ITS—1990定义的固定点

序号	国际实用温标规定值		物质	状态
	T_{90}/K	t_{90}/℃		
1	3～5	−270.15～−268.15	^{3}He	V
2	13.8033	−259.3467	e−H_2	T
3	≈17	≈256.15	e−H_2	V或G

（续）

序 号	国际实用温标规定值		物 质	状 态
	T_{90}/K	t_{90}/℃		
4	≈20.3	≈－252.85	$e-H_2$	V或G
5	24.5561	－248.5939	Ne	T
6	54.3584	－218.7916	O_2	T
7	83.8058	－189.3442	Ar	T
8	234.3156	－38.8344	Hg	T
9	273.16	0.01	H_2O	T
10	302.9146	29.7646	Ga	M
11	429.7485	156.5985	In	F
12	505.078	231.928	Sn	F
13	692.677	419.527	Zn	F
14	933.473	660.323	Al	F
15	1234.93	961.78	Ag	F
16	1337.33	1064.18	Au	F
17	1357.77	1084.62	Cu	F

注：1. 除^3He外，其他物质均为自然同位素成分，$e-H_2$为正、仲分子态处于平衡浓度的氢。

2. 对于这些不同状态的完整定义以及有关复现这些不同状态的建议，可以参考“ITS—1990补充资料”。

3. 表中各符号的含义为：V——蒸气压点；T——三相点，在此温度下，固、液和蒸气相呈平衡；G——气体温度计；M、F——熔点和凝固点，在101325Pa压力下，固、液相平衡时的温度。

3. 温标的传递系统

一般来说，凡采用国际温标的国家，大都具有一个研究机构（我国为中国计量科学研究院），以按照国际温标的要求，建立国家基准器具，复现国际温标。然后，通过一整套标定系统，定期地将基准器具的数值传递到实际使用的各种温度测量仪表上去，这就是温标的传递系统。温标的传递包括生产中对各种温度测量仪表的分度，把标准传递到测量仪表以及对使用中或修理后的测温仪表的检定两方面内容。

由图2-1可以看出，我国的温标传递建立的是三级传递系统：由国家级掌握的基准器具和工作基准器具向省级一等标准器具进行检定，属一级温标传递；由省级掌握的一等标准器具向厂级二等、三等标准器具进行检定，属二级温标传递；由厂级二等、三等标准器具向工业现场仪表进行检定，属三级温标传递。

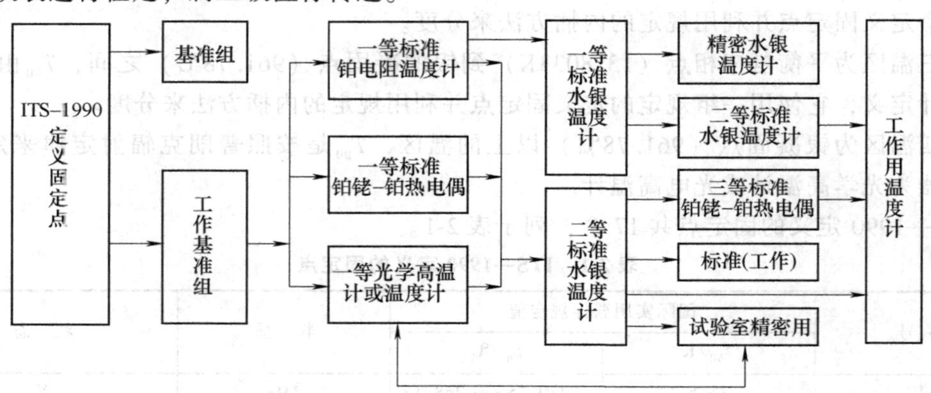

图2-1 我国温标传递系统示意图

2.1.2 温度测量方法概述

温度测量方法有很多，也有多种分类，然而由于测量原理的多样性，很难找到一种完全理想的分类方法。图 2-2 给出一种从测量原理上进行分类的方法，基本包含了目前温度测量的基本原理，几乎所有的温度测量技术都是在这些原理的基础上发展起来的。

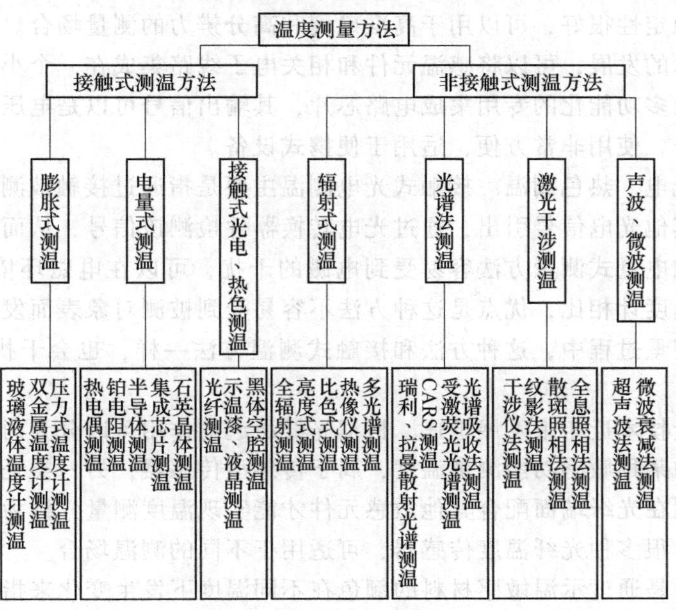

图 2-2 温度测量方法分类

1. 接触式测温方法的原理及特点

接触式测温方法包括膨胀式测温，电量式测温和接触式光电、热色测温等几大类。接触式测温方法在测量温度时，感温元件需要与被测物体或介质充分接触，并需要一定的时间才能达到热平衡，所以存在测温的延迟现象，同时受耐高温材料的限制，不能应用于很高的温度测量，一般测量的是被测对象和传感器的平衡温度，另外在测量时会对被测温度有一定干扰，并受到被测物体的腐蚀作用，所以对感温元件的结构、性能要求苛刻，但是这种测温方法的准确度比较高。

(1) 膨胀式测温　膨胀式测温是一种比较传统的温度测量方法，它主要利用物质的热胀冷缩原理，即根据物体体积或几何形变与温度的关系进行温度测量。膨胀式温度计包括玻璃管液体温度计、双金属温度计和压力式温度计等。

膨胀式温度计结构简单，价格低廉，可以直接读数，使用方便，并且由于是非电量测量方式，适用于防爆场合。但是准确度比较低，不易实现自动化，而且容易损坏。

(2) 电量式测温　电量式测温主要利用材料的电动势、电阻或其他电性能与温度的单值关系进行温度测量，包括热电偶测温、热电阻测温和热敏电阻测温、集成芯片测温等。

热电偶测温的原理是两种不同材料的金属焊接在一起，当参考端和测量端有温差时，就会产生热电动势，根据该热电动势与温度的单值关系就可以测量温度。热电偶具有结构简单、动态响应快、适宜远距离测量和自动控制的特点，应用比较广泛。

热电阻是根据材料的电阻和温度的关系来进行温度测量的，输出信号大，准确度比较高，稳定性好，但是元件结构一般比较大，动态响应较差，不适宜体积狭小和温度瞬变区域的测量。

热敏电阻是一种电阻值随温度呈指数变化的半导体热敏感元件，具有灵敏度高、价格便宜的特点，但其电阻值和温度的关系线性度差，而且稳定性和互换性也不好。

石英温度传感器是以石英晶体的固有频率随温度变化而变化的特性来测量温度的。石英晶体温度传感器稳定性很好，可以用于高准确度和高分辨力的测量场合。

随着电子技术的发展，可以将感温元件和相关电子线路集成在一个小芯片上，构成一个小型化、一体化及多功能化的专用集成电路芯片，其输出信号可以是电压、频率，或者是基于总线的数字信号，使用非常方便，适用于便携式设备。

(3) 接触式光电、热色测温　接触式光电测温主要是指通过接触被测对象，将温度变化引起的热辐射或其他光电信号引出，通过光电转换器件检测该信号，从而获得测温结果的方法。这种方法不像电量式测量方法容易受到电磁的干扰，可以在电磁环境下进行温度测量。和非接触式辐射温度计相比，优点是这种方法不容易受到被测对象表面发射率和中间介质的影响；缺点是在测量过程中，这种方法和接触式测温方法一样，也会干扰被测对象的温度，引起测量误差。

光纤温度测量技术近年来发展迅速，根据光纤所起的作用可以分为两种类型：一类是利用光纤本身具有的某种敏感功能测量温度，属于传感型传感器；另一类是光纤仅仅起传输光信号的作用，必须在光纤端面配合其他敏感元件才能实现温度测量，称为传光型传感器。基于不同的原理，有很多种光纤温度传感器，可适用于不同的测温场合。

热色测温主要是通过示温敏感材料的颜色在不同温度下发生变化来指示温度的，示温漆和示温液晶都属于热色测温。示温漆可以测量运动物体或其他复杂条件表面的温度分布，使用简单方便，缺点是影响判别温度结果的因素比较多，如涂层厚度、判读方法、样板和示温颗粒大小等，目前主要还是靠人工判读。示温液晶的主要成分是胆甾醇类，这类液晶在一定的温度范围内，其颜色随温度灵敏地变化，改变液晶的成分，可以灵活地调整其测温范围和测温灵敏度。

2. 非接触式测温方法的原理及特点

非接触式测温方法不需要与被测对象接触，测温范围广，不受测温上限的限制，也不会破坏被测物体的温度场，动态响应特性一般也很好，但是会受到被测对象表面状态或测量介质物性参数的影响，测量误差较大。非接触式测温方法主要包括辐射式测温、光谱法测温、激光干涉测温以及声波、微波测温等。

(1) 辐射式测温　辐射式测温是以热辐射定律为基础的，由于实际物体往往是非黑体，因此，引入了辐射温度、亮度温度和比色温度等表观温度的概念，基于以上三种表观温度测量方法的高温计分别称为全辐射高温计、光学高温计和比色式高温计。全辐射高温计结构相对简单，但受被测对象表面发射率和中间介质影响比较大，测温偏差较大，不适合用于测量低发射率目标。光学高温计结构也比较简单，灵敏度比较高，受被测对象发射率和中间介质影响相对较小，测量得到的亮度温度与真实温度偏差较小，但也不适用于测量低发射率物体的温度，并且测量时要避开中间介质的吸收带。比色式高温计的测量结果最接近真实温度，并且适用于低发射率物体的温度测量，但是仪表结构比较复杂、价格较贵。

红外热像仪是一种二维平面成像的红外系统，它通过光学系统将红外辐射能量聚集在红外探测器上，并转换为视频信号，经过处理形成红外热图像。红外热像仪除具有与红外测温仪相同的特点外，还具有如下优点：

1）可以采用伪彩色直观显示物体表面的温度场。

2）温度分辨力高，能准确区分的温度差甚至达0.01℃以下。

（2）光谱法测温　光谱法测温主要适用于高温火焰和气流温度的测量。当单色光线照射透明物体时，会发生光的散射现象，散射光包括弹性散射和非弹性散射，弹性散射中的瑞利散射和非弹性散射的拉曼散射的发光强度都与介质的温度有关。相比而言，拉曼散射光谱测温技术的实用性更好，因此常用拉曼散射光谱来测量温度。

由于自发拉曼散射的信号微弱且非相干，对于许多具有光亮背景和荧光干扰的实际体系，它的应用受到一定的限制。而受激拉曼散射能大幅度提高测量的信噪比，更具有实用性。如相干反斯托克斯拉曼散射（CARS）测温方法，可以使收集到的有效散射光信号强度比自发拉曼散射提高几个数量级，同时还具有方向性强、抗噪声、荧光性好、脉冲效率高和所需脉冲输入能量小等优点，适合于含有高浓度颗粒的两相流场非清洁火焰的温度诊断。但是，CARS法的整套测量装置价格十分昂贵，其信号的处理相当复杂，因此限制了其广泛使用。

受激荧光光谱测温是指在入射光的激励下，分子发出的荧光光谱在若干个波长上有较强的尖峰，这些特征波长的强度是温度的函数。通过测量其特征波长下的绝对强度、相对强度或者荧光的驰豫时间，就可以确定被测介质的温度。

谱线反转法也称自蚀法或谱线隐现法，最常见的是钠D线反转法，可以用于火焰等高温测量。它的基本原理是在目标火焰中均匀地加入微量钠盐，产生两条波长分别为5889.95Å和5895.92Å的黄色明亮谱线。当背景光源的自然光线照射并通过钠蒸气时，调节背景光使钠谱线在背景的连续光谱中消失时，光源的亮度温度就等于火焰的温度。谱线反转法的装置简单，适用于火焰稳定且测量方向温度梯度不大的场合。

（3）激光干涉测温　基于干涉原理的各种光学方法测量介质的温度场，均可以等效为测量介质的折射率分布。它们的测量原理是将被测介质中各处折射率的变化（即被测介质密度的变化）转变为各种光参量的变化，记录并处理后可以得到其温度和分布。

散斑照相法记录的是偏折位置差，反映的是折射率梯度的变化（即折射率的二阶导数）；纹影法记录的是偏折角度差，反映的是折射率的梯度（即折射率的一阶导数）；干涉仪法记录的是光波相位差，反映的是折射率本身；全息照相法也是基于干涉仪法的原理，不过它不仅可以记录物光波波前的振幅信息，同时还记录了波前的相位信息，既有相位信息又有振幅信息，反映的是折射率本身和三维流场的立体信息。

（4）声波、微波测温　声波测温基于声波在介质中的传播速度与介质温度有关的原理，因此只要测得声速，就可以推算出温度。可以通过直接测量声波在被测介质中的传播速度，也可以测量放在被测介质中细线的声波传播速度来得到温度。这种方法可以用于测量高温气体或液体的温度，在高温时会有更高的灵敏度。

微波衰减法可以用来测量火焰温度，其原理是当入射微波通过火焰时，与火焰中的等离子体相互作用，使出射的微波强度减弱，通过测量入射微波的衰减程度可以确定火焰的温度。

3. 近年来温度测量技术的发展重点

传统的热电偶、热电阻测温方法以其技术成熟、结构简单、使用方便等特点，在未来温度测量领域中，依然能够广泛使用。随着新材料、新工艺以及一些新技术的发展，其应用范围会越来越广。

(1) 薄膜温度传感器　在传感器结构改进方面，出现了薄膜温度传感器，它是随着薄膜技术的成熟而发展起来的新型传感器，其敏感元件为微米级的薄膜，具有体积小、热扰动小、热动态响应时间短、灵敏度高、便于集成和安装的特点，并且具有耐磨、耐压、耐热冲击和抗剥离的优良性能，特别适合于微小尺度或小空间温度、表面温度的测量等场合。近年来发展的陶瓷薄膜热电偶，可以测量更高的温度，克服了金属薄膜热电偶的一些催化效应和冶金效应等缺点，在高温表面温度测量领域应用更为广泛。

(2) 热电偶性能的提高　在热电极材料方面，一些类型的热电偶性能得到了提高，并出现了一些新型热电偶。

1) N型（镍铬硅-镍硅）热电偶越来越受到重视。与K型（镍铬-镍硅）热电偶相比，N型热电偶的高温稳定性与使用寿命均明显提高。目前，国外N型热电偶得到了广泛的应用，而国内应用仍旧不是很普遍，但是随着对加工产品质量控制要求的提高，N型热电偶使用将会越来越多。

2) 钨铼热电偶抗氧化技术得到了发展，拓宽了其应用领域。主要是采用热电极镀膜或采用高致密保护套管隔绝等技术，可以延长钨铼热电偶在氧化环境下的使用时间，使之不局限在还原条件下使用，可以在一定程度上取代铂铑等贵金属热电偶。

3) 一些非标准分度的金属、非金属热电偶正在研制并逐步得到应用。为了提高温度测量上限，一些非标准分度的铂铑、铱铑等贵金属热电偶已经在工程上得到应用。另外，一些非金属热电偶材料得到了人们的重视，其特点有：

① 热电动势和微分电动势大。

② 熔点高，测温上限也高。

③ 价格低。

④ 选用合适的非金属材料，可以制成抗氧化或抗碳化的热电偶，用于恶劣条件下温度的测量。其缺点是复现性和机械性能差。目前取得进展的非金属热电偶有C-TiC(ZrB_2、NbC、SiC)、SiC-SiC、ZrB_2(NbC)-ZrC、$MoSi_2$-WSi_2以及B_4C-C等。

(3) 温度传感器保护套管材料　保护套管材料在温度测量中对敏感元件起着保护作用，对其测量准确度和使用寿命有很大影响，可以由金属、非金属或金属陶瓷等材料制成。近年来金属陶瓷保护套管材料性能得到了很大提高，如Al_2O_3基、MgO基、ZrO_2基和碳化钛基等几种金属陶瓷，具有耐腐蚀、抗热冲击及耐高温性的特点，可以在氧化、还原和中性环境下使用，在冶金行业中可以用于高温金属熔液温度的测量。

(4) 辐射测温技术　随着光电和红外探测器的发展，出现了多种多样的红外测温仪，红外测温技术得到了更多的应用。具体表现在：

1) 测量范围从高温、中温向中、低温部分拓展。

2) 测量准确度和稳定性更高。

3) 工作波段多样化，可根据被测对象的特性选择。

4) 从点测量发展到二维面测量。

5) 红外测温仪具有小型化和智能化的特点。

6) 从测量原理和方法上消除发射率影响，实现物体的真实温度测量。

多光谱测温技术也逐步开始在科研和工程领域中得到了应用，其原理是在一个仪器中制成多个光谱通道，利用多个光谱的物体辐射能量信息，经过数据处理得到物体的真实温度。该方法测量温度上限和测量准确度高，动态响应快，受中间介质影响小，非常适合非透明火焰温度和高温物体表面温度的测量。

(5) 光纤测温技术　黑体空腔式光纤高温计是由黑体空腔与被测介质达到温度平衡，通过光纤将黑体腔的辐射能量传输给光电探测器件，从而实现温度测量。如蓝宝石黑体空腔式光纤高温计，它具有测量温度高、动态响应快、使用寿命长的特点，可以部分取代贵金属热电偶。还有一种测量钢液温度的消耗型光纤温度传感器，也是基于以上原理，由于采用普通石英光纤实现测温，具有价格低、准确度高的特点，因此可以取代消耗型贵金属热电偶。

分布式光纤测温系统是近年来发展起来的一种用于实时测量空间温度场分布的传感系统，它是一种分布式的、连续的、功能型光纤温度测量技术。其中光纤既是传输媒体也是传感媒体，利用光纤后向拉曼散射光谱的温度效应，可以对光纤所在温度场进行实时测量，利用光时域反射仪（OTDR）可以对测量点进行准确定位。分布式的结构使得该系统能够实现实时快速多点测温。

光纤布拉格光栅（FBG）是最近十几年发展最为迅速的光纤无源器件之一，它是利用掺杂（如锗、磷等）光纤的光敏性，通过某种工艺方法使外界入射光子和纤芯内的掺杂粒子相互作用，导致纤芯折射率沿纤轴方向周期或非周期性地永久性变化，在纤芯内形成空间相位光栅。当温度变化时，光纤的栅距和折射率发生变化，导致其响应波长移动，通过检测响应波长即可确定温度。它可以在一根光纤上实现多点测量，并能同时测量温度和应变。

利用这些原理制作的光纤多点温度传感器，可以应用在油井温度测量、大坝或地质灾害监测、飞机蒙皮的健康监测等场合，具有很好的应用前景，是近几年温度测量技术发展的重点之一。

虽然温度测量方法多种多样，但在很多情况下，对于实际工程现场或一些特殊条件下的温度测量，如对极限温度、高温腐蚀性介质温度、气流温度、表面温度、固体内部温度分布、微尺寸目标温度、大空间温度分布、生物体内温度、电磁干扰条件下温度测量来讲，要想得到准确可靠的结果并非易事，需要非常熟悉各种测量方法的原理及特点，并结合被测对象要求选择合适的测量方法才能完成。同时，还要不断探索新的温度测量方法，改进原有测量技术，以满足各种条件下的温度测量需求。

2.2 热电偶温度计

热电偶是目前应用最普遍的温度传感器之一，它与补偿导线（或铜导线）及显示仪表配套使用，组成热电偶温度计。采用热电偶测量温度具有以下优点：

1）温度测量范围宽，广泛用于测量各种生产过程中0～+1800℃范围内液体、蒸汽和气体介质以及固体表面的温度；既可以测量静态温度，也可以测量动态温度。

2）在正确使用的情况下，热电偶的性能稳定，复现性好，测量准确可靠。

3）由于热电偶能把温度信号转换成直流电压信号，因此可以与显示仪表配套使用，实现远距离信号传输和自动记录，也可以实现集中温度检测和控制。

4）体积小，动态特性好，可以适应各种测量对象的要求，如快速测量、表面温度测量和点温测量等。

5）价格便宜，制造容易，使用方便，结构简单。

因此，热电偶温度计在工业生产及科学研究领域内得到广泛应用，被称为温度测量的“常规武器”。

2.2.1 热电偶测温原理

热电偶的测温原理是基于1821年塞贝克（Seebeck）发现的热电现象。将两种不同的导体或半导体线状材料A和B两端焊接或绞接起来，构成一个闭合回路，如图2-3所示。当导体A和B的两个接点1和2温度不同（分别为t和t_0）时，在回路中就会产生电动势，因而在回路中有电流通过，这种把热能转换成电能的物理现象称为热电效应（或塞贝克效应），这一电动势称为热电动势（或塞贝克电动势）。热电偶就是基于这一原理来测量温度的。

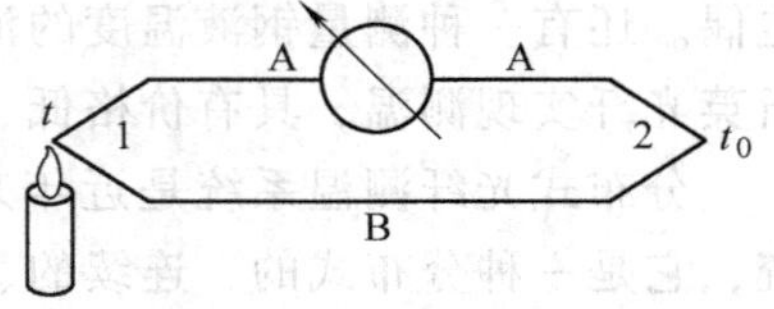

图2-3 热电效应示意图（$t>t_0$）

图2-3所示的闭合回路称为热电偶。A、B称为热电偶的热电极（或热电偶丝）。两个接点中，温度为t的接点称为热端，或称测量端、工作端，此接点置于被测对象中测量温度；温度为t_0的接点称为冷端，或称参比端、自由端，此接点置于被测对象外的环境中，通过补偿导线或铜导线和显示仪表相连。

进一步分析研究表明，上述热电偶回路中产生的热电动势，实际上是由接触电动势和温差电动势两部分组成的。

1. 接触电动势

在物理学中知道，所有导体中都存在着大量的自由电子，而且不同导体自由电子的密度也不同。两种均质导体A（自由电子密度为N_A）和B（自由电子密度为N_B）接触的时候，由于导体内的自由电子密度不同，假设$N_A>N_B$，则自由电子在接触处由A向B和由B向A扩散的速率不同，即在单位时间内，由A扩散到B中去的电子数要比由B扩散到A中去的电子数多，从而电子密度大的导体A失去电子而带正电荷，电子密度小的导体B接收到了扩散来的电子而带负电荷，如图2-4所示。与此同时，在电子扩散作用下，由于正负电荷的存在，在A、B的接触点上便形成一个从A到B的静电场E_S，这个电场对电子继续扩散起阻碍作用，它会引起自由电子向相反方向移动。当电子的扩散作用和静电场阻碍电子扩散作用达到动态平衡时，A、B之间就形成了一个稳定的电位差，这个电位差称为接触电动势。热端接触电动势用$E_{AB}(t)$表示，冷端接触电动势用$E_{AB}(t_0)$表示。根据物理学的理论推导，接触电动势的大小可由式（2-5）及式（2-6）来表示，其方向如图2-4所示，由电子密度小的热电极指向电子密度大的热电极。

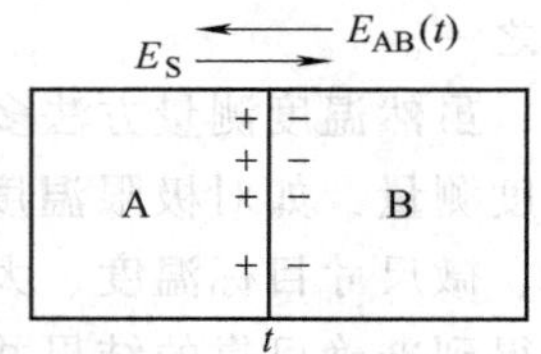

图2-4 接触电动势的产生

$$E_{AB}(t)=\frac{kt}{e}\ln\frac{N_{At}}{N_{Bt}} \tag{2-5}$$

$$E_{AB}(t_0)=\frac{kt_0}{e}\ln\frac{N_{At_0}}{N_{Bt_0}} \tag{2-6}$$

式中，$E_{AB}(t)$、$E_{AB}(t_0)$是 A、B 两种材料在接点温度为 t 和 t_0 时的接触电动势，符号中 A 与 B 的顺序表示电动势方向由热电极 B 指向热电极 A，如图 2-4 所示；k 是玻耳兹曼常数，$k=1.38\times10^{23}$J/K；e 是单位电子电荷，$e=1.60219\times10^{-19}$C；N_{At}、N_{Bt}是 A、B 两种材料在接点温度为 t 时的自由电子密度；N_{At_0}、N_{Bt_0}是 A、B 两种材料在接点温度为 t_0 时的自由电子密度。

由式(2-5)和式(2-6)可知，接触电动势除与两种导体的性质有关外，还与接触点处的温度有关。温度越高，金属中的分子热运动越剧烈，接触电动势越大；两种导体的电子密度比值越大，接触电动势也越大。

2. 温差电动势

对单一金属导体，如果在不同温度下，自由电子具有不同的动能，则温度高时动能大。假设 A 导体两端温度分别为 t 和 t_0，且 $t>t_0$，则高温端跑到低温端的自由电子数比从低温端跑到高温端的要多，结果高温端失去电子而带正电荷，低温端得到电子而带负电荷，如图 2-5 所示。与此同时，在电子扩散作用下，由于正负电荷的存在，在高、低温端之间形成一个从高温端指向低温端的静电场 E_S，这个电场阻止电子继续从高温端跑到低温端，引起自由电子向相反方向移动。当电子的扩散作用和静电场阻碍电子扩散作用达到动态平衡时，导体 A 两端就形成了一个稳定的电位差，称为温差电动势。根据物理学的理论推导，温差电动势的大小可由式(2-7)及式(2-8)来表示，其方向如图 2-5 所示，由低温端指向高温端。

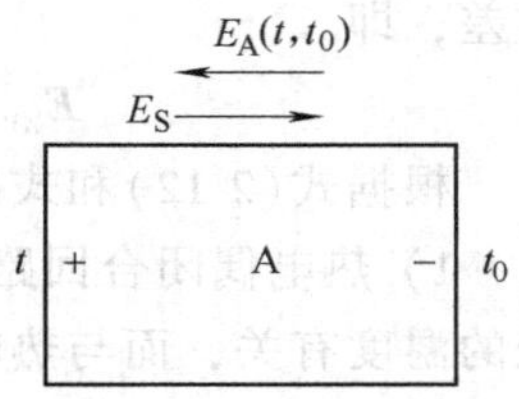

图 2-5　温差电动势的产生

$$E_A(t,t_0)=\frac{k}{e}\int_{t_0}^{t}\frac{1}{N_{At}}\mathrm{d}N_{At} \tag{2-7}$$

$$E_B(t,t_0)=\frac{k}{e}\int_{t_0}^{t}\frac{1}{N_{Bt}}\mathrm{d}N_{Bt} \tag{2-8}$$

式中，$E_A(t,\ t_0)$、$E_B(t,\ t_0)$是 A、B 两种材料在两端温度为 t 和 t_0 时的温差电动势；N_{At}、N_{Bt}是 A、B 两种材料在某温度 t 时的自由电子密度。

为了便于分析问题，温差电动势有时用下面的函数差形式表示，即

$$E_A(t,t_0)=E_A(t)-E_A(t_0) \tag{2-9}$$

$$E_B(t,t_0)=E_B(t)-E_B(t_0) \tag{2-10}$$

由式(2-7)和式(2-8)可知，温差电动势与导体两端温度 t、t_0 及导体性质有关，而与导体长度、截面积大小、沿导体长度上的温度分布无关。同一均质导体两端温差越大，温差电动势越大。当导体两端温度相同，即温差为零时，温差电动势也为零。

3. 热电偶闭合回路的热电动势

由两种导体 A、B 构成的热电偶闭合回路如图 2-6 所示。

接触电动势是由于两种不同材料的导体接触时产生的电动势，而温差电动势则是同一种导体当其两端温度不同时产生的电动势。因此，在图 2-6 所示的闭合回路中产生的总热电动势 $E_{AB}(t,\ t_0)$可以表示为两接点的接触电动势及两导体 A、B 本身温差电动势四部分的代数和。热电偶闭合回路中，接触电动势远大于温差电动势，因此如果以接触电动势 $E_{AB}(t)$的方向为参考方向，则热电偶闭合回路热电动势 $E_{AB}(t,\ t_0)$的表达式为

$$E_{AB}(t,t_0)=E_{AB}(t)-E_A(t,t_0)-E_{AB}(t_0)+E_B(t,t_0) \tag{2-11}$$

将式(2-5)～式(2-8)代入上式，并进行一系列整理后得到

$$E_{AB}(t,t_0)=\frac{k}{e}\int_{t_0}^{t}\ln\frac{N_{At}}{N_{Bt}}dt \tag{2-12}$$

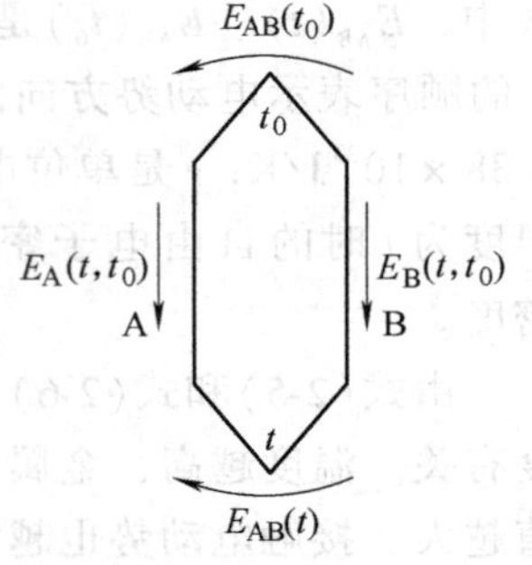

图 2-6 热电偶闭合回路的热电动势

由式(2-12)可知，热电偶闭合回路的热电动势与电子密度N_{At}、N_{Bt}及两接点温度t、t_0有关，其中电子密度N_{At}、N_{Bt}并不是常数，它们不仅取决于热电极材料的特性，而且随温度变化而变化。当热电极材料一定时，电子密度N_{At}、N_{Bt}与温度关系已知，热电偶的总电动势$E_{AB}(t, t_0)$成为热端温度t和冷端温度t_0的函数差，即

$$E_{AB}(t,t_0)=f(t)-f(t_0) \tag{2-13}$$

根据式(2-12)和式(2-13)以及上面的讨论，可以得出几点简要的结论：

1）热电偶闭合回路的热电动势的大小只与组成热电偶的导体材料及材料两端连接点所处的温度有关，而与热电极的直径、长度及沿热电极的温度分布无关。

2）如果热电偶两热电极材料相同，则无论热电偶两端温度如何变化，热电偶回路热电动势总为零。

3）热电偶两端温度相同时，即使两热电极材料不同，热电偶回路热电动势也总为零。

4）如果冷端温度t_0恒定，即$f(t_0)=C$(常数)，则$E_{AB}(t, t_0)=f(t)-C$，即热电偶闭合回路热电动势$E_{AB}(t, t_0)$仅与工作端温度t成单值函数关系。

当保持热电偶冷端温度t_0不变时，只要用仪表测出$E_{AB}(t, t_0)$的大小，就间接地知道了被测温度t，这就是热电偶测量温度的工作原理。通常热电偶及其配套使用的仪表都是在冷端温度保持为0℃时刻度的，这时如果根据实验数据把$E_{AB}(t, t_0)$与t的关系列成表格的形式，就成为各种标准热电偶的分度表。热电偶的分度表用于表达热电偶的热电特性，几种常用热电偶的分度表见附录。需要注意的是，冷端温度t_0不等于0℃时不能使用分度表直接查$E_{AB}(t, t_0)$的值，也不能直接由$E_{AB}(t, t_0)$的值确定被测温度t。

5）热电偶热电极的极性由导体材料的电子密度大小确定，电子密度大的导体为正极，而电子密度小的导体为负极。热电动势的方向，从冷端来看，由热电偶的正极指向负极。

2.2.2 热电偶的基本定律

在实际使用热电偶测量温度时，闭合回路中必然要引入测量热电动势的显示仪表以及相应的连接导线。为了不致影响原来的热电动势数值，保证热电偶测量温度的准确性，所以在掌握热电偶的工作原理之后，还要进一步掌握热电偶的基本定律，并在实际测量温度过程中灵活而熟练地运用。

1. 均质导体定律

由一种均质（电子密度处处相同）材料组成的闭合回路，不论热电极材料的截面积、长度以及沿热电极长度上各处的温度分布如何，回路中热电动势等于零。

对于这条定律，说明以下几点：

1）热电偶必须由两种不同性质的均质材料组成。若两电极是同一种均质材料，则不会产生热电动势；若电极不是均质材料，则会由于沿热电极长度上存在温度梯度而产生附加电动势，从而因热电偶材料不均匀性引入误差。

2）热电动势与热电极的几何尺寸（长度、截面积）无关。

3）由一种材料组成的闭合回路中存在温差时，如果回路中产生了热电动势，则说明该导体一定不是均质的，由此可以检验热电极材料的均匀性。热电极材料的均匀性是衡量热电偶质量的主要标志之一。

2. 中间导体定律

由不同均质材料组成的闭合回路中，当各种材料接触点的温度都相同时，回路中热电动势等于零。

由此定律可以得到如下结论：

1）在热电偶回路中的任意位置，接入第三、第四种，或者更多种材料，只要满足以下两个条件之一，就不会影响原来热电偶回路中的热电动势。条件一：若接入均质导体材料，则应保证引入的导体两个接点温度相等；条件二：若接入非均质导体材料，则应保证整个引入导体的温度一致。

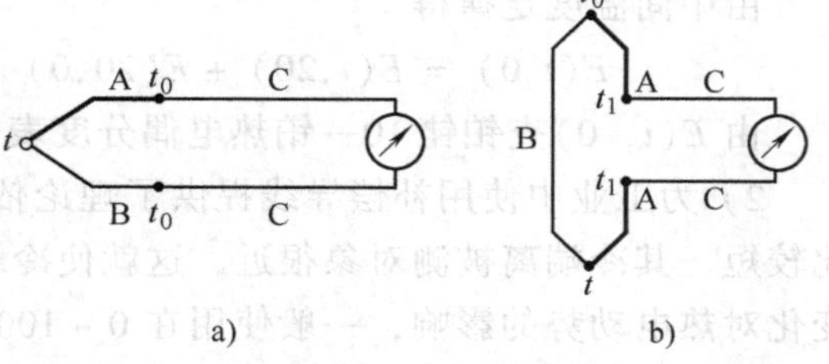

图 2-7　第三种材料接入热电偶回路

如图 2-7 所示，利用热电偶测量温度时，只要热电偶连接显示仪表的接点接触良好，温度均匀，两个接点温度相同，那么不论热电偶回路中用何种方法接入仪表，都不影响闭合回路的热电动势。

根据这则定律，只要仪表或导线处于稳定的环境温度中，就可以在热电偶回路中接入显示仪表、冷端温度补偿装置、连接导线等组成热电偶温度测量系统，也表明两个热电极间可以用任意材料焊接而不必担心它们会影响回路的热电动势。另外，在测量一些等温液态金属和金属壁面温度时，甚至可以借助均质等温的导体本身连接，即形成开路热电偶进行温度的测量，如图 2-8 所示。若所接入均质材料的两端温度不相等，则热电偶的热电动势将发生变化，变化的大小取决于接入均质材料的性质和接点的温度。因此，在测量过程中必须接入的均质材料不宜采用与热电偶热电性质相差很远的材料，否则，一旦温度有所变化，热电动势的变化将很大。

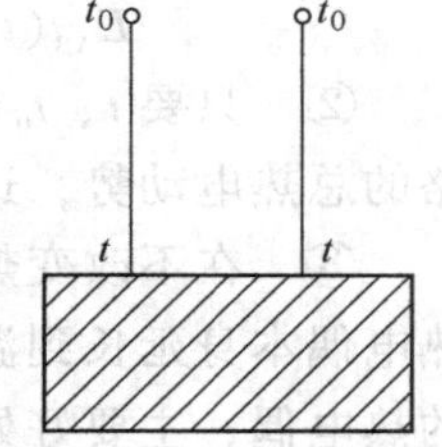

图 2-8　开路热电偶

2）如果两种均质导体 A、B 对另一种参考导体 C 的热电动势为已知，则这两种导体组成热电偶的热电动势是它们对参考导体热电动势的代数和。这条结论也被称为**标准热电极定律**。

在工业生产过程中，因为铂的物理、化学性能稳定，熔点高，容易提纯，复制性好，所以常用纯铂丝做标准热电极与各种不同材料金属配成热电偶。其中任何两种材料配成热电偶时产生的热电动势都可以通过计算求得，这就大大地简化了热电偶的热电极选配工作。

3. 中间温度定律

两种不同材料金属组成的热电偶回路，其接点温度为 t、t_0 的热电动势，等于该热电偶在接点温度分别为 t、t_n 和 t_n、t_0 时的热电动势的代数和，其中 t_n 为中间温度，即

$$E(t,t_0) = E(t,t_n) + E(t_n,t_0) \tag{2-14}$$

由此定律可以得到如下结论：

1）热电偶的“热电动势-温度关系分度表”表明了在冷端温度为0℃时，热电偶闭合回路中产生的热电动势和被测温度的对应关系。只要进行适当地修正，利用中间温度定律和热电偶分度表就可以求得在任何冷端温度下的热电偶热电动势值，即为制定和使用分度表奠定了理论基础。

【例题 2-1】 已知铂铑 10—铂热电偶的冷端温度 t_0 为 20℃，测得的热电动势为 9.474mV，求测量端温度 t。

【解】 由题可知，$E(t,20)=9.474\text{mV}$，由铂铑 10—铂热电偶分度表查得，$E(20,0)=0.113\text{mV}$。

由中间温度定律得

$$E(t,0)=E(t,20)+E(20,0)=9.474\text{mV}+0.113\text{mV}=9.587\text{mV}$$

由 $E(t,0)$ 查铂铑 10—铂热电偶分度表，可得 $t=1000$℃。

2）为工业中使用补偿导线提供了理论依据。热电偶特别是贵金属热电偶，一般都做得比较短，其冷端离被测对象很近，这就使冷端温度不但较高而且波动大。为了减小冷端温度变化对热电动势的影响，一般使用在 0～100℃ 的范围内，和所配套使用的热电偶具有同样热电性质的两根廉价金属导线（即补偿导线）将热电偶冷端移到远离被测对象、且温度比较稳定的地方（如仪表控制室内），则有：

① 根据中间温度定律，当在热电偶回路中分别引入与材料 A、B 有同样性质的材料 A′、B′（引入所谓的补偿导线），即 $E_{AB}(t_0',t_0)=E_{A'B'}(t_0',t_0)$ 时，热电偶闭合回路热电动势为

$$E_{AB}(t,t_0')+E_{A'B'}(t_0',t_0)=E_{AB}(t,t_0')+E_{AB}(t_0',t_0)=E_{AB}(t,t_0)。$$

② 只要 t、t_0 不变，接入 A′、B′后不论接点温度如何变化，都不会影响热电偶闭合回路的总热电动势，这就是引入补偿导线的原理。

③ 在不改变热电偶热电关系的条件下，用补偿导线把热电偶冷端移至温度 t_0 处和把热电偶本身延长到温度 t_0 处是等效的。使用补偿导线来加长热电偶，而不直接用长热电极的热电偶，主要好处是可以节约贵金属热电偶材料，电缆形式便于安装敷设。

【例题 2-2】 现有镍铬—康铜热电偶及温度显示仪表，它们由相应的补偿导线相连接，如图 2-9 所示。已知测量温度 $t=800$℃，接点温度 $t_0'=50$℃，仪表环境温度 $t_0=30$℃，仪表机械零点温度 $t_n=30$℃。如将补偿导线换成铜导线，仪表指示为多少？如将两根补偿导线的位置对换，仪表的指示又为多少？

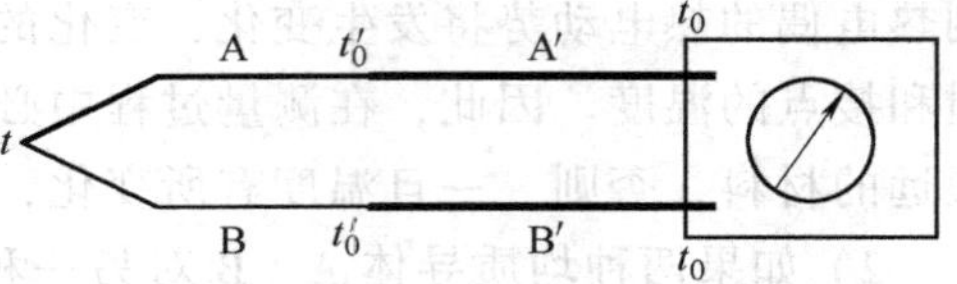

图 2-9 热电偶补偿导线接线图

【解】 当补偿导线换成铜导线时，热电偶的冷端便移到了 $t_0'=50$℃处，所以仪表的输入电动势为

$$E=E(800,50)+E(30,0)=59.770\text{mV}$$

此时显示仪表指示 $t=784.1$℃，应该将机械零点调到 50℃，才能指示出 800℃。

如将两根补偿导线的位置对换，仪表的输入电动势为

$$E=E(800,50)-E(50,30)+E(30,0)=58.523\text{mV}$$

此时显示仪表的指示为 $t=768.3$℃

由此可见，补偿导线接反，仪表指示将偏低，偏低的程度与接点处的温度有关，所以在

使用热电偶补偿导线时必须注意与热电偶的型号相配，和热电偶的正、负极不能接错。在一定温度范围（通常为0~100℃）内，由补偿导线组成的热电偶和所配套使用的热电偶具有相同的热电特性。另外，补偿导线与热电偶连接端的温度不能超过100℃（有些为200℃）且必须相等，否则会由于热电特性不同而带来误差。常用热电偶的补偿导线列于表2-2中。

表2-2 热电偶的补偿导线型号及其材料

配用热电偶		补偿导线型号	补偿导线材料			
			正极		负极	
名称	分度号		名称	代号	名称	代号
铂铑10—铂	S	SC	铜	SPC	铜镍0.6	SNC
镍铬—镍硅	K	KCA	铁	KPCA	铜镍22	KNCA
		KCB	铜	KPCB	铜镍40	KNCB
		KX	镍铬10	KPX	镍硅3	KNX
镍铬硅—镍硅	N	NC	铁	NPC	铜镍18	NNC
		NX	镍铬14硅	NPX	镍硅4	NNX
镍铬—康铜	E	EX	镍铬	EPX	铜镍45	ENX

国际电工委员会（IEC）对补偿导线制定了相应的国际标准。如表2-2所示，补偿导线型号第一个字母与热电偶分度号对应；第二个字母X表示延伸型补偿导线，字母C表示补偿型补偿导线。延伸型补偿导线的材料与所配用热电偶的热电极化学成分相同，可以在很宽的温度范围内保持较高准确度，误差曲线符合线性，但是价格较高。补偿型补偿导线的材料与所配用热电偶的热电极化学成分不同，一般用廉价金属制成，只能在一定的温度范围内与热电偶的热电性质保持一致，因此在较宽的温度范围内，这种补偿导线不能保持较高准确度，误差随使用温度变化，补偿接点容易引入干扰。补偿导线材料一栏中的P和N分别表示相应补偿导线的正、负极。另外，对于不同的补偿导线可以用附加字母A或B予以区别。

补偿导线的结构与普通电缆一样，由线芯、绝缘层和保护层构成，有的还有一层金属屏蔽层。线芯的形式有单股硬线芯和多股软线芯两种。

根据使用环境温度不同，补偿导线可以分为一般用（符号为G，使用温度范围为0~100℃）和耐热用（符号为H，使用温度范围为0~200℃）两种。根据热电动势的允许误差大小，补偿导线又可以分为普通级（不标符号）和精密级（符号为S）两种。一般情况下，补偿导线电阻率较小，线径较粗，这有利于减小热电偶测量回路的电阻。

2.2.3 热电偶的种类及结构形式

根据热电偶的测温原理，任意两种不同性质的导体或半导体材料都可以作为热电极组成热电偶测量温度，但是实际情况并非如此。为了保证测量温度具有一定的准确度和可靠性，一般要求热电偶的热电极材料满足下列基本要求：

1）物理、化学性质稳定，有较好的耐热性，在高温下不产生再结晶或蒸发现象，抗氧化还原性能好。

2）测温范围宽，因此选用熔点高、饱和蒸气气压低的金属或合金。

3）在测温范围内，热电偶热电特性不随时间变化。

4）组成的热电偶产生的热电动势率（温度每变化1℃引起的热电动势的变化）大，具有足够的灵敏度，热电动势与被测温度成单值线性或近似线性函数关系。

5）电导率大，电阻温度系数小，即热电偶本身阻值随温度变化小，以减小附加误差。低温热电偶还要求有较小的热导率，以减小热传导误差。

6）具有较好的工艺性能，便于成批生产，复制性好，即同样材料制成的热电偶，它们的热电特性基本相同，便于采用统一的分度表。

7）复制性好，便于批量生产，利于互换。

8）有良好的机械加工性能，价格便宜，并尽量少用稀有贵金属。

但是，目前很难找到完全满足上述要求的热电极材料，所以只能根据具体情况，按照不同测温条件和要求选择不同的热电极材料。

1. 热电偶的种类

根据使用的热电极的材质和结构的不同，常用的热电偶可以分为标准化热电偶和非标准化热电偶两大类。

（1）标准化热电偶　所谓标准化热电偶是指国家标准规定了其热电动势与温度的关系和允许误差，有统一的标准分度表的热电偶。这种热电偶发展早、生产工艺成熟、可以成批生产、性能优良、应用广泛，并已经列入工业标准文件，并且有与其配套的显示仪表可供选用，使用十分方便。

我国从1988年1月1日起，热电偶和热电阻全部按国际电工委员会（IEC）国际标准生产，并指定S、R、B、K、E、T、J七种标准化热电偶为我国统一设计型热电偶。

1）贵金属热电偶。

①　S型（铂铑10—铂）热电偶。铂铑10—铂热电偶（S型热电偶）为贵金属热电偶。热电偶丝直径规定为0.5mm，允许偏差为±0.02mm，其正极（SP）的名义化学成分为铂铑合金，其中含铑量为10%，含铂量为90%，负极（SN）的名义化学成分为纯铂，故俗称单铂铑热电偶。该热电偶长期最高使用温度为1300℃，短期最高使用温度为1600℃。

S型热电偶热电性能稳定、抗氧化性强、宜在氧化性环境中连续使用，当超过使用温度时，即使在空气中，纯铂丝也将会再结晶，使晶粒粗大而断裂；测量准确度高，它是在所有热电偶中，准确度等级最高的，通常用作标准或用于测量较高的温度；使用范围较广，均匀性及互换性好。但是S型热电偶的微分热电动势较小，因而灵敏度较低，价格较贵，机械强度低，不适宜在还原性环境或有金属蒸气的条件下使用。

②　R型（铂铑13—铂）热电偶。铂铑13—铂热电偶（R型热电偶）为贵金属热电偶。热电偶丝直径规定为0.5mm，允许偏差为±0.02mm，其正极（RP）的名义化学成分为铂铑合金，其中含铑量为13%，含铂量为87%，负极（RN）的名义化学成分为纯铂，长期最高使用温度为1300℃，短期最高使用温度为1600℃。

R型热电偶在热电偶系列中具有准确度最高，稳定性最好，测温温区宽，使用寿命长等优点。其物理、化学性能良好，热电动势稳定性及在高温下抗氧化性能好，适用于氧化性和惰性环境中。由于R型热电偶的综合性能与S型热电偶相当，在我国一直难于推广，除用于进口设备上的测温外，国内测温很少采用。1967年至1971年间，英国NPL、美国NBS和加拿大 NRC 三大研究机构进行了一项合作研究，其结果表明，R 型热电偶的稳定性和复现性比 S 型热电偶均好，我国目前尚未开展这方面的研究。

R 型热电偶不足之处是它的热电动势率较小，灵敏度低，高温下机械强度下降，对污染非常敏感，贵金属材料昂贵，因而一次性投资较大。

③ B 型（铂铑 30—铂铑 6）热电偶。铂铑 30—铂铑 6 热电偶（B 型热电偶）为贵金属热电偶。热电偶丝直径规定为 0.5mm，允许偏差为 ±0.015mm，其正极（BP）的名义化学成分为铂铑合金，其中含铑量为 30%，含铂量为 70%，负极（BN）的名义化学成分为铂铑合金，含铑量为 6%，故俗称双铂铑热电偶。该热电偶长期最高使用温度为 1600℃，短期最高使用温度为 1800℃。

B 型热电偶在热电偶系列中具有准确度高，稳定性好，测温温区宽，使用寿命长，测温上限高等优点。它适用于氧化性和惰性环境中，也可短期用于真空中，但不适用于还原性环境或含有金属或非金属蒸气环境中。B 型热电偶还有一个明显的优点，就是不需要用补偿导线进行补偿，因为在 0 ~ 50℃ 内其热电动势小于 3μV。

B 型热电偶不足之处是它的热电动势率较小，灵敏度低，高温下机械强度下降，对污染非常敏感，贵金属材料昂贵，因而一次性投资较大。

2）廉价金属热电偶。

① K 型（镍铬—镍铝或镍硅）热电偶。镍铬—镍硅热电偶（K 型热电偶）是目前用量最大的廉价金属热电偶，其用量大约为其他热电偶的总和。其正极（KP）的名义化学成分镍铬合金比例为 Ni∶Cr = 90∶10，负极（KN）的名义化学成分镍硅合金比例为 Ni∶Si = 97∶3，其使用温度为 -200 ~ +1300℃。

K 型热电偶具有线性度好、热电动势较大、灵敏度高、稳定性和均匀性较好、抗氧化性能强、价格便宜等优点，能用于氧化性和惰性环境中，因此现在广泛为用户所采用。

K 型热电偶不能直接在高温下用于硫、还原性或还原、氧化交替的环境中和真空中，也不推荐用于弱氧化环境中。

② N 型（镍铬硅—镍硅）热电偶。镍铬硅—镍硅热电偶（N 型热电偶）为廉价金属热电偶，是一种最新国际标准化的热电偶，是在 20 世纪 70 年代初由澳大利亚国防部实验室研制成功的。它克服了 K 型热电偶的两个重要缺点：K 型热电偶在 300 ~ 500℃ 温度范围内，由于镍铬合金的晶格短程有序而引起的热电动势不稳定；在 800℃ 左右由于镍铬合金发生择优氧化引起的热电动势不稳定。镍铬硅—镍硅热电偶正极（NP）的名义化学成分比例为 Ni∶Cr∶Si = 84.4∶14.2∶1.4，负极（NN）的名义化学成分比例为 Ni∶Si∶Mg = 95.5∶4.4∶0.1，其使用温度为 -200 ~ +1300℃。

N 型热电偶具有线性度好、热电动势较大、灵敏度较高、稳定性和均匀性较好、抗氧化性能强、价格便宜以及不受短程有序化影响等优点，其综合性能优于 K 型热电偶，因此它是一种很有发展前途的热电偶。

N 型热电偶不能直接在高温下用于硫、还原性或还原、氧化交替的环境中和真空中，也不推荐用于弱氧化环境中。

③ E 型（镍铬—铜镍）热电偶。镍铬—铜镍热电偶（E 型热电偶）又称镍铬—康铜热电偶，也是一种廉价金属热电偶，它的正极（EP）为镍铬 10 合金，化学成分与 KP 相同，负极（EN）为铜镍合金，名义化学成分为 55% 的铜、45% 的镍以及少量的锰、钴、铁等元

素。这种热电偶的使用温度为 -200 ~ +900℃。

E 型热电偶的热电动势之大、灵敏度之高属所有热电偶之最，宜制成热电堆测量微小的温度变化。它对于高湿度环境的腐蚀不甚灵敏，因此适用于湿度较高的环境。E 型热电偶还具有稳定性好，抗氧化性能优于铜—康铜热电偶、铁—康铜热电偶，价格便宜等优点，能用于氧化性和惰性环境中，因此广泛为用户所采用。

E 型热电偶不能直接在高温下用于硫、还原性环境中，热电动势均匀性较差。

④ T 型（铜—铜镍）热电偶。铜—铜镍热电偶（T 型热电偶）又称铜—康铜热电偶，也是一种最佳的测量低温的廉价金属热电偶。它的正极（TP）的名义化学成分是纯铜，负极（TN）的名义化学成分为铜镍合金，常称之为康铜，它与镍铬—康铜热电偶的康铜 EN 通用，与铁—康铜热电偶的康铜 JN 不能通用，尽管它们都叫康铜，铜—铜镍热电偶的测量温度范围为 -200~ +350℃。

T 型热电偶具有线性度好、热电动势较大、灵敏度较高、稳定性和均匀性较好、价格便宜等优点，特别在 -200 ~0℃温度范围内使用，稳定性更好，年稳定性为 -3 ~3μV，经低温检定后可作为二等标准进行低温量值传递。

T 型热电偶的正极铜在高温下抗氧化性能差，所以使用温度上限受到限制。

⑤ J 型（铁—铜镍）热电偶。铁—铜镍热电偶（J 型热电偶）又称铁—康铜热电偶，也是一种价格低廉的廉价金属热电偶。它的正极（JP）的名义化学成分为纯铁，负极（JN）的名义化学成分为铜镍合金，常被含糊地称为康铜，其名义化学成分为 55% 的铜和 45% 的镍以及少量却十分重要的锰、钴、铁等元素，尽管它叫康铜，但不同于镍铬—康铜热电偶和铜—康铜热电偶的康铜，所以不能用 EN 和 TN 来替换。铁—铜镍热电偶的测量温度范围为 -200~ +1200℃，但通常使用的温度范围为 0 ~750℃。

J 型热电偶具有线性度好、热电动势较大、灵敏度较高、稳定性和均匀性较好、价格便宜等优点，因此广泛为用户所采用。

J 型热电偶可以用于真空、氧化、还原和惰性环境中，但正极铁在高温下氧化较快，故使用温度受到限制，也不能直接无保护地在高温下用于硫化环境中。

(2) 非标准化热电偶　尚未定型的非标准化热电偶在使用范围或数量上均不及标准化热电偶，一般也没有统一的分度表和与其配套的显示仪表，主要用于某些特殊的测量场合，如在超高温、低温、超低温、高真空、有核辐射等条件下具有特别良好的性能。

另外，根据应用场合的要求，非标准化热电偶还可以做成快速微型热电偶、表面温度热电偶、速度热电偶及非金属热电偶等。

1) 钨—铼系热电偶。钨—铼系热电偶是 20 世纪 60 年代发展起来的一种高温热电偶，最高使用温度可达 2600 ~3000℃，但是热电极之间由于绝缘短路而只能用到 2400℃以下，不能在氧化环境中使用。同时，其热电动势较大，线性也较好，价格低廉，但不同批量的热电偶的热电特性有差别，稳定性也较差，它可以用于干燥的氢气、中性介质和真空环境中，不宜用在还原性环境、潮湿的氢气及氧化性环境中。

目前，由于生产工艺的改进，有两种国产钨—铼系热电偶已经实现了统一的分度。当前多采用非接触法测量 1600℃以上的高温，如采用接触法测量温度，则能更准确地测量真实温度。在高温热电偶中，贵金属热电偶价格昂贵，非金属热电偶测温上限高，但技术尚未成熟。钨—铼系热电偶测温上限高，因此在冶金、建材、航天、航空及核能等行业都得到应用。我国钨资源丰富，钨、铼价格便宜，而且可以部分取代贵金属热电偶，因此它是高温测试领域中很有前途的测温材料。

2）钨—铱系热电偶。钨—铱系热电偶是一种高温贵金属热电偶，热电动势较高，热电动势—温度接近线性关系，可以在2200℃以下的真空、中性及弱氧化性环境中使用，但不宜在还原性环境中使用。

3）其他非标准化热电偶。

① 镍铬—金铁热电偶。这种热电偶在低温时热电动势较大，可以在2～273K温度范围内使用。

② 镍钴—镍铝热电偶。这种热电偶的测温范围为300～1000℃，其特点是在300℃以下热电动势很小，在室温附近近似等于零，因此可以不必进行冷端温度补偿。

③ 非金属热电偶。近年来对非金属热电偶的研究工作已经取得一些突破，目前已定型并投入生产的有石墨—石墨热电偶、石墨—二硼化锆热电偶及石墨—碳化钛热电偶等。

非金属热电偶虽然热电动势很大，在各种环境中物理、化学性能都很稳定，测量上限在3000℃以上，但是材料的复现性很差，没有统一的分度表，所以不能成批生产。另外，其机械强度低，因此在使用中受到较大的限制。

2. 热电偶的结构形式

为了保证热电偶可靠、稳定地工作，对它的结构要求如下：

1）组成热电偶的两根金属丝，即热电极的焊接必须牢固，保证测量端与被测对象有良好的热接触。

2）两个热电极之间应有良好的电气绝缘，以防短路。

3）补偿导线与热电偶自由端的连接要方便可靠。

4）保护套管应能保证热电极与环境中有害介质充分隔离。

按照热电偶的用途、安装方法和结构形式不同，常制成以下几种形式。

（1）普通型热电偶　普通型热电偶应用最多，通常由热电极、绝缘管、保护套管和接线盒等主要部分构成，在工业中主要用来测量气体、蒸汽和液体等介质的温度。根据测温范围及环境的不同，所用的热电偶热电极和保护套管的材料也不同，但是因为使用条件基本类似，所以这类热电偶已经标准化、系列化。一支完整的普通型热电偶结构如图2-10所示。

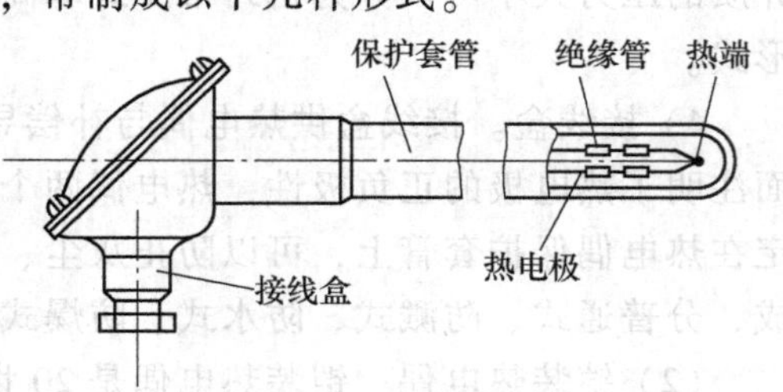

图2-10　普通型热电偶的结构

1）热电极。热电偶通常以热电极材料种类来命名，它的直径大小主要是由材料的价格、机械强度、电导率以及热电偶的用途和测量范围等因素来决定的。贵金属热电偶的热电极大多采用直径为0.13～0.65mm的细丝，普通廉价金属热电偶热电极直径一般为0.5～3.2mm。热电极的长度由安装条件，特别是工作端在被测介质中的插入深度来决定，通常为350～2000mm。

热电偶热电极的测量端通常被牢固地焊接在一起。焊点的形式有点焊、对焊、绞接点焊等多种形式，分别如图2-11a、b、c所示。焊接方法有气焊法及电焊法。为了减小热传导误差和滞后，保证测温可靠性和准确性，要求焊点光滑、无夹渣和裂纹，直径不宜超过热电极直径的两倍。

目前所用的热电极材料，不论是纯金属、合金，还是非金属，都难以满足全部要求，所以在不同测量条件下要选用不同的热电极材料。

2）绝缘管。热电偶的两根热电极之间套有绝缘管，又称绝缘子，用于防止热电偶正、负热电极之间或热电极与保护套管之间热电动势短路，保证测量正常进行。绝缘管的选用要根据使用的温度范围和对绝缘性能的要求而定，在低温下可以用橡胶、塑料和普通陶瓷等，高温下常用的是氧化铝和耐火陶瓷等。它一般制成圆形或椭圆形，中间有孔，长度为20mm，使用时根据热电极的长度，可以多个串起来使用。

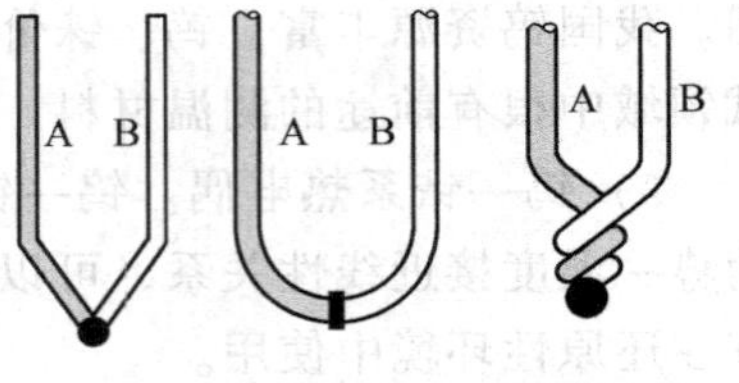

图 2-11 热电偶热端焊接形式

3）保护套管。为使热电极与有害介质隔离，并使其免受化学腐蚀、玷污或机械损伤，热电极在套上绝缘管后再装入不透气的、并带有接线盒的保护套管内，以得到较长的使用寿命和测温准确性。

对保护套管一方面要求经久耐用，能承受温度的急剧变化，不与氧化性及还原性气体起作用，耐酸和碱的化学腐蚀性强，高温下不会与绝缘材料和热电极起作用，也不会分解出对热电极有害的气体，有良好的气密性及足够的机械强度；另一方面要求热导率高，传热良好。传导性能越好，热容量越小，越能够改善热电极对被测温度变化的响应速度。保护套管常用的材料有金属和非金属两类，金属保护套管有用碳钢和黄铜制成的，也有采用各种不同型号的不锈钢和合金钢等制成的；非金属保护套管主要是采用耐火陶瓷、刚玉、石英或其他材料等制成，但是目前没有一种材料能同时满足上述要求，因此应根据热电偶类型、测量范围、加热区长度、使用环境及测温时间常数等因素来选择保护套管材料。

常用保护套管按其安装时的连接方法可分为螺纹连接和法兰连接两种，按其使用时被测介质的压力大小可以分为密封常压式和高压固定螺纹式两种，可以根据使用情况选择适当的形式。

4）接线盒。接线盒供热电偶与补偿导线连接用，内有连接热电极的两个接线端子，上面注明了热电极的正负极性，热电偶两个冷端分别固定在接线盒内的接线端子上。接线盒固定在热电偶保护套管上，可以防止灰尘、水分及有害气体侵入保护套管内，一般用铝合金制成，分普通式、防溅式、防水式、防爆式和插座式等。

（2）铠装热电偶 铠装热电偶是20世纪60年代发展起来的小型化、长寿命、结构牢固的新型热电偶，又称缆式热电偶。它由热电极（多数采用的是铂丝，也有用镍丝的）、绝缘材料（填充在热电极和保护套管之间，通常为氧化镁或氧化铝粉末）和金属保护套管（常用的有铜、不锈钢及镍基高温合金等材料）三者结合，用整体拉伸工艺加工而成一个坚实的组合体，外径为0.25～12mm，可以自由弯曲，其长度为10～1000mm，可以根据需要自由截取。铠装热电偶测量温度的上限除和热电极有关外，还和保护套管的外径及管壁厚度有关。它的外径越粗、管壁越厚，测量温度的上限越高。

铠装热电偶的热电极有双丝（即单支热电偶）和四丝（即双支热电偶）之分，彼此之间互相绝缘。

铠装热电偶的端面形式和测量端的结构形式如图 2-12 所示。

1）露头型，如图 2-12a 所示。热电极直接与被测介质接触，温度响应迅速，不耐压，

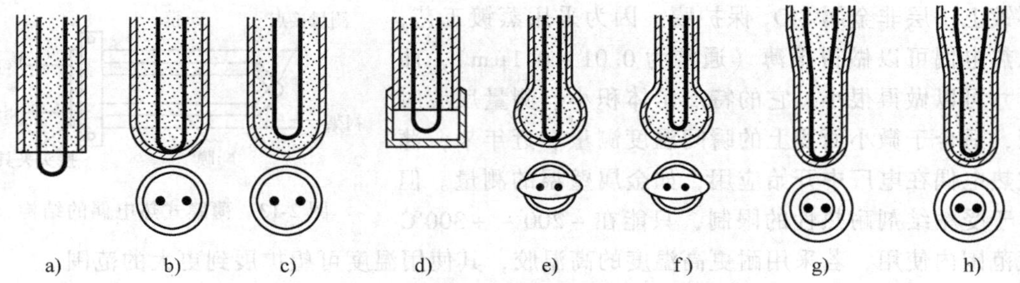

图2-12　铠装热电偶的端面形式和测量端的结构形式

易损坏，寿命短，氧化镁外露易吸潮，制造简单，用于测量温度不高、环境良好的场合。

2）碰底型，如图2-12b所示，又称接壳型。热电极的感温部分与金属套管接触并焊接在一起，耐压高（可达70MPa），使用寿命长，用于测量温度较高、环境稍坏的场合。

3）绝缘型，如图2-12c所示。热电极与保护套管绝缘，用于电磁场干扰较大以及要求热电极和保护套管绝缘的场合，如计算机等设备上。特点是耐压高（可达300MPa），使用寿命长，但温度响应速度慢，制造困难，价格较贵。

4）帽型，如图2-12d所示，把露头型和被测介质接触的热接点套上一个由保护套管材料做成的保护帽，用银焊密封起来。

5）减径测量端（包括碰底型和绝缘型），如图2-12g、h所示。将感温部分金属保护套管的直径缩小，以便达到既能快速响应，又有相当的机械强度、刚度和使用寿命的目的。

另外，还可以根据使用要求将铠装热电偶加工成其他尺寸和形状，如图2-12e、f所示。

铠装热电偶的参比端（接线盒）形式有简易式、防水式、防溅式、插座式、防爆式和无接线盒式等，各种结构可以根据具体要求选用。

铠装热电偶具有测量端体积小、准确度高、动态响应快、耐高压、抗强烈振动、耐冲击、机械强度高、可挠性好、适应性强、节省材料、使用寿命长、便于在各种环境中使用安装等优点，因此已经广泛应用在航空、原子能、电力、冶金和石油化工等许多工业部门中。

（3）热套式热电偶　热套式热电偶主要用于测量锅炉或管道内的蒸汽温度。为了抵御高温、高压和高流速的蒸汽冲击，采用约为100mm的安装插入深度，为了避免因插入深度不足带来的温度误差，已采用带三棱面的整体加工保护套管、筒形热套与主设备组合焊接方法，利用三棱面和热套内孔之间的缝隙，使热套内充满高温的热介质。这种结构形式既保证了热电偶的测温准确度和灵敏度，又提高了热电偶保护套管的机械强度和热冲击性能。

热套式热电偶的感温元件为铠装热电偶，采用热套保护套管与热电偶可以分离的结构。使用时可以将热套焊接或机械固定在设备上，然后装上热电偶即可工作。它的优点是既提高了保护套管的工作压力和使用寿命，又便于热电偶的维修或更换，目前这种结构形式被国内外广泛采用。

（4）薄膜式热电偶　随着科学技术的不断进步，人们对温度信息获取的手段提出了新的要求，对温度传感器超小型化的要求越来越迫切，薄膜式热电偶的出现满足了这一要求。薄膜式热电偶由于其优异的性能，在工业生产中得到越来越广泛的应用。

通常制作薄膜式热电偶是用真空蒸镀的方法，将两种热电极材料置于高真空（真空度通常应该高于1.3×10^{-2}Pa）中加热蒸发，使蒸发的分子凝结于低温的绝缘基板表面，形成薄膜，结构如图2-13所示。为了防止热电极氧化并与被测介质绝缘，常在薄膜式热电偶表面再镀上一层非金属 SiO_2 保护膜。因为采用蒸镀工艺，所以热电偶可以做得很薄（通常为 0.01～0.1μm），而且尺寸可以做得很小。它的特点是体积小、测量反应时间短，适合于微小面积上的瞬间温度测量。近年来，薄膜式热电偶在电厂中开始应用，如金属壁温的测量。但是由于受粘结剂耐热性的限制，只能在 -200～+300℃ 温度范围内使用，若采用耐更高温度的高温胶，其使用温度可望扩展到更大的范围。

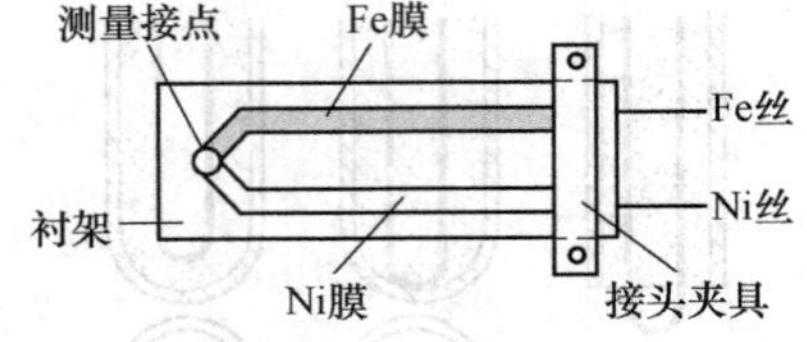

图 2-13　薄膜式热电偶的结构

薄膜热电偶如果选取一种热电极材料制成针状，将另一种热电极材料用蒸镀方法覆盖在针状热电极表面，并在两热电极材料之间用涂层绝缘，仅在针尖处连接成热端，则可以用来测量点的温度，时间常数为十几毫秒。

（5）快速微型热电偶　快速微型热电偶是一种用来测量钢液、铁液或其他熔融金属温度的热电偶，其结构如图 2-14 所示。在石英管中装的热电偶是分度号为 S 或 B 的热电偶丝，热电极的直径大小为 0.05～0.1mm，长度为 25～40mm。这种热电偶配用的显示仪表有快速电子电位差计和数字式显示仪表。当快速微型热电偶插入熔融金属后，保护钢帽迅速熔化，这时 U 形石英管及其中的热电偶的测量端就暴露于熔融金属中。由于石英管和热电偶的热容量都很小，一般情况下，4～6s 就可以反映出熔融金属的温度。测出温度后，整个快速微型热电偶被烧坏，因此，它又被称为消耗式热电偶。由于这种热电偶的热电极丝细且很短而用量不多，如用正负极各 1m 长、直径为 0.5mm 的热电极丝可以拔成直径为 0.1mm 的热电偶 800 支。即使使用贵金属热电极，价格也还是便宜的。

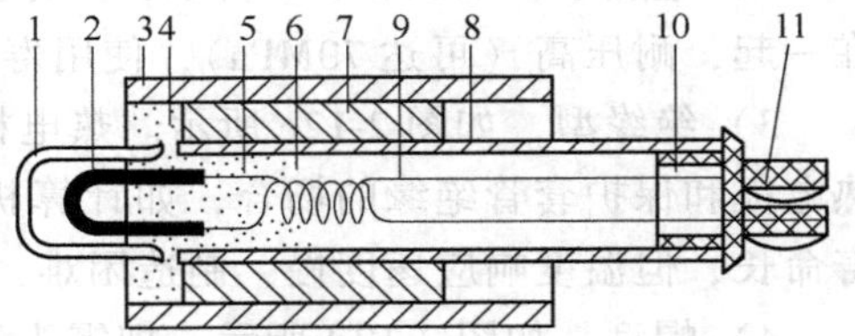

图 2-14　快速微型热电偶
1—钢帽　2—石英管　3—纸环　4—绝热水泥
5—热电偶冷端　6—棉花　7—绝热纸管
8—纸管　9—补偿导线　10—塑料插座
11—簧片

这种热电偶测量结果可靠，互换性好，准确度高，误差小。当测量更高温度时，可以采用钨铼系列热电偶丝制成的快速微型热电偶。

2.2.4　热电偶冷端温度补偿

根据热电偶测温的基本原理，热电偶热电动势的大小不但与被测温度有关，而且与冷端温度有关。只有当冷端温度保持不变情况下，热电偶回路所产生的热电动势才与被测温度成一一对应关系。在实际应用中，热电偶安装在现场设备上，其冷端暴露于空气中，容易受到高温设备和周围环境温度波动的影响，同时热电偶的冷端与工作端（热端）离得很近，所以冷端温度难以保持恒定，从而会引起测量误差。

减小或消除由于热电偶冷端温度变化而产生的测温误差，称为热电偶的冷端温度补偿。它是保证热电偶测温准确性的重要措施，通常采用的冷端温度补偿方法有以下几种。

1. 补偿导线法

因为热电偶的材料一般都比较贵重（特别是采用贵金属时），所以热电偶一般做得比较短（除铠装热电偶外），此时冷端温度变化受被测对象及环境温度影响，波动较大，而在实际应用中又常常需要把热电偶输出的温度信号传输到数十米外的控制室里，送给显示仪表或控制仪表。为了节省热电偶材料，降低成本，通常采用补偿（实质上是延长）导线把热电偶的冷端（自由端）移到远离被测对象、且温度比较稳定的控制室内，再连接到仪表端子上，如图2-15所示。必须指出，热电偶补偿导线只起延伸热电极的作用，它本身并不能消除冷端温度变化的影响。为了进一步消除冷端温度变化对热电动势的影响，通常还需要采用其他修正方法来补偿冷端温度 $t_0 \neq 0$℃时对测温的影响。

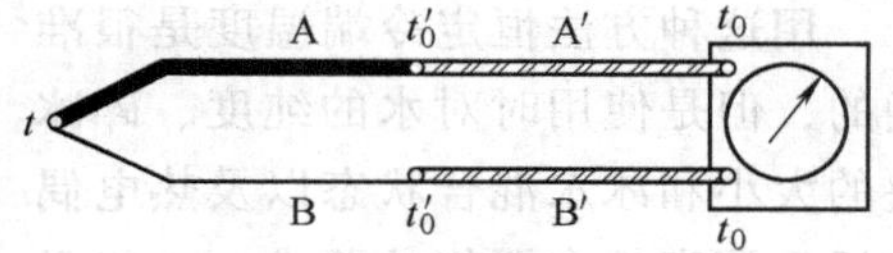

图2-15 补偿导线在测温回路中的连接

A、B—热电偶热电极 A′、B′—补偿导线

t_0'—热电偶原冷端温度 t_0—新冷端温度

2. 计算修正法

由于热电偶的热电动势—温度关系分度表是在冷端温度为0℃的情况下得到的，与之配套使用的显示仪表也是根据这一关系分度表进行分度和刻度的。虽然用补偿导线法可以使热电偶新的冷端延伸到温度稳定的地方，但是新冷端温度并不一定为0℃，这就必须对显示仪表指示值加以修正。设新冷端温度恒定于 t_0，被测温度为 t，根据中间温度定律得

$$E(t,0) = E(t,t_0) + E(t_0,0) \tag{2-15}$$

式中，$E(t,0)$ 是冷端温度为0℃而热端温度为 t 时的热电动势（真实值）；$E(t,t_0)$ 是冷端温度为 t_0 而热端温度为 t 时的热电动势，即仪表实际测量值；$E(t_0,0)$ 是冷端温度为0℃而热端温度为 t_0 时的热电动势，即冷端温度不为0℃时的热电动势修正值（可查相应热电偶分度表获得）。

【例题2-3】 试用铂铑10—铂热电偶测量温度，现已知用其他温度计（如玻璃管水银温度计）测量出冷端处温度 $t_0=100$℃，此时仪表的温度读数为800℃，求被测介质的实际温度 t。

【解】 查对应分度表可知

$$E(t,t_0) = E(800,0) = 7.345\text{mV}$$

根据中间温度定律，有

$$E(t,0) = E(t,t_0) + E(t_0,0)$$

由铂铑10—铂热电偶分度表查得

$$E(100,0) = 0.646\text{mV}$$

则

$$E(t,0) = E(t,t_0) + E(t_0,0) = (7.345 + 0.646)\text{mV} = 7.991\text{mV}$$

再查对应分度表并线性插值，得被测介质实际温度为 $t=858.8$℃。

这种校正方法需要多次查表计算，在生产现场很不方便，因此这种方法只适用于在实验室中或间断测量时对示值进行修正，在连续测量过程中显然是不实用的。

3. 冷端恒温法

维持冷端恒温的方法很多，常用的方法有冰点槽法和其他恒温法两种。

（1）冰点槽法 冰点槽的原理结构如图2-16所示。在实验室条件下，将热电偶的两个冷端放在充满冰水（制冰的水必须是清洁的水）混合物的容器中，使冷端温度始终保持在0℃，这样测得热电动势后查相应的分度表即可得到被测温度。为了防止短路和改善传热条件，两支热电极的冷端应该分别插在盛有水银或变压器油的试管中，其中试管中若用水银则必须在水银上存放蒸馏水或变压器油以防止水银蒸发。为了保证准确测量，试管直径应不大于15mm，热电极插入深度不得小于100mm。

用这种方法恒定冷端温度是很准确的，但是使用时对水的纯度、碎冰块的大小和冰水混合状态以及热电偶的插入深度都有严格的要求，一般只有在实验室精密测量温度时使用或计量部门使用，工业生产中一般不采用。

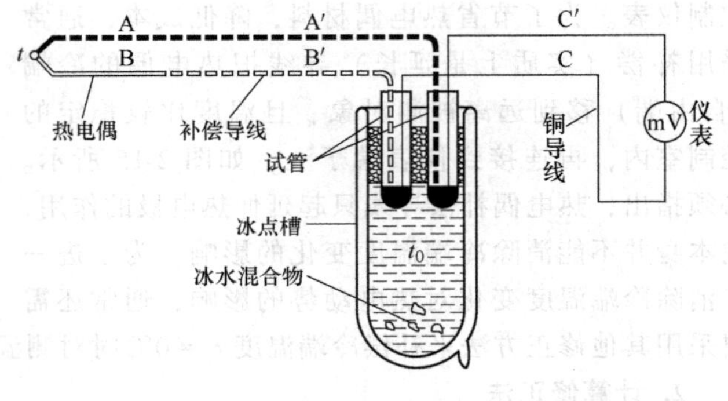

图 2-16 冰点槽

(2) 其他恒温法 在用热电偶测量温度时，使其冷端的温度保持恒定，具体情况还有其他一些简易的方法：一是把冷端放在室内盛油的容器里，利用油的热惰性维持其接近室温；二是把冷端放在充满绝缘物的铁管中，并把铁管埋入2.5～3m或更深的地下；三是把冷端放在电加热式恒温箱内，通过接点控制或其他控制方式使冷端温度保持恒定，通常为50℃，图2-17是一个简单的恒温控制电路。以上三种方法都要首先测量出经过恒温后热电偶冷端的温度 t_0，然后再用计算法或机械零点调整法进行补偿。

4. 显示仪表的机械零点调整法

显示仪表的机械零点是指仪表在没有输入信号（包括零输入信号）的情况下，即仪表输入端开路时，指针停留的刻度点，一般为仪表的刻度起始点。对于热电偶冷端温度非0℃的处理方法如图2-18所示，测温回路开路情况下将显示仪表机械零点预先调整到热电偶冷端温度 t_0 的位置，此时相当于人为给显示仪表输入初始热电动势 $E(t_0,0)$。接通测温回路后，热电偶产生的热电动势即显示仪表的输入热电动势为 $E(t,t_0)$。因此综合起来，显示仪表输入电动势相当于 $E(t,t_0)+E(t_0,0)=E(t,0)$，则显示仪表的示值正好为被测温度 t，消除了 $t_0\neq0$℃引起的示值误差。

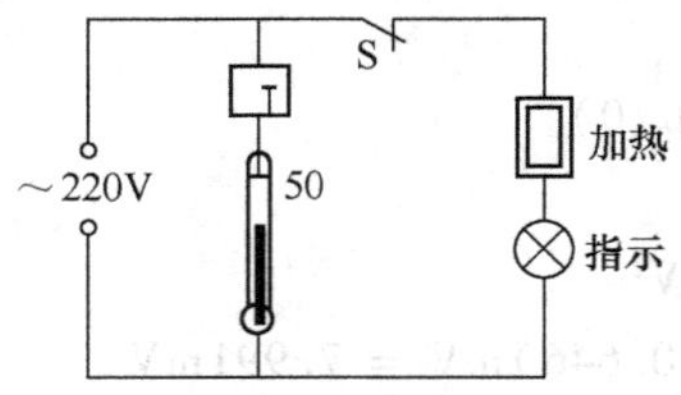

图 2-17 恒温控制电路

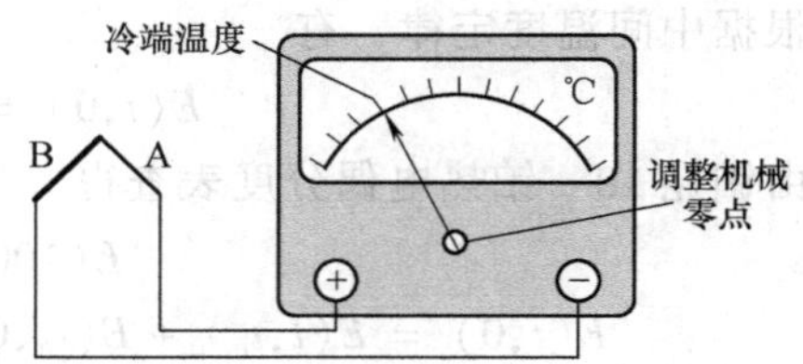

图 2-18 显示仪表机械零点调整法示意图

这种补偿方法简单方便，适用于工业生产中冷端温度比较稳定，测量准确度要求不高的情况。但是要注意冷端温度变化后，必须及时重新调整机械零点。在冷端温度经常变化的情况下，不适宜采用这种方法。

5. 补偿装置法（冷端温度补偿器）

由式 $E_{AB}(t,t_0)=f(t)-f(t_0)$ 知，当热电偶的热端温度不变时，热电偶的热电动势随冷端温度的升高而减小，如果能在热电偶的测量回路中串联一种装置，其输出电动势随温度的升高而增大，且增大的数值和热电偶的热电动势由于冷端温度升高而减小的数值恰好相等，则送到显示仪表的热电动势不会随冷端温度的变化而变化，那么热电偶由于冷端温度变化而产生的误差即可消除。冷端温度补偿器（由一个直流不平衡电桥构成）就是根据这个原理设计的。图2-19是带有补偿装置的热电偶测温回路。如图2-19所示，不平衡电桥由 $E=4V$ 直流稳压电源供电，桥臂电阻 $R_1=R_2=R_3=1\Omega$，是用电阻温度系数很小的锰铜丝绕制的，阻值几乎不随温度变化。R_{Cu} 是用电阻温度系数很大的铜导线绕制的补偿电阻，其阻值随周围温度按一定规律变化。热电偶的冷端和电阻 R_{Cu} 处于相同的环境温度。R_5 为串联在电源回路中的限流电阻，是配用不同分度号的热电偶时作为调整补偿电动势的电阻。

由图2-19可知，显示仪表的输入电动势 $U_{AB}=E_x+U_{ab}$。通常设计为，当热电偶冷端处于周围环境温度20℃时，$R_1=R_2=R_3=R_{Cu}=1\Omega$，冷端温度补偿器补偿电桥平衡，没有电压输出，即 $U_{ab}=0mV$，电桥对仪表的读数没有影响。当周围环境温度高于20℃时，R_{Cu} 值随冷端温度增大，电桥输出电压 U_{ab} 也随着增大，此时热电偶热电动势 E_x 减小。若补偿电桥参数选择得合适，则电桥输出电压 U_{ab} 的增大正好补偿热电偶热电动势 E_x 的减小，从而起到冷端温度自动补偿的作用。这就相当于将冷端恒定在电桥平衡时的温度。为了使冷端温度补偿器正常工作，应把它安装在环境温度为0～40℃的地方。

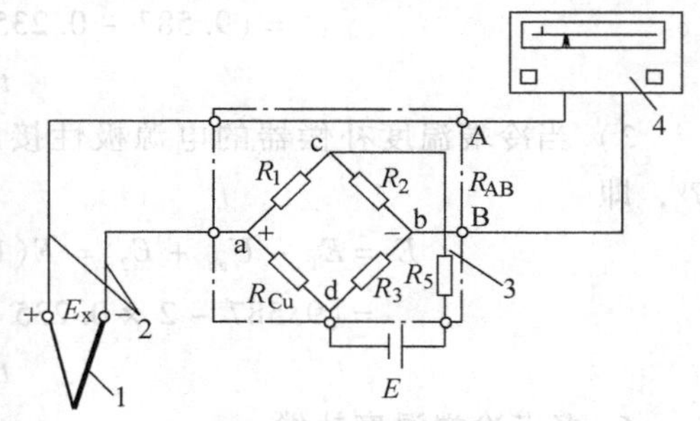

图2-19 带有补偿电桥的热电偶测温回路
1—热电偶 2—补偿导线 3—补偿电桥 4—显示仪表

由于补偿电桥是在20℃时平衡，所以采用这种补偿方法时，必须把仪表的机械零点调到20℃处；若补偿电桥是按0℃时电桥平衡设计的，则仪表的机械零点应该调在0℃处。这样显示仪表的读数就只与热电偶测量端温度有关，而不受冷端温度的影响。

冷端温度补偿器在热电偶线路上的附加电阻值（即桥路内阻）约为1Ω左右。

正确使用冷端温度补偿器应该注意以下几点：

1）热电偶冷端温度必须与冷端温度补偿器工作温度一致，否则就达不到补偿效果。为此热电偶必须用补偿导线与冷端温度补偿器相连接。

2）选用冷端温度补偿器时必须与相应型号的热电偶配套使用。

3）注意冷端温度补偿器在温度测量系统中连接时的极性。

上述介绍的冷端温度处理方法常用于热电偶和动圈式显示仪表配套的测温系统中，且在一定的范围内起补偿作用。由于自动平衡式电子电位差计和温度变送器等温度测量仪表的测量线路中已经设置了冷端补偿电路，可以实现热电偶冷端温度自动补偿，因此热电偶与它们配套使用时不用再考虑冷端温度补偿，但是仍旧需要补偿导线，补偿导线常被单独使用或与其他方法一起使用。

【例题2-4】 有一采用分度号为S的热电偶的温度测量系统，如图2-20所示。设被测温度 $t=1000℃$，$t_n=30℃$，冷端温度补偿器的平衡温度为20℃，试问此温度显示仪表的机械零点应调在多少度上？当冷端温度补偿器的电源开路（失电）时，仪表指示为多少？电源极性接反时，仪表指示又为多少？

【解】 1）虽然热电偶冷端在40℃，由于冷端温度补偿器作用，相当于冷端温度在20℃，此时仪表的机械零点应该调整到20℃，仪表指示 $t=1000℃$。

2）当冷端温度补偿器的电源开路（失电）时，冷端温度补偿器输出电压为0，失去补偿作用，仪表输入的电动势为

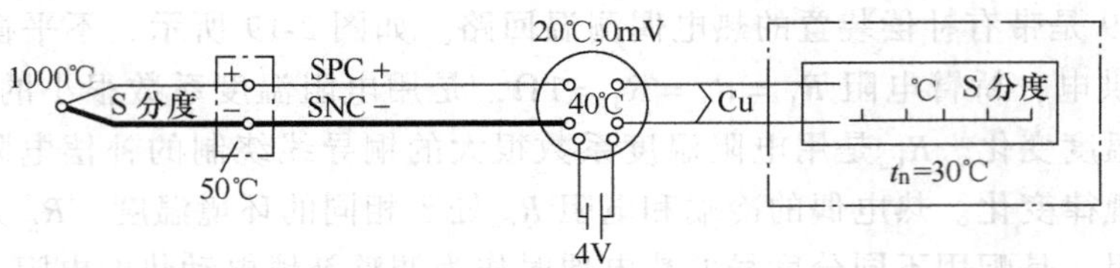

图 2-20 采用分度号为 S 的热电偶的测温系统

$$E = E_1 + 0 + E_2 = E(1000,40) + 0 + E(20,0)$$
$$= (9.587 - 0.235 + 0.113)\text{mV} = 9.465\text{mV}$$
$$t = 989℃$$

3）当冷端温度补偿器的电源极性接反时，冷端温度补偿器输出电压抵消一部分电动势，即

$$E = E_1 - U_{ab} + E_2 = E(1000,40) - E(40,20) + E(20,0)$$
$$= (9.587 - 2 \times 0.235 + 0.113 \times 2)\text{mV} = 9.343\text{mV}$$
$$t = 978℃$$

6. 多点冷端温度补偿

为了有效利用控制盘盘面和节省显示仪表，在同一设备或同一车间里，可以利用多点切换开关把几支甚至几十支同一分度号的热电偶接到一块仪表上，这时只需要一个公共的冷端补偿器。还有一个办法如图 2-21 所示，即把所有热电偶的冷端引到一个接线端子盒里，在这个盒子里放置着补偿热电偶的热端。补偿热电偶可以是一支测温热电偶或是用测温热电偶的补偿导线制成的热电偶。补偿热电偶和测温热电偶通过切换开关与仪表串接起来，测温热电偶和补偿热电偶的热电动势变化相互补偿。此时显示仪表的机械零点应该调整到补偿热电偶较为恒定的冷端温度 t_4 处，也可以把数支热电偶的冷端引到一个加热的恒温器内，恒温器用电阻丝加热，用水银接点温度计控制恒温器在某一恒定温度，此时与之配接的显示仪表机械零点应该调至恒温器的恒定温度处。

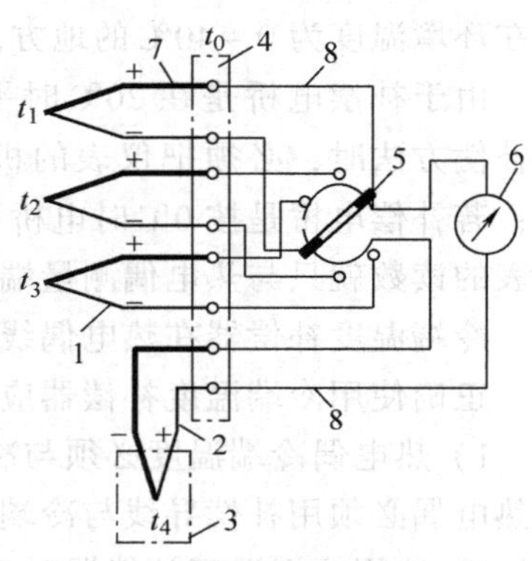

图 2-21 多点参考温度用补偿热电偶
1—测温热电偶 2—补偿热电偶 3—接线端子盒 4—冷端补偿器 5—切换开关 6—显示仪表 7—热电极 8—补偿导线

7. 晶体管 PN 结温度补偿法

近年来国内外还有采用温敏二极管或温敏晶体管构成热电偶冷端温度补偿器的。根据测得的环境温度，将一个相应的 PN 结上的电压引入热电偶回路，这种温度补偿的灵敏度和准确度都很高。

8. 计算机对冷端温度的自动补偿

随着计算机分散控制系统在现场应用的日益成熟和广泛，常规的补偿与处理方法已经淘汰，取而代之的是计算机对冷端温度进行计算修正，其原理如图 2-22 所示。

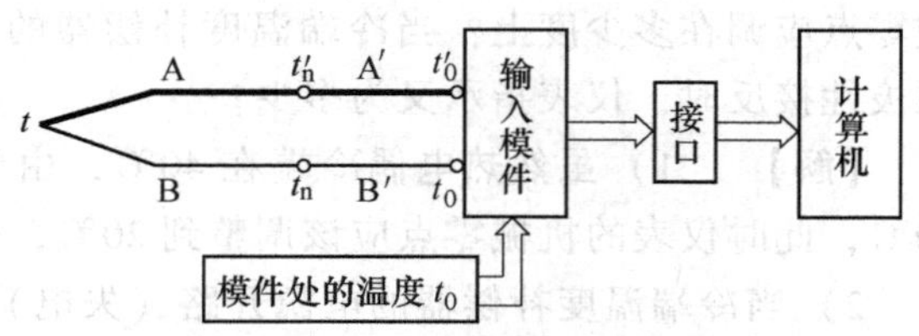

图 2-22 计算机冷端温度补偿示意图

热电偶产生的热电动势经补偿导线送

入相应机柜对应的输入模件上，该输入模件同时接受模件处热电阻测得的温度（即热电偶冷端温度 t_0）信号，然后进行处理并转换成数字信号，经接口送入计算机，按照补偿程序进行处理后实现温度的显示或控制。

2.2.5　热电偶测温系统的组成

热电偶测温系统通常由热电偶、补偿导线、普通导线和显示仪表等组成，一般还应该有参比端温度处理装置。当然在实际使用时，电路会有多种变化，下面简单介绍一些热电偶测温系统的基本电路。

1. 热电偶的串联

为了提高热电偶测温的灵敏度，可以把 n 支相同类型的热电偶串联起来，如图 2-23 所示。串联热电偶组的热电动势为各支热电偶热电动势的总和。在理想情况下，各热电偶的热电动势相等，则总热电动势为单支热电偶热电动势的 n 倍。因此，对于串联热电偶组，是以其总电动势的 $1/n$ 在热电偶的分度表上查取对应的温度值。

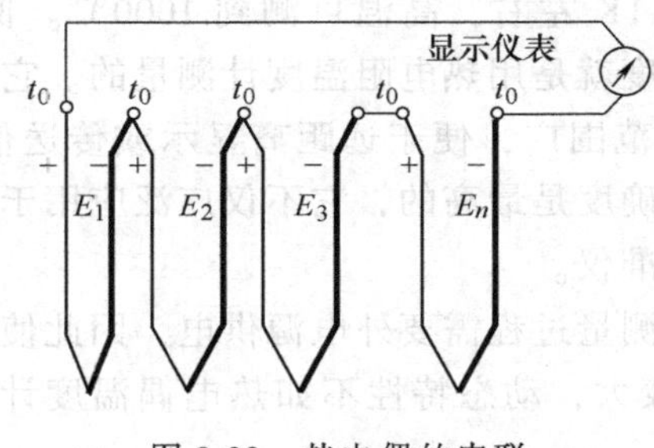

图 2-23　热电偶的串联

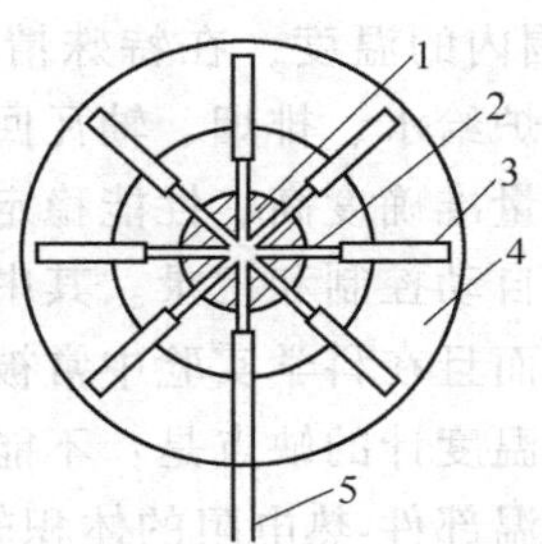

图 2-24　星形热电堆

1—镍片与测量端　2—热电偶丝　3—箔与参比端　4—云母环　5—引出线

串联热电偶有 n 个热端和 n 个冷端，n 个热端必须同时放在被测温度的介质中，n 个冷端必须放在相同温度的冷端装置内。如果 n 个热端的温度不完全相同，则根据总电动势的 $1/n$ 所得到的温度将是各个测点的平均温度。进行精密测量时，使用该方法能得到较为满意的测量结果。

相同型号的热电偶串联使用时，输入显示仪表的热电动势为各支热电偶热电动势的代数和。只要将串联热电偶的测量端集中在被测点处，就可以获得较大的热电动势，使温度测量仪表灵敏度大大提高。这种顺极性串联的热电偶通常称为热电堆，热电堆的排列形状有十字形、星形和梳形等，图 2-24 所示为星形热电堆。

2. 热电偶的并联

几支热电偶并联起来可组成并联热电偶组。并联热电偶组的输出电动势是被并联的 n 支热电偶热电动势的平均值。这个平均值的大小和各个热电偶的电阻值有关，其数值偏向电阻值较低的单支热电偶的电动势值。并联热电偶组多用来测量很多点的平均温度，以克服对多点分别测量再予以平均的麻烦。使用并联热电偶组时，各支热电偶回路的电阻值应该相等。

3. 差接热电偶

差接热电偶又称微差热电偶。在温度测量中，有时要求测量两点的温度差值。如果这个温差的数值很小，就不能采用分别测量两处的温度再算出温差的方法，因为这样求得的结果误差太大。采用差接热电偶测量小温差，能够获得满意的结果，目前它是测量小温差的主要方法。把两个热电偶的测量端分别放在被测温差的两个地方，然后反向串联起来，就组成了差接热电偶，如图 2-25 所示。如果被测两点的温度 t_1、t_2 相同，则两个热电偶产生的电动势 E_1、E_2 大小相等、方向相反，差接热电偶无输出。当被测两点的温度 t_1、t_2 不相同时，两个热电偶产生的电动势 E_1、E_2 也不相同，差接热电偶的输出 ΔE 大小为两点电动势的差值，方向与较大一点的电动势方向一致。

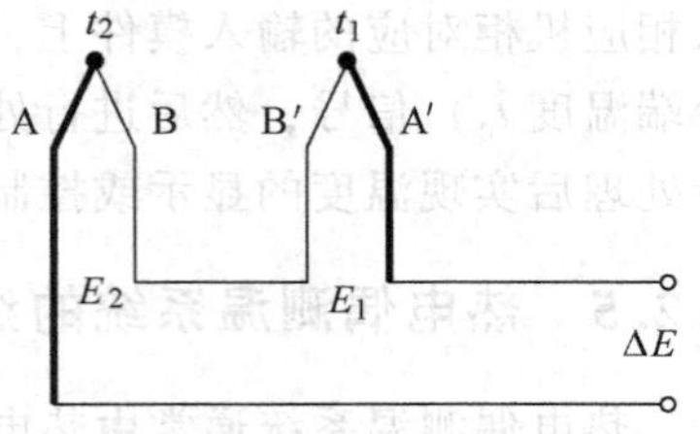

图 2-25 差接热电偶原理图

2.3 热电阻温度计

热电阻温度计是中、低温区最常用的一种温度检测仪表，广泛应用于测量 -200 ~ +650℃范围内的温度，在特殊情况下，低温可测至 1K 左右，高温可测到 1000℃。例如，火电厂的锅炉给水、排烟、轴瓦回油及循环水等的温度就是用热电阻温度计测量的。它的主要优点是测量准确度高、性能稳定、灵敏度高、应用范围广，便于远距离显示或传送信号，能实现温度自动控制和记录。其中铂热电阻的测量准确度是最高的，它不仅广泛应用于工业生产测温，而且在科学实验中常被制成精密的标准基准仪。

热电阻温度计的缺点是：不能测量太高的温度；测量过程需要外电源供电，因此使用受到限制；感温部件-热电阻的体积较大，因此热容量较大，动态特性不如热电偶温度计；连接导线的电阻容易受环境温度影响，会产生测量误差。

2.3.1 热电阻的测温原理及分类

1. 热电阻测温原理及材料

物理学中指出，各种材料的电阻值都随温度变化。实验证明，当温度升高1℃时，大多数金属电阻的电阻值增大 0.4% ~0.6%，而半导体电阻的电阻值要下降 3% ~6%。热电阻温度计就是基于金属导体或半导体电阻值与本身温度呈一定函数关系的原理实现温度测量的。用于测温目的的金属导体材料称为热电阻，而半导体材料称为热敏电阻。

在一定的温度范围内，金属导体电阻与温度的关系一般可用以下经验公式表示：

$$R_t = R_0[1 + \alpha(t - t_0)] \tag{2-16}$$

式中，R_t 是温度为 t 时金属导体的电阻值（Ω）；R_0 是温度为 t_0 时金属导体的电阻值（Ω）；α 是温度在一定范围内金属导体的电阻温度系数（1/℃），通常取平均值，表示温度每变化1℃时的电阻相对变化量。

由于一般金属材料的电阻与温度并非线性关系，故 α 值也随温度变化，而不是一个常数。金属或半导体电阻—温度关系一旦确定之后，就可以通过测量置于测温对象之中并与测温对象达到热平衡的热电阻的阻值而求得测温对象的温度。

半导体热敏电阻的资源丰富，价格低廉，电阻与温度之间通常为指数关系，其电阻温度系数 α 大多数为负值。近年来，半导体热敏电阻应用已经深入到各种领域，发展极为迅速，大量用于家电及汽车用温度传感器中，销售量极大。它的优点有：电阻温度系数比较大，约

为 -6% ~ -3%，灵敏度比较高；电阻率大，可以做成体积很小而电阻很大的热敏电阻元件；由于电阻值很大，连接导线电阻变化的影响可以忽略不计；体积小，热容量小，结构简单，可根据需要制成各种形状，如珠形、片形、杆形、圆片形、薄膜形等，目前最小珠形热敏电阻直径可达0.2mm，可以测量点的温度和动态温度。它的缺点是：性能不稳定，互换性差，测量准确度低，同一型号热敏电阻的电阻温度特性分散性大。此外，其电阻—温度关系非线性严重，使用起来很不方便。这些缺点使热敏电阻的应用受到一定限制。目前，热敏电阻大都用于测量要求不高的场合以及作为仪器、仪表中的温度补偿元件，其测量范围一般为 -100 ~ +300℃。

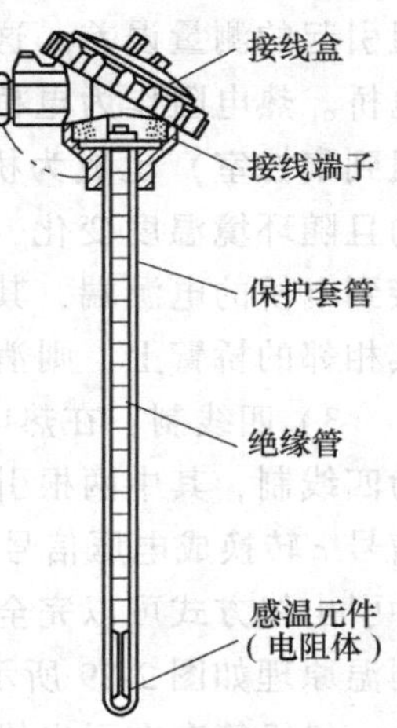

图 2-26 普通型热电阻

2. 热电阻的结构

金属热电阻感温件一般由电阻体、引出线、绝缘管、保护套管及接线盒等组成，其外形与热电偶感温件相似。

(1) 普通型热电阻 图 2-26 为普通型热电阻，电阻体是用热电阻丝绕制在绝缘骨架上制成的。一般工业用热电阻丝中，铂丝多为直径 0.03 ~ 0.07mm 裸线，铜丝多为直径 0.1mm 漆包线或丝包线。为消除绕制电感，通常采用双线并绕（也称无感绕制）。这样，当线圈中通过变化的电流时，由于并绕的两导线电流方向相反，磁通可互相抵消，消除了电感（图 2-27）。电阻丝绕完之后应经退火处理，以消除内应力对电阻温度特性的影响。

热电阻是把温度变化转换为电阻值变化的一次元件，通常需要把电阻信号通过引出线传递到计算机控制装置或者其他一次仪表上。工业用热电阻安装在生产现场，与控制室之间存在一定的距离，因此热电阻的引出线对测量结果会有较大的影响。为了减小附加测量误差，引出线的直径较粗，一般约为 1mm。另外，引出线的材料最好与电阻丝相同，或者与电阻丝之间的接触电动势较小，以免产生附加热电动势。为了节约成本，工业用铂热电阻一般用银做引出线，而标准或实验室用铂热电阻采用直径为 0.3mm 的铂丝做引出线，铜电阻常用铜丝或镀银铜丝做引出线。

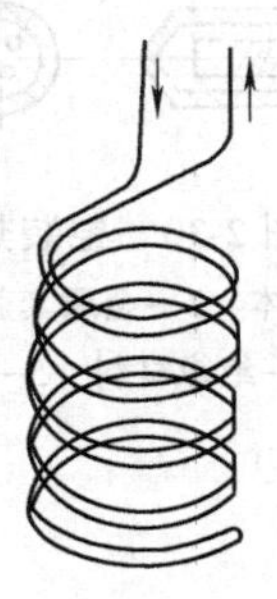
图 2-27 双线无感绕制示意图

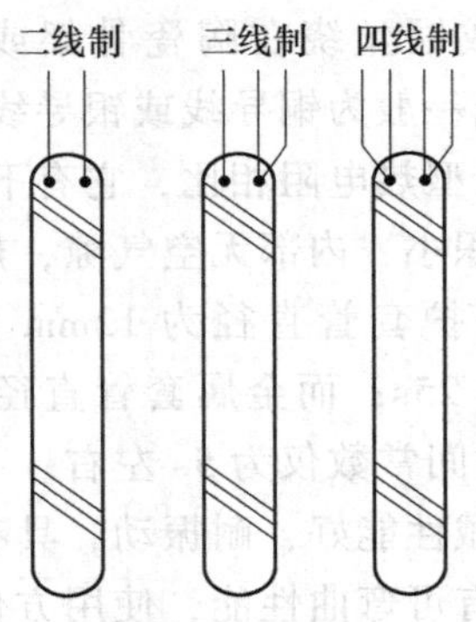

图 2-28 热电阻引出线的三种接法

目前热电阻的引出线主要有三种接法，如图 2-28 所示。

1）二线制：在热电阻的两端各连接一根导线来引出电阻信号的方式，叫二线制。这种引出线方法很简单，但由于连接导线必然存在引出线电阻，电阻大小与导线的材质和长度的有关，因此这种引出线方式只适用于测量准确度较低的场合。

2）三线制：在热电阻的根部的一端连接一根引出线，另一端连接两根引出线的方式称为三线制。热电阻工业过程控制中通常采用三线制接法。采用三线制是为了消除连接导线电阻引起的测量误差。这是因为测量热电阻的电路一般是不平衡电桥。热电阻作为电桥的一个桥臂电阻，其连接导线（从热电阻到集控室）也成为桥臂电阻的一部分，这一部分电阻是未知的且随环境温度变化，造成测量误差。采用三线制将导线一根接到电桥的电源端，其余两根分别接到热电阻所在的桥臂及与其相邻的桥臂上，则消除了导线线路电阻带来的测量误差。

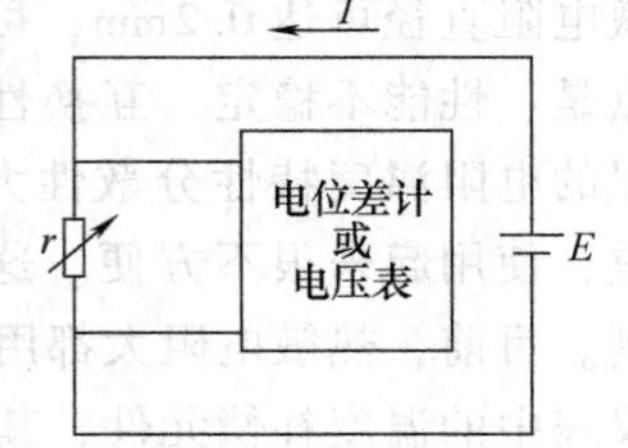

图 2-29 四线制热电阻测温原理图

3）四线制：在热电阻的根部两端各连接两根导线的方式称为四线制，其中两根引出线为热电阻提供恒定电流 I，把热电阻信号 r 转换成电压信号 U，再通过另两根引出线把 U 引至电位差计或高精度电压表。可见这种引出线方式可以完全消除引出线的电阻影响，主要用于高精度的温度检测。四线制热电阻测温原理如图 2-29 所示。

绝缘管套在引出线上，以防止引出线之间及引出线与保护套管之间短路。绝缘管材料的选用是根据使用温度范围来确定的，工业用热电阻一般采用圆柱形双孔绝缘瓷珠。

保护套管套在热电阻元件和引出线的外面，作用是为了防止电阻体遭受化学腐蚀和机械损伤。工业用热电阻的保护套管有黄铜管、碳钢管和不锈钢管等。使用时可以根据被测介质温度和性质来选取。

接线盒是用来固定接线座和作为热电阻与外部连接导线相连接的装置，通常用铝合金材料制成。

(2) 铠装热电阻 铠装热电阻是由感温元件（电阻体）、引出线、绝缘材料、金属套管组合经冷拔、旋锻加工而成的坚实体，如图 2-30 所示，它的外径一般为 $\phi2 \sim \phi8$mm。铠装热电阻中的电阻体是用细铂丝或铜丝绕在陶瓷骨架或玻璃支架上制成的，引出线一般为铜导线或银导线。

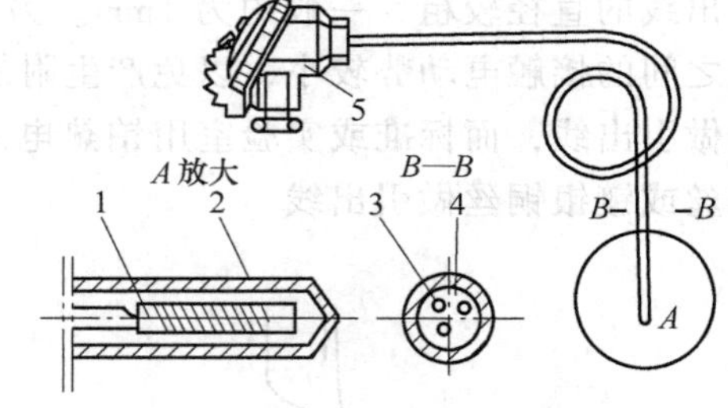

图 2-30 铠装热电阻
1—电阻体 2—金属套管 3—引出线
4—绝缘材料 5—接线盒

与普通型热电阻相比，它有下列优点：

1）体积小，内部无空气隙，热惯性小，响应速度快。如保护套管直径为 12mm 的普通铂热电阻，时间常数为 25s；而金属套管直径为 4.0mm 的铠装热电阻，时间常数仅为 5s 左右。

2）机械性能好，耐振动，具有良好的抗冲击性能。

3）具有可弯曲性能，使用方便。铠装热电阻除头部外，可以做任意方向的弯曲，便于安装，因此它适宜安装在普通型热电阻无法安装的场合。

4）感温元件不接触腐蚀性介质，使用寿命长。铠装热电阻的电阻体由于受到氧化镁绝缘材料的覆盖和金属套管的保护，热电阻丝不易被有害介质所侵蚀，因此它的寿命较普通热电阻长。

(3) 端面热电阻 端面热电阻的感温元件由特殊处理的电阻丝绕制，紧贴在温度计端面，其结构如图2-31所示。它与一般轴向热电阻相比，能更正确和快速地反映被测端面的实际温度，适用于测量轴瓦和其他机件的端面温度。

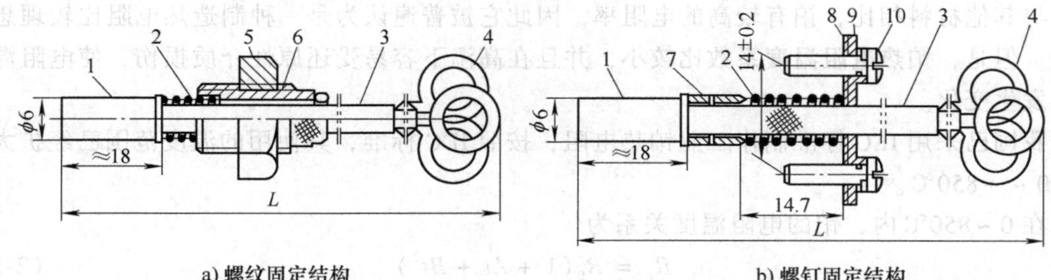

图2-31 端面热电阻

1—热电阻 2—弹簧 3—三芯屏蔽线 4—接线片 5—螺母 6—螺柱 7—衬套 8—垫片 9—固定板 10—螺钉

（4）隔爆型热电阻 隔爆型热电阻通过特殊结构的接线盒，把其外壳内部爆炸性混合气体因受到火花或电弧等影响而发生的爆炸局限在接线盒内，生产现场不会引起爆炸。隔爆型热电阻可用于B1a～B3c级区内具有爆炸危险场所的温度测量。

3. 热电阻测温系统的组成

热电阻测温系统一般由热电阻元件、连接导线和显示仪表等组成，如图2-32所示。使用过程中，必须注意以下两点：

1）热电阻和显示仪表的分度号必须一致。

2）为了消除连接导线电阻变化的影响，必须采用三线制接法。

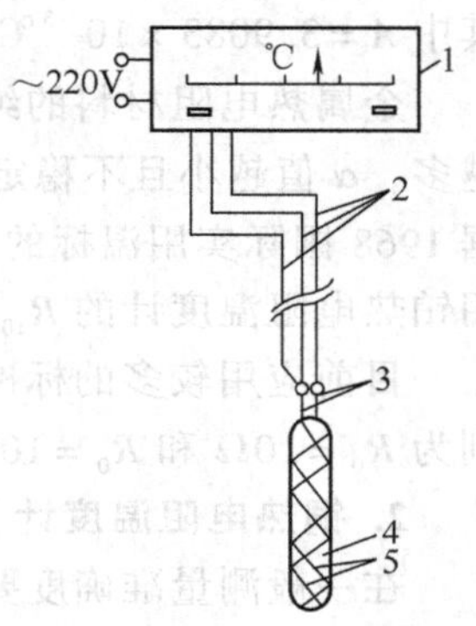

图2-32 热电阻测温系统

1—显示仪表 2—连接导线 3—引出线 4—云母支架 5—电阻丝

2.3.2 常用热电阻温度计

热电阻是基于金属和半导体的电阻随温度变化而变化的性质制成的感温元件。但不是说所有金属或半导体都能用于制造工业上有使用价值的热电阻，因为工业上用来制造热电阻的金属或半导体材料要满足一定的要求：

1）电阻温度系数大，保证感温元件有良好的灵敏度。

2）在测温范围内物理、化学性质稳定，不易氧化，不与周围介质发生作用，能长时期适应较恶劣的测温环境。

3）电阻率大，以使电阻体的体积较小，减小测温的热惯性，对温度变化的响应快。

4）电阻温度系数与温度无关，即电阻和温度之间尽量接近于线性关系，便于分度和读数。

5）工艺性好，价格低廉，便于复制。

综合上述要求，目前工业上广泛应用的是铂热电阻和铜热电阻，它们经国际电工委员会推荐，已经得到广泛应用，并且已经制成标准化热电阻。此外，现在还开始采用铁、镍、锰、钴、钼、钛、镁等复合氧化物高温烧结制造的半导体热敏电阻。

1. 铂热电阻温度计

铂作为一种贵金属材料，它的特点是测量准确度高，物理、化学性能稳定，尤其是耐氧化性能很强。铂在很宽的温度范围内（约1200℃以下）都能保证上述特性。另外，铂很容易提纯，复现性好，有良好的工艺性，可制成很细的铂丝（ϕ0.02mm或更细）或极薄的铂箔。与其他材料相比，铂有较高的电阻率，因此它被普遍认为是一种制造热电阻比较理想的材料。但是，铂热电阻温度系数比较小，并且在高温下容易受还原性介质损伤，使电阻温度关系发生变化。

我国已采用IEC标准制作工业铂热电阻，按照IEC标准，其使用的温度范围已经扩大到-200 ~ +850℃。

在0 ~850℃内，铂的电阻温度关系为

$$R_t = R_0(1 + At + Bt^2) \tag{2-17}$$

在-200 ~0℃内，铂的电阻温度关系为

$$R_t = R_0[1 + At + Bt^2 + Ct^3(t - 100)] \tag{2-18}$$

式中，R_t、R_0是温度为t和0℃时铂热电阻的电阻值；A、B、C分别是由实验求得的常数，其中$A = 3.9083 \times 10^{-3}$℃$^{-1}$，$B = -5.775 \times 10^{-7}$℃$^{-2}$，$C = -4.183 \times 10^{-12}$℃$^{-4}$。

金属热电阻材料的纯度会影响电阻温度系数α的数值，材料纯度越高，α值越大；杂质越多，α值越小且不稳定。一般常以100℃及0℃时的电阻比R_{100}/R_0来表示材料的纯度。根据1968国际实用温标的规定，标准铂热电阻温度计的R_{100}/R_0应不小于1.3925；一般工业用铂热电阻温度计的R_{100}/R_0应该不小于1.385。

目前应用较多的标准化铂热电阻的分度号分别为Pt10和Pt100，相应0℃时的电阻值分别为$R_0 = 10\Omega$和$R_0 = 100\Omega$。

2. 铜热电阻温度计

在一般测量准确度要求不高、温度较低的场合，普遍使用铜热电阻温度计。它的优点是电阻温度系数比较大，材料容易加工和提纯，常用来测量-50 ~ +150℃的温度。在这个温度范围内，铜热电阻的阻值和温度几乎呈线性关系，即

$$R_t = R_0(1 + \alpha_0 t) \tag{2-19}$$

式中，α_0是0℃下的电阻温度系数。

铜热电阻在其测量范围内的电阻温度关系可以用下式表示：

$$R_t = R_0[1 + \alpha t + \beta t(t - 100) + \gamma t^2(t - 100)] \tag{2-20}$$

式中，R_t是温度为t时铜热电阻的电阻值；R_0是0℃时铜热电阻的电阻值；α、β、γ是常数，对于工业用铜热电阻，$\alpha = 4.280 \times 10^{-3}$℃$^{-1}$，$\beta = -9.31 \times 10^{-8}$℃$^{-2}$，$\gamma = 1.23 \times 10^{-9}$℃$^{-3}$。

铜热电阻温度计的缺点是电阻率较小，所以制成相同阻值的热电阻时，铜热电阻丝直径要细，这样机械强度就不高，或者要求较长的长度，从而使其体积增大。此外，铜在高温下很容易氧化，所以它只能在低温和无腐蚀性介质中使用。但是因为铜热电阻的价格便宜，因此仍然被广泛采用。

目前应用较多的铜热电阻的分度号分别为Cu50和Cu100，相应0℃时的电阻值分别为$R_0 = 50\Omega$和$R_0 = 100\Omega$。

2.4 温度感受件的校验及常见故障分析

2.4.1 热电偶校验

热电偶在测温过程中，工作端的高温挥发、氧化、外来腐蚀和污染作用以及高温下热电偶材料发生再结晶，这些都会引起热电偶的热电特性发生变化，使测量误差越来越大，甚至会超出允许范围。为了使温度测量有良好的准确度，热电偶不仅在使用前，而且在使用一段时间后都必须定期进行校验，以确定其误差大小。当其测量误差超出规定范围时，要更换热电偶或把原来热电偶热端剪去一段，重新焊接，经校验后再使用。新焊制热电偶也要通过实验确定它的热电特性（分度）。

热电偶校验是一项重要的工作。根据国际实用温标 ITS—1990 规定，除标准铂铑 10—铂热电偶必须进行三点（金、银、锌的凝固点温度）分度外，其余各种实用性热电偶必须在表 2-3 所列的温度点进行比较法检验，并要求校验点的温度变化控制在 ±10℃ 的范围内。

表 2-3 标准化热电偶的特性及校验温度点

序号	热电偶材料	热电极直径/mm	测温上限/℃		校验温度点/℃
			长期	短期	
1	铂铑 10—铂	0.5 ±0.02	1300	1600	419.527、660.323、1084.62
2	铂铑 13—铂	0.5 ±0.02	1300	1600	419.527、660.323、961.78、1084.62
3	铂铑 30—铂铑 6	0.5 ±0.015	1600	1700	1100、1300、1500
4	镍铬—镍硅（镍铬硅—镍硅）	0.3	700	800	400、600、700、800
		0.5	800	900	400、600、800
		0.8、1.0	900	1000	
		1.2、1.6	1000	1100	400、600、800、1000
		2.0、2.5	1100	1200	
		3.2	1200	1300	400、600、800、1000、(1200)
5	镍铬—铜镍	0.3、0.5	350	450	100、300、400
		0.8、1.0、1.2	450	550	
		1.6、2.0	550	650	(100)、200、400、600
		2.5	650	750	
		3.2	750	900	(200)、400、600、700
6	铜—铜镍	0.2、0.3	150	200	-40、-79、-196、30、60、90
		0.5、0.8	200	250	
		1.0、1.2	250	300	
		1.6、2.0	300	350	
7	铁—铜镍	0.3、0.5	300	400	100、200、300
		0.8、1.0、1.2	400	500	100、200、400
		1.6、2.0	500	600	(100)、200、400、500
		2.5、3.2	600	750	(100)、200、400、600

注：表中括号内的检定点，可以根据用户需要选定。

对于镍铬—镍硅热电偶和镍铬—铜镍热电偶，如果在 300℃以下使用，则应该增加 100℃校验点。校验时在恒温油浴中将它们与二级标准水银温度计相比较。

对于测量高于 300℃的热电偶，工业用热电偶多采用比较法进行校验。双极法是最基本的比较校验方法，即利用上一级标准热电偶（标准热电偶的准确度等级根据被校热电偶的准确度等级要求确定）作为标准仪器，把标准与被校热电偶置于相同温区内，把它们的工作端绑扎在一起（贵金属被校热电偶不超过 5 支，廉价金属热电偶不超过 6 支），这样可以认为它们的工作端温度是相同的，通过测取标准与被校热电偶的热电动势输出，并确定它们之间的误差来进行校验工作的。校验原理及设备如图 2-33 所示。

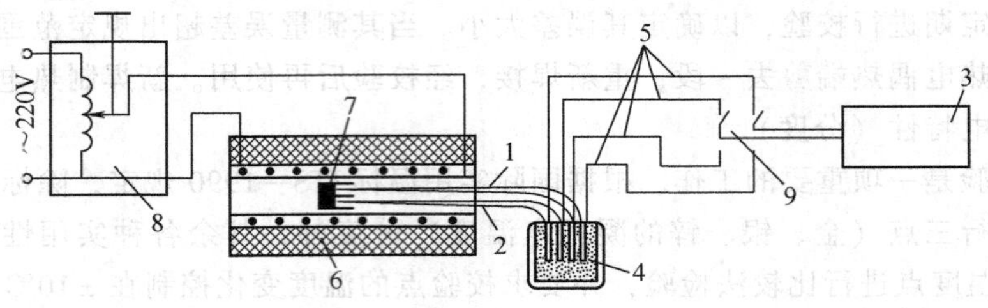

图 2-33 热电偶校验装置

1—被校热电偶 2—标准热电偶 3—电位差计 4—冰点槽 5—铜导线 6—电炉 7—镍块 8—调压变压器 9—切换开关

校验装置主要由管式电炉、冰点槽、切换开关、手动直流电位差计及标准热电偶等组成。管式电炉是用绕在一根陶瓷管上的电阻丝加热的，最高工作温度为 1300℃，陶瓷管内径为 50 ~ 60mm，沿热电极长度为 60 ~ 1000mm，以使沿热电极的导热误差可以忽略，并且要求管内最好有长 100mm 左右的恒温区。读数时要求恒温区的温度变化每分钟不得超过 0.2℃，否则不能读数。温度数值的变更，可通过调压变压器或自动控温装置来实现。手动直流电位差计的准确度等级不得低于 0.03 级。一般在大口玻璃保温瓶内盛冰水混合物作为冰点槽。

校验前一般先进行外观检查，热电偶工作端焊接点应该牢固光滑，无气孔和斑点等缺陷；热电极不应变脆或有裂纹；贵金属热电偶热电极无变色等现象。外观检查无异常后方可进行校验。

校验铂铑 10—铂热电偶时，需用铂丝将被校热电偶与标准热电偶的工作端（都除去保护套管）绑扎在一起，插到管式电炉内的恒温区中。校验廉价金属热电偶时，为了避免被校热电偶对标准铂铑 10—铂热电偶产生有害影响，要将标准热电偶套上石英或氧化铝套管，然后用镍铬丝将两者的工作端绑扎在一起，插到管式电炉内的恒温区中。热电偶放入炉中后，为保证标准热电偶与被校热电偶的工作端处于相同的温度场，可以把两热电偶的工作端放在多孔或单孔金属镍块中，再把镍块放于炉中的恒温区内，炉口应用石棉堵严。热电偶插入管式电炉内的深度一般为 300mm，长度较短的热电偶的插入深度可以适当减小，但是最小不得小于 150mm。热电偶的冷端置于冰点槽中以保持 0℃。用调压变压器或自动控温装置调节炉温，当炉温达到所需校验温度点的 ± 10℃范围内，且温度变化速率每分钟不超过 0.2℃时，就可用电位差计测量标准热电偶与被校热电偶的热电动势。校验读数时，在每一个校验温度点上对标准热电偶和被校热电偶热电动势的读数都不得少于四次。当被校热电偶有 n 支时，检定时取等时间间隔，按照标准→被校 1→被校 2→ …→被校 n，被校 n→…→

被校 2→被校 1→标准的循环顺序读数。这样一个循环后标准热电偶与被校热电偶各有两个读数。一般进行两个循环的测量，得到四次读数。最后求取热电动势读数的算术平均值，并用它查分度表，通过比较得出被校热电偶在各校验温度点上的温度误差。下面用一实例来说明。

例如，在 600℃附近校验热电偶，标准热电偶的热电动势读数平均值为 5.269mV，标准热电偶出厂检定证书中写明，在热端为 600℃、冷端为 0℃时的热电动势为 5.259mV，而在分度表上，热端为 600℃、冷端为 0℃时的热电动势为 5.239mV。

首先算出标准热电偶在 600℃时的热电动势误差 $\Delta E = 5.259\text{mV} - 5.239\text{mV} = 0.020\text{mV}$，可见标准热电偶的热电动势值相对于分度表值是偏高的，因此要把标准热电偶的读数平均值减去该电动势误差，即 $5.269\text{mV} - 0.020\text{mV} = 5.249\text{mV}$。然后从分度表中查出与 5.249mV 相对应的 601℃，此温度即为标准热电偶与被校热电偶热端的真实温度。

用各支被校热电偶的平均读数从分度表中查出对应的温度，将它们与 601℃进行比较，得到在 601℃时各支被校热电偶的温度误差。

其他点校验也按上述步骤进行，以求得热电偶在各校验点上的温度误差。进行计算时，标准热电偶的热电动势误差也需计入。被校热电偶各校验点温度误差确定后，与表 2-4 工业标准化热电偶的允许误差范围进行比较，如果温度误差超出允许误差范围，则该热电偶不能使用。

表 2-4　工业标准化热电偶的允许误差范围

分度号	等级及允许误差					
	Ⅰ		Ⅱ		Ⅲ	
	温度范围/℃	允许误差/℃	温度范围/℃	允许误差/℃	温度范围/℃	允许误差/℃
S	0～1100	±1	0～600	±1.5	—	—
	1100～1600	±[1+0.003(t−1100)]	600～1600	±0.25%t		
R	0～1100	±1	0～600	±1.5	—	—
	1100～1600	±[1+0.003(t−1100)]	600～1600	±0.25%t		
B	—	—	600～1700	±0.25%t	600～800	±4
					800～1700	±0.5%t
K	−40～+375	±1.5	−40～+333	±2.5	−200～−167	±1.5%t
	375～1000	±0.4%t	333～1200	±0.75%t	−167～+40	±2.5
N	−40～+375	±1.5	−40～+333	±2.5	−200～−167	±1.5%t
	375～1000	±0.4%t	333～1200	±0.75%t	−167～+40	±2.5
E	−40～+375	±1.5	−40～+333	±2.5	−200～−167	±1.5%t
	375～800	±0.4%t	333～900	±0.75%t	−167～+40	±2.5
T	−40～+125	±0.5	−40～+133	±1	−200～−67	±1.5%t
	125～350	±0.4%t	133～350	±0.75%t	−67～+40	±1
J	−40～+375	±1.5	−40～+333	±2.5	—	—
	375～750	±0.4%t	333～750	±0.75%t	—	—

2.4.2 热电阻校验

在工业测量中，热电阻在投入使用前及使用一段时间之后也要进行校验，以检查和确定热电阻的准确度。工业用热电阻的校验一般在实验室中进行。除标准铂热电阻温度计需要做三定点（水三相点、水沸点和锌凝固点）校验外，实验室和工业用热电阻温度计的校验方法有两种：

一种是两点法，只校验0℃和100℃时的电阻值，求出电阻比 R_{100}/R_0，看是否符合热电阻技术数据指标，以确定温度是否合格，称为纯度校验。纯度校验一般采用标准状态法，即由冰点槽和水沸腾槽产生0℃和100℃温度场，然后测量置于其中的被校热电阻值。为了得到准确数据，可以多读几次数，求平均值。

另一种是示值比较法，校验时根据所需校验的温度范围选用冰点槽、恒温水槽或恒温油槽作为恒温器，一起插入被校热电阻与标准仪表（标准水银玻璃管温度计或标准铂热电阻温度计），在需要或规定的几个稳定温度下读取标准温度计和被校温度计的示值并进行比较，确定被校热电阻误差是否符合标准。热电阻的测量可以用不平衡电桥，也可以用直流电位差计测量恒电流（小于6mA）流过被校热电阻与标准铂热电阻的电压降，然后算出热电阻的阻值。这种方法可以多校验几个温度点，特别是100℃以上的温度点。

示值比较法虽然可以用调整恒温器温度的办法对温度计刻度值逐个进行比较校验，但是所用的恒温器规格多，一般实验室多不具备，因此通常情况下对热电阻只进行纯度校验。

2.4.3 温度测量系统常见故障分析

1. 热电偶测温系统常见故障原因及处理方法

热电偶使用中的故障有输出电动势比实际值低或高、热电动势时有时无或变化不灵敏。当热电偶发生故障后，首先应将补偿导线和接线盒分开，然后分别检查热电偶与补偿导线，待确定故障位置后，再根据情况进行处理。热电偶的常见故障及处理方法见表2-5。

表2-5 热电偶的常见故障及处理方法

故障现象	可能原因	处理方法
热电偶热电动势比实际值低（显示仪表指示值偏低）	热电极内部潮湿漏电	把热电极、绝缘管烘干，并检查保护套管渗漏情况，不合格者应补焊或更换新保护套管
	热电偶接线柱处积灰或有铁屑短路	用刷子清扫积灰、铁屑，将接线盒密封好
	补偿导线线间短路	找出短路点，加强绝缘或更换补偿导线
	热电极变质或工作端霉坏	在长度允许的情况下，剪去变质段重新焊接，或更换新热电偶
	补偿导线与热电偶极性接反	重新接线
	补偿导线与热电偶型号不配套	更换与热电偶型号一致的补偿导线
	热电偶安装位置不当或插入深度不符合要求	选取适当的安装位置，调整插入深度
	热电偶冷端温度变化大	用补偿导线将冷端移至温度较低且恒定场合，或准确进行冷端温度修正

（续）

故障现象	可能原因	处理方法
热电偶热电动势比实际值低（显示仪表指示值偏低）	热电偶与显示仪表不配套	更换热电偶及补偿导线或显示仪表，使之相配套
	热电偶回路中连接螺钉锈蚀，回路电阻太大	用砂纸除锈或更换螺钉，用万用表测试回路电阻，应该符合15Ω或规定的要求
	补偿导线潮湿短路	将补偿导线与保护套管间水分清除干净，消除短路点，更换新补偿导线，采取防水、防短路措施
热电偶热电动势比实际值高（显示仪表指示值偏高）	热电偶与显示仪表不配套	更换热电偶或显示仪表，使之相配套
	补偿导线与热电偶不配套	更换与热电偶相配套的补偿导线
	有直流干扰信号进入	排除直流干扰
热电动势时有时无（显示仪表输出不稳定）	热电偶接线柱与热电极接触不良，固定螺钉松动	重新接线，更换接触不良的接线柱，将接线柱螺钉拧紧
	热电偶安装不牢或外部振动	将热电偶安装牢固，消除振动或采取减振措施
	热电极将断未断	修复或更换热电偶
	外界干扰（交流漏电、电磁感应等）	查出干扰源，采取屏蔽措施
	热电偶测量线路绝缘破损，引起断续短路或接地	检查热电偶、补偿导线，排除接地点，焊接补偿导线、热电极
	补偿导线与热电极之间接线松动	重新接线
热电偶热电动势变化不灵敏	热电偶安装位置不当	改变安装位置
	保护套管表面积灰	清除保护套管外积灰
	热电极变质	剪断重新焊接或更换热电极

2. 热电阻测温系统常见故障原因及处理方法

热电阻常见的故障是热电阻断路或短路，其中以断路为多，这是由于热电阻丝较细所致。断路和短路都是比较容易判断的，下面介绍断路和短路的鉴别方法。

(1) 断路

1) 电阻体断路。用万用表在电阻体接线端子处测量阻值，电表指示为无限大，则电阻体断路。但在进行检查时，热电阻与显示仪表的连接导线应该预先拆除，否则测得的阻值含有显示仪表的内阻。

2) 连接导线断路。将电阻体端子上的连接导线不拆除，而将两个接线端子短路，这时显示仪表的示值仍为无限大。

(2) 短路

1) 电阻体短路。显示仪表断电后，将连接导线在电阻体的端子处拆除，再用万用表测量电阻体的阻值，若少于实际阻值，则该电阻体短路。

2) 连接导线短路。可将连接导线从电阻体的端子处拆下一个线头，看显示仪表示值是否为无限大。若仍然有示值或指向负侧，则说明连接导线短路。

无论检查热电阻的断路或短路，每次变动线路的连接导线时，都应该将仪表断电，否则容易损坏仪表。在检查时最好不用指示温度的显示仪表，另用一只万用表或测量电阻的仪表即可。

通常情况下短路容易修理，只要不影响电阻丝的粗细和长短，找到短路点进行吹干，加强绝缘即可。断路修理必然要改变电阻丝的长度而影响电阻值，所以在断路的情况下最好更换热电阻。若采取焊接修理，焊好后要校验合格后才能使用。热电阻常见的故障及处理方法见表2-6。

表2-6 热电阻常见的故障及处理方法

故障现象	可能原因	处理方法
显示仪表指示值比实际值低或示值不稳定	保护套管内有金属屑、灰尘，接线柱间潮湿及热电阻短路	除去金属屑，清扫灰尘，擦干保护套管，烘干热电阻，找到短路点，加强绝缘等
显示仪表指示值为无穷大	热电阻或引出线断路及接线端子松开等	更换电阻体，或焊接及拧紧接线螺钉等
阻值与温度关系有变化	热电阻丝材料受腐蚀变质	更换热电阻丝
显示仪表指示值为零或负值	显示仪表与热电阻接线短路或热电阻短路	重新连接导线，或用万用表检查短路位置，加强绝缘

本章小结

在火力发电厂的热力生产过程中，为了保证机组的安全经济运行，必须对温度进行准确、可靠和快速地测量。目前常用的感温元件有热电偶和热电阻两种形式。

1. 热电偶

(1) 热电偶测温原理　将两种不同性质的导体或半导体的两端焊接或绞接起来，即构成一个热电偶闭合回路。当热电偶的两个接点温度不同时，在回路中将产生热电动势；如果冷端温度恒定，则热电动势只与工作端温度有关。因此测出热电动势，即可以测得工作端温度。

(2) 热电偶的基本定律　有均质导体定律、中间导体定律和中间温度定律，为制造和使用热电偶奠定了理论基础。

(3) 热电偶的种类及结构形式　有普通型热电偶（由热电极、绝缘管、保护套管及接线盒等主要部分组成）、铠装热电偶（将热电极、绝缘材料和保护套管三者用整体拉伸工艺加工成一坚实组合体）、热套式热电偶（用于大型机组的主蒸汽温度测量）、薄膜式热电偶和快速微型热电偶等。

(4) 热电偶的冷端温度补偿　为了减小或消除热电偶冷端温度变化而产生的测温误差，可以采用补偿导线法、计算修正法、冷端恒温法、显示仪表的机械零点调整法、补偿装置法等，对热电偶的冷端温度进行修正和补偿。

在现场测温中，一般都是通过相应的补偿导线使热电偶的冷端远离热源，再利用冷端温度补偿器或者利用铜热电阻（通过自动平衡式显示仪表、温度变送器的测量线路）对热电偶的冷端温度进行自动补偿。

（5）热电偶的校验 为了保证测量准确，热电偶在使用前、使用一段时间后要进行周期性的校验。工业用热电偶的校验项目主要有外观检查和允许误差检验两项。

（6）热电偶测温系统常见故障原因及其处理方法 对热电动势比实际值低、热电动势比实际值高、热电动势输出不稳定等故障现象出现的原因及处理措施进行分析说明。

2. 热电阻

（1）热电阻测温原理 将热电阻插在测温场所，被测温度变化会引起阻值变化，测出电阻值，便可以得到温度的数值。

（2）常用热电阻 有铂热电阻（分度号为Pt10、Pt100）、铜热电阻（分度号为Cu50、Cu100）。其中铂热电阻的准确度高、稳定性好、性能可靠；铜热电阻的线性度好、灵敏度高，但测温上限不超过150℃。

（3）热电阻的结构 有普通型热电阻、铠装热电阻、端面热电阻和隔爆型热电阻等。除感温元件外，热电阻的基本结构和热电偶基本相同。

（4）热电阻的校验 热电阻的校验一般在实验室中进行。除标准铂热电阻温度计需要作三定点（水三相点、水沸点和锌凝固点）校验外，实验室和工业用的铂或铜热电阻温度计的校验方法有两点法和示值比较法两种。

（5）热电阻测温系统常见故障原因及处理方法 对显示仪表指示值比实际值低或示值不稳定、显示仪表指示值为无穷大、阻值与温度关系有变化、显示仪表指示值为零或负值等故障现象出现的原因及处理措施进行分析说明。

思考题与习题

2-1 温度测量在火力发电厂的热力生产过程中的作用是什么？

2-2 什么是温标？温标建立的基本条件是什么？常用温标有几种形式？各温标之间的转换关系如何？

2-3 常用的标准化热电偶有哪几种？写出它们的分度号及测温范围。

2-4 简述热电偶的测温原理。

2-5 填空：

（1）在热电偶测温回路中，只要显示仪表和连接导线两端温度相同，热电偶总电动势值不会因它们的接入而改变，这是根据（　　）定律得出的结论。

（2）热电偶产生热电动势必须具备的两个条件是：（　　）；（　　）。

（3）热电偶热电动势的大小与（　　）及（　　）有关，与热电极的（　　）和（　　）无关。

（4）铠装热电偶是把（　　）、（　　）和金属套管三者加工在一起的坚实组合体。

2-6 热电偶测量端和参比端之间的温差保持固定但温度范围不同，其输出热电动势变化吗？为什么？

2-7 用K型热电偶测量温度时，其仪表指示为520℃，而冷端温度为25℃，则实际温度为545℃，对吗？为什么？正确值是多少？

2-8 热电偶的基本定律有哪些？各定律的内容及应用分别是什么？

2-9 已知K分度（镍铬—镍硅）热电偶的热电动势为：$E(100, 0) = 4.096\text{mV}$，$E(20, 0) = 0.798\text{mV}$，$E(30, 20) = 0.405\text{mV}$。试求$E(30, 0)$、$E(100, 20)$、$E(100, 30)$。

2-10 若被测温度不变，而K分度热电偶冷端温度从原来的40℃降到10℃，求热电动势的变化量。

2-11 用镍铬—镍硅热电偶测量温度，显示仪表机械零点在0℃，冷端温度为50℃，仪表指示为750℃，求被测介质的实际温度。

2-12 应用热电偶定律，试求图2-34所示三种热电极组成回路的总电动势值，并指出电流方向。

2-13 热电偶的基本结构有哪几种类型？

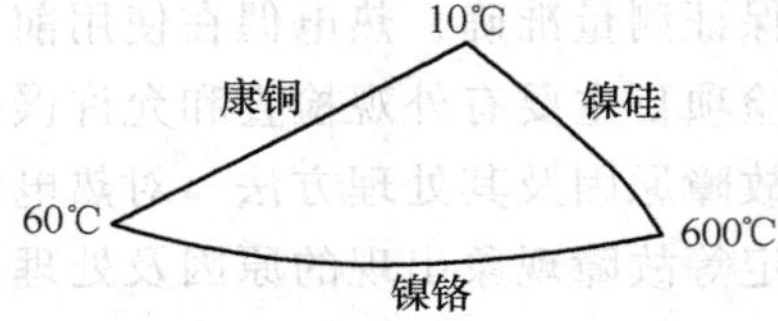

图 2-34 习题 2-12 图

2-14 铠装热电偶有什么优点？

2-15 热电偶测量温度为什么要进行冷端补偿？有哪几种方法？仅采用补偿导线能否消除冷端温度变化的影响？为什么？

2-16 什么是补偿导线？为什么要规定补偿导线的型号和极性？使用补偿导线时应该注意什么问题？

2-17 对于作为热电偶热电极的材料有什么要求？

2-18 如图 2-35 所示，用两支热电偶测量 A 和 B 的温差，当热电偶冷端温度为 0℃时，仪表指示为 300℃，当冷端温度上升到 20℃时，仪表指示应为多少？

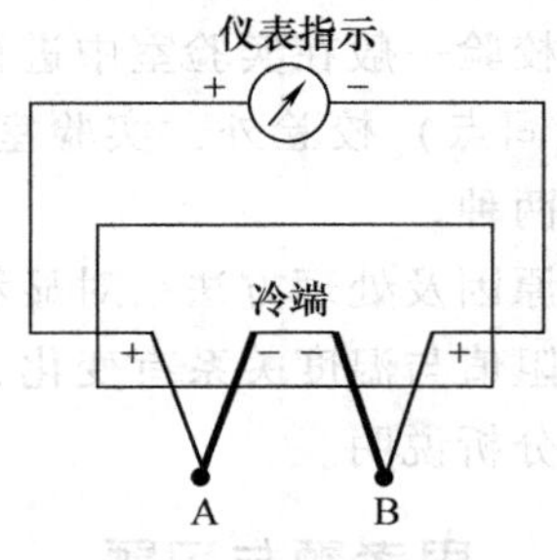

图 2-35 习题 2-18 图

2-19 热电阻的工作原理是什么？常用标准化热电阻有哪些？它们的分度号分别是什么？

2-20 什么是铠装热电阻？它有什么优点？

2-21 热电阻测温线路中为什么要采用三线制接法？

2-22 如果工业用热电偶温度计和热电阻温度计在外表上一样，要求不拆开保护套管，如何区分它们？

第3章　显示仪表

在工业生产中，不仅需要各种传感器、变送器测量出生产过程中各个工艺参数的大小，而且还要求把这些测量数值及时、准确地进行指示、记录，或用字符、数字、图像等显示出来。这种显示被测参数测量数值的装置称为显示仪表。

显示仪表直接接收检测元件、变送器或传感器的输出信号，然后经测量线路和显示装置，把被测参数进行显示，为生产提供所必需的数据，让运行人员了解生产过程的全部情况，以便更好地进行控制和管理生产过程。

随着生产的发展，生产规模的不断扩大，生产过程逐步由手工操作过渡到局部自动化或全盘自动化，所以被测参数数量增多，准确度要求也相应提高，检测信号必须要远传实行集中显示和控制，这时单一指示型的显示仪表已经不能满足需要，因此逐渐地发展成为检测和显示功能分开的只接收传送信号的显示型仪表。现在显示仪表已经逐步形成一个整体，由于非电量电测和非电量电转换技术的发展，电能输送方便、迅速以及与计算机监控联用，所以在集中显示中电子显示仪表占有绝对突出的地位，它可以按不同的方法进行分类，其中按显示方式可以分为模拟显示、数字显示和图像显示三种类型。此外，显示仪表还具有记录装置和声、光报警功能。

模拟式显示仪表是通过仪表的指针（或记录笔）的线位移或角位移来模拟显示被测参数连续变化的仪表，有全量程指示和偏差指示两种形式。这类仪表在结构上一般是由信号放大及转换机构、磁电偏转机构或电机式伺服机构和指示记录机构组成，因此测量速度较慢，读数容易造成多值性，测量准确度也受到一定限制。但是它结构简单、工作可靠、价格低廉，又能直观地反映出被测参数的变化趋势，便于操作人员了解被测量的总体情况，而且记录装置记录的曲线便于观察和保存，因此即使在数字化和微机化仪表技术快速发展的今天，模拟式显示仪表在许多场合中仍然大量地得到应用。

数字式显示仪表是在模拟式显示仪表的基础上发展起来的，它与各种检测元件相连接，可以对温度、压力、流量、液位等参数进行测量，并直接以数字形式显示被测参数量值的大小。这类仪表由于没有使用磁电偏转机构或电机式伺服机构等机械机构，因此它具有测量速度快、测量准确度高、读数直观、重现性好的特点，并且对所检测的参数便于进行数值控制和数字打印记录，也便于和计算机连接作为计算机的输入通道，因此这类仪表得到了迅速发展。但是它显示参数的大小不直观，难以反映被测量的变化趋势，数字跳动频繁而影响判读，所以它不能完全取代模拟式显示仪表。

图像显示仪表就是直接把工艺参数的变化量，以文字、数字、符号、曲线、表格以及图形的形式在屏幕上进行显示的仪器。它是随着计算机的推广应用相继发展起来的一种新型显示设备。图像显示的实质是属于数字式，它具有模拟式与数字式显示仪表两者的功能，并具有计算机大存储容量的记忆能力与快速运算显示性能，是现代计算机不可缺少的终端设备，常与计算机联用，作为计算机综合集中控制不可缺少的显示装置。

3.1 模拟式显示仪表

常见的模拟式显示仪表按工作原理不同，可以分为动圈式显示仪表和平衡式显示仪表。

3.1.1 动圈式显示仪表

动圈式显示仪表是一种发展较早的模拟式显示仪表，它可以对直流毫伏信号进行显示，也可以对非电信号但能转换成电信号的参量进行显示。例如检测元件、传感器或变送器送来的直流毫伏信号，就可以直接进行显示；否则需要经过适当的转换电路后，方可进行显示。由于它结构简单，指示清晰、连续，体积小，重量轻，价格低廉，使用维护方便，并具有一定的抗干扰能力，噪声对其影响不大，因此在我国中小型企业中应用比较普遍。但是随着简易式数字显示仪表的发展，动圈式显示仪表正在逐渐被淘汰。

各类动圈式仪表的测量机构部分是相同的，如图 3-1 所示，它实际上是一个带动圈的磁电式毫伏计。其中动圈是由具有绝缘层、直径 0.8mm 细铜丝绕制而成的一个无骨架可动矩形框，匝数 292 匝。温度每变化 10℃，铜的阻值随温度变化约为 4%，其中动圈电阻 $R_D^{20}=(80\pm5)\ \Omega$。

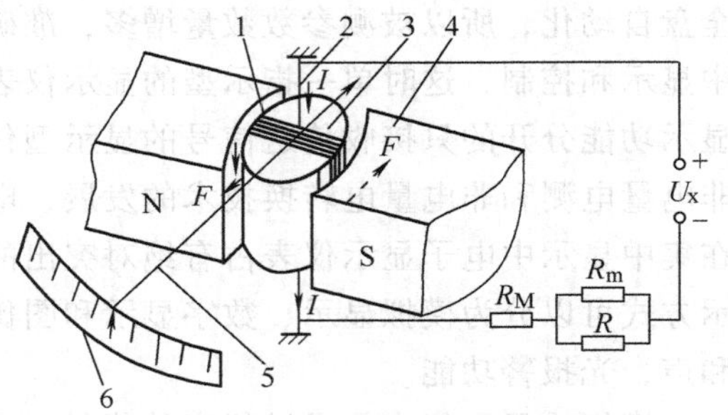

图 3-1 动圈式显示仪表构造原理图

1—动圈 2—张丝 3—铁心 4—永久磁铁 5—指针 6—刻度板

张丝由铍青铜、磷青铜、锡锌青铜等材料制成，其中一端焊接在动圈的张丝座上，使动圈悬挂在两块弧形铝镍钴合金永久磁铁（包括极靴）和软铁心之间的径向辐射均匀恒磁场中，另一端焊接在支架的弹片上。除用于支承动圈之外，张丝还引导电流流入动圈，提供反作用力矩。当动圈未通电时，张丝处于自由状态，指针停在零位。由毫伏信号 U_x 引起的电流流过动圈时，在磁场中产生电磁力矩，使动圈偏转，并带动固定在动圈上的铝制指针一起偏转，以显示被测量的大小。因为动圈的偏转使张丝扭转而产生与动圈转动方向相反的力矩，阻止动圈继续转动，所以此力矩称为反作用力矩。当反作用力矩与电磁力矩相等时，动圈停在一定位置，指针停止偏转，在刻度板上指示出相应的读数。

当有直流毫伏信号加在动圈上时，便有电流流过动圈，使动圈的两个与磁场方向垂直的边受到大小相等、方向相反的安培力 F 作用。

$$F=nBLI \tag{3-1}$$

式中，n 是动圈的匝数；B 是永久磁铁的磁感应强度；L 是动圈有效边长度；I 是流过动圈的电流。

F 使载流线圈受到电磁力矩 M 作用而转动，动圈产生的电磁力矩 M 与流过的电流 I 成正比关系，即

$$M=C_1 I \tag{3-2}$$

式中，C_1 是与磁感应强度、动圈匝数和动圈的几何尺寸有关的系数。对一个定型的仪表，这些参数都是固定的，所以，C_1 是一个常数。

动圈的转动使张丝扭转，于是张丝产生反抗动圈转动的力矩 M_f，即反作用力矩，M_f 与动圈的转角 ϕ 成正比，即

$$M_f = C_2\phi \tag{3-3}$$

式中，C_2 与张丝的尺寸、弹性和工作张力有关。对于一个定型的仪表，C_2 是一个常数。

当动圈产生的电磁力矩和张丝产生的反作用力矩相平衡时，线圈就停止转动，此时 $M = M_f$，即 $C_1I = C_2\phi$。则

$$\phi = \frac{C_1}{C_2}I = CI \tag{3-4}$$

由式（3-4）可知，仪表指针的偏转角与通过动圈的电流成正比。C 称为动圈测量机构的灵敏度系数，当仪表的结构和材料选定后，C 为一常数。输入信号 U_x 越大，流过动圈的电流也越大，则指针偏转的角也越大，刻度盘上指示的变量值也越大。

动圈式仪表具有相同的测量电路，如图 3-2 所示。当环境温度在 0～50℃内变化时，为了尽可能地减小动圈铜电阻随温度变化所带来的误差，保证仪表应有的准确度，在 XC 系列仪表中通常采用热敏电阻作为温度补偿元件。图 3-2 中，R_M 为用锰铜丝绕制的电阻，它的阻值不随温度变化；R_T 为具有负温度系数的热敏电阻，它的阻值随温度升高而降低，与动圈电阻变化趋势正好相反，20℃时为 68Ω。然而由于热敏电阻 R_T 的电阻—温度特性是非线性的，所以在热敏电阻 R_T 上并联一锰铜电阻 R_M，并使并联后的电阻的电阻—温度特性近似为线性关系，则与动圈电阻串联后的电阻随温度变化很小，一般选取 $R_M = 50\Omega$，即可以实现对动圈电阻的温度补偿。

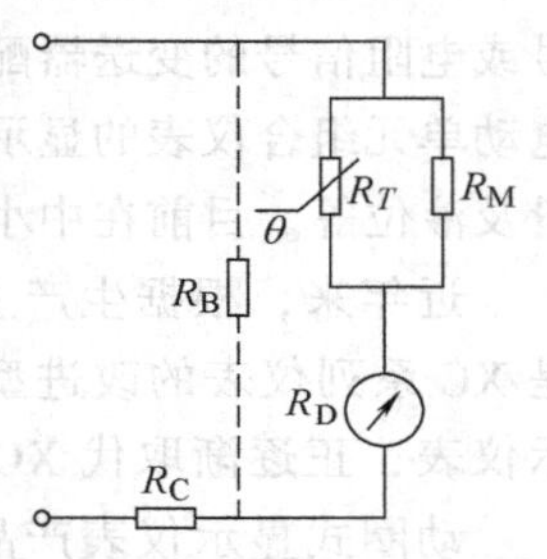

图 3-2 热敏电阻补偿电路

国产 XC 系列动圈式显示仪表采用了统一的测量机构，即用于不同测量范围、不同被测量情况下的动圈式显示仪表的表头是统一的，这就大大简化了生产工艺，提高了生产效率。而且，这种统一的测量机构和各种测量电路配合，很好地兼顾了仪表在灵敏度、准确度、稳定性等方面的技术要求。因此动圈式显示仪表的表头必须根据最小量程所需要的灵敏度来进行设计。当测量大信号时，只要在测量电路中串联电阻 R_C，就可使流过动圈的电流减小，最后保持流过动圈的满刻度电流不变，这就扩大了测量范围。电阻 R_C 是用锰铜丝绕制的，因而不随环境温度变化。改变 R_C 的大小，就可以改变仪表量程，所以称为量程电阻；其次串联电阻 R_C 也提高了仪表的输入阻抗，从而使得信号源内阻的变化对测量准确度的影响减小，有利于提高仪表的准确度。电阻 R_C 是在仪表出厂前定度时确定的，其数值在 20～1000Ω 之间。

在大量程的动圈式显示仪表中，R_C 往往取得较大，以满足测量范围的需要，同时也可以提高仪表准确度。但此时仪表的阻尼特性变差。动圈式显示仪表在运动过程中切割磁力线感应出反电动势，由于 R_C 阻值较大，该反电动势在回路内所产生的阻尼电流较小，因而使得阻尼作用不够，而成为欠阻尼。为了解决这一矛盾，可以在动圈两端并联一只锰铜电阻 R_B，这样从动圈两端往外看的电阻减小了，由反电动势所产生的阻尼电流增大，从而提高了仪表的阻尼能力。当然在增加了 R_B 之后，还需要适当地调整 R_C，这样，既提高了仪表的阻尼特性，又不影响仪表的量程。这样就解决了仪表的灵敏度、准确度和稳定性之间的矛盾。

现在设计的测量机构中，对于配热电偶的 XCZ 及 XCT 型仪表，由于在最大量程情况下，R_C 值也不会太大，阻尼已经足够，所以不用 R_B。对于配热电阻的 XCZ 指示型仪表，在大量

情况下 R_C 会取得较大，但考虑它不带调节部分，即使指针快速摆动，也不会产生调节质量问题，且对单纯指示型仪表也希望指针动作能比较灵敏一些，所以也不采用 R_B。只有对配热电阻的 XCT 型调节仪表才采用 R_B，以防阻尼太小的情况下调节部分产生误动作。

动圈式显示仪表在安装使用时要尽量远离强磁场（如大电机、大变压器、大电炉附近），以防止外磁场对仪表指示产生影响。

1. 动圈式显示仪表型号命名

动圈式显示仪表是我国自行设计制造的系列仪表产品，按输入信号的不同分为 XC 和 DX 两大系列。XC 系列输入信号是电压或电阻信号，DX 系列输入的是电流信号。XC 系列动圈式显示仪表又分为指示型（XCZ）和指示调节型（XCT）两类；DX 系列动圈式显示仪表又分为指示型（DXZ）和指示报警型（DXB）两类。

XCZ 型动圈式显示仪表不仅可以与热电偶、热电阻配合来指示温度，也可以与直流毫伏信号或电阻信号的变送器配合，用来指示压力、差压、流量及成分等。DXZ 型仪表是 DDZ—Ⅱ型电动单元组合仪表的显示单元，它与各类直流毫安变送器配合，可以用来指示温度、压力、流量及液位等。目前在中小型企业中，这两种型号的动圈式显示仪表应用都比较广泛。

近年来，根据生产上的要求，为弥补 XC 系列仪表的不足，又研制出 XF 系列仪表，它是 XC 系列仪表的改进型产品。XF 系列仪表是带放大器、具有强力矩测量机构的动圈式显示仪表，正逐渐取代 XC 系列仪表。

动圈式显示仪表产品型号命名有统一规定，其产品型号一般由两部分组成，第一部分有三位，以大写汉语拼音字母表示；第二部分用阿拉伯数字表示，也有三位；尾注以大写拼音字母表示，以一位为限，标明其特点，普通型无尾注。第一部分、第二部分与尾注之间用短横线分开。有时尾注后（即第三部分）允许以一位阿拉伯数字表示统一设计的序号，第一次统一设计不加第三部分。动圈式仪表的型号及其意义见表 3-1。

表 3-1 动圈仪表型号中各节、各位的代号及所表示的意义

	第一位		第二位		第三位	
	代号	意义	代号	意义	代号	意义
第一部分	X	显示仪表	C	动圈式磁电系	Z	指示仪
			F	带放大器	T	指示调节仪
	D	电动单元组合仪表	X	显示单元	Z	指示仪
					B	指示报警仪
第二部分	1	单标尺	0	—	1	配接热电偶
			1	单限报警	2	配接热电阻
			2	双限报警	3	毫伏输入式
					4	电阻输入式
					5	电流输入式
			1	单针	0	—
			2	双针		
			1	单针	1	上限报警
					2	下限报警
					3	上、下限报警

2. 动圈式显示仪表配接热电偶的测量电路（XCZ—101型）

配接热电偶的动圈式显示仪表的测量电路如图3-3所示。在使用时必须注意冷端温度补偿和外线路电阻两个问题，否则就会产生较大误差。

（1）冷端温度补偿　配热电偶的动圈式显示仪表是在热电偶冷端处于0℃条件下直接按照热电偶的分度表刻度的。如果冷端温度不是0℃，则动圈式显示仪表的指示便不能真实地反映被测温度值，并产生一个随冷端温度变化而变化的误差。因此，在实际测温中必须考虑冷端温度补偿问题。

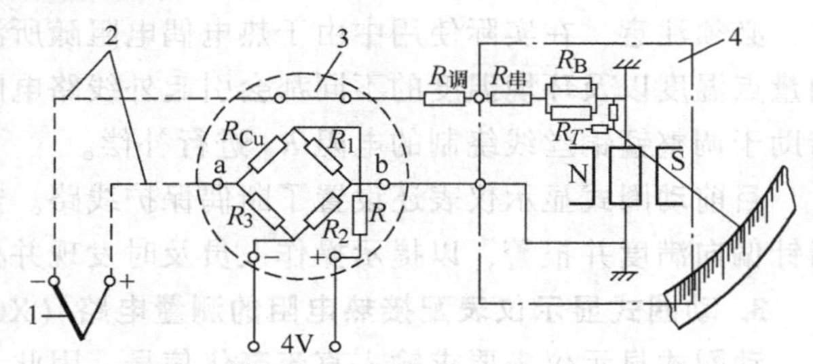

图3-3　配热电偶的动圈式显示仪表测量电路

1—热电偶　2—补偿导线
3—冷端温度补偿器　4—动圈测量机构

1）只用补偿导线。当仪表只配用补偿导线时，若冷端温度 $t_0>0℃$ 且为已知值，则 $E(t_0, 0)$ 是一个可以确定的值。仪表输入的毫伏值加上 $E(t_0, 0)$ 所对应的温度值，就是被测温度的实际值。在现场使用时，常常先用其他形式温度测量仪表把冷端温度 t_0 测量出来，然后把仪表的机械零点调到温度 t_0 上，即相当于把 $E(t_0, 0)$ 预先加在仪表上。这样在测量过程中仪表的指示值就是被测温度的实际值。但必须注意 t_0 的变化，要经常调整仪表的机械零点。

2）使用冷端补偿电桥和补偿导线。当仪表所处的室温在较大范围内变化时，最好将补偿导线和冷端温度补偿器同时配合使用，其测量电路如图3-3所示。应该注意，热电偶的热电动势和桥路补偿电压两者随温度变化的特性是不完全一样的。在温度变化较小时，补偿电压与温度的关系可以认为是线性的，而热电偶的热电特性则是非线性的，因此温度补偿将是不完全的，误差仍然会存在。但如果选取一小段较小的温度范围，并通过合理地设计，可以使桥路输出的补偿电压与热电偶冷端的附加电动势近似相等，这就减小了因补偿不完全而带来的误差。为使所需补偿温度范围尽量小，通常在0~50℃的温度范围内，选取20℃为基准点。因为仪表所处的环境温度总是接近20℃，所以通常设计冷端温度补偿器电桥在20℃时达到平衡，这样当热电偶的冷端温度高于或低于20℃时，补偿电桥所产生的附加电压只要能够补偿冷端温度与20℃之差对被测热电动势的影响，就可以使误差减到最小，但是此时配套的动圈式显示仪表的机械零点也应该调至20℃。而且必须注意热电偶、补偿导线、冷端温度补偿器及动圈式显示仪表之间必须互相配套，接入测量系统时正、负极性要接正确，否则会带来很大的误差。

动圈式显示仪表在运输时，接线柱（短）与（+）之间须接好短路线，增大阻尼，以防指针晃动而损坏仪表，使用时再将短路线打开。

（2）外线路电阻　由于动圈式显示仪表是通过测量毫伏信号而得到温度值的，因此，对于相同的毫伏值 $E(t, 0)$，如果整个测量回路的电阻值不同，流过动圈的电流值也会不同，则指针的指示也不同。在实际测量温度时，从测温现场到显示仪表的距离不同，热电偶本身的长度、粗细也随型号规格不同而不同，外线路电阻也不是一个确定值，从而产生一定的测量误差。为了保证仪表测量的准确性，保持动圈式显示仪表内部电阻不变，统一规定配接热电偶动圈式显示仪表的外线路电阻为15Ω，此值标注在仪表面板上。外线路电阻包括热电偶

电阻、补偿导线电阻、冷端温度补偿器的等效电阻、补偿器到仪表间的铜导线电阻以及外线路调整电阻 R_N，即

$$R_{外} = R_{热} + R_{补} + R_{桥} + R_{铜} + R_N = 15\Omega$$

必须注意，在实际使用中由于热电偶电阻随所测温度及热电偶腐蚀情况变化，所以各个测量点温度以及环境温度的不同都会引起外线路电阻变化，而这些变化很难估计，此时就要借助于调整锰铜丝线绕制的电阻 R_N 进行补偿。

目前动圈式显示仪表还设置了断偶保护线路。热电偶一旦断丝，能使动圈式显示仪表的指针偏向满度并报警，以提示操作人员及时发现并处理。

3. 动圈式显示仪表配接热电阻的测量电路（XCZ—102 型）

动圈式显示仪表要求输入直流毫伏信号，因此，当配接热电阻测量温度时，必须设法将随被测温度变化的热电阻转换成直流毫伏信号，然后与动圈测量机构相配，以指示被测介质的温度。因此，在动圈式显示仪表内增加一个不平衡电桥，热电阻作为电桥的一个桥臂，其阻值的变化将引起电桥输出端不平衡电压的改变，并将该电压输入动圈测量机构，从而进行测量并指示出相应的温度。

配热电阻的动圈式显示仪表的工作原理是：通过不平衡电桥把随温度变化的热电阻电阻值转换成相应的直流毫伏信号，直流毫伏信号产生的电流流过动圈，引起动圈偏转，其转角的大小即指示出被测温度的高低。它的测量电路如图 3-4 所示。其中 R_3、R_4、$(R_0 + R_t + R_1)$ 和 $(R_2 + R_1)$ 组成不平衡电桥的四个臂，且一般都使

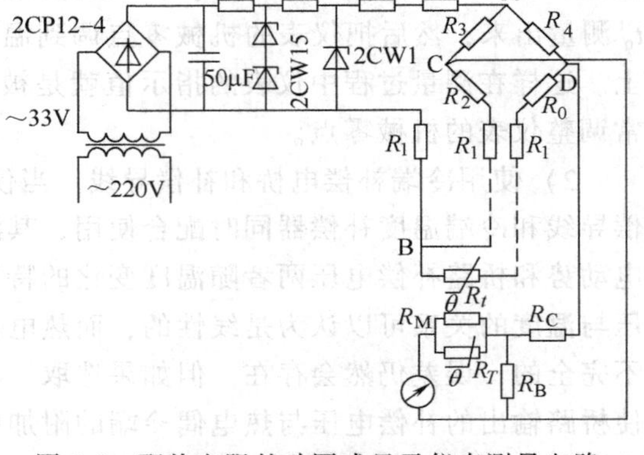

图 3-4 配热电阻的动圈式显示仪表测量电路

$$R_3 = R_4$$

$$R_2 + R_1 = R_0 + R_{t0} + R_1$$

式中 R_1 是热电阻接到动圈式显示仪表的连接导线电阻；R_{t0}是仪表标尺始点温度（通常为 0℃）时的电阻值；R_2、R_3、R_4、R_0 均为锰铜丝电阻。电桥的 A、B 两点接到二级稳压的直流电源上，C、D 两点为电桥的不平衡电压输出端，与动圈式显示表的测量机构相接。

当被测温度为标尺刻度始点，即热电阻值为 R_{t0}时，电桥平衡，C、D 两点无电位差，动圈中无电流流过，指针指向标尺始点。若被测温度升高，热电阻值由 R_{t0} 升至 R_t，电桥失去平衡，C、D 两点将产生电位差，动圈中有电流流过，仪表指针指出相应的温度值。被测温度越高，R_t 阻值变化越大，电桥输出的不平衡电压越高，动圈式显示仪表的指针也将指示出较高的温度值。

不平衡电桥对角线 CD 两端的输出电压不仅与桥臂电阻的变化有关，而且受电源电压的影响，因而采用两级稳压直流电源供电，并引进铜电阻 R_{Cu}，目的是补偿环境温度对电源电压的影响。当环境温度升高时，第二级稳压管 2CW1 上的电位差增大，即输出增大；而温度的升高又会导致铜电阻 R_{Cu}阻值增大，R_{Cu}上的电压降也增大，从而保证送至不平衡电桥上的电压维持不变。桥臂电阻 R_0 用以调整仪表量程起始值，R_C 用以调整仪表测量范围，R_B 则可以改变仪表动圈运动的阻尼特性。R_N 用以使桥路供电电压保证为 4V；对于一般工业用热电阻，规定通过热电阻的最大电流为 6mA，以防止由于热电阻的自然效应产生过大的附加

误差。

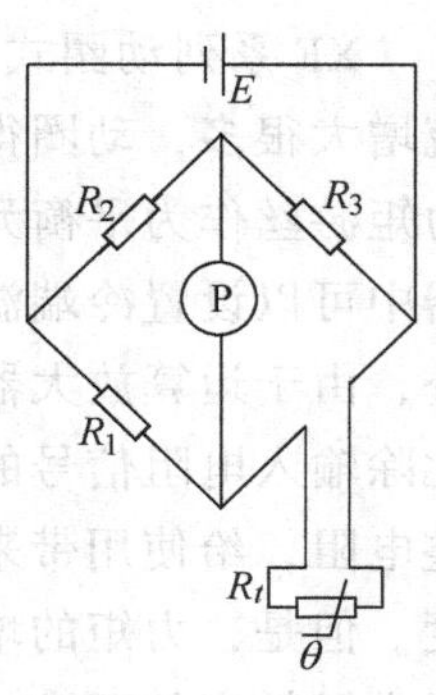

图 3-5 热电阻的二线制接法

采用三根导线（电阻值均为 R_1）将热电阻 R_t 接入测量线路，是为了抵消环境温度变化引起 R_1 变化对测量结果的影响。如果采用图 3-5 所示的接法，用两根导线将热电阻接入桥路，导线的电阻完全加到一个桥臂中。假如热电阻所感受的温度没有发生变化，但导线所处的环境温度变化，其电阻值将改变，使电桥输出的电压改变，动圈式显示仪表将接受一个附加的不平衡电压，指针指到另一温度值造成测量误差。如果采用三线制接法，即从热电阻上接出三根相同材料、相同直径和长度的导线，它们的电阻都是一样的，受环境温度变化而引起的电阻变化也一样的，如果其中一根导线接到电源的负端，另两根分别接到电桥相邻的两个臂上，那么当环境温度变化使连接导线电阻变化时，在很大程度上就可以减小一部分连接导线电阻变化引起的附加误差。例如在仪表刻度起点，电桥处于平衡状态，这时等式 $R_2+R_1=R_0+R_{t0}+R_1$ 两边可以消去 R_1，因此即使 R_1 随环境温度变化，电桥仍然是平衡的，不会引起附加误差。但在仪表偏离起始点后，上式两边将不相等，桥路将处于不平衡状态，这时 R_1 的变化就会影响输出电压的变化，产生附加误差，但是 R_1 的变化对输出电压的影响会相互抵消一部分，因此不会产生较大的附加误差。

必须注意，热电阻的三线制接法规定每根连接导线电阻为 5Ω。不足 5Ω 时，则必须用锰铜丝调整电阻补足，此时调整阻值应该精确到（5±0.01）Ω。另外，动圈式显示仪表与热电阻配套使用时，必须注意仪表的分度号应与热电阻的分度号相同。

4. XF 系列动圈式显示仪表

上面所述的 XC 系列动圈式显示仪表虽然具有价格低廉、用途广泛、使用维修方便等优点，但也存在转动力矩小、抗振性差等缺点，因此后来发展了带前置放大器的动圈式显示仪表，即 XF 系列动圈式显示仪表。XF 系列动圈式显示仪表是在原 XC 系列动圈式显示仪表的基础上改进后出现的一种新型的动圈式显示仪表，其原理如图 3-6 所示。它采用游丝表头，首先由运算放大器对输入信号进行放大，然后推动强力矩内磁机构的动圈表头，达到全量程指示的目的，使磁电式仪表的品质提高，具有指示稳定、抗振性强、阻尼时间短、倾斜影响小及输入阻抗高等特点，能与热电偶、热电阻及电流信号等配合使用，且保持原来设定方式和外形尺寸。该仪表性能可靠、使用寿命长，具有很高的性能价格比。此外，还有 T 系列动圈式指示调节仪，该仪表有二位式、三位式、时间比例式、PID（比例积分微分）直流连续输出等，能与热电偶、热电阻、霍尔变送器、远传压力表、流量变送器、标准直流信号等配合使用，将温度、压力、流量、液位、电流、电压等各种工业参数进行指示和调节。

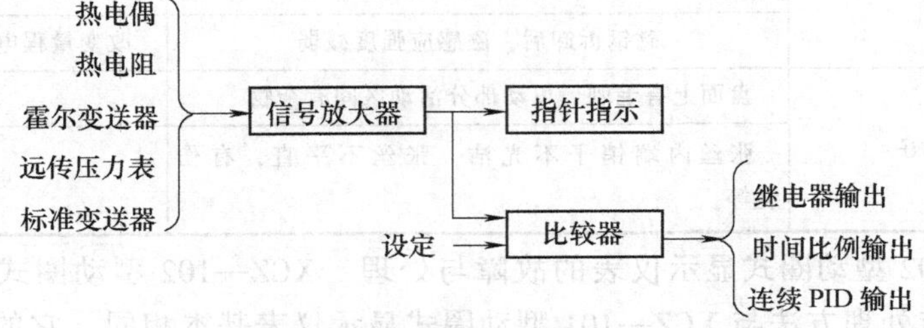

图 3-6 XF 系列动圈式显示仪表基本原理图

XF 系列动圈式显示仪表由于采用了高放大倍数的集成电路线性放大器，通过动圈的电流增大很多，动圈得到的旋转力矩较大，所以也称为强力矩动圈式显示仪表。由于采用了强力矩游丝作为平衡元件，所以仪表稳定性好，具有较强的抗振能力；又因为在集成运算放大器中可以设置冷端温度自动补偿，所以不需要在热电偶测温回路中接入冷端温度补偿器。此外，由于运算放大器的输入阻抗很大，外电路的等效电阻与输入阻抗相比可以忽略不计，因此除输入电阻信号的仪表需要配接外线路电阻外，其他输入信号的仪表可以不必使用线路调整电阻，给使用带来了方便，也相当于增加了一级串联校正环节，提高了仪表的测量准确度。但是，力矩的增大将使仪表消耗的功率增加。为保证前置放大器的线性度，对其元器件提出了较高的要求，因而仪表的成本也有所增加。

5. XC 系列动圈式显示仪表的常见故障与处理

（1）XCZ—101 型动圈式显示仪表的故障与处理　XCZ—101 型动圈式显示仪表在运行中发生故障时，首先必须检查测温元件和连接的测量电路，以及接线端子等是否存在故障。经过分段检查后，若确定故障存在于动圈式显示仪表本身，则可以按故障现象，根据表 3-2 分析原因，并进行处理。

表 3-2　XCZ—101 型动圈式显示仪表测量机构常见故障处理

故障现象	故障原因	处理方法
仪表有输入信号时，指针不动或不稳定	量程电阻 $R_{串}$、张丝或动圈引头脱落或虚焊	重新焊好
	量程电阻 $R_{串}$ 或动圈断路	重新绕制
	张丝断脱	更换新张丝
指针移动缓慢	动圈短路	处理短路点
	动圈部分短路	更换新动圈
	张丝过松	重新焊好
	动圈和铁心或极靴之间有毛刺或其他杂物	清擦干净
指针呆滞或有卡针现象	张丝断脱	更换新张丝
	指针位置过低碰刻度盘上沿、过高碰屏风板；指针头过短碰盘面，过长碰玻璃	调整好指针
	盘面上有毛刺，可动部分活动区间有杂物	清擦干净
指示偏高	张丝受到腐蚀，弹性下降；焊接时张丝退火	调磁分路片或改变量程电阻或更换新张丝
	磁分路片位置变动	调磁分路片
指示偏低	磁分路片位置变动	调磁分路片
	磁钢拆卸后，磁感应强度减弱	改变量程电阻或重新充磁
仪表回差大或回零不好	盘面上有毛刺，可动部分活动区间有杂物	清擦干净
	张丝内端销子不光洁，张丝不平直，有伤痕等	更换新张丝

（2）XCZ—102 型动圈式显示仪表的故障与处理　XCZ—102 型动圈式显示仪表的测量机构的常见故障与处理方法与 XCZ—101 型动圈式显示仪表基本相同。它的测量桥路的常见故障及处理方法见表 3-3。

表 3-3 XCZ—102 型动圈式显示仪表测量桥路常见故障处理

故障现象	故障原因	处理方法
通电后指针指向终端极限位置	R_0 或 R_1 虚焊或断路	重新焊好或接上
	热电阻 R_t 线路断路	找出断路点，接上
通电后指针指向始端极限位置	R_3 或 R_2 虚焊或断路	重新焊好或接上
	热电阻 R_t 线路短路	找出短路点，并处理好
通电后，加入信号，指针不动	稳压电源整流部分无输出	如用万用表测知变压器二次侧没有 AC33V 电压，则系变压器有故障，应重绕变压器；如变压器二次侧有 AC33V 电压，而电容两端没有 DC38～42V 电压，则系 2CP12 损坏，应更换新器件
	稳压电源限流电阻虚焊或断路	用万用表依次测量两个限流电阻两端电压，出现开路电压的那个电阻后为虚焊或断路，需重新焊接或更换元件
	稳压电源铜电阻或锰铜电阻虚焊或断路	用万用表依次测量铜电阻和锰铜电阻两端电压，出现开路电压的那个电阻后为虚焊或断路，重新焊接或更换元件
	稳压管 2CW15 或 2CW1 被击穿	更换新稳压管
	R_3、R_4 或 R_2、R_0 同时虚焊	重新焊好
指示不稳定	电源变压器输出电压过低，造成稳压电源输出电压不稳	往往是由于变压器二次侧绕组部分短路造成，需重新绕制变压器
	稳压电容虚焊或接反	重新焊好或接正确
	稳压管焊接不良或质量不好	焊好或更换稳压管
	铜电阻或锰铜电阻焊接不良	仔细打去氧化层，焊好

3.1.2 平衡式显示仪表

动圈式显示仪表虽然具有结构简单、价格便宜、易于安装维护、测量方便等优点，但它的读数受环境温度和线路电阻的影响较大，外界强电、磁场的影响等也会引起附加误差，仪表的准确性、灵敏度均受到限制，不宜用于精密测量与控制。另外，动圈式显示仪表的可动部分怕振动，容易损坏，阻尼时间长，而且不便于实现自动记录。因此在自动化程度较高的生产过程中，在要求对微弱的信号进行准确快速地测量、实现自动记录与控制时，广泛地采用了自动平衡式显示仪表。

常用的自动平衡式显示仪表有自动平衡式电子电位差计和自动平衡电桥两大类，它们都具有较高的准确度、灵敏度和信息能量传递效率，性能稳定、可靠，线性度好，响应速度快。它们能自动测量、显示、记录各种电信号（直流电压、电流和电阻）。若配接热电偶、热电阻或其他能转换成直流电压、电流或电阻的传感器、变送器，就可以连续指示、记录生产过程中的温度、压力、液位及成分等各种参数。如果附加一些装置，还可实现自动积算、报警与连锁和自动控制等多种功能。这类仪表不仅可以用于工业自动化方面，也可以用于科学研究的实验室中。

1. 电位差计

(1) 电位差计的工作原理　如果用天平称物体的质量，当增减砝码使天平指针指零时，砝码与被测物体达到平衡，被称物体的质量等于砝码的质量。与此类似，电子电位差计是根据“电压平衡（补偿）原理”工作的，即用一个已知的标准电压与被测电压相比较，当两者达到平衡时，由已知的标准电压确定被测电压的数值。

1) 手动电位差计。如图3-7所示，回路1为工作回路，回路2为校准电流回路，回路3为测量回路。其中，E_s 是标准电池，它具有准确的电动势值和很好的电压稳定性；G是灵敏度较高的检流计；R_s 是标准电阻；R 是带有滑动触点的滑线电阻；R_p 是可调电阻；E 是直流电源；S是单刀双掷开关；U_x 是被测电压。

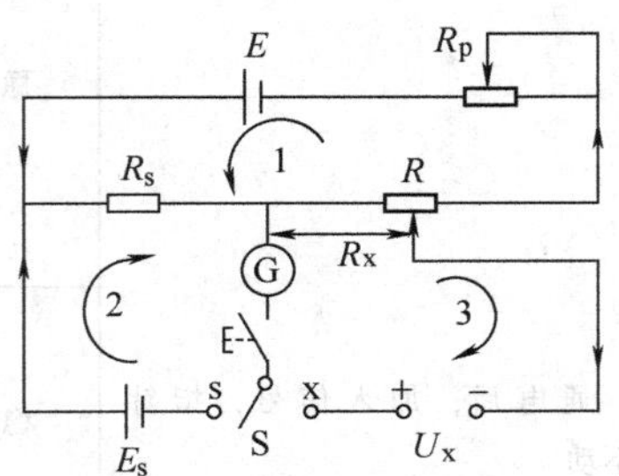

图3-7　手动电位差计原理图

其工作步骤如下：

第一步调准工作电流，使 I 符合规定值，这个过程通常称为“工作电流标准化”。手动电位差计在进行测量之前，首先必须校准工作电流 I。具体步骤是将单刀双掷开关S扳向位置s，此时观察检流计G，并调节 R_p，直到检流计G指零停止，此时电流 I 经过 R_s 所产生的电压降与标准电池 E_s 大小正好相等，但方向相反，所以校准电流回路2内没有电流通过。则有

$$E_s = IR_s$$

即

$$I = \frac{E_s}{R_s}$$

由于标准电池 E_s 和标准电阻 R_s 都是准确的固定值，所以工作电流也是准确的固定值（在电位差计设计过程中，为了标定方便，工作电流一般为 10^nA，如0.01A，即 10^{-2}A），这样当 I 流过已知电阻 R 便得到已知电压。对应于 R 的不同滑动触点便有不同的确定电压与之对应，这为下一步测量准备了条件。

第二步测量被测电压。当工作电流 I 调准后，将单刀双掷开关S扳向位置x，然后观察检流计G，并调节滑线电阻 R 的触点，当检流计G指零时停止调节 R，此时有

$$U_x = IR_x = \frac{E_s}{R_s} R_x$$

由于滑线电阻 R 已知，因此对应于 R 的每一点的电阻也是已知，而 E_s、R_s 又是固定值，所以被测电压 U_x 的大小，就可以在滑动触点上读出。

注意：通过上述的测量过程可知，电位差计在电压平衡时，通过测量电路的电流等于零，因此测量回路中线路电阻的变化不会影响测量结果，测量结果仅取决于工作电流 I 和回路电阻 R，所以用这种方法测量电压的准确度可以大大提高，这是它比动圈式显示仪表准确度高的主要原因。但实际上由于检流计的灵敏度不可能无限制的高，即使检流计指零时，被测量的回路内，总还是有一微小的电流存在，因此被测量线路电阻的大小对测量还是有一些

影响，所以应用的检流计灵敏度越高，测量准确度越高。

2）自动平衡式电子电位差计。由手动电位差计的工作原理可知，电位差计为了很好地工作，必须具备下列三个条件：第一，工作电流必须稳定不变；第二，必须有检测已知电压与被测电压是否达到平衡的检流计G；第三，必须有根据检流计偏转去调节滑线电阻的人。因此，手动电位差计一般只能用于实验室测量，若用于生产过程中的连续自动测量，而又要求测量准确度较高，则须采用自动平衡式电子电位差计。

在电子电位差计中，已知电压是由不平衡电桥产生的，如图3-8所示。在此测量桥路中，是利用不平衡电桥的输出电压U_{CD}来补偿被测量经测量元件转换成相应的电压U_x信号的。随着被测电压U_x的变化，滑动触点C的位置也作向左或向右的移动，当检流计G指示为零时，滑动触点C不再移动，停在某一位置上，此时，$U_{CD}=U_x$，测量桥路呈现平衡状态。滑动触点C的位置越往右，表示被测电压值越大。

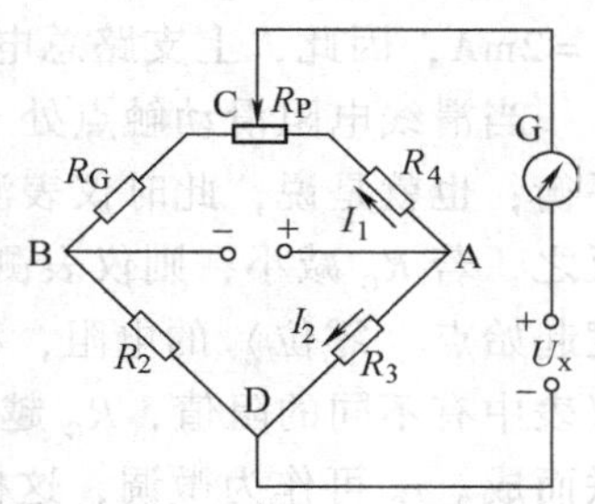

图3-8 测量桥路原理图

如果由包括振动变流器（斩波器或调制器）在内的电子放大器代替检流计，并把U_{CE}作为放大器的输入信号，再由可逆电动机根据放大器输出信号的大小和相位正转或反转，通过一套机械传动机构来带动滑动触点C，以代替手动电位差计中人的调节动作，那么就构成了自动平衡式电子电位差计，如图3-9所示。

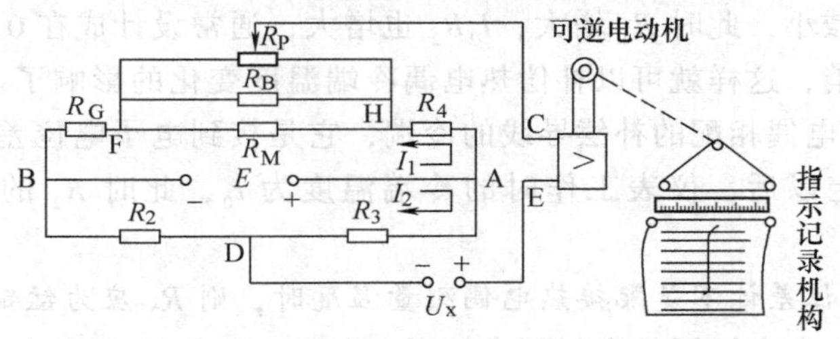

图3-9 自动平衡式电子电位差计工作原理图

电子放大器的输入电压为

$$U_{CE}=U_{CD}-U_x=U_{CF}+U_{FB}-U_{DB}-U_x$$

如果测量桥路达到平衡，即$U_{CE}=0$，则

$$U_{CF}+U_{FB}-U_{DB}-U_x=0 \tag{3-5}$$

在自动平衡式电子电位差计中，电子放大器的作用是把测量桥路输出的微弱偏差信号（通常为数十微伏）放大为能驱动可逆电动机旋转的输出功率。当被测量变化使仪表的输入电压信号增加时，即$U_x+\Delta U_x$，测量桥路平衡被破坏，方程式（3-5）左端也不等于零。电子放大器有了正电压输入，可逆电动机作顺时针方向转动，并通过机械传动机构带动指示机构及其滑线电阻的滑动触点C向右移到适当位置，有

$$(U_{CF}+\Delta U_{CF})+U_{FB}-U_{DB}-(U_x+\Delta U_x)=0$$

此时，测量桥路重新达到平衡。

可逆电动机带动滑动触点C移动的同时，也带动指针和记录笔沿着刻度标尺滑动，并停留在新的平衡点所对应的位置，指示或记录出增高后的电压值。反之，当被测量变化使电子电位差计的输入电压信号降低时，电子放大器输入负的电压信号，可逆电动机逆时针转

动，滑动触点向左移动，直至达到新的平衡为止。由此可见，自动平衡式电子电位差计是一个随动装置，它总是随着输入信号（即被测量）的变化，从一个平衡状态过渡到另一个平衡状态。

（2）自动平衡式电子电位差计测量桥路中各电阻的作用及要求　我国统一设计的测量桥路原理电路如图 3-9 所示。测量桥路的电源电压为 1V，由 R_4、R_{np}（R_P、R_B、R_M 三个电阻并联后的等效电阻）、R_G 所构成的上支路电流 $I_1=4mA$，由 R_2、R_3 所构成的下支路电流 $I_2=2mA$，因此，上支路总电阻值为 250Ω，下支路总电阻则为 500Ω。

当滑线电阻滑动触点处于左端时，若 R_G 增大，则被测电压 U_x 要相应增大，电压才能平衡，也就是说，此时仪表测量下限的起点不是从零开始，而是从某一正值开始才能平衡；反之，若 R_G 减小，则仪表测量下限的起点是某一负值。因此，起始电阻 R_G 是决定仪表刻度起始点（零位）的电阻，称为起始电阻。通常 R_G 用锰铜电阻丝绕制，在不同测量下限的仪表中有不同的阻值，R_G 越大，测量下限越高。一般把起始电阻 R_G 分作 R_G' 和 r_G 两部分串联而成。r_G 可作为微调，这样既便于调整，又能降低对 R_G' 的准确度要求。调校时，若增大 r_G，则仪表指针向标尺下限方向偏移。

桥臂电阻 R_2 在配接热电偶测量温度时，作为热电偶冷端温度补偿电阻。目前常用的补偿电阻是铜电阻，用符号 R_{Cu} 表示。如图 3-8 所示，热电偶的电动势设为 U_x，当滑线电阻滑动触点处于图上的左端时电压平衡，送入放大器的电压 $U_x+I_2R_2-I_1R_G=0$。若热电偶的冷端温度升高，则 U_x 减小，此时 R_2 增大，I_2R_2 也增大，通常设计成在 0～50℃内，I_2R_2 的增大和 U_x 的减小相抵消，这样就可以补偿热电偶冷端温度变化的影响了。这里所指热电偶的冷端，实际上是与热电偶相配的补偿导线的冷端，它是接到电子电位差计的接线端子上的。当采用的热电偶确定以后，仪表工作时的冷端温度为 t_0，此时 R_2 的数值（$R_2^{t_0}$）也就确定了。

注意： *若电子电位差计不是配接热电偶测量温度时，则 R_2 应为锰铜丝线绕制。*

限流电阻 R_3 是一个由锰铜丝绕制而成的固定电阻。它与 R_2 配合，保证下支路回路的工作电流为 2mA。由于铜电阻 R_2 的电阻值随温度变化，因此，下支路工作电流 I_2 只是在仪表的标准工作温度（一般为 25℃）时才是 2mA。R_3 的准确度直接影响到下支路工作电流 I_2 的大小，所以对它的准确度有较高的要求，一般在 ±0.2% 以内。

限流电阻 R_4 是由锰铜电阻丝绕制而成的固定电阻。它与 R_{np}、R_G 串联，使上支路回路电流为 4mA。虽然电阻 R_4 的准确度会影响上支路工作电流 I_1 的大小，但因上支路中有下限微调电阻 r_G 和量程微调电阻 r_M 可作微调，使仪表的上、下限（即仪表的量程和零位）符合设计要求，所以电阻 R_4 的允许偏差可以达到 ±0.5%。

仪表的示值误差、记录误差、变差、灵敏度以及仪表运行的平滑性等都和滑线电阻 R_P 的质量优劣有关，所以滑线电阻 R_P 是仪表测量系统中一个很重要的部件。因此，除了要求装配牢靠之外，对材料的耐磨、抗氧化、接触的可靠及线间绝缘性能等诸方面都有很高的要求，尤其是对滑线电阻的非线性误差要求更严格。在 0.5 级的仪表中，必须把非线性误差控制在 0.2% 范围内。常用的滑线电阻材料是锰铜丝，也有的采用裸锰铜丝、卡玛丝（镍铬铁铝合金）或银钯合金丝等材料。还有采用坚硬的导电塑料来制造滑线电阻的，它比金属制的滑线电阻更耐磨。

量程电阻 R_M 是决定仪表量程大小的电阻。它与滑线电阻相并联，阻值大小由仪表的测量范围与所采用热电偶的分度号来决定。量程电阻应设计调整成：在测量下限时，滑动触点在 R_P 的最左端；在测量上限时，滑动触点在 R_P 的最右端。R_M 越大，则与 R_P、R_B 并联后的电阻越大，因而对应的仪表量程也越大；反之，R_M 越小，仪表量程就越小。为了便于仪表量程的微调，R_M 由 R'_M 和 r_M 串联而成，只要调整 r_M 的阻值，即能很方便地微调仪表的量程。

滑线电阻的滑动触点的材料多采用银铜合金，有刷形和滚子形两类。对滑动触点的材料除要求抗氧化性能好之外，更重要的是它和滑线电阻的接触热电动势要小，否则滑动触点在滑线电阻上滑动时会发热而产生较大的误差。特别是在快速测量的仪表中，必须把这一因素考虑进去。在快速测量的仪表中采用滚子形较好。

在结构上，滑线电阻除要求装配牢固、接触可靠外，还采用了双滑线结构，即将附加滑线电阻 R'_P 与滑线电阻 R_P 平行布置，并将这只电阻的两端短路，作为桥路的引出线。在用滚子做滑动触点时，两条平行的滑线电阻可以形成轨道，便于滚子滚动。由于它与滑线电阻用相同的材料制成，有利于抵消滑动触点和滑线电阻之间产生的附加接触热电动势。

注意：图 3-8、图 3-9 中 R'_P、r_M、r_G 均未画出。

工艺电阻 R_B 是 R_P 的并联电阻。由于滑线电阻 R_P 的阻值很难绕得十分精确，而且绕制成的电阻不便于用增减圈数的方法来调整阻值，为此给滑线电阻 R_P 并联一个电阻 R_B，使并联后的总阻值为一固定的电阻值，即把 R_B 与 R_P 当做一个整体来处理。这样，便于计算和调整，有利于成批生产。而且当滑线电阻 R_P 经长期使用磨损后，阻值发生变化时，也可以通过改变 R_B 的大小，方便地进行调整。为了规格统一，我国通常选用 R_B 与 R_P 并联后的阻值为（90 ± 0.1）Ω。有的仪表中采用了卡玛带作为滑线电阻，其电阻值较小，因此与 R_B 并联后的电阻值也较小，一般取 R_B 与 R_P 并联阻值为 25～30Ω。

注意：上述测量桥路的电阻除热电偶冷端温度补偿电阻 R_2 为铜电阻外，R_3、R_4、R_G、R_M 和 R_B 都是采用电阻温度系数很小的锰铜丝进行无感双线绕制而成的，绕制好的电阻应经老化处理后才能使用。

2. 电子自动平衡电桥

电子自动平衡电桥也是一种自动平衡式显示仪表。它与热电阻配接使用时，可以作为温度测量的显示仪表；当它与其他电阻型变送器、传感器相配用时，也可以测量、显示、记录其他一些相应的工艺参数，因而在工业生产和科学实验中获得了广泛应用。

电子自动平衡电桥与电子电位差计接收的信号不同，但除测量桥路外，其他组成部分几乎完全相同，甚至整个仪表的外壳形状、尺寸大小、内部结构以及大部分零部件都是通用的，它们的产品也是相对应的。因此，工业上通常把电子电位差计和电子平衡电桥统称为自动平衡式显示仪表。

（1）平衡电桥的工作原理 电子自动平衡电桥测量桥路的作用原理与电子电位差计是完全不同的。后者的测量桥路处于不平衡状态，其不平衡电压要与被测电动势相补偿后，仪表才达到平衡；而前者的测量桥路却处于平衡状态。

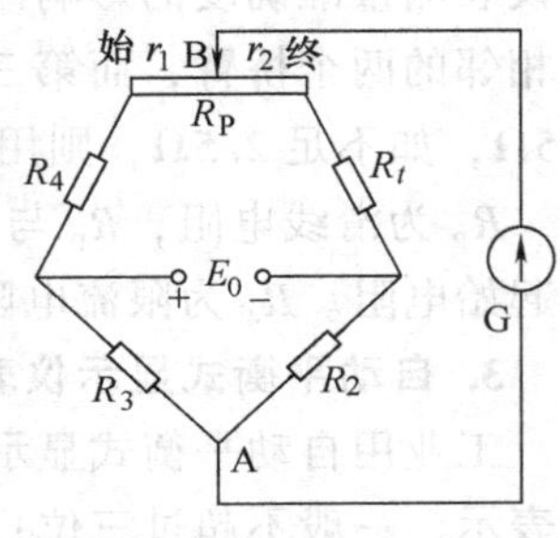

图 3-10 平衡电桥

图 3-10 为一个具有检流计的平衡电桥工作简图。热电阻 R_t 为其中一个桥臂，R_P 为滑线电阻，触点 B 可以左右移动。假设滑线电阻的刻度值为温度，移动滑动触头，使电桥达到平衡（即检流计 G 中的电流等于零）时，滑动触点 B 所指示的温度就

是被测温度。

若温度在量程起始点（即 R_t 值最小时），移动滑动触点B，使检流计G指零，电桥达到平衡，这时触点B必然处于滑线电阻的最左端。根据电桥平衡原理，则有

$$R_3(R_{t0}+R_P)=R_2R_4 \tag{3-6}$$

当温度升高后，由于 R_t 增大，触点B必然向右移动，使电桥重新达到平衡，这时有

$$R_3(R_{t0}+\Delta R_{t0}+R_P-r_1)=R_2(R_4+r_1) \tag{3-7}$$

由式（3-7）减去式（3-6），并整理后得

$$r_1=\frac{R_3}{R_2+R_3}\Delta R_t \tag{3-8}$$

从式（3-8）可知，滑动触点B的位置可以反映出热电阻的变化，也反映了温度的变化，并且它们之间是呈线性关系的。此外，该桥路的滑线电阻处于两桥臂之间，这样可以消除接触电阻的影响，提高测量准确度。

如果将检流计G换成电子放大器，利用放大后的电压去驱动可逆电动机，使可逆电动机带动滑动触点B以达到电桥平衡，这就是电子自动平衡电桥的工作原理，如图3-11所示。

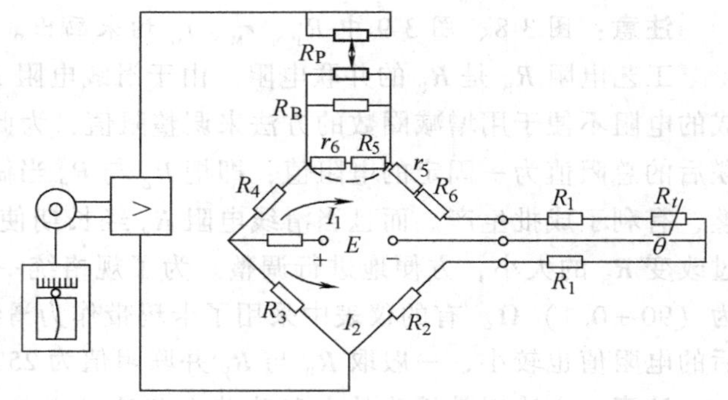

图3-11 电子自动平衡电桥工作原理图

需要注意的是，电子自动平衡电桥的测量桥路既可以用交流电源也可以用直流电源供电。当采用交流电源供电时，桥路输出交流信号，放大器可以不需要变流器，但此时在电子放大器的输入端很难装设滤波网络，外部的干扰信号很容易进入电子放大器，将导致电子放大器饱和，使仪表的灵敏度下降。另外，如果在交流电桥的桥臂中存在电感和电容，就会降低仪表的准确度。例如，为了防止干扰而采用同芯电缆作为热电阻的引入线，当这种引入线较长时，就存在较大的分布电容。直流电桥需要装设变流器及直流电源装置，可以接入滤波网络消除外来干扰，并且不受电容电感的影响而获得较高的准确度。交、直流两种电桥在我国都有生产，其中交流电桥采用6.3V交流电源供电，直流电桥采用1V直流电源供电。

（2）测量桥路中各电阻的作用　图3-11中，R_t 采用三线制接法，使连接导线的电阻 R_1 分别加在电桥相邻的两个桥臂上，当连接导线电阻随温度变化时，可以相互抵消，从而减小对仪表测量准确度的影响。三线制接法即是从热电阻引出三根导线，把其中两根导线分别接入相邻的两个桥臂，而第三根导线与电源的负极相连，并规定每根接入桥臂的导线电阻为2.5Ω，如不足2.5Ω，则用调整电阻（锰铜丝绕制的电阻）补足。

R_P 为滑线电阻，R_P 与 R_B 并联后的电阻值为90Ω。R_5 为量程电阻，R_6 为调整仪表零位的起始电阻。R_4 为限流电阻，它决定了上支路工作电流 I_1 的大小。

3. 自动平衡式显示仪表的型号命名

工业用自动平衡式显示仪表的型号通常由两部分代号组成。第一部分以大写汉语拼音字母表示，一般不超过三位；第二部分以阿拉伯数字表示，一般也不超过三位；必要时可以增加一位大写汉语拼音字母，表示仪表特性，称作“尾注”，各部分之间用短横线分开。常用

的第一、二部分符号含义见表3-4。

表3-4 自动平衡式显示仪表型号中各部分、各位的代号及所表示的意义

	第一位		第二位		第三位	
	代号	意义	代号	意义	代号	意义
第一部分					A	条形指示仪
					B	圆图记录仪
					C	长图记录仪
			W	直流电位差计	D	小型长图记录仪
	X	显示仪表	Q	直流电桥	E	小型圆标尺指示仪
			L	交流电压平衡	F	中型长图记录仪
			D	交流电桥	G	中型圆标尺指示仪
					H	旋转刻度仪表
					X	携带式仪表
					T	台式仪表
	第一位		第二、三位			
	代号	意义	代号	意义		
第二部分				表示附加装置：		
			00	无附加装置		
			01	表面定值电接点		
			02	表内定值电接点		
	1	单指针、单笔	03	报警器		
	2	双指针、双笔	04	多量程		
	3	多点指示、多点记录	05	量程扩展		
			06	辅助记录		
	4	单指针、单笔、带电动PID调节器	07	自动变速		
			08	程序控制		
	5	单指针、单笔、带气动PID调节器	09	积算装置		
			10	计数器		
			11	计算单元		
			12	模-数转换		
			13	电阻发信装置		
			14	多点各定值		

尾注目前仅用到：A表示快速仪表，即仪表全行程时间小于1s；B表示小量程仪表，即仪表量程小于1mV。

4. 自动平衡式显示仪表的常见故障及处理

表3-5归纳了XWC（XWF）型自动平衡式显示仪表的常见故障及处理方法。

表3-5 自动平衡式显示仪表常见故障处理

故障现象	故障原因	处理方法
指示灯不亮，仪表不工作	熔丝烧坏	检查烧坏原因，排除故障后，换上0.5A熔丝
	电源开关损坏	用万用表检查电源开关导通及断开性能，若证明已损坏，则更换开关

（续）

故障现象	故障原因	处理方法
指示灯亮，仪表不工作	放大器、可逆电动机损坏或插座接触不良	检查放大器、可逆电动机的性能，或插紧插座
	滑线电阻接触不良	清洗滑线电阻
	组合单元连接不牢固	旋紧组合单元之间连接的螺钉
指针正、反方向运行缓慢	放大器灵敏度过低	调整放大器灵敏度电位器
	过阻尼	调整阻尼电位器
	变流器严重失调	调整振动变流器或更换变流器
	仪表有干扰	采取适当的抗干扰措施
	P、E、G 三者有短接	找出原因并处理
指针正、反方向运行速度不等	振动变流器左右触点接触率不等	调整振动变流器的不对称度
	功率放大级不对称	检查功率放大级电路，更换相应元器件
	可逆电动机有故障	检查或更换可逆电动机
指针在平衡位置有规律地摆动	放大器灵敏度过高或阻尼太小	调整放大器灵敏度电位器或阻尼电位器，使摆动不超过两个半周期
	阻尼器接反	将阻尼器改接正确
指针在平衡位置无规律地摆动	滑线电阻接触不良或滑线电阻中断	清洗或更换滑线电阻
	振动变流器失调	调整振动变流器至正常
	仪表接地不良，有干扰	使仪表接地良好，并采取适当抗干扰措施
输入信号正常时，指针指向始端或终端极限位置	振动变流器极性不对	调换振动变流器励磁绕组的两根引线
	可逆电动机绕组接反	将可逆电动机绕组正确连接
	稳压电源无输出电流	查出原因，予以修复
	测量桥路故障	处理好短路、断路点，并进行仪表示值校验
指示误差过大	滑线电阻磨损	更换滑线电阻
	补偿导线极性接反	重新按正确极性连接
	放大器灵敏度调得太低	调高放大器灵敏度
	测量桥路故障	查出故障点修复，并进行仪表示值校验
	稳压电源输出电流偏大或偏小	找出原因，调试合格
	仪表有干扰	采取相应的抗干扰措施
电路接通电源或断开电源时影响仪表的灵敏度和指示值	热电偶回路干扰大	采取相应的抗干扰措施
	仪表抗干扰性能差	检查仪表内抗干扰措施是否起作用
	热电偶屏蔽对地寄生电容太大或未接 P 点	热电偶屏蔽层接 P 点

注：表中 P、E、G 分别指屏蔽接地、保护接地和工作接地。

3.2　数字式显示仪表

模拟式显示仪表发展较早，使用范围广。它的结构简单，成本低廉，工作可靠，又能满足一定的准确度要求，其中自动平衡式显示仪表还可以达到较高的准确度，它们的显示方式能直接模拟参数的变化趋势，能使操作人员有直观、清晰的感觉。但是传统的模拟式显示仪表也存在着一定的局限性，即测量速度不够快，准确度难以进一步提高，存在读数误差，不利于信息处理（加工），传输距离受到限制，易受环境杂散干扰影响等。特别是在现代化生产中，通常要求将多路测量信息通过计算机及时地按事先设计的程序加以处理，而模拟式显示仪表只能给出被测信息的记录图样，对这些图样中所包含的信息进行分析、统计与处理，还要花费很多时间或增加设备。

与模拟式显示仪表相比（数字式显示仪表与模拟式显示仪表的比较参见表3-6），数字式显示仪表具有测量准确度高，灵敏度高，测量速度快，读数直观、准确、方便，没有读数误差，采用脉冲传输信息，因而传输距离不受限制，便于与计算机联机进行数据处理，有自诊断、自检测能力；若配以附加功能还可以实现测量报警、定值控制等优点。目前，数字式显示仪表普遍采用中、大规模集成电路，电路简单，可靠性好，耐振性强，功耗低，体积小，重量轻。特别是采用模块化设计的数字式显示仪表的机心由各种功能模块组合而成，外围电路少，配接灵活，有利于降低生产成本，便于调试和维修。

表3-6　数字式显示仪表与模拟式显示仪表比较

比较项目		数字式显示仪表	模拟式显示仪表
输入信号		电压、电流、脉冲、频率	电压、电流
测量准确度		<0.05%	0.5%
测量速度		快	慢
显示形式		数字	指针标尺
测量点数		多	少
数值存储		数字打印	曲线记录
目前价格		高	低
复杂性	电路	复杂	简单
	机械	简单	复杂

1. 数字式显示仪表的功能

数字式显示仪表是把与被测变量（如温度、压力、流量、液位及成分等）成一定函数关系的连续变化的模拟量（如电信号）变换成断续的数字量，直接以十进制数码形式来显示的仪表，它具有以下基本功能。

1）输入信号：一般为电压、电流、频率、脉冲及开关信号等。

2）测量值显示：0~9数码和被测量参数的单位符号等。

3）基本功能：

① 对被测参数自动测量。

② 数字形式显示测量值。

③ 对被测参数设定报警。

④ 可输出模拟量信号或数字量信号。

⑤ 当被测参数达到预定值时给出控制信号。

⑥ 数字打印。

⑦ 可多点测量、显示、报警、输出控制信号。

2. 数字式显示仪表的分类

数字式显示仪表的分类方法很多，有：

1）按输入信号形式分类，可以分为电压型和频率型两种形式。其中电压型数字式显示仪表的输入信号是模拟式传感器输出的电压、电流等连续信号；频率型数字式显示仪表的输入信号是数字式传感器输出的频率、脉冲、编码等离散信号。

2）按仪表结构分类，可以分为带微处理器和不带微处理器的两大类型。

3）按仪表功能分类，可以大致分为四种：

① 显示型，与各种传感器或变送器配合使用，可以对工业过程中的各种工艺参数进行数字显示。

② 显示报警型，除用作显示各种被测参数，还可以用作有关参数的越限报警。

③ 显示调节型，在仪表内部配置有某种调节电路或控制机构，除具有测量、显示功能外，还可以按照一定的规律将工艺参数控制在规定范围内。常用的调节规律有继电器触点输出的两位调节、三位调节、时间比例调节及连续 PID 调节等。

④ 巡回检测型，可以定时地对各路信号进行巡回检测和显示。

作为工业生产过程参数的显示，数字式显示仪表和模拟式显示仪表各有自己的特点，选用时应该根据具体情况而定。数字式显示仪表准确，分辨率高，有助于减少含糊不清的疑点，并便于和计算机配用，目前多用于单点测量显示或多点巡检带数字打印的场合。模拟式显示仪表最大的优点是性能稳定，记录显示能反映测量趋势。对于高密度安装仪表的表盘来说，使用模拟式显示仪表便于操作者了解掌握生产过程的全面情况。

3. 数字式显示仪表的构成原理

数字式显示仪表的构成如图 3-12 所示，由前置放大器、模-数转换（用 A-D 表示）器、非线性补偿、标度变换和显示装置等部分组成。

由检测元件或传感器送来的信号首先经变送器转换成电流或电压信号，由于信号较弱，通常需进行前置放大后才能进行 A-D 转换，把连续变化的模拟电信号转换成断续变化的数字量，然后经非线性补偿，再通过标度变换，最后送入计数器计数并译码显示。同时还可以送往报警系统和打印机构去打印，需要时也可以把数字量输出，供其他计算单元使用，它还可以与单回路数字调节器或计算机配套做设定值控制（即 SPC）等。

数字式显示仪表的基本组成方案如图 3-12 所示，但是对于具体仪表来说可以各不相同。其中，图 3-12a 所示方案是把模拟信号线性化，准确度一般为 0.1% ~0.5%，其优点是可以直接输出线性化了的模拟信号；图 3-12b 所示方案是利用非线性 A-D 转换装置，使模-数转换及非线性补偿在同一部件内完成，因而结构简单，准确度较高，缺点是只适用于特定的非线性补偿以及被测参数范围较窄，因此多用在固定面板型仪表中；图 3-12c 所示方案使用数字式非线性补偿及标度变换，它可以组成多种变换方案，适用面广，准确度较高，但其结构复杂，主要用于直接数字控制系统及计算机设定系统等较大规模控制及测量系统中。

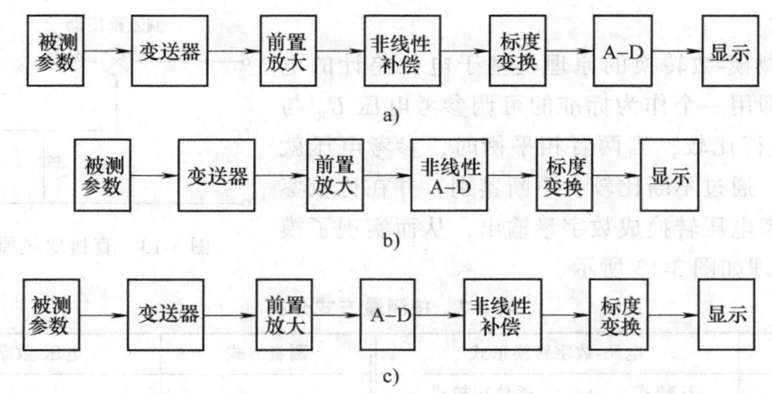

图 3-12　数字式显示仪表组成方案

由上述可知，数字式显示仪表的核心部件是模-数转换器，并以模-数转换器为中心，将显示仪表内部电路分成模拟和数字两大组成部分。仪表的模拟部分一般设有信号转换和放大电路、模拟切换开关等环节。信号转换和放大电路的作用是将来自各种传感器或变送器的被测信号转换成一定范围内的电压值并放大到一定幅值，以供后续电路处理。仪表的数字部分包括计数器、译码器、时钟脉冲发生器、驱动显示电路以及逻辑控制电路。另外，非线性补偿和系数的标度变换也是不可少的，并和模-数转换器一起构成了数字式显示仪表应具备的三大部分。这三大部分各有很多种类，通过三者相互巧妙结合，可以组成适用于各种不同要求场合的数字式显示仪表。

4. 模-数转换

模-数转换是数字式显示仪表的核心部分。模-数转换的任务是使经过与标准量（或参考量）比较处理后的连续变化的模拟量信号转换成与其成比例的以二进制数值表示的数字量信号。模-数转换器的输入量一般为直流电流或电压，输出量为二进制数码的逻辑电平（+5V 和 0V）。例如，将生产过程变量（温度、压力、流量等）或声音信号首先经过传感器变为模拟量电信号，然后由模-数转换器变换为适于数字处理的形式（二进制数码），送入计算机、数字存储设备、数据传输设备处理或存储，或以数字或图形方式进行显示。

要完成这一任务，首先必须用一定的量化单位使连续量的采样值整量化，才能得到近似的数字量。量化单位越小，整量化的误差也就越小，数字量就越接近连续量本身的值。模-数转换技术就是讨论如何使连续量整量化的方法。

当模-数转换器的输入量为模拟信号 A，输出量为数字信号 D 时，模-数转换器的输出与输入关系为

$$D=\frac{A}{R} \tag{3-9}$$

式中，R 是量化单位。

工程上有各种各样的物理量，连续模拟量的范围很广，使模拟量整量化的方法很多，目前常用的有时间间隔-数字转换、电压-数字转换和机械量（直线位移或角位移等）-数字转换三种类型。

实际上经常是把非电量先转换成电压，然后再把电压转换成数字，所以模-数转换的重点是电压-数字转换。电压-数字转换的转换方法很多，按测量方式分类见表 3-7，按转换原

理分类见表 3-8。

直接比较型模-数转换的原理是基于电位差计的电压比较原理，即用一个作为标准的可调参考电压 U_R 与被测电压 U_x 进行比较，当两者相平衡时，参考电压就等于被测电压。通过不断比较，不断鉴别，并在比较鉴别的同时将参考电压转换成数字量输出，从而实现了模-数转换，其原理如图 3-13 所示。

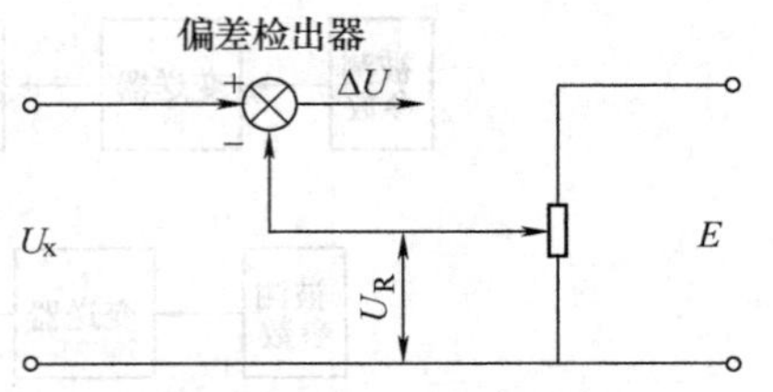

图 3-13　直接比较原理示意图

表 3-7　按测量方式分类

<table>
<tr><th>测量方式</th><th colspan="2">电压-数字转换形式</th><th>测量方式</th><th colspan="2">电压-数字转换形式</th></tr>
<tr><td rowspan="2">瞬时值测量</td><td>比较式</td><td>逐位比较式</td><td rowspan="2">平均值测量</td><td rowspan="2">积分式</td><td>电压-时间变换式</td></tr>
<tr><td>斜波式</td><td>锯齿波式</td><td>电压-频率变换式</td></tr>
</table>

表 3-8　按转换原理分类

<table>
<tr><th colspan="3">类　别</th><th>转换原理</th><th>备注</th></tr>
<tr><td>直接法</td><td>比较式</td><td>逐位比较式</td><td>如同天平称重，用数模网络输出的一套基准电压，从高位起逐位与被测电压反复比较，直至两者达到或近似平衡
由于数模网络不用连续计数器控制，所以可以一开始就大步地使数模网络与被测电压进行比较，速度快</td><td>反馈比较式</td></tr>
<tr><td rowspan="6">间接法</td><td rowspan="6">电玉-时间间隔转换式</td><td>锯齿波式</td><td>把被测电压与线性锯齿波电压相比较，而检出锯齿波电压从零电平到输入信号电平的时间间隔，计数此时间间隔内一定频率的脉冲数</td><td>斜波式</td></tr>
<tr><td>积分脉冲调宽式</td><td>利用被测电压准确地调制标准电压的正负脉冲宽度差，使其与被测电压成正比</td><td></td></tr>
<tr><td>双斜率式</td><td>将输入电压变换成与其平均值成正比的时间间隔，然后在这段时间间隔内用某一频率固定的脉冲对计数器计数</td><td>双积分式</td></tr>
<tr><td>一般电压频率转换式</td><td>将被测电压变换成一系列脉冲群，脉冲的频率与输入电压精确地成正比。然后用计数器在一固定的时间间隔内对此脉冲进行计数</td><td>单积分式</td></tr>
<tr><td>电压反馈的电压频率转换式</td><td>其特点是利用电压反馈并使输入电压和反馈电压相等来实现</td><td></td></tr>
<tr><td>两次采样积分电压频率转换式</td><td>为一般电压频率转换式的改进电路</td><td></td></tr>
</table>

在具体转换过程中，必须具备以下几个条件：

1）有一套相邻关系为二进制的标准电压，产生这套电压的网络称为解码网络。

2）有一个比较鉴别器，把由解码网络来的、每次进行试探的电压和被测电压进行比较，并鉴别出大小，以决定是否保留这些电压。

3）有一个数码寄存器，由它保存下来每次比较的结果是“1”或是“0”。

4）有一套控制电路完成以下两个任务：

① 比较从高位到低位逐次进行。

② 根据每次比较的结果，使相应位的数码寄存器记“1”或是“0”，并由此决定是否保留这位解码网络来的电压。

所以，由数码寄存器的状态决定解码网络的输出电压，而这个电压反过来又要与输入的被转换电压进行比较，并根据比较的结果再决定这位数码寄存器的状态。这是一个相互联系，又相互依赖的过程，这个过程称为电压反馈。而整个过程又是由高位到低位，一位一位地逐次进行比较的，所以称这种转换器为逐次比较型或电压反馈逐次比较型 A-D 转换器。又因为整个过程就是对被测电压进行编码的过程，所以又称为逐次逼近反馈编码型 A-D 转换器。图 3-14 是这种转换器的原理框图。

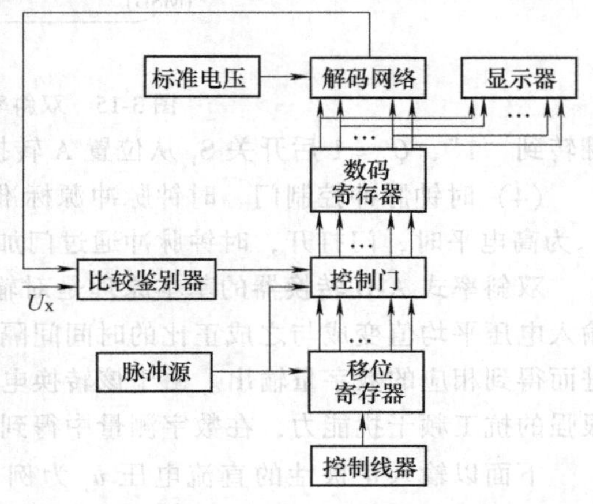

图 3-14 逐次比较型 A-D 转换原理框图

从上述原理可知，逐次比较型测量过程全是逻辑电路的判别过程，中间不需要转换成其他量，所以它具有测量速度快、准确度高、稳定性好等优点。虽然存在电路复杂、抗干扰性能差、成本高等缺点，但在多点巡回检测系统中和计算机控制系统中，仍采用它作为模-数转换的主要手段。

所谓间接比较，就是不是将被测电压直接转换成数字量，而是首先转换成某一中间变量，再由中间变量整量化转换成数字量。该中间变量目前多数为时间间隔或频率两种，因此常用的有电压-时间间隔型和电压-频率型两种形式 A-D 转换器，其中以电压-时间间隔中的双斜率式（又称双积分式）A-D 转换器用得较为普遍。

如图 3-15 所示，双斜率式 A-D 转换器由积分器（集成运算放大器 A_1）、过零比较器（集成运算放大器 A_2）、时钟脉冲控制门（D）和计数器（$FF_0 \sim FF_n$）等几部分组成。

（1）积分器 积分器是转换器的核心部分，它的输入端所接开关 S_1 由定时信号 Q_n 控制。当 Q_n 为不同电平时，极性相反的输入电压 u_i 和参考电压 U_{REF} 将分别加到积分器的输入端，进行两次方向相反的积分，积分时间常数 $\tau = RC$。

（2）过零比较器 过零比较器用来确定积分器的输出电压 u_{o1} 过零的时刻。当 $u_{o1} \geqslant 0$ 时，比较器输出 u_{o2} 为低电平；当 $u_{o1} < 0$ 时，u_{o2} 为高电平。比较器的输出信号接至时钟控制门（D）作为关门和开门信号。

（3）计数器和定时器 它由 $n+1$ 个接成计数器的触发器 $FF_0 \sim FF_n$ 串联组成。触发器 $FF_0 \sim FF_{n-1}$ 组成 n 级计数器，对输入时钟脉冲 CP 计数，以便把与输入电压平均值成正比的时间间隔转变成数字信号输出。当计数到 2^n 个时钟脉冲时，$FF_0 \sim FF_{n-1}$ 均回到“0”，而 FF_n

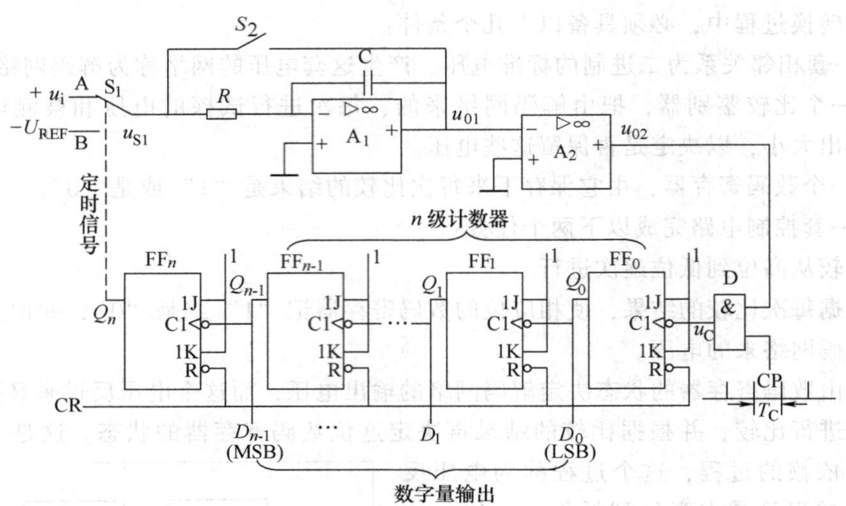

图 3-15　双斜率式模-数转换器原理

翻转到“1”，$Q_n=1$ 后开关 S_1 从位置 A 转接到 B。

(4) 时钟脉冲控制门　时钟脉冲源标准周期为 T_C，作为测量时间间隔的标准时间。当 u_{o2} 为高电平时，门打开，时钟脉冲通过门加到触发器 FF_0 的输入端。

双斜率式 A-D 转换器的基本原理是对输入模拟电压和参考电压分别进行两次积分，将输入电压平均值变成与之成正比的时间间隔，然后利用时钟脉冲和计数器测出此时间间隔，进而得到相应的数字量输出。由于该转换电路是对输入电压的平均值进行变换，所以它具有很强的抗工频干扰能力，在数字测量中得到广泛应用。

下面以输入正极性的直流电压 u_i 为例，说明电路将模拟电压转换为数字量的基本原理。电路工作过程分为以下几个阶段进行，工作波形如图 3-16 所示。

(1) 准备阶段　首先控制电路提供 CR 信号使计数器清零，同时使开关 S_2 闭合，待积分电容放电完毕后，再使 S_2 断开。

(2) 采样阶段，即定时积分阶段　转换过程开始时（$t=0$），开关 S_1 与 A 端接通，正的输入电压 u_i 加到积分器的输入端。积分器从 0V 开始对 u_i 积分，波形如图 3-16 斜线 O-U_P 段所示。根据积分器的原理可得 $u_{o1}=-\frac{1}{\tau}\int_0^t u_i \mathrm{d}t$，其中 $\tau=RC$。

由于 $u_{o1}<0$，过零比较器的输出为高电平，时钟控制门 D 被打开。于是，计数器在 CP 作用下从 0 开始计数。经 2^n 个时钟脉冲后，触发器 $FF_0 \sim FF_{n-1}$ 都翻转到“0”，而 $Q_n=1$，开关 S_1 由 A 点转接到 B 点，采样阶段结束，定时积分时间 $t=T_1=2^nT_C$。令

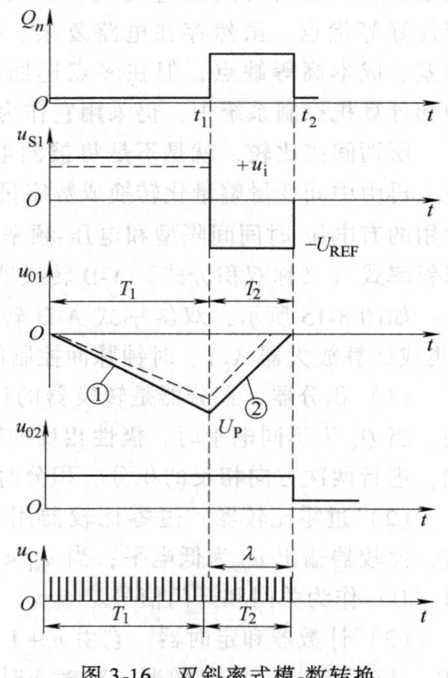

图 3-16　双斜率式模-数转换器各处工作波形

$\bar{u}_i$ 为输入电压在 T_1 时间间隔内的平均值，由式 $u_{o1}=-\frac{1}{\tau}\int_0^t u_i \mathrm{d}t$ 得采样阶段结束时积分器输出电压 U_P，其中 $U_P=-\frac{T_1}{\tau}\bar{u}_i=-\frac{2^n T_C}{\tau}\bar{u}_i$。

(3) 比较阶段，即定值积分阶段　当 $t=t_1$ 时，S_1 转接到 B 点，具有与 u_i 相反极性的基准电压 $-U_{REF}$加到积分器的输入端；积分器开始向相反方向进行定值积分；当 $t=t_2$ 时，积分器输出电压 $u_{o1}=0$，比较器输出 $u_{02}=0$，时钟脉冲控制门 D 被关闭，计数停止。在此阶段结束时，u_{o1}的表达式可以写为

$$u_{o1}(t_2)=U_P-\frac{1}{\tau}\int_{t_1}^{t_2}(-U_{REF})\mathrm{d}t=0$$

设 $T_2=t_2-t_1$，于是有$\frac{U_{REF}T_2}{\tau}=\frac{2^n T_C}{\tau}\bar{u}_i$，所以 $T_2=\frac{2^n T_C}{U_{REF}}\bar{u}_i$。

可见，T_2 与 $\bar{u}_i$ 成正比，T_2 就是双斜率式模-数转换转换过程中的中间变量。

设在此期间计数器所累计的时钟脉冲个数为 λ，则

$$T_2=\lambda T_C$$

上式表明，在计数器中所得的数 λ（$\lambda=Q_{n-1}\cdots Q_1Q_0$），与在取样时间 T_1 内输入电压的平均值 $\bar{u}_i$ 成正比。只要 $\bar{u}_i<U_{REF}$，模-数转换器就能正常地将输入模拟电压转换为数字量，并能从计数器读取转换的结果。如果取 $U_{REF}=2^n$，则 $\lambda=\bar{u}_i$，计数器所计的数在数值上就等于被测电压。

由于双斜率式 A-D 转换器在 T_1+T_2 时间内采的是输入电压的平均值，因此具有很强的抗工频干扰能力，尤其对周期等于 T_1 的对称干扰（指整个周期内平均值为零的干扰），从理论上来说，有无穷大的抑制能力。即使当工频干扰幅度大于被测直流电压信号，使得输入信号正负变化时，仍然有良好的抑制能力。由于在工业系统中经常碰到的是工频（50Hz）或工频的倍频干扰，故通常选定采样时间 T_1 总是等于工频电源周期的整数倍数，如 20ms、40ms 或 100ms 等。另一方面，由于在转换过程中，前后两次积分所采用的是同一积分器，因此，在两次积分期间（一般在几十到数百毫秒之间），R、C 和脉冲源等元器件参数的变化对转换准确度的影响均可忽略。最后必须指出，在比较阶段结束后，控制电路又使开关 S_2 闭合，电容 C 放电，积分器回零。电路再次进入准备阶段，等待下一次转换开始。

由于这种转换器在一次模-数转换过程中进行了两次积分，所以又名为双积分式 A-D 转换器。双积分式 A-D 转换器的特点是：

1）计数脉冲个数 λ 与 R、C 无关，因此可以减小由 RC 积分非线性带来的误差。

2）对时间脉冲源 CP 只要求在转换时间 T_1+T_2 内保持相对稳定，而不要求长期稳定。

3）转换准确度高。

但双积分式 A-D 转换器为了提高对工频干扰的抑制能力，T_1 至少需要 20ms，因此转换速度慢不宜用于快速测量采样系统。

除了量化过程，模-数转换过程还包括编码。所谓编码，就是对每一量级分配唯一的数字码，并确定与输入信号相对应的代码的过程。最普遍的码制是二进制，它有 2^n 个量级（n 为位数），可以依次逐个编号。

模-数转换器的选用具体取决于输入电平、输出形式、控制性质以及需要的速度、分辨

率和测量准确度。常用的模-数转换器性能比较见表3-9。

表3-9 常用的模-数转换器性能比较

分类	准确度	灵敏度	速度	抗干扰能力	其他
逐位比较式	高	高	快	差	稳定性能好，但电路复杂，易实现快速检测，准确度高。数字式应变仪、数字电子秤多用它
积分脉冲调宽式	高	高	较慢	强	积分器和比较器的非理想特性影响小，稳定性好，元器件较多，但要求不高
锯齿波式	一般	高	较慢	差	测量速度不固定，输入越大，编码时间越长，但电路简单，成本低。目前一般要求不高的工业用数字式显示仪表可采用
双斜率式（双积分式）	高	高	较慢	强	电路较简单，能对微小的输入信号进行积分，测量灵敏度高，目前广泛采用
单积分式	一般	高	较慢	较强	电路比双积分式简单

用半导体分立元器件制成的模-数转换器常常采用单元结构，随着大规模集成电路技术的发展，模-数转换器体积逐渐缩小为一块模板或一块集成电路。

5. 电信号的标准化及标度变换

由检测元件或传感器送来的信号标准化或标度变换是数字式显示仪表的一个重要组成部分，也是数字式显示仪表设计中必须解决的基本问题。

一般情况下，由于需要测量和显示的工艺参数是多种多样的，因而仪表输入信号的类型、性质千差万别，即使是同一参数或物理量，由于检测元件和装置的不同，测量信号的性质、电平的高低也不相同。以温度为例，用热电偶测量时，得到的是电动势信号；以热电阻作为测温元件时，其输出的是电阻信号；若采用温度变送器，则得到的是电流信号。不仅信号的类别不同，而且信号的大小也相差极大，有的高到伏级，有的低至微伏级，这就不能满足数字式仪表或数字系统的要求。尤其在巡回检测装置中，会使输入部分无法工作。因此，必须将不同性质的信号或不同电平的信号统一起来，这就是输入信号规格化，或称电信号标准化。

这种规格化的统一输出信号可以是电压、电流或其他形式的信号，但因各种信号变换成电压信号比较方便，所以在很多情况下都把各种不同的信号变换为电压信号。我国目前采用的统一的直流信号电平有以下几种：0～10mV、0～30mV、0～50mV等。使用较高的统一信号电平，能适应更多的变送器，可以提高对大信号的测量准确度；而采用较低的统一信号电平，则对小信号的测量准确度高。所以，选择统一信号电平的高低，应该根据显示信号参数的大小来确定。

当选定统一电平后，对于一般的数字电压表，经模-数转换后就能以电压量的形式输出。然而对于炼油、化工等过程检测用的数字式显示仪表的输出，往往要求用被测参数量纲的形式显示，例如温度、压力、流量和液位等，这就存在一个量纲还原的问题，通常称之为标度变换，实质上也就是比例尺的变更。

图3-17为一般数字式显示仪表的标度变换原理图。其刻度方程可以表示为：

$$y = S_1 S_2 S_3 x = Sx$$

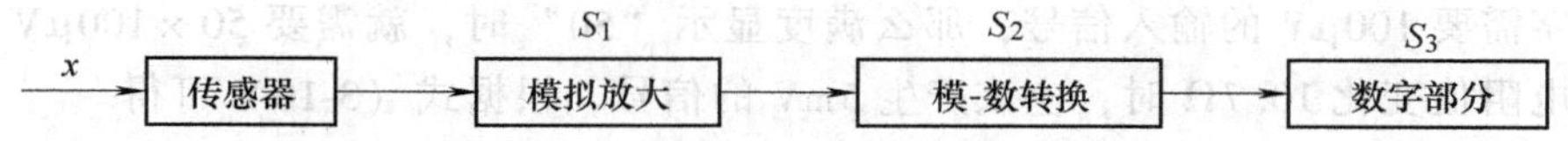

图 3-17 数字式显示仪表的标度变换原理图

式中，S 为数字式显示仪表的总灵敏度或称标度变换系数；S_1、S_2、S_3 分别为模拟部分、模-数转换部分、数字部分的灵敏度或标度变换系数。因此标度变换可以通过改变 S 来实现，且使显示的数字值的单位和被测变量或物理量的单位相一致。通常当模-数转换装置确定后，则模-数转换系数 S_2 也就确定了，要改变标度变换系数 S，可以改变模拟转换部分的转换系数 S_1，例如传感器的转换系数以及前置放大器的放大倍数等；也可以通过改变数字部分的转换系数 S_3 来实现。前者称为模拟量的标度变换，后者称为数字量的标度变换。因此标度变换可以在模拟部分进行，也可以在数字部分进行。

(1) 模拟量标度变换

1) 热电偶测温时的标度变换。热电偶可以将被测温度直接转换成电动势信号输出，因此通过选取前置放大器的放大倍数就可以实现数字温度显示仪表的显示值与热电偶所测温度值对应。

例如，某一配用镍铬-镍硅热电偶的数字温度测量仪表，满度显示数字为 1023，此时放大器的输出为 4V，而镍铬-镍硅热电偶 1000℃时的电动势值为 41.276mV，亦即要求 1023 数字能代表温度值。由

$$\frac{1000}{1023}=\frac{41.276K}{4\times10^3}$$

得

$$K=94.73$$

即当前置放大器的放大倍数为 94.73 时，数字式显示仪表所显示的数字值就可以直接用温度单位来表示。

上述标度变换过程中是把热电偶热电动势和温度之间当做线性关系来处理的，因而准确度不高。

2) 热电阻测温时的标度变换。为了将热电阻的阻值变化转变为电压信号的输出，经常采用不平衡电桥作电阻-电压转换。由不平衡电桥的测温原理（见图 3-18）可知

$$\Delta U=\frac{E}{R+R_t}R_t-\frac{E}{R+R_0}R_0$$

当被测温度处于下限时，$R_t=R_{t0}=R_0$，且电桥设计时使 $R>>R_{t0}$，所以被测温度处于任意值时都有

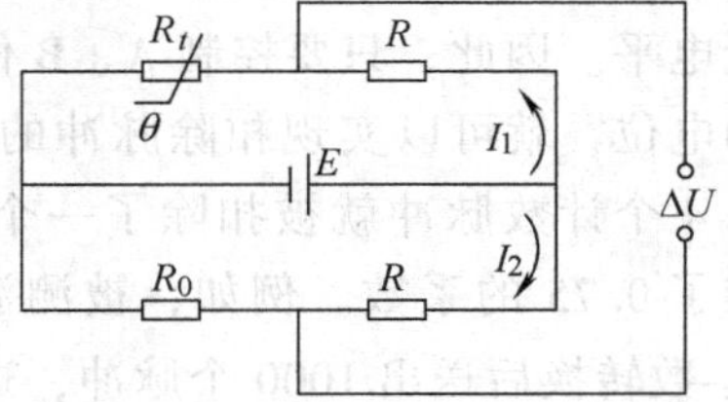

图 3-18 电阻-电压变换桥路

$$\frac{E}{R+R_{t0}}\approx\frac{E}{R+R_0}=I_1=I_2=I$$

所以

$$\Delta U=I\ (R_t-R_0)\ =I\Delta R_t \tag{3-10}$$

式 (3-10) 说明可以由不平衡电桥的转换关系，通过改变桥路参数来实现标度变换。

例如，用 Cu50 铜电阻体测量温度时，若所测温度为 0～50℃，则查分度表得电阻的变化值 $\Delta R_t=10.7\Omega$。为了显示 "50" 的数字值，设数字式显示仪表的分辨率为 100μV，即末

位跳一个字需要 100μV 的输入信号，那么满度显示“50”时，就需要 $50\times100\mu V=5mV$ 的信号，即电阻值变化 10.7Ω 时，应该产生 5mV 的信号，根据式（3-10）可得

$$I=\frac{\Delta U}{\Delta R_t}=\frac{5mV}{10.7\Omega}=0.47mA$$

该 I 值可以通过适当选取 E 和 R 来得到。当仪表分辨率或显示位数改变时，桥路参数也要适当进行调整。由于这种变换也是把热电阻和温度之间当做线性关系来处理的，因而准确度也不高。

通常当数字式显示仪表以电阻、电感、电容等元件参数的变化量作为输入信号时，一般都采用不平衡电桥来进行标度变换，以适当选取桥路稳压电源的供电电压或桥路电阻来达到标度变换的目的。

3）电流信号的标度变换。当数字式显示仪表与具有标准信号输出的变送器配套使用时，可以用简单的电阻网络来实现标度变换，即将变送器输出的标准直流毫安信号转换为规定的电压信号，如图 3-19 所示。将在 R_2 上取出的电压作为数字仪表的输入信号，因此电阻网络的阻值大小应该满足已确定的数字仪表分辨率的要求，并与所接放大器的输入阻抗相匹配；同时，以电阻网络与数字仪表的输入阻抗并联后作为变送器的负载，所以也应该满足变送器对负载阻抗匹配的要求。另外，对 R_2 的准确度要求要高，应该注意元件允许误差等有关问题。

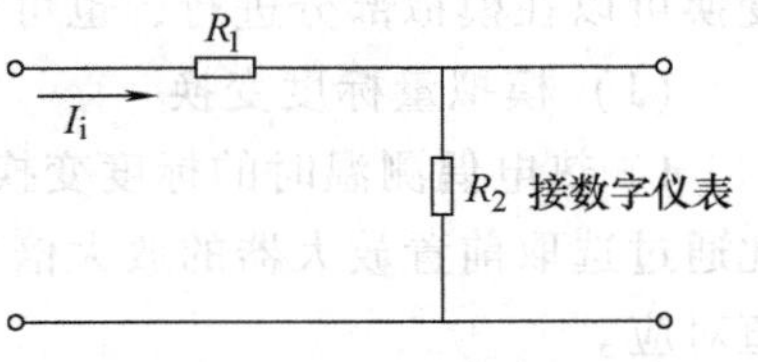

图 3-19 利用电阻实现标度变换

（2）数字量标度变换 数字量的标度变换是在 A-D 转换后，进入计数器前，通过系数运算来实现的。进行系数运算，即乘以某系数，扣除多余的脉冲数，可使被测物理量和显示数字值的单位得到统一。

系数的运算原理可以通过图 3-20 所示的“与”门电路来说明。从图 3-20 可知，只有当与门的 A、B 输入端均为高电平时，F 输出端才是高电平。A、B 端中如果有一端为低电平，则 F 端为低电平。因此，只要控制 A、B 任一端（如 B 端）的电位，就可以实现扣除脉冲的运算。图 3-20 中每 4 个计数脉冲就被扣除了一个，其效果相当于乘了 0.75 的系数。例如，被测温度为 750℃，经模-数转换后送出 1000 个脉冲，这时利用这个系数乘法器，进行乘 0.75 的运算，即运算器输入 1000 个脉冲，输出只有 750 个脉冲了，再送到计数译码显示电路。这样，显示值和被测的实际值就可以取得一致，从而实现了标度变换。

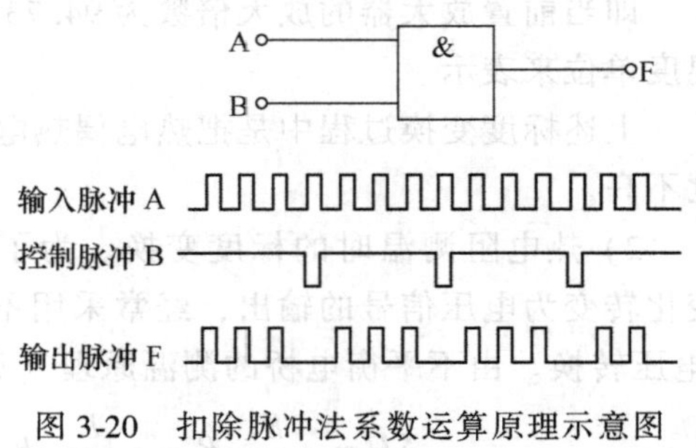

图 3-20 扣除脉冲法系数运算原理示意图

随着集成电路技术的发展，目前已经研制出了集成数字运算器，其转换准确度与速度均大大提高。

6. 非线性补偿

在生产过程中，大多数传感器的输入参数和输出电信号之间呈非线性关系，但是在显示仪表上必须以绝对值的形式和量纲反映出被测参数。这在模拟式显示仪表中可以采用非线性刻度和不同量程标尺的方法来解决，而在数字式显示仪表中，不可能用非线性刻度的方法，

因为二-十进制数码是通过等量化取得的，是线性递增或递减的，因此非线性的输入信号和线性化的数码输出之间就很不一致。

数字式显示仪表的非线性补偿，就是将数字仪表非线性输入信号转换成线性化的数字显示过程中所采取的各种补偿措施，使显示仪表输出的数字量与被测参数间保持良好的线性关系。目前常用的非线性补偿方法很多，可以用硬件实现，也可以用软件实现（常用在屏幕显示仪表中），主要有以下三种：一是可以将非线性被测参数在 A-D 转换之前的模拟电路中进行非线性补偿，这种方法称为模拟非线性补偿法；二是在 A-D 转换过程中进行非线性补偿的 A-D 转换法；三是在 A-D 转换之后的数字电路部分进行补偿的数字非线性补偿法。模拟非线性补偿法准确度较低，但调整方便，成本低；数字非线性补偿法准确度高；非线性补偿的 A-D 转换法则介于上面两者之间，补偿准确度可达 0.1% ~0.3%，价格适中。

常规数字仪表进行非线性补偿，主要有两方面的工作：

1）根据已知的传感器非线性特性求得所需要的线性化器的非线性化特性。非线性特性的求取可以用数字解析表达式，也可以用图解法求得。

2）根据所求得的线性化器的非线性特性，采用非线性补偿电路来实现非线性补偿，而对非线性曲线的处理一般都采用折线逼近法。

（1）模拟式线性化　模拟式线性化处理是在模拟信号转换成数字信号之前进行的，它可以根据仪表的静态特性分别采用开环或闭环的方式进行。

开环式线性化原理框图如图 3-21 所示。由于检测元件或传感器的非线性，当被测参数 x 被传感器转换成电压量 U_1 时，它们之间呈非线性关系，而放大器一般为线性放大器，故经放大后的 U_2 与 x 之间仍为非线性关系，因此应该加入线性化器。此时，利用线性化器的非线性静态特性来补偿检测元件或传感器的非线性，使 A-D 转换之前的 U_0 与 x 之间具有线性关系。

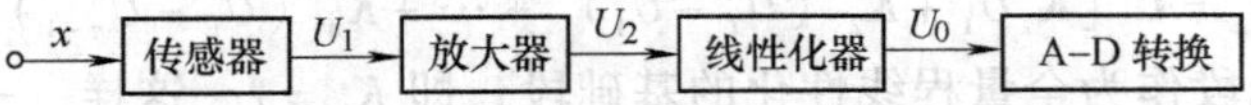

x → 传感器 → U_1 → 放大器 → U_2 → 线性化器 → U_0 → A–D 转换

图 3-21　开环式线性化原理框图

所谓闭环式线性化，就是利用反馈补偿原理，引入非线性的负反馈环节来补偿检测元件或传感器的非线性，使输出 U_0 与输入 x 之间的关系具有线性特性，闭环线性化原理框图如图 3-22 所示。

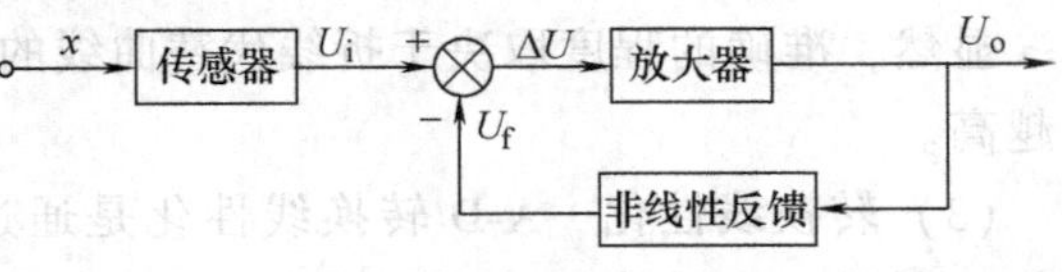

图 3-22　闭环式线性化原理框图

线性化的例子很多，不同条件下有不同的应用。线性化器大多是采用非线性元件组成折点电路来实现。

（2）数字式线性化　数字式线性化是在模-数转换之后的计数过程中，进行系数运算而实现非线性补偿的一种方法。其基本原则仍然是采用折线代替曲线的方法，将不同斜率的折线段乘上不同的系数变为同一斜率的线段而取得线性补偿。所乘的系数要求能根据输入电压数值的变化而自动地改变。设数字式仪表输入信号的非线性如图 3-23 中第Ⅰ象限的 OD 曲线，横坐标为被测温度 t，纵坐标表示热电动势值；同时，在第Ⅱ象限内绘出了计数器的静特性，如图中 OG 所示。

现把输入信号的非线性特性 OD 曲线用折线 $OABCD$ 逼近，这样每段折线的斜率都不相同。若以 OA 折线为基础，则其他各线段的斜率分别乘以不同的系数，就能与 OA 段的斜率相同。然后以 OA 为基础进行转换，就达到了线性化的目的。

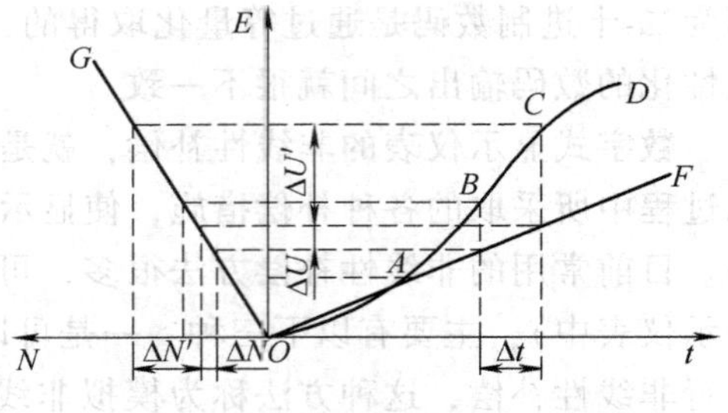

图 3-23　数字线性化原理示意图

图 3-24 为实现变系数运算的逻辑原理图。图中的系数控制器和系数运算器等组成的数字线性化器，按照图示逻辑原理，可以实现变系数的自动运算。

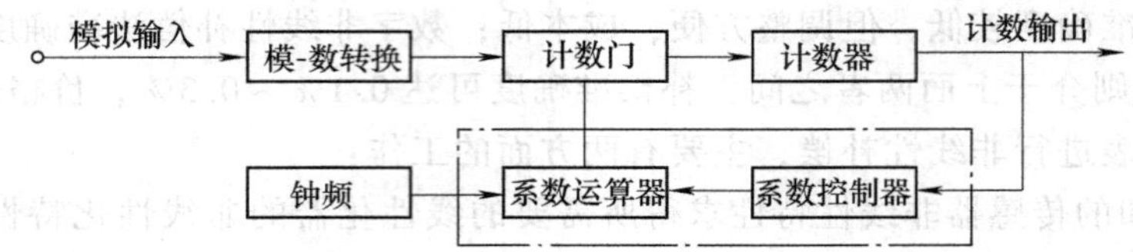

图 3-24　实现变系数运算的逻辑原理图

参照图 3-23，当输入信号为第一折线段 OA 时，系数控制器使系数运算器进行乘 K_1 运算，计数器的输出脉冲可以记为

$$N_1 = CK_1U_1$$

式中，C 为计数器常数；U_1 为输入信号，一直到 N_1 结束和 N_2 开始之前。当记满 N_1 需切换到 AB 段时，计数器发出信号给系数控制器，使系数运算器进行乘 K_2 的运算，计数脉冲又可记为

$$N_2 = C\left[K_1U_1 + K_2(U_2 - U_1)\right]$$

依次下去，若有 n 段折线，则计数器所计脉冲数为

$$N_2 = C\left[K_1U_1 + K_2(U_2 - U_1) + \cdots + K_n(U_n - U_{n-1})\right]$$

通常取第一折线段作为全量程线性化的基础段，即 $K_1 = 1$，这样，一个非线性的输入量就能作为近似的线性量来显示了。

显然，准确的程度取决于折线代替曲线的程度，折线越短，越逼近曲线，所得的准确度也越高。

（3）转换线性化　A-D 转换线性化是通过 A-D 转换直接进行线性化处理的一种方法。例如，利用 A-D 转换后的不同输出，经过逻辑处理后发出不同的控制信号，反馈到 A-D 转换网络中去改变 A-D 转换的比例系数，使 A-D 转换最后输出的数字量 N 与被测量 x 成线性关系。

7. 数字式显示仪表应用中的抗干扰措施

（1）干扰的产生　生产过程中，被测参数往往被转换成微弱的低电平电压信号，并通过长距离（有时长达数百米甚至更远）传输到显示仪表，由于显示仪表应用环境的复杂性（周围存在大量强交变磁场、电场、振动、热噪声、强辐射、温度效应、动力电源等），使得电气干扰也加到显示仪表的输入端，加上仪表内部的电源变压器、继电器、开关以及电源线等干扰源，给测量带来影响。当有较大扰动出现时（检测信号的干扰主要有强磁场和电场：当干扰源为低电压大电流时，则干扰源主要是磁场；当干扰源为高电压小电流时，则干扰源主要是电场），常通过串模干扰、共模干扰等方式叠加到信号线上，进入仪表。其中，串模干扰是指叠加到被检测信号上的干扰电压，无论它是从信号源引入还是从输入线感应引入，都是串联在测量回路中的；共模干扰是加在仪器仪表任一输入端与大地之间的干扰。一般共模干扰不会直接影响测量结果，但是在一定条件下（如输入端两端不对称），会使共模干扰转化为串模干扰，从而影响测量结果。

1）电磁感应（指磁的耦合）。在大功率变压器、交流电动机、强电流电网等的周围空间都存在很强的交变磁场，而控制系统（检测、变送、转换、调节、计算、执行、辅助及显示等单元）线路形成的闭合回路处在这种变化的磁场中将被感应出电动势，使信号源与仪器仪表之间的连接导线、仪表内部的配线通过磁耦合在电路中形成干扰。这种电磁感应电动势与有用信号相串联，当信号源与显示仪表相距较远时，干扰较为突出。此外，高频率发生器、带整流子的电机等设备，也会产生高频率的干扰。

2）静电感应（指电的耦合）。静电感应是两电场相互作用的结果。在相对的两根导线中，如其中之一的电位发生变化，则由于导线间的电容变化使得另一导线的电位也发生变化，干扰源以电容性的耦合在回路中形成干扰。

3）附加热电动势和化学电动势。由于不同金属产生的热电动势以及金属腐蚀等产生的化学电动势，在电路回路中形成直流电气干扰。

4）振动。在强振动的环境中，导线由于在磁场中处于运动状态而产生感应电动势，此干扰与信号相串联，以串模干扰形式进入仪器仪表。

5）不同地电位引入的干扰。在大功率的用电设备附近，当设备的绝缘性能较差时，不同地电位的电位差的引入形成干扰，而在仪表的使用中往往会有意无意地使输入端存在两个以上的连接点，这样就会把不同接地点的电位差以共模干扰形式引入到仪器仪表，这种干扰是同时出现在两信号线上的。

6）信号源是不平衡电桥。当桥路电源接地时，除桥路对角线的不平衡电压（即信号电压）外，两信号线对地都有一个公共的共模干扰电压。虽然共模干扰不和信号叠加，不直接对仪表产生影响，但它能通过测量系统形成到地的漏电电流，通过电阻的耦合就能直接作用于仪表（或放大器），产生干扰。

一些脉冲状的干扰电压除能作用于模拟电路外，有时也能直接进入数字电路中给予干扰，这些干扰电压的发生源是开关、电动机、继电器那样的感性负载和产生放电的机器等。

（2）干扰的抑制　干扰问题的形成是因为有干扰源存在，并通过一定的耦合渠道对仪器仪表产生影响。为减少这些影响，在设计仪表时就需要考虑对干扰的抑制问题，尽量提高其抗干扰的能力。实际应用中，要找出并结合绞扭、屏蔽、接地、平衡、滤波及隔离等方法，切断耦合通道以抑制干扰。同时，要求显示仪表具有耐高温、低温、高压、腐蚀、高黏度等性能和较好的动态特性，以减少被测参数的测量误差。

1）串模干扰的抑制方法。串模干扰可能产生在信号源，也可能是从引线上感应或接收而来的。由于串模干扰信号通常与被测信号串联在一起，并成为被测信号的一部分，所以一旦产生了串模干扰之后，它的有害作用往往不大容易消除，所以应该首先防止它的产生。

① 信号线的绞扭：对于电磁感应来说，尽量将导线远离强电设备及动力网，调整走线方向及减小导线回路面积都是必要的，仅调整走线方向及两信号线以短的节距绞合，干扰电压就能降为原有的1/100～1/10；对于静电感应来说，当把两信号线采用双绞合的形式绞扭且使两根信号线到干扰源的距离大致相等时（常把导线绞成为直径20倍的节距），就能使

信号回路所包围的面积大为减小，使电场通过在两信号线上的感应耦合进入回路的串模干扰电位差大为减少。

② 屏蔽：为了进一步防止电场的干扰，可把信号线用金属网（或金属皮）包起来，再在外面包上一层绝缘物或信号线直接采用屏蔽电缆，屏蔽层接地。因非磁性屏蔽层对50Hz的磁场无效果，必要时可把信号线穿入铁管中，使信号线得到磁屏蔽。而在静电屏蔽后，能使感应电动势减小到原有的1/1000～1/100。

③ 滤波：对变化速度很慢的直流信号，在仪器仪表输入端加入滤波电路，以使混杂于有效信号中的干扰衰减到最小。常在输入级前加二至三级 *RC* 滤波电路，而以采用内阻较低的双T形滤波器效果更好。

④ 对消：双积分型和脉冲调宽型等数字式显示仪表，是对输入信号的平均值而不是瞬时值进行A-D转换，也能把一些串模干扰平均掉。

⑤ 尽量使信号线与电源线分开敷设：合理布线，在允许条件下将导线的电流流向作反方向处理，以减弱相互产生的磁场的干扰；不允许把信号线与动力线平行敷设在一起，亦不应由同一穿线孔洞进入仪器仪表内。低电平信号线应以尽量短的不绞扭线接至信号端子的相邻位置上，以减少感应干扰的面积，绝对禁止电源线、信号线用同一根电缆。高电平和低电平线也不要用同一接线插件。在不得已时，把高电平和低电平线分开放在接插件旁边，中间隔以地线端子和备用端子。

2）共模干扰的抑制。

① 正确接地：接地的意义可以理解为得到一个等电位点或面，它是电路或系统的基准电位，但不一定为大地电位。为了安全起见，仪器仪表和信号源外壳都应接大地，保持零电位。但当接地的方式处理不好时，将形成地回路把干扰引入仪器仪表。为提高仪器仪表抗干扰能力，在低电平测量仪表中通常都把放大器与仪器仪表外壳（大地）绝缘（即把放大器“浮地”），以切断共模干扰电压的泄漏途径，使干扰无法进入。在低电平测试中，信号线只应有一点接地且信号线的屏蔽层也须有一点接地，无论信号线和仪器仪表等均需加以屏蔽，把接地和屏蔽正确地结合起来使用，往往能解决大部分的干扰问题。当有一个不接地信号源与一个接地放大器相连时，信号线屏蔽层应接至放大器的公共端。当有一个接地信号源与一个不接地放大器相连时，即使信号源端接的不是大地，信号线屏蔽层也应接至信号源的公共端，使之保持零电位，这可有效切断电位的泄漏电流，提高测量信号的抗干扰能力，这是测量系统中常用的方法。

② 仪表采用双层屏蔽浮地保护技术：提高仪器仪表抗共模干扰能力，在放大器输入部分浮地的同时，仪器仪表采用双层屏蔽浮地保护。除利用表壳作一层屏蔽外，在仪器仪表内再用一个内屏蔽罩将放大器输入部分屏蔽起来。在两屏蔽层之间、在放大器输入部分和内屏蔽层之间都不作电气上的连接。内屏蔽层不要与仪器仪表外壳相接，而应单独引出一根线作为保护屏蔽端与信号线的屏蔽层相连接，从而使保护屏蔽延伸到信号线全长，而信号线的屏蔽在信号源处一点接地，这样使仪器仪表的输入保护屏蔽及信号屏蔽对信号源稳定起来，处于等电位状态。所以，屏蔽能用来降低耦合到导线上的共模电压。

③ 应用平衡电路：一个系统的稳定程度取决于信号源、信号线、负载的平衡以及其他杂散分布参数的平衡。为提高仪器仪表抗共模干扰能力，常采用平衡措施使两线路上所转换的电压相等，以此来降低耦合到负载上的该部分共模电压。

④ 电源引入干扰的抑制：在仪器仪表内部主要的干扰来自小功率变压器产生的漏电流。为防止泄漏电流干扰，可将变压器一次绕组放在屏蔽层之内，并将屏蔽层接地，此时变压器一次绕组上的相电压通过对屏蔽层的分布电容，使漏电电流直接流入地，而不再流入放大器、测量电路和信号源中产生干扰。为防止电源变压器引入干扰，应采用三层屏蔽结构，即电源变压器一次侧屏蔽层直接与表壳接地、供电装置的二次绕组与所有屏蔽层相接、放大器电源的二次绕组屏蔽层与放大器地处于等电位状态。由电源引起的脉冲状干扰，对数字电路有较大影响，应在电源线路上加装高频滤波器，滤波器应装在输入和输出引线都经过穿心电容进行滤波的铁制屏蔽盒内。

8. 数字式显示仪表的规格与型号

数字式显示仪表的型号基本沿袭了动圈式显示仪表的编号方法，通常由两部分代号组成，如表 3-10 所示。

表 3-10　数字式显示仪表型号

<table>
<tr><td rowspan="4">第一部分</td><td colspan="2">第一位</td><td colspan="2">第二位</td><td colspan="2">第三位</td></tr>
<tr><td>代号</td><td>意义</td><td>代号</td><td>意义</td><td>代号</td><td>意义</td></tr>
<tr><td rowspan="2">X</td><td rowspan="2">显示仪表</td><td rowspan="2">M</td><td rowspan="2">数字仪表</td><td>Z</td><td>指示仪</td></tr>
<tr><td>T</td><td>指示调节仪</td></tr>
<tr><td rowspan="3">第二部分</td><td colspan="2">第一位</td><td colspan="4">第二位</td></tr>
<tr><td>代号</td><td>意义</td><td colspan="2">代号</td><td colspan="2">意义</td></tr>
<tr><td>

0
1</td><td>表示调节功能：

二位调节
三位调节</td><td colspan="2">1
2
3
4</td><td colspan="2">配接热电偶
配接热电阻
配接霍尔变送器
配接压力变送器</td></tr>
</table>

9. 数字式显示仪表的主要技术指标

(1) 分辨率　数字式显示仪表的分辨率是指最末一位数字改变一个字所对应的被测变量的最小变化值，它表示了仪表能够检测到的被测量最小变化的能力。数字式显示仪表在不同量程下的分辨率是不同的，通常在最低量程上有最高的分辨率，并以此作为该仪表的分辨率指标。

(2) 准确度　在模拟量经 A-D 转换器转换成数字量的过程中，放大器的漂移、电源波动及工作环境变化等，均会直接影响测量的准确度，至少要产生 ±1 个量化单位的误差，因此，数字式显示仪表的误差由模拟误差和数字误差两部分构成。

目前数字式显示仪表的准确度表示方法有三种：被测参数的满度值的 $\pm a\% \pm n$、被测参数的读数值的 $\pm a\% \pm n$、被测参数的读数值的 $\pm a\% \pm$ 满度值的 $b\%$。其中，系数 a 取决于仪表内部的基准电源和测量电路的传递系数不稳定等因素；系数 b 取决于数字式显示仪表的量化误差、零漂及噪声等因素；系数 n 是数字式显示仪表读数最末一位数字的变化，一般 $n=1$。

(3) 输入阻抗　输入阻抗指仪表在工作状态下，两个输入端子之间所呈现的等效阻抗。当被测量信号小于10V 时，一般将测量信号直接加在放大器的输入端。由于采用了深度负反馈放大器，使输入阻抗大为提高，一般在 $10^9 \sim 10^{12}\Omega$。当被测量信号大于10V 时，若采用输入分压器，则输入阻抗会降低（如$10^7\Omega$），输入阻抗降低将产生测量误差。因为仪表的输入回路中存在输入电流，当信号源内阻或测量线路电阻较大时，输入电流会在电阻上产生较大电压降，从而导致测量误差。

（4）干扰抑制比　工业现场常存在很强的电磁场及各种高频干扰，因此，对数字式显示仪表抗干扰性有一定的要求，一般用串模干扰抑制比和共模干扰抑制比来表征抗干扰能力的大小。

① 串模干扰抑制比（SMR）。

$$SMR = 20\lg\frac{\text{串模电压峰值}}{\text{串模干扰最大值}}$$

即加到输入端的串模干扰电压值与由此所造成的示值变化之比的对数。一般直流数字式电压表的 $SMR = 20 \sim 60\text{dB}$。

② 共模干扰抑制比（CMR）。

$$CMR = 20\lg\frac{\text{共模电压峰值}}{\text{共模干扰最大值}}$$

即仪表输入端与公共电位参考点（例如接地线）之间的电压，即共模电压与引起仪表输出示值变化之比的对数。当信号源、屏蔽层或仪表接地不当时，往往形成引入干扰的回路。共模电压在转化为串模电压后对仪表发生影响，当仪表输入电路参数不对称时促成这种转化。一般直流数字式电压表的 $CMR = 120 \sim 160\text{dB}$。

图像显示器近年来也发展很快，它能直接把工艺参数用文字、符号、数字与图像配合的形式，在大屏幕荧光屏上显示出来，并配以打印记录装置，按操作者的需要，任意以其中一种或多种方式同时显示。它具有模拟式和数字式显示仪表的两种功能，通常称为 CRT 显示仪表。图像显示器常与计算机联用，已成为现代计算机不可缺少的终端设备，具有计算机的大存储量的记忆能力与快速功能，为现代计算机大规模综合集中管理和分散控制不可少的显示装置。

随着计算机技术的发展及其在过程控制中的应用，与之相应的图像显示技术也在不断地发展，近年来出现了不少新的显示器件，除了 CRT 显示器外，还有等离子显示器、发光二极管显示器（LED）和液晶显示器（LCD）等，其中 CRT 仍然占主要地位。

3.3 计算机数据采集系统

3.3.1 计算机数据采集系统的组成和结构

我国当前使用的数字式显示仪表，可以看成是单通道数据采集系统，并直接配以显示电路和显示器，所以数据采集系统是数字式显示仪表的核心。数据采集系统（Data Acquisition System，DAS）是发电机组自动控制系统中一个重要的组成部分，以计算机数据采集系统全面替代盘装仪表已成为历史的必然。

我们通常所称的计算机数据采集系统，从广义上讲，应该称为计算机监视系统，但习惯上称为数据采集系统。这里所谓数据采集系统是指以计算机为核心、将接受的连续或开关模拟信号进行处理和转换为数字形式、对生产过程进行全工况开环监视的电子电路系统，是发电机组起停、正常运行和事故工况下的主要监视手段。采用计算机系统对大容量单元机组的现场信号进行数据采集，利用计算机强大的计算和逻辑分析能力实现对机组的监视、提示、记录等，可以为运行操作提供指导，提高机组安全、经济运行水平。

大型火电单元机组采用多级网络式结构的数据采集系统，由分散处理单元、数据高速通道、操作员站、工程师站等人机接口单元组成，如图3-25所示。

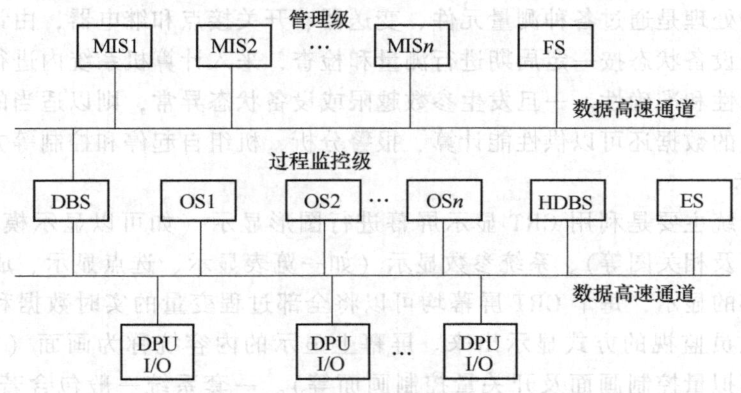

图3-25　多级网络式结构DAS总体示意图

FS—文件服务器（file server）　OS—操作员站（operator's station）　ES—工程师站（engineer's station）

HDBS—历史数据站（historical database station）　MIS—管理信息站（management information station）

DBS—数据存取服务器（database server）　DPU—分散处理单元（distribution processing unit）

分散处理单元具有数据采集和处理功能，可以通过过程通道从现场采集各种过程变量，并将采集到的数据先进行初步的数据处理，然后送到数据高速通道。

过程通道是一个在生产过程与数据采集系统之间进行信息交换和传输的电路。过程通道按信息的传输方向可以分为输入通道和输出通道；按信息类型可以分为模拟量通道、数字量通道和脉冲量通道。模拟量是指随事件连续变化的量，如温度、压力、电流、电压等，模拟量通常要按比例经过量化和编码转换成数字量才能输入计算机；开关量是指只具有两个状态的过程量，如开关的“断开”与“闭合”，信号的“有”与“无”等，开关量要经过电平转换和按计算机字长进行分组才能输入计算机；脉冲量是指随着时间的推移周期性重复出现短暂起伏的过程量，如转速表输出的代表转速的一定频率的脉冲信号等，计算机要对单位时间内的脉冲进行计数才能知道该数值的大小。一般情况下，过程通道包括模拟量输入（AI）通道、模拟量输出（AO）通道、数字量输入（DI）通道、数字量输出（DO）通道、脉冲量输入（PI）通道及脉冲量输出（PO）通道6种。

高速数据通道负责分散处理单元和上一级计算机之间的联络通信，是数据采集系统的神经中枢，也是数据采集系统向分布式发展的基础。

操作员站从高速数据通道上获取全部信息，经复杂的数字处理后再经人机接口装置——CRT、键盘或鼠标等其他光电输入设备、记录数据站、打印机等实现显示、打印、备份功能，并建立数据库。

工程师站用于系统的组态和修改，也可以作为操作员站的后备。

3.3.2　计算机数据采集系统的功能

数据采集系统是机组起停、正常运行和事故处理工况下的主要监视手段，通过CRT显示和打印等人机接口向操作员提供各种实时和历史数据及信息，以指导运行操作。数据采集系统的功能包括数据采集与处理、屏幕显示、打印记录、历史数据存储与检索、在线性能计算等。此外，针对火电厂的特点和要求，还可以实现设备的寿命管理、能量损耗分析和运行操作指导等高级处理功能。

1. 数据采集与处理

数据采集与处理是通过各种测量元件、变送器、开关接点和继电器，由计算机对发电机组的各种参数及设备状态按一定周期进行测量和检查，采入计算机系统内进行处理，以保证采入参数的正确性和准确性。一旦发生参数越限或设备状态异常，则以适当的形式报警。经过采集和处理过的数据还可以供性能计算、报警分析、机组自起停和控制等方面使用。

2. 屏幕显示

数据采集系统主要是利用 CRT 显示屏幕进行图形显示（如可以显示模拟图、趋势图、棒状图、曲线图及相关图等）、系统参数显示（如一览表显示、选点显示、成组显示等）以及人机会话内容的显示，每个 CRT 屏幕均可以将全部过程变量的实时数据和运行设备的状态以适应运行人员监视的方式显示出来。屏幕上显示的内容统称为画面（如检索类画面、报警类画面、模拟量控制画面及开关量控制画面等）。一套系统一般包含若干台 CRT 显示器，可以同时显示几个不同的画面。CRT 屏幕显示已成为实现集中监视的重要工具和人机联系的主要手段，它可以采用多种生动明确的表现形式来显示生产过程中参数的变化和状态。

3. 打印记录

记录的打印输出是数据采集系统用于发电机组安全经济运行的基本功能之一，通过汉字打印可以准确、及时地打印各种记录报表。制表打印一般分为定时制表打印和随机召唤打印两种形式，打印格式与方式一般按照用户要求编制。用计算机制表打印代替手工抄表大大减轻了运行人员的劳动强度，并为生产过程的管理提供准确的文字资料，便于今后进行分析、研究和查证。

4. 历史数据存储与检索

历史数据是机组运行管理的重要依据，对历史数据进行存储是计算机数据采集系统主要功能之一。存储历史数据的方式有本机存储、异机存储和分布存储等。

5. 在线性能计算

机组的在线性能计算功能是利用分散控制系统（Distributed Control System，DCS）数据共享的优势，根据热力系统正、反平衡的方法计算出机组主辅设备的各种经济指标，并将结果用于显示、打印、存储及归档等。通过对单项设备乃至全厂效率的监视，为运行人员和管理人员提供操作和运行管理信息。借助于机组性能的连续监视，通过运行人员的调整，可以使整个机组处于最佳运行工况，实现整个机组的经济运行。在线性能计算的关键是要给出正确、合理的计算公式和可靠的现场测量数据。

6. 事件顺序记录

机组运行中的事件顺序记录（SOE）功能是利用事件顺序记录仪，运行人员可以方便、迅速地确定事故发生的直接或间接原因，及时采取措施消除机组的故障或事故。

事件顺序记录可以按信号的重要程度，用不同的分辨率进行事件记录。对于一些直接导致机组故障停机的事件，不但需要完整地反映出事件发生前的所有可能的因素，还要完整地记录下事件发生后的操作情况，以便检验执行事故程序的正确性。

7. 操作指导

对有成熟运行经验的机组，可以根据用户要求设置起停操作指导、最佳运行操作指导、预防或处理事故操作指导等。操作指导是通过 CRT 屏幕显示具体的操作步骤指导运行人员进行操作，以保证机组的安全、经济运行或起停。通常操作指导采用专用语言。用户利用这些语言，按操作流程图编写程序并将程序放入库目录中，运行人员通过库目录调用、执行程序。程序主要检查需要的点，根据实时情况，判断并显示出下一步要执行或要确认的提示命令，有些参数未进计算机，需要运行人员回答“是”或“否”，才能使判断继续下去。此外，在 CRT 画面上还能同时显示一些参数与曲线，如一些典型的起动曲线，供运行人员参考。运行人员在操作中应使实际的起动曲线与参考的起动曲线相吻合或相接近，以保证起动过程的省时、安全和高效。

3.4 显示仪表的发展趋势

当今的显示仪表品种多、系列全，在各种工业测量和控制系统中都有应用。在过去的几十年中，显示仪表经历了机械式、机电式和全电子式的发展过程，在每个发展过程中均产生了一系列各种形式的显示仪表，这些仪表在测量和控制系统中各自发挥了应有的作用。随着微电子和计算机技术的迅速发展，工业自动化仪表的组成和产品结构产生了根本的变化。显示仪表的总体发展趋势主要体现在以下几个方面：

1. 显示记录仪表的智能化、多功能化

随着计算机技术的迅猛发展，智能显示记录仪表成为当今显示记录仪表重要发展趋势，而且其本身几经变迁，技术性能和用途不断发展，其智能化功能表现在：

1）输入信号类型、测量范围能设定。模拟显示记录仪表的一个较大局限性是一台仪表只用于一种输入信号，测量范围不能变化。智能显示记录仪表却能满足多种输入信号，可以同时测量直流毫伏、伏、毫安与热电偶、热电阻等多种信号，并可以设定测量范围，使用十分方便。

2）可靠性增加，测量显示记录准确度提高。机械结构简化，电子元器件数目减少，无接触式反馈系统的使用，大规模和超大规模集成电路的采用以及步进电动机驱动系统和超小型晶体管（Sub miniature Tube，SMT）工艺应用都大大提高了产品可靠性。

3）数据处理能力，显示记录功能增加。智能显示记录仪表能够自动采集数据，并对数据进行处理。智能显示记录仪表普遍采用了数字、模拟混合显示记录，它能记录趋势，又能采用数字显示和光柱显示。部分仪表还采用了标尺指针指示，在显示器和记录纸上提供用户多种信息，使用户观看、分析十分方便。为了增加记录清晰度，还可以任意设定各通道的记录颜色。

4）自校正、自诊断功能。即具有自动检测、自动校正、故障诊断和修复故障的功能。

5）计算机的通信功能。即具有双向通信、标准化数字输出或符号输出的功能。既能向上位机输出数据，也能接受上位机的指令，改变工作状态或参数。

6）报警和附加功能。一般智能显示记录仪表有多种设定，如变化率上、下限和差值上、下限等，报警设定十分方便。在附加功能上，除计算机通信接口、运算与调节功能之外，还有遥控功能、断偶报警等。

2. 显示仪表的网络化

随着计算机技术和网络通信技术的飞速发展，目前许多仪表厂家和研究部门正在研究和制造各种现场级网络与显示仪表相结合的应用系统。在这类系统中，显示仪表采用标准的网络协议和模块化结构。显示仪表是测控网络的一个节点，通过网络接口把数据传输到网上，反过来通过网络处理器又能接受网络上其他节点的数据和命令，实现数据远传和资源共享。

3. 显示仪表显示的模糊化

显示仪表显示的模糊化是为顺应人类生活、生产与科学实践的需要而提出的，并得到了迅速发展。从20世纪80年代以来，人们研究开发能将传统的数据经过模糊推理与专家知识集成，以自然语言符号描述的形式显示测量结果。如测温仪表测量温度时，不仅显示具体的温度值，而且给出温度值是偏高、适中或偏低。

4. 虚拟显示仪表

虚拟显示仪表利用计算机强大的软件功能，除了保留数字式显示仪表的输入通道，其他工作全部由计算机完成。虚拟显示仪表在显示屏上完全模仿实际使用中的各种仪表，用户可以通过键盘、鼠标或触摸屏进行各种操作，完成传统显示仪表的各种功能。用一台计算机还可以实现多个虚拟仪表。所以近年来，虚拟显示仪表得到了长足的进展。

本章小结

在工业生产中，不仅需要各种传感器、变送器测量出生产过程中各个工艺参数的大小，而且还要求把这些测量数值及时、准确地进行指示、记录，或用字符、数字、图像等显示出来。这种显示被测参数测量数值的装置称为显示仪表。按显示方式不同，显示仪表可以分为模拟显示、数字显示和图像显示三种类型。

1. 动圈式显示仪表

被测温度经热电偶（或热电阻）转换为直流毫伏（或电阻值）信号，输入仪表的测量电路并转换成电流。该电流流经处于永久磁场中的动圈时，动圈受力，产生偏转，其偏转角与电流大小成正比，固定在动圈上的指针便反映出温度的数值。

2. 电位差计

按电压平衡原理工作。利用不平衡电桥的输出电压与被测热电动势相比较，当二者差值为零时，被测热电动势与桥路的输出电压相等。

3. 平衡电桥

按平衡电桥原理工作。利用电桥平衡时相邻桥臂电阻比值相等的关系式，求出被测热电阻的阻值。

4. 数字式显示仪表

数字式显示仪表由前置放大器、A-D转换器、非线性补偿、标度变换以及显示装置等部分组成。

与模拟式显示仪表相比，数字式显示仪表具有测量准确度高，灵敏度高，测量速度快，读数直观、准确、方便，没有读数误差，采用脉冲传输信息，因而传输距离不受限制，便于与计算机联机进行数据处理，有自诊断、自检测能力；若配以附加功能，还可以实现测量报警、定值控制等优点。

思考题与习题

3-1　动圈式显示仪表的工作原理是什么？主要由哪几部分组成？

3-2　一支S分度热电偶，用铜导线直接接至动圈式显示仪表，仪表测量范围为20～600℃。

试问：1）当热电偶热端温度为20℃，冷端温度的两个连接点温度也为20℃时，回路中的热电动势是多少毫伏？

2）当热电偶的热端温度为20℃，冷端中的铂铑热电极与铜线的连接点温度为100℃，而铂热电极与铜线的连接点温度为20℃时，回路中的热电动势是否有变化？此时的示值是偏大还是偏小？

3-3　绘出由热电偶、补偿导线、冷端温度补偿器、动圈式显示仪表和连接导线构成的测温系统原理图，并说明各部分的作用。

3-4　电子电位差计的测量原理是什么？电子电位差计配热电偶测量温度时为什么不必规定外接线电阻值？

3-5　测量未知电动势时，电子电位差计的准确度等级为什么比动圈式显示仪表高？

3-6　电子自动电位差计的工作原理是什么？它由哪几部分组成？画出其组成框图并简述其工作过程。

3-7　电子自动电位差计和电子自动平衡电桥在测量原理、结构和应用方面有什么异同点？

3-8　数字式显示仪表由哪几部分组成？各部分作用是什么？说明它的工作特点。

3-9　简述模-数转换的过程。

3-10　什么是数据采集系统？数据采集系统主要由哪几部分组成？

3-11　数据采集系统的功能主要有哪些？

第 4 章　接触测温误差分析及测温元件的安装

4.1　接触测温误差概述

工业生产中大多采用接触测温方法进行温度测量，例如热电偶温度计、热电阻温度计等。在采用这种方法测温时，仪表所指示的温度是测温元件本身的温度，我们通常就把仪表所指示的温度看作被测介质的温度，实际上被测介质的温度与测温元件的温度是有差值的，这个差值就是接触测温误差。

通过下面的例子我们可看出接触测温误差是如何产生的。用热电偶测量烟道中烟气的温度，如图 4-1 所示。烟道中烟气的温度为 t_g，热电偶的热端温度为 t，烟道内过热器、再热器、省煤器等低温受热面的温度为 t_1，周围环境温度为 t_2，由于环境温度明显低于热电偶的热端温度，而热电偶冷端又处在环境中，因此就有热量 Q_1 沿测温管传导给周围环境；烟道内低温受热面的温度也低于热电偶的热端温度，热电偶以辐射的方式把热量 Q_2 传给低温受热面，同时热电偶从被测介质烟气中吸收热量 Q_3，稳态时，热电偶达到热平衡，从烟气中吸收的热量和散发的热量相等，即 $Q_1+Q_2=Q_3$。在不能完全消除向外散热，也就是 Q_1+Q_2 不为零的前提下，Q_3 也不等于零，我们知道 $Q_3 \propto (t_g-t)$，所以 $t_g-t \neq 0$，$\Delta t=t_g-t$ 就是接触测温误差。

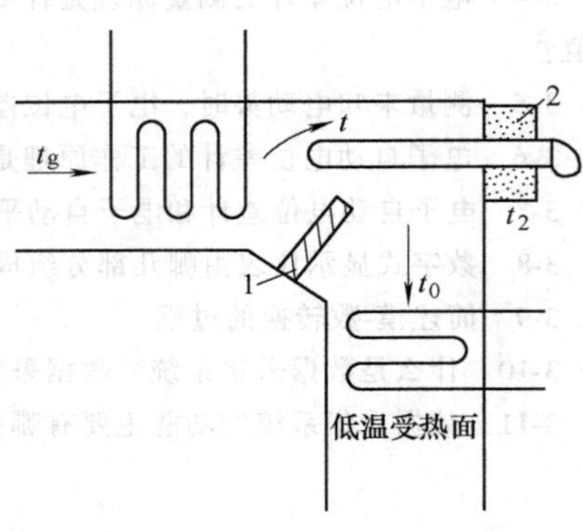

图 4-1　烟气温度测量

1—烟气挡板　2—隔热层

从上面的分析可以看出，接触测温误差主要是由沿测温管的传导散热和向周围低温受热面辐射散热引起的。本章通过对导热误差和辐射散热测温误差的分析，找出减小误差的方法，并介绍测温元件的安装方法。

4.2　导热误差的分析及减小误差的措施

4.2.1　管内流体温度测量

在热工测量中经常需要测量管内流体的温度，如水温度的测量、蒸汽温度的测量等，如图 4-2 所示。图中，t_g 为被测介质的温度，t 是测温元件的温度，t_1 是管道内壁的温度，t_2 是测温管处的外界环境温度。一般对于高温介质，管道外面都有保温层，管道内壁的温度与介质温度相差不大，管道内部又没有其他低温物体，这种情况下辐射散热基本可以忽略，主要考虑沿测温管向外传导热量引起的误差。根据传热学原理，导热误差关系式为

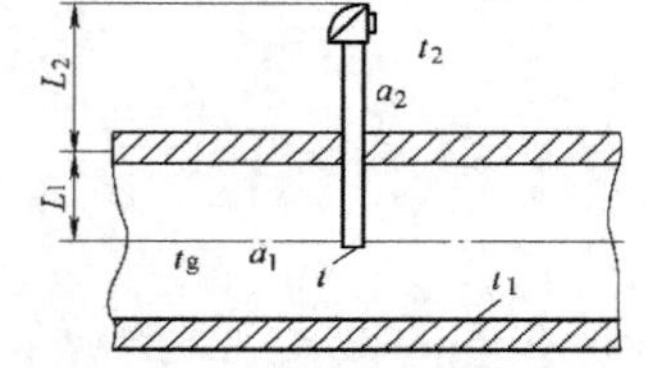

图 4-2　管内流体温度测量

$$t - t_g = \frac{t_g - t_2}{\mathrm{ch}(b_1 L_1)\left[1 + \frac{b_1}{b_2} th(b_1 L_1)\coth(b_2 L_2)\right]} \tag{4-1}$$

式中，$b_1 = \sqrt{\frac{\alpha_1 L_1}{\lambda A_1}}$；$b_2 = \sqrt{\frac{\alpha_2 L_2}{\lambda A_2}}$；$\alpha_1$、$\alpha_2$ 分别为管内外介质与测温管之间的换热系数；λ 为测温管的热导率；L_1、L_2 分别为管道内外测温管的截面周长；A_1、A_2 分别为管道内外测温保护套管的截面积；L_1、L_2 分别为管道内外测温管的长度。

根据上式，为了减小导热误差可采取下列措施：

1）给测温管裸露在管道外面的部分加装保温层。加装保温层后可以减小测温管与外部介质的换热系数 α_2，从而减小 b_2，使双曲余切函数 coth（$b_2 L_2$）和$\frac{b_1}{b_2}$同时增加，从而减小误差。

2）增加测温管的插入深度 l_1，减小测温管在外面的长度 l_2。这样可以使双曲余弦函数 ch（$b_1 L_1$）、双曲正切函数 th（$b_1 L_1$）、双曲余切函数 coth（$b_2 L_2$）都增加。

3）把测温管插入介质流速最大处，即管道中心线上。介质的流速越大，其对流换热系数 α_1 越大，这样可以增加测温管的吸热量，提高热端温度 t，减小误差。

4）尽量把测温管做成外形细长，保护套管壁要尽量薄。这样可以使$\frac{L_1}{A_1}$减小，从而减小误差。

5）测温管采用热导率小的材料，以减小沿测温管向外传导热量。测温管的保护套管采用陶瓷、不锈钢等导热性能不良的材料制造。

6）测量高温高压蒸汽等冲击力大的介质温度时，采用热套式热电偶。在测量高温高压蒸汽时，测温管插入深度太大，冲击力容易使测温管断裂，减小插入深度又会增大接触测温误差，另外测温管的插入深度往往还受到管道直径的限制，为此，可采用热套式热电偶，如图 4-3 所示。把锥形热电偶的保护套管焊接在水平管道上部的一根垂直套管上，蒸汽通过套管与三角形热电偶之间的缝隙进入套管中，相当于增加了热电偶的插入深度。

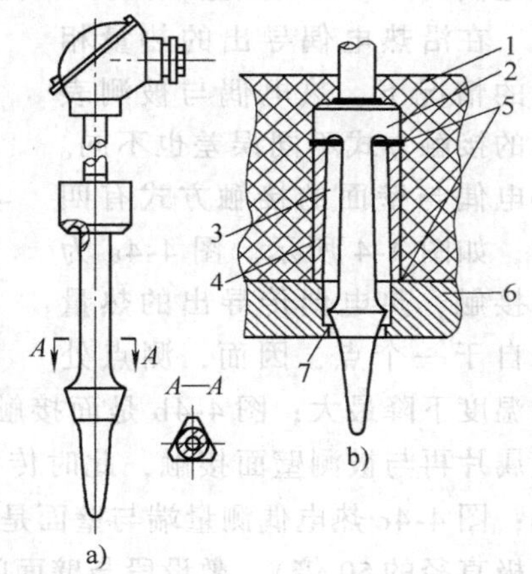

图 4-3　热套式热电偶

1—管道保温层　2—热电偶　3—热套　4—安装套管　5—电焊接口　6—管道壁　7—卡紧固定

4.2.2　壁面温度测量

在工业生产中经常需要测量壁面温度，例如，发电厂中需要测量过热器管壁温度、汽轮机内外缸温度、轴承温度等。在测量壁面温度时，同样存在着接触测温误差。在进行壁面温度测量时，接触测温误差主要来自两方面：一方面，由于壁面温度较高，热量沿测温管向外导出，破坏了壁面的温度场，测出的温度是温度场破坏后的温度，我们把这部分误差称为测温元件的导热误差；另一方面，由于测温元件的测量端与被测壁面之间存在换热，测温元件的测量端与参比端之间也存在着换热，因而造成测温元件的温度与测量点的温度存在差值，我们把这部分误差称为接点导热误差，接点导热误差可能是正值，也可能是负值，例如在测量过热器壁温时，由于烟气的热量沿热电偶测量端传递，使测量端温度高于被测温度，产生正误差，当壁面温度高于周围温度时会产生负误差。

测量壁面温度时，测温元件一般采用不带保护套管的普通裸热电偶或用小直径的铠装热电偶，这是因为热电偶有较宽的测温范围，较小的测量端，能测量“点”温度，而且测温的准确度也较高。热电偶的测量端用焊接、铆接或压紧的方式与被测壁面紧密接触。下面我们结合热电偶的焊接方式从两个方面来分析热电偶进行壁面温度测量的误差。

1. 热电偶的导热误差

热电偶的导热误差主要是由于沿热电偶向外传导热量，使壁面温度下降引起的。传导的热量多误差就大，反之，误差就小。为了减小误差，要尽量减小导热量，热电偶直径越大，导热量越大，直径越小，导热量越小，为了减小测量误差应尽量选择直径较小的测温元件。影响导热误差的因素还有热电偶冷端气流的流动速度，流速越大，传导的热量越多，误差就越大。另外，导热误差的大小还取决于壁面本身的情况，如壁面厚度越大，误差越小，因为热电偶向外导走的热量，很快由管壁的其他部分来补充了，壁面温度的降低程度就小。

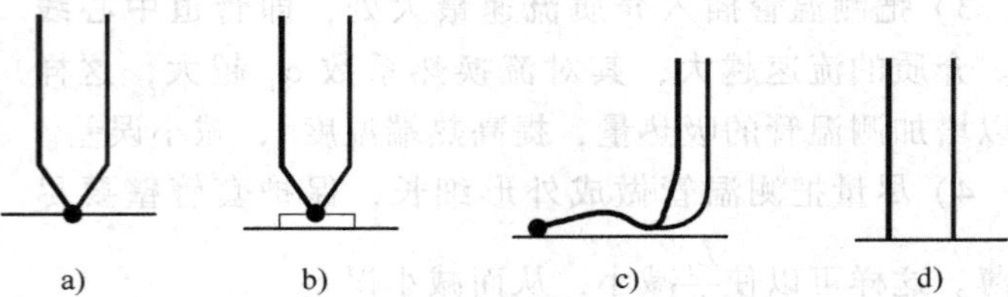

图 4-4　测量壁面温度热电偶的接触形式

在沿热电偶导出的热量相同的情况下，热电偶与被测表面的接触方式不同误差也不同。热电偶与壁面的接触方式有四种，如图 4-4 所示。图 4-4a 为点接触，热电偶传导出的热量来自于一个点，因而，测点处的温度下降最大；图 4-4b 是面接触，热电偶的测量端先焊接在导热性能良好的金属片上，金属片再与被测壁面接触，此时传导的热量来自与金属片接触的一个面，测点温度下降较小；图 4-4c 热电偶测量端与壁面是点接触，然后沿壁面敷设一段距离（敷设距离大约是热电极直径的 50 倍），敷设段与壁面间，以及正负极之间都是绝缘的，这种情况下，沿热电极传导的热量主要来自于敷设段，测点处的温度变化很小或者不变，这种情况下，误差是最小的；图 4-4d 是分立接触，热电极分别焊接在壁面上，传导出的热量来自两个点，所以温度下降较图 4-4a 少，应该注意的是，分立焊只能应用于壁面为等温体的情况下，如果两焊点处温度不同，则会引起新的误差。

总之，从上面的分析可以看出，热电偶的导热误差，图 4-4a 最大，图 4-4d 次之，图 4-4b 更小，图 4-4c 的误差最小。

2. 热电偶的接点导热误差

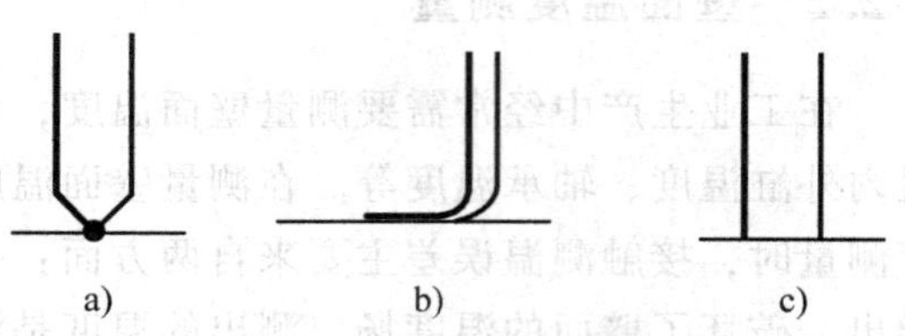

图 4-5　测量壁面温度热电偶的焊接形式

热电偶测量壁面温度时，由于热电偶与外界换热，不但造成壁面的温度场发生变化，同时还会使热电偶的热端温度与壁面测量点的温度存在差值，这个差值就是本节所说的接点导热误差。为了减小接点导热误差，通常采用焊接的形式，使热电偶测量端与壁面紧密接触以减小热电偶与壁面之间的热阻。焊接形式如图 4-5 所示。图 4-5a 为球形焊，把热电偶的球形测量端焊接在被测壁面上，由于热电偶与壁面之间为点接触，热电偶测量端与壁面之间温差较大，为了减小差值，应使热电极的直径尽量小，热点偶的测量端的焊点应当尽量压平。图 4-5b 为交叉焊，焊接时先将导热性能较好的热电极焊接在被测表面上，然后再将另一热电极交叉地叠在焊点上面，再次焊接。这样，由于热电偶的热端与壁面之间热阻较小，所以误差较图 4-5a 小。图 4-5c 为分立焊，把热电偶的两个热电极分别焊接在被测表面上，两焊点之间保持一定的距离（一般为 1～5mm），这种焊接方法热电偶的测量端与壁面之间没有误差，根据中间导体定律，如果被测壁面为均质材料的导体或半导体，而且在这段距离内温度相等，则热电偶采用分立焊法把两电极焊接在一起，其输出电动势是完全相同的。所以这种焊接方法的接点导热误差几乎为零。

总之，上面三种焊接方法中，图 4-5a 接点导热误差最大，图 4-5b 次之，图 4-5c 最小。

在实际测量中既要考虑热电偶对温度场的破坏，又要顾及热电偶测量端与被测点的温度差值，根据具体情况选择合适的接触方式，以便得到更准确的测量结果。

4.3 辐射散热误差的分析及减小误差的措施

在测量电厂锅炉烟道中烟气的温度时，往往在测温管附近有低温受热面，这样测温管除了沿测温管的传导散热之外，还存在着辐射散热，所以为了减小接触测温误差，既要减小沿测温管的传导散热，又要减小辐射散热。图 4-1 就是测量过热器后烟气温度的图。图中，1 是烟气挡板，其作用是控制烟气流向，使烟气尽量多地通过测温元件，以增加测温管的吸热量；2 是隔热层，其作用是减小沿测温管的辐射散热。

实践证明，在过热器后烟气温度的测量中，如果不采取相应防止辐射散热的措施，则由辐射散热引起的误差可达到上百度。测量烟气温度时，如果按图 4-1 中所示在测温管处加上隔热层，则传导放热可以忽略不计，此时主要考虑减少辐射散热引起的误差。

测温元件向周围低温物体的辐射散热误差为

$$T - T_g = -\frac{c}{\alpha}(T^4 - T_1^4) \tag{4-2}$$

式中，T 和 T_g 分别代表测温管的热端温度和被侧介质的热力学温度；T_1 代表测温管周围低温物体的平均温度（热力学温度）；c 代表测温管与低温物体的辐射换热系数；α 代表测温管与被测介质的换热系数。

通过对式（4-2）的分析知，为了减小测量误差，可以采取下列措施：

（1）给测温管加装隔热罩　如图 4-6 所示，图中，t_3 隔热罩的摄氏温度，T_3 隔热罩的热力学温度，t_g 烟道中烟气的温度（摄氏温度），t 测温管的热端温度（摄氏温度），t_1 烟道内过热器、再热器及省煤器等低温物体的温度（摄氏温度）。

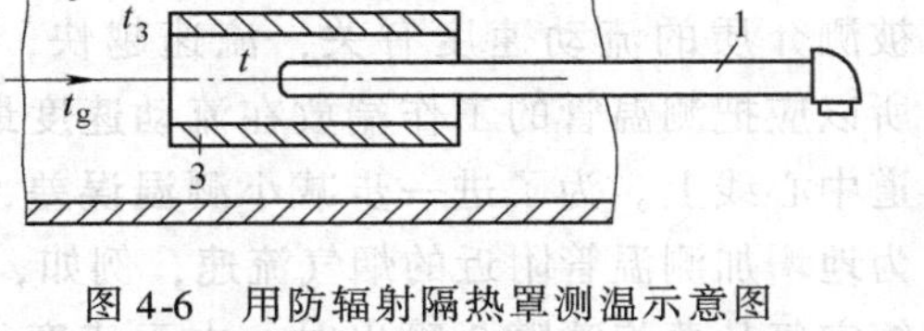

图 4-6　用防辐射隔热罩测温示意图
1—测温管　2—低温物体　3—隔热罩

用隔热罩把测温管与低温物体隔离开，使测温管不直接对低温物体进行辐射。测温管把热量辐射给隔热罩，隔热罩把热量辐射给低温物体。

加上隔热罩后测温误差为

$$T - T_g = -\frac{c}{\alpha}(T^4 - T_3^4) \tag{4-3}$$

烟道内的低温物体如过热器、省煤器等，由于内部流动着低温的介质，所以其表面温度 t_1 比隔热罩的温度 t_3 低。通过式（4-3）与（4-2）比较，热辐射温差与温度四次方差成正比，加隔热罩后，温度由 t_1 变为 t_3，误差可大大减小。另外，还可以通过减小辐射换热系数 c 来减小测温误差，如把隔热罩内壁做得非常光亮（例如镀镍）。为了进一步提高隔热罩的温度，可以在隔热罩外，再加一层隔热罩，这样内部的隔热罩就把热量辐射给外层的隔热罩，不与温度更低的低温物体进行热交换，可大大提高其温度。

应该指出，加装隔热罩并不容易，因为装设隔热罩后要保证气流能顺利地流过测温管。另外，隔热罩在使用中，其表面会被烟气污染而增大粗糙度，结果使辐射换热系数增加，从而增大误差。

（2）测温管采用辐射散热系数 c 小的材料　从式（4-3）可看出，c 越小，辐射散热误差越小，辐射散热系数的大小主要由材料决定的，所以为了减小辐射散热误差，测温管的保护套管应选用辐射散热系数小的材料。一般耐热合金钢保护套管的辐射散热系数较小，而陶瓷保护套管的辐射散热系数较大，但陶瓷保护套管能够耐高温，所以在测量高温时选用陶瓷保护套管，这必然造成误差较大。在条件许可的情况下，为了减小误差，在短时间测温时，可以不使用陶瓷保护套管，直接把铂铑—铂热电极裸露使用，因为铂铑—铂热电极的辐射散热系数大约是陶瓷套管的$\frac{1}{4}$，这样可以在很大程度上减小辐射散热误差。

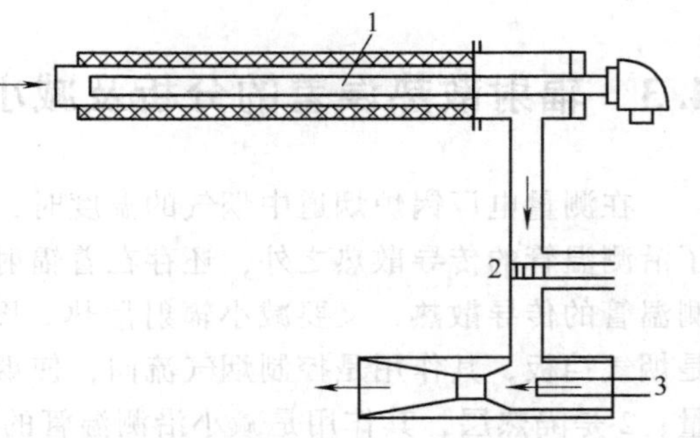

图 4-7　抽气热电偶示意图

1—热电偶　2—测速节流阀　3—蒸汽喷嘴

（3）增加被测气体的流速　增加被测气体的流速，可以增加测温管与被测介质间的换热系数 α，以减小测温误差，从式（4-3）可看出，α 越大，辐射散热误差越小。换热系数 α 与测温管材料和被测介质有关，当被测介质是气体时，其换热系数就比液体小得多；另外换热热系数 α 还与被测介质的流动速度有关，流速越快，α 越大。所以应把测温管的工作端放在流动速度最大的管道中心线上。为了进一步减小测温误差，可以人为地增加测温管附近的烟气流速，例如，采用抽气热电偶，如图 4-7 所示。当高压蒸汽或压缩空气从蒸汽喷嘴 3 喷出时，由于速度很大，在喷嘴处局部产生了负压，在此负压的作用下，高温气体沿图中箭头所示方向流动被高速抽走，这样就在热电偶处形成了高速气流，从而使 α 增加，减小了测温误差。应该指出，使用抽气热电偶不仅使测温系统变得很复杂，而

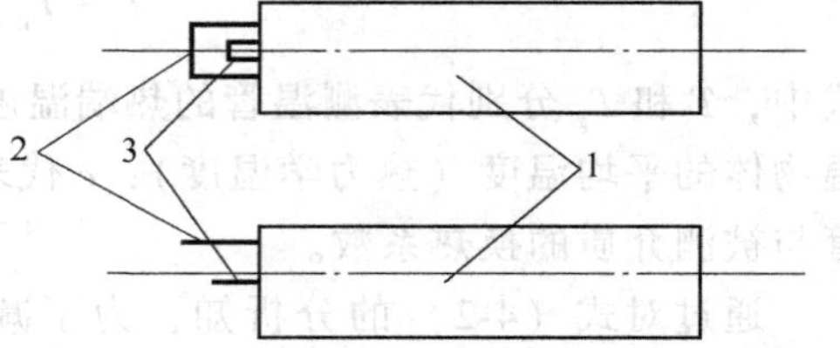

图 4-8　粗细双热电偶

1—四孔绝缘瓷管　2—粗丝热电偶测量端

3—细丝热电偶测量端

且测量过程中还要消耗大量能量，所以只适合对测温要求很精确的情况。

(4) 采用双热电偶测温并通过计算方法消除热辐射误差　材料相同但直径不同的热电偶与高温气体之间的换热系数 α 不同，因而其误差就不同，如果用它们来测量同一温度，则其指示值就不同，我们可以根据这两支热电偶的指示值，通过计算来得到被测温度值。双热电偶就是把热电极材料相同但热电极直径不同的两支热电偶放在同一绝缘套管内，并使测量端裸露，结构图如图 4-8 所示。设两对热电偶的热电极直径分别为 d_1、d_2，换热系数分别是 α_1、α_2，指示的热力学温度分别为 T'、T''，其他字母代表的意义与前面相同。将两对热电偶垂直于气流安装，并且使插入深度大于测温管外径的 20 倍，外面加上保温层，使导热误差降低到可以忽略的程度。

根据式 (4-2) 可得到

$$T' - T_g = -\frac{c}{\alpha_1}(T'^4 - T_1^4) \tag{4-4}$$

$$T'' - T_g = -\frac{c}{\alpha_2}(T''^4 - T_1^4) \tag{4-5}$$

根据传热学知识知

$$\frac{\alpha_2}{\alpha_1} = \sqrt{\frac{d_1}{d_2}} \tag{4-6}$$

由式 (4-4)、式 (4-5) 和式 (4-6) 得

$$T_g = T'' + \frac{T' - T''}{1 - \dfrac{T'^4 - T_1^4}{T''^4 - T_1^4}\sqrt{\dfrac{d_1}{d_2}}} \tag{4-7}$$

T'、T''是由仪表读出的温度，一般要求 $2 < \frac{d_1}{d_2} < 4$，$\frac{d_1}{d_2}$也是已知的，如果 T_1 与 T'、T''相差很大时，因为是四次方的关系，为了简化计算可以将式 (4-7) 简化为

$$T_g = T'' + \frac{T' - T''}{1 - \left(\dfrac{T'}{T''}\right)^4\sqrt{\dfrac{d_1}{d_2}}} \tag{4-8}$$

使用双热电偶一般用于低温物体的温度 T_1 与 T'、T''相差很大的场合，如果温差相差不大时，采用隔热罩就能够得到满意的效果。

4.4　接触测温的动态误差

前三节主要分析了接触测温的静态误差，静态误差是指测温元件达到热平衡时，测温元件测量端的温度与被测温度的差值。当被测温度随时间变化或测温元件刚插入被测介质中，这时存在着动态误差，动态测温误差是指在测温元件没有达到热平衡之前，测温元件测量端的温度与被测温度的差值。

动态测温误差的存在使测温元件的温度变化总是滞后于被测介质的温度变化，如图 4-9 所示，其中实线代表被测介质的温度，虚线代表传感器测量端的温度。当被测温度发生阶跃变化时，测温元件的温度是缓慢变化的，是惯性环节，如图 4-10 所示。

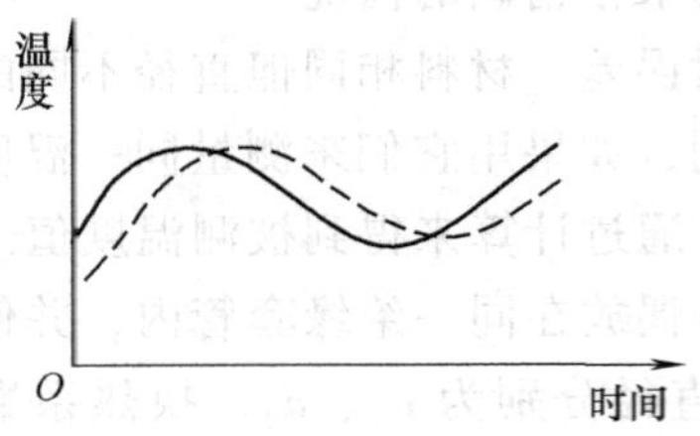

图 4-9 接触测温的动态误差

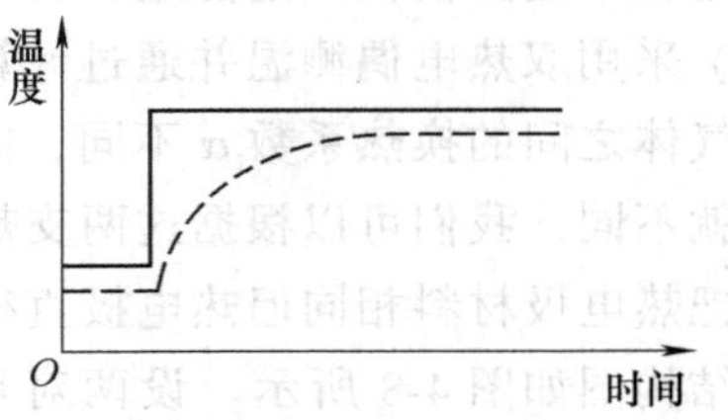

图 4-10 被测温度突变时测温元件的温度变化情况

动态测温误差产生的原因是由于测温元件存在着热惯性和传热热阻。测温元件的热惯性决定于测温元件的比热容和测温元件的质量大小，测温元件的质量越大，比热容越大，其热惯性就越大，动态误差就越大；反之，动态误差就小。传热热阻与测温元件与被测介质的接触形式，以及接触材料的导热性能有关，减小传热热阻，就减小了动态测温误差。

为了改善动态特性，减小动态误差，可采用下面一些措施：

1）减小测温元件的测量端的体积，以减小测量端的热容量。例如采用铠装热电偶（热电阻）就比普通的热电偶（热电阻）热容量小，动态误差也小。

2）测温元件选用比热容小、导热性能好的保护套管，在保证强度的前提下，保护套管壁厚尽量减小，在条件许可的前提下，甚至可以不用保护套管，使测量端裸露，以减小传热热阻和热惯性。

3）测量壁面温度时，使测量端与壁面紧密接触，直接把测量端焊接在壁面上，可有效减小传热热阻。

4.5 测温元件的安装

对测温元件的安装，应注意有利于测量的准确、安全可靠及维修方便，而且不影响设备的运行和生产操作。下面介绍安装测温元件应注意的问题。

4.5.1 测量流动介质温度的测温元件的安装

1）测温元件应安装在能代表被测介质温度处，避免装在阀门、弯头以及管道和设备的死角附近。

2）压力式温度计的温包、双金属温度计的感温元件必须全部浸入被测介质中。

3）带有保护套管的热电偶和热电阻要有足够的插入深度。对于测量管道中流体温度的测温元件，一般都应把测量端插入到管道中心，即装设在被测流体的流速最高处，如图 4-11 所示。

4）在电厂高温高压的主蒸汽管道上，不允许在管道弯头等应力较大的地方安装测温元件。在直管段安装测温元件时，插入深度往往受到管径的限制，另外，插入部分在高速汽流的冲刷下容易出现振动断裂事故，所以应当缩短插入深度，但这样将产生较大的导热误差。为解决这个矛盾，可以采用热套式热电偶，如图 4-3 所示。热电偶保护套管焊接在主蒸汽管道上的安装套管上，主蒸汽管道上的开孔是圆形的，热电偶的截面是三角形，热电偶卡紧的同时，蒸汽通过圆形与三角形之间的空隙进入热套内，对热电偶进行加热，这样虽然热电偶

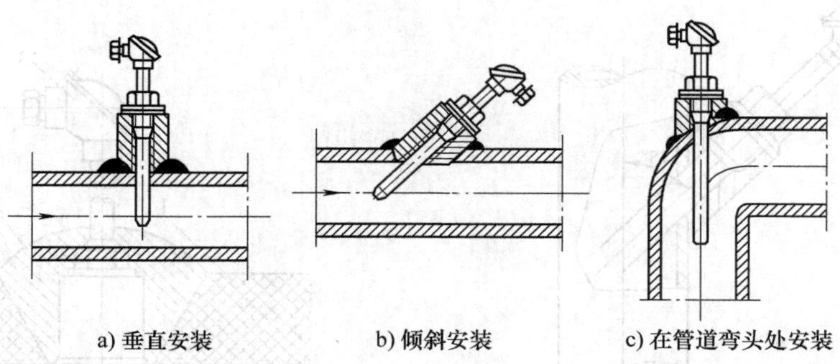

图 4-11　热电偶温度传感器的安装

在主蒸汽管内的长度不长，实际上其插入深度是热套的长度与在蒸汽管道内长度之和。

5）当测温元件插入深度超过 1m 时，应尽可能垂直安装，否则应有防止保护套管弯曲的措施，例如加装支撑架或加装保护套管，如图 4-12 所示。

6）在介质流速较大的低压管道或气固混合物管道上安装测温元件时，应有防止测温元件被冲击和磨损的措施。例如，在锅炉烟道、送风机出口风道、汽轮机循环水管道上安装测温元件时，可加装保护套管。

7）测量煤粉仓温度的热电阻，插入方向应与煤粉下落方向一致，以避免煤粉的冲击，一般是在煤粉仓顶部垂直安装。由于煤粉仓很深，其插入深度可分上、中、下三种，以测量不同断面的煤粉温度。

8）安装在高温高压汽水管道上的测温元件，应与管道中心线垂直，如图 4-13 所示。低压管道上的测温元件倾斜安装时，其倾斜方向应使感温端迎向流体，如图 4-14 所示。

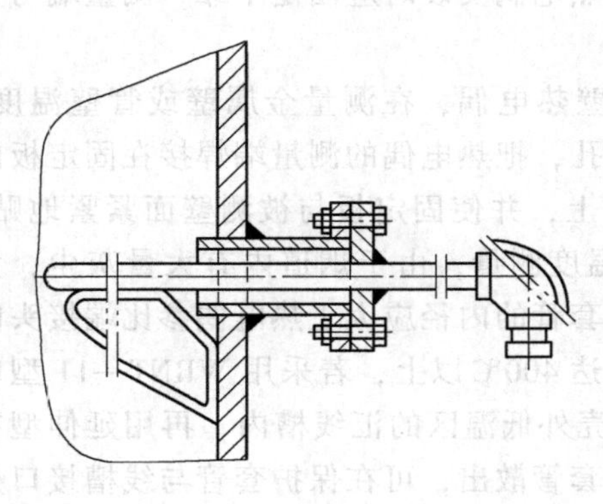

图 4-12　支撑架的安装方式

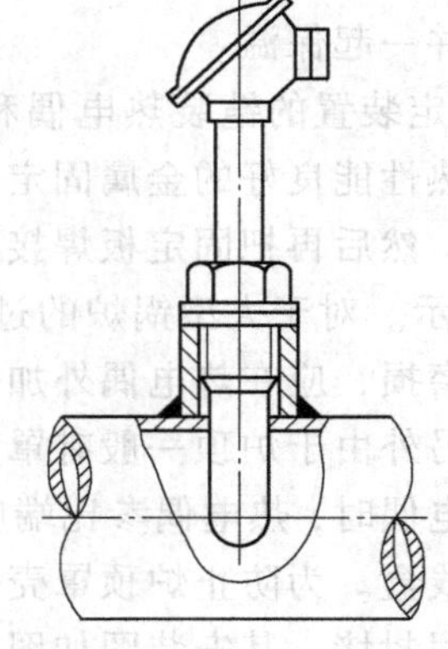

图 4-13　测温元件的垂直安装

9）对于水平装设的热电偶和热电阻，其接线盒的进线口一般应朝下，以防杂物等落入接线盒内，接线后，进线口应进行封闭。

10）测温元件安装后，应按图 4-15 的形式进行补充保温，以防散热影响测温准确度，可用碎保温砖填充后抹面。拆卸测温元件时，只需清除这些保温，不致破坏其他保温。

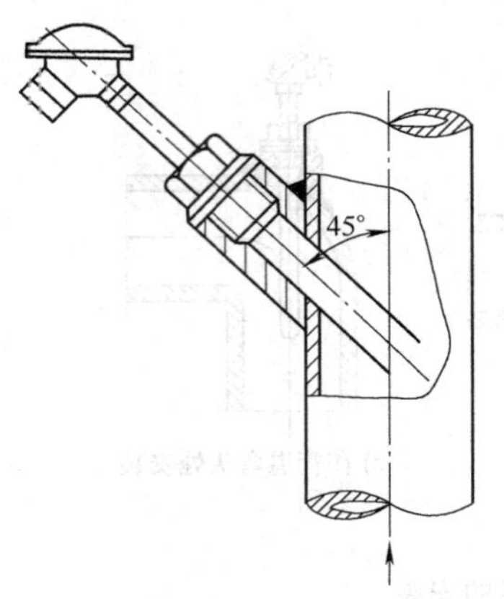

图 4-14 测温元件的倾斜安装

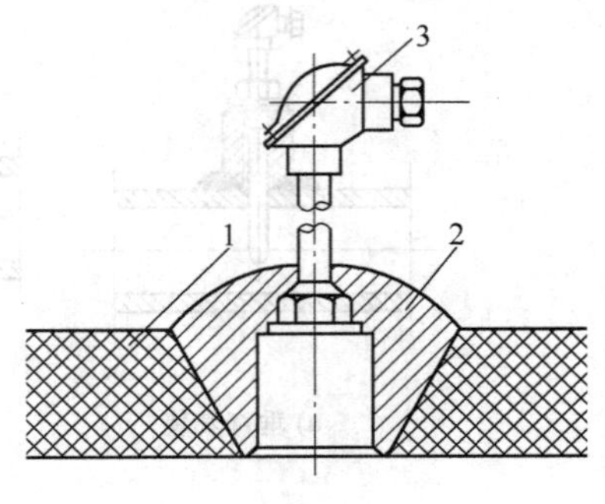

图 4-15 插入式测温元件安装后的保温
1—原有保温层 2—后加的保温部分
3—测温元件

4.5.2 测量金属壁温度的测温元件的安装

本章第二节中介绍了用不带保护套管的热电偶测量壁面温度时，焊接形式对测温误差的影响。测量金属壁温度还可以采用铠装热电偶和专用热电阻。

测量金属温度的热电阻采用插入或埋入的安装方式，具体的安装方法根据热电阻的结构和被测部位的不同而不同，有些安装在被测对象内部的热电阻是由制造厂埋设好的。例如测量电动机绕组和铁心温度的热电阻就是由电动机的制造厂埋设好，并用导线引至接线盒的。

下面介绍热电偶的安装方式。

铠装热电偶的测量端直接与金属壁接触，安装前应注意检查其绝缘状况和极性，特别是接壳式铠装热电偶，安装后热电极的测量端已接地，无法再测量其对地绝缘。为了使测量准确，应先用锉刀或砂布将被测的金属壁打光。铠装热电偶安装时应固定牢靠，测量端与金属壁紧密接触并一起保温。

1）无固定装置的铠装热电偶和电站专用的炉壁热电偶，在测量金属壁或管壁温度时，可预先在导热性能良好的金属固定板 2 上开槽或钻孔，把热电偶的测量端焊接在固定板的开槽或钻孔处，然后再把固定板焊接在被测金属壁 3 上，并使固定板与被测壁面紧紧地贴合，如图 4-16 所示。对于大型锅炉的过热器管壁等的温度测量，由于烟道内有大量灰尘，为了防止热电偶磨损，应在热电偶外加保护套管，保护套管的内径应大于热电偶参比端接头的外径最大值。另外由于炉顶一般有罩壳，罩内温度高达 400℃以上，若采用 WRNT—11 型电站专用炉壁热电偶时，热电偶参比端应引出至炉顶罩壳外低温区的汇线槽内，再用延伸型补偿导线引至接线盒。为防止炉顶罩壳内的热量从保护套管散出，可在保护套管与线槽接口处用隔离密封胶泥封堵。其安装图如图 4-17 所示。

2）带可动卡套装置的铠装热电偶，在测量金属壁温度时，可采用紧固安装法，把带有螺纹的插座焊接在壁面上，再把热电偶的测量端置于插座内，垫上铜片，然后把卡套压向插座，使测量端与壁面牢固接触，安装如图 4-18 所示。

3）带可动卡套装置的铠装热电偶，测量锅炉过热器管壁温度时，可采用如图 4-19 所示的安装形式。

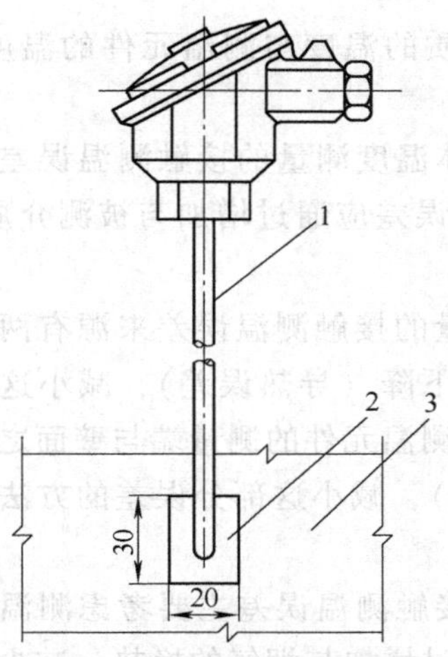

图 4-16　铠装热电偶在金属壁上的安装

1—铠装热电偶　2—固定板　3—金属壁

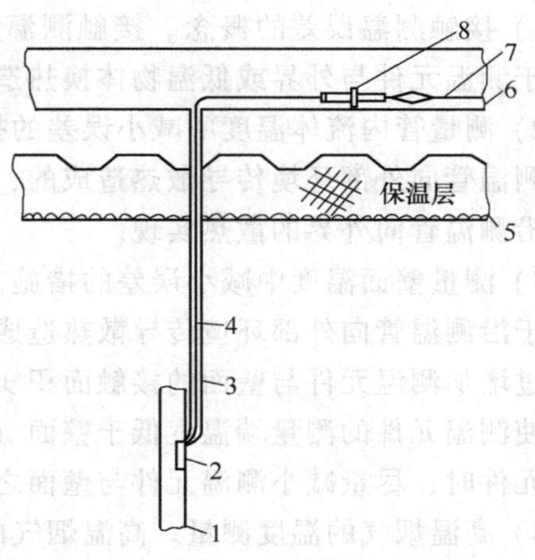

图 4-17　专用炉壁热电偶在过热器管壁上的安装

1—过热器管　2—热电偶测量端　3—保护套管　4—铠装热电偶　5—炉顶罩　6—汇线槽　7—补偿导线　8—热电偶参比端

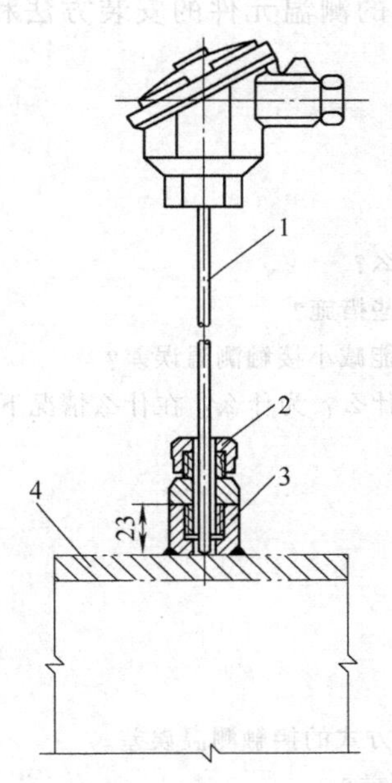

图 4-18　可动卡套铠装热电偶在金属壁上的安装

1—铠装热电偶　2—卡套装置　3—插座　4—金属壁

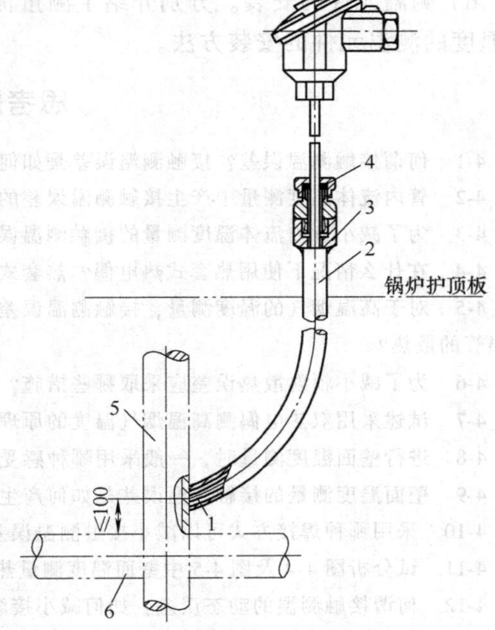

图 4-19　可动卡套铠装热电偶在过热器管壁上的安装

1—铠装热电偶　2—不锈钢保护套管　3—插座　4—卡套装置　5—过热器管　6—锅炉顶棚管

本 章 小 结

本章介绍了接触测温误差产生的原因及减小误差的方法，并介绍了测温元件的安装方法。主要包含下面几项内容。

1）接触测温误差的概念。接触测温误差是被测介质的温度与测温元件的温度的差值，是由于测温元件与外界或低温物体换热造成的。

2）测量管内流体温度中减小误差的措施。管内流体温度测量的接触测温误差主要是由于沿测温管向外部环境传导散热造成的，减小接触测温误差应通过增加与被测介质的换热，减少沿测温管向外界的散热实现。

3）测量壁面温度中减小误差的措施。壁面温度测量的接触测温误差来源有两方面：一是由于沿测温管向外部环境传导散热造成的测点处温度下降（导热误差），减小这部分误差应通过增加测温元件与壁面的接触面积实现；二是由于测温元件的测量端与壁面之间存在热阻，使测温元件的测量端温度低于壁面（接点导热误差），减小这部分误差的方法是在焊接测温元件时，尽量减小测温元件与壁面之间的热阻。

4）高温烟气的温度测量。高温烟气的温度测量的接触测温误差主要考虑测温元件向周围的低温物体辐射散热造成的，减小接触测温误差应通过增加与烟气的换热，减少测温管向低温物体的散热实现。

5）接触测温误差的动态误差。在温度变化过程中，测温元件的温度变化滞后于被测介质的变化，通过减小测温元件的热惯性和增加测温元件与被测介质的换热可减小动态误差。

6）测温元件的安装。分别介绍了测量流动介质温度的测温元件的安装方法和测量金属壁温度的测温元件的安装方法。

思考题与习题

4-1 何谓接触测温误差？接触测温误差是如何产生的？

4-2 管内流体温度测量中产生接触测温误差的主要原因是什么？

4-3 为了减小管内流体温度测量的接触测温误差，应采取哪些措施？

4-4 在什么情况下使用热套式热电偶？热套式热电偶为什么能减小接触测温误差？

4-5 对于高温烟气的温度测量，接触测温误差产生的原因是什么？为什么？在什么情况下可以忽略沿测温管的散热？

4-6 为了减小辐射散热误差应采取哪些措施？

4-7 试述采用双热电偶测高温烟气温度的原理。

4-8 进行壁面温度测量时，一般采用哪种感受件？

4-9 壁面温度测量的接触测温误差是如何产生的？

4-10 采用哪种焊接方式可以减小接触测温误差？

4-11 试分析图 4-4 及图 4-5 中壁面温度测量热电偶不同焊接方式的接触测温误差。

4-12 何谓接触测温的动态误差？如何减小接触测温的动态误差？

第5章 压力测量

压力是工业生产过程中一种常见而又重要的检测参数，许多生产过程都是在一定的压力条件下进行的，如锅炉的锅筒压力、炉膛压力及烟道压力等。正确地检测和控制压力是保证工业生产过程良好地运行，达到高产、优质、低耗及安全生产的重要环节。此外，生产过程的一些其他参数，如物位、流量等也可以通过测量压力或差压而获得。

5.1 压力测量概述

5.1.1 压力的概念和单位

1. 压力的概念

所谓压力（压强），是指由气体或液体均匀垂直地作用于单位面积上的力。

2. 压力的单位

在国际单位制中，压力的单位是帕斯卡（简称帕，用符号 Pa 表示），即 1 牛顿（1N）力垂直而均匀地作用在 1 平方米（m^2）的表面上所产生的压力为 1 帕，我国已规定帕斯卡为压力的法定单位。其他在工程上使用的压力单位有：工程大气压、标准大气压、巴、毫米汞柱和毫米水柱等，表 5-1 给出了各种压力单位之间的换算关系。

表 5-1 常用压力换算表

压力单位	Pa	(kgf/cm^2)	(mm H_2O)	(mmHg)	(atm)	bar	lbf/in^2
帕（N/m^2，Pa）	1	1.02×10^{-5}	0.102	7.5×10^{-3}	9.87×10^{-6}	10^{-5}	1.45×10^{-4}
千克力/厘米²（kgf/cm^2）	9.806×10^{4}	1	10^{4}	735.56	0.9678	0.980665	14.217
毫米水柱（mm H_2O）	9.806	10^{-4}	1	7.36×10^{-2}	0.9678×10^{-4}	9.8×10^{-5}	1.42×10^{-3}
毫米水银柱（mmHg）	133.3	13.6×10^{-4}	13.6	1	1.316×10^{-4}	1.33×10^{-3}	1.93×10^{-2}
标准大气压（atm）	10.13×10^{4}	1.033	1.033×10^{4}	760	1	1.033	14.706
巴（bar）	10^{5}	1.02	1.02×10^{4}	750	0.98665	1	14.5
磅力/平方英寸（lbf/in^2）	6.895×10^{3}	7.03×10^{-2}	7.03×10^{2}	51.715	6.8×10^{-2}	6.89×10^{-2}	1

3. 压力的表示方法

由于参考点不同，在工程上压力有三种表示方法，即绝对压力、表压力、负压力（或真空度），它们的关系如图 5-1 所示。绝对压力是以绝对零压为基准的，而表压力、负压力或真空度都是以当地大气压为基准的。工程上所用的压力指示值，大多为表压。

当被测压力低于大气压力时，一般用负压或真空度来表示，它是大气压力与绝对压力之差。因为各种工艺设备和测量仪表通常是处于大气之中，本身就承受着大气压力。所以，工程上经常用表压或真空度来表示压力的大小。以后所提到的压力，除特别说明外，均指表压。

此外，工程上按压力随时间的变化关系还可分为静压力和动压力。不随时间变化的压力叫静压力。当然绝对不变的压力是不可能的，因而规定压力随时间变化，每1min不大于压力表分度值5%的称为静压力。动压力又可分为狭义的动压力和脉动压力。压力随时间的变动而变动，每1min的变动量大于压力表分度值5%的称为动压力。压力随时间的变化而作周期变动的压力称为脉动压力。

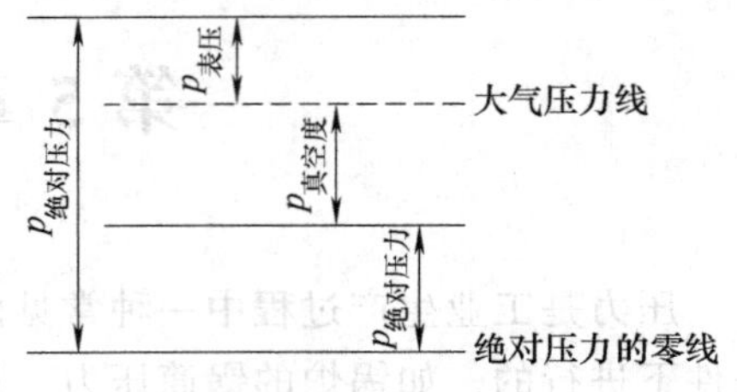

图5-1 绝对压力、表压、负压（真空度）的关系

5.1.2 压力测量方法

根据工作原理的不同，压力测量方法有以下几种。

1. 弹性力平衡法

利用弹性元件受压力作用发生弹性形变而产生的弹性力与被测压力相平衡的原理，将压力转换成位移，测出弹性元件变形的位移大小就可以测出被测压力。例如弹簧管压力计、波纹管压力计及膜式压力计等，应用最为广泛。

2. 重力平衡法

主要有液柱式和活塞式两种。利用一定高度的工作液体产生的重力或砝码的重量与被测压力相平衡的原理。例如U形管压力计、单管压力计，结构简单读数直观，活塞式压力计是一种标准型压力测量仪。

3. 机械力平衡法

其原理是将被测压力经变换元件转移成一个集中力，用外力与之平衡，通过测得平衡时的外力来得到被测压力。其主要用在压力或差压变送中，准确度较高，但结构复杂。

4. 物性测量法

基于敏感元件在压力的作用下某些物理特性发生与压力成确定关系变化的原理，将被测压力直接转换成电量进行测量。

5.2 液柱式压力计

液柱式压力计是根据流体静力学原理，将被测压力转换为液柱高度进行测量的。一般采用充有水或水银的U形管、单管或斜管进行压力测量，要求工作液不能与被测介质起化学作用，并应保证分界面具有清晰的分界线。其结构形式如图5-2所示。它的优点是结构简单，使用方便，价格低廉；缺点是体积大，读数不便，玻璃管易碎，准确度较低。它只限于测量低压或微压、压差和负压不大，要求不高，且环境不复杂的条件。

5.2.1 U形管压力计

U形管压力计的结构如图5-2a所示，测量压力时，U形管的一端通大气，压力p_0，另一端接被测压力p。由压力平衡原理可以写出：

$$pA = p_0A + \rho ghA \tag{5-1}$$

式中，A 是U形管内孔截面积（m^2）；ρ 是U形管内工作液的密度（kg/m^3）；g 是重力加速度（m/s^2）。

式（5-1）可简写为：

$$p = p_0 + \rho g h \tag{5-2}$$

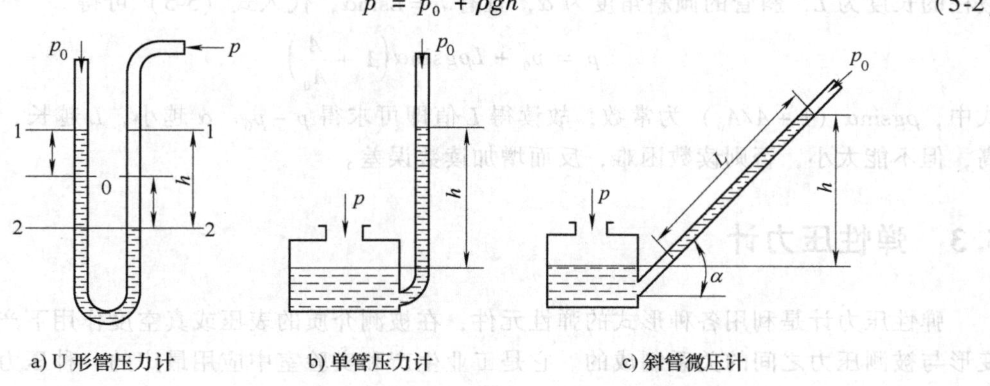

图5-2　液柱式压力计

若提高U形管内工作液的密度 ρ，则可扩大仪表量程，但灵敏度降低，即在相同压力的作用下，h 值变小。

5.2.2　单管压力计

单管压力计实质上仍是U形管压力计，只不过两个管子的直径相差很大，可将U形管压力计的两边读数改为一边读数，减小读数误差，其原理如图5-2b所示。在两边压力作用下，一边液面下降，另一边液面上升；下降液体的体积应等于上升液体的体积，即有

$$A_0 h_0 = A h \tag{5-3}$$

式中，A_0、A 是左、右两边管的截面积（m^2）；h_0 是左边管中液面下降的高度（m）；h 是右边管中液面上升的高度（m）。

根据液体静力学原理有

$$p = p_0 + \rho g (h + h_0) \tag{5-4}$$

由式（5-3）和式（5-4）得

$$p = p_0 + \rho g h \left(1 + \frac{A}{A_0}\right) \tag{5-5}$$

一般 $A_0 \gg A$，上式可简化为

$$p = p_0 + \rho g h \tag{5-6}$$

5.2.3　斜管微压计

1. 仪器结构

在工业生产和科学研究中很多场合需要测量几十至几千帕的压力、负压和表压，而U形管压力计、单管压力计因测量下限低，绝对误差大，往往不能满足测量的需要，因此采用斜管微压计。

斜管微压计是将单管倾斜放置的单管压力计。斜管微压计在测量压力时将被测压力与杯形容器相连通；测量负表压时，则与测量管相连通；测量差压时，将较大的压力与杯形容器

相连通，把较小的压力与测量管相连通。

2. 测量原理和压力方程

斜管微压计测量原理如图 5-2c 所示。在被测压力作用下斜管内液面升高 h 时，斜管内液柱的长度为 L，斜管的倾斜角度为 α，且有 $h=L\sin\alpha$，代入式（5-5）可得

$$p = p_0 + L\rho g\sin\alpha\left(1+\frac{A}{A_0}\right) \tag{5-7}$$

式中，$\rho g\sin\alpha$（$1+A/A_0$）为常数，故读得 L 值即可求得 $p-p_0$。α 越小，L 越长，灵敏度越高，但不能太小，否则读数困难，反而增加读数误差。

5.3 弹性压力计

弹性压力计是利用各种形式的弹性元件，在被测介质的表压或真空度作用下产生的弹性变形与被测压力之间的关系制成的。它是工业生产和实验室中应用最广的一种压力计。弹性压力计具有以下特点：

1）这种仪表具有结构简单、使用可靠、读数清晰、牢固可靠、价格低廉、现场使用和维护方便等优点；

2）它的测量范围很广，可测量从数百帕压力到数千兆帕的压力，还可以配合各种变换元件做成各种远传压力计；

3）它可以做成各种通风计、气压计、压力计、真空计和压力-真空计等；

4）若增加附加装置，如记录机构、电气变换装置、控制元件等，则可以实现压力的记录、远传、信号报警及制动控制等。

5.3.1 弹性压力计的工作原理

弹性元件受外部压力作用后，受压元件表面产生力的作用，其力 F 的大小为

$$F = Ap \tag{5-8}$$

式中，A 是弹性元件承受压力的有效面积（m^2）。

根据胡克定律，弹性元件在一定范围内弹性变形与所受外力成正比，即

$$F = Cx \tag{5-9}$$

式中，C 是弹性元件的刚度系数（N/m）；x 是弹性元件在外力 F 作用下所产生的位移（即形变）（m）。

由以上两式得

$$x = Ap/C \tag{5-10}$$

式（5-10）中弹性元件的有效面积 A 和刚度系数 C 与弹性元件的性能、加工过程和热处理等有较大关系。当位移量较小时，它们可视为常数，压力与位移成线性关系；否则，不为常数，应分段线性化进行修正，使用时还应注意温度对它的影响。比值 A/C 的大小决定了弹性元件的压力测量范围和灵敏度，比值越大，可测压力范围越小，灵敏度越高，反之亦然。

5.3.2 弹性元件的形式及特性

弹性元件是一种简单可靠的测压敏感元件。随测量压力范围的不同，所用弹性元件形式

也不一样。常用的几种弹性元件如图 5-3 所示。

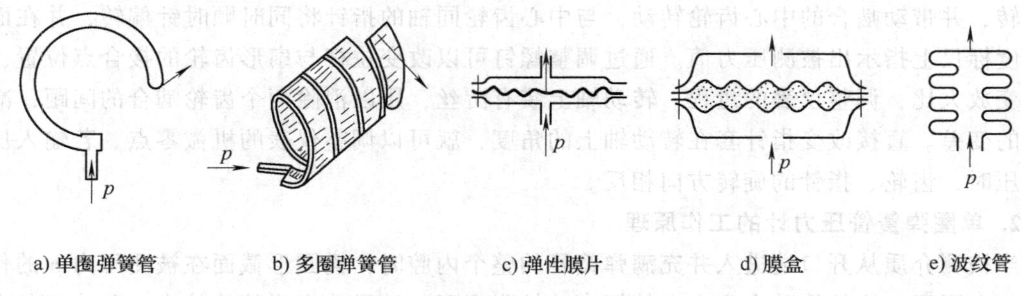

a) 单圈弹簧管 b) 多圈弹簧管 c) 弹性膜片 d) 膜盒 e) 波纹管

图 5-3 弹性元件示意图

1. 弹簧管

弹簧管是由法国人波登发明的，所以又称为波登管。它是一根弯成 270°圆弧的、具有椭圆形（或扁圆形）截面的空心金属管子，管子的弯曲方向与椭圆截面的短轴方向相同，如图 5-3a 所示。当通入压力后，它的自由端就会产生位移。单圈弹簧管位移量较小，为了增大自由端的位移量，提高灵敏度，可以采用多圈弹簧管，如图 5-3b 所示。

2. 弹性膜片

它是由金属或非金属弹性材料做成的膜片，如图 5-3c 所示。在压力作用下，膜片将弯向压力低的一侧，使其中心产生一定的位移。膜片的特性一般用中心的位移和被测压力的关系来表征。为了增加膜片的中心位移，得到较大位移量，提高灵敏度，可把两片膜片焊接在一起，成为一个薄盒子，称为膜盒，如图 5-3d 所示。

3. 波纹管

波纹管是一种具有等间距同轴环状波纹，能沿轴向伸缩的测压弹性元件，用金属薄管制成，形状类似手风琴的褶皱风箱。波纹管在受外力作用时，其膜面产生的机械位移量主要不是靠膜面的弯曲形变，而是靠波纹柱面的舒展或压屈来带动膜面中心移动。由于波纹管的位移相对较大，一般可直接带动传动机构，就地显示。其优点是灵敏度高，可以用来测取较低的压力或压差。但波纹管迟滞误差较大，准确度最高仅为 1.5 级。

5.3.3 弹簧管压力计

弹簧管压力计是最常用的直读式测压仪表，使用方便，价格低廉，测压范围宽，应用十分广泛。一般弹簧管压力计的测压范围为 $-10^5 \sim 10^9$Pa，准确度最高可达0.1 级。根据弹簧管形式的不同，有单圈弹簧管压力计和多圈弹簧管压力计。

1. 单圈弹簧管压力计的结构

单圈弹簧管压力计结构如图 5-4 所示。弹簧管 1 是压力计的测压元件，它是一根弯成 270°圆弧的椭圆形截面的空心金属管子。管子的自由端是封闭的，管子的另一端固定在接头 9 上。被测压力由接头 9 通入，由于椭圆形截面在压力的作用下，将趋于圆形，弯成圆弧形的弹簧管随之

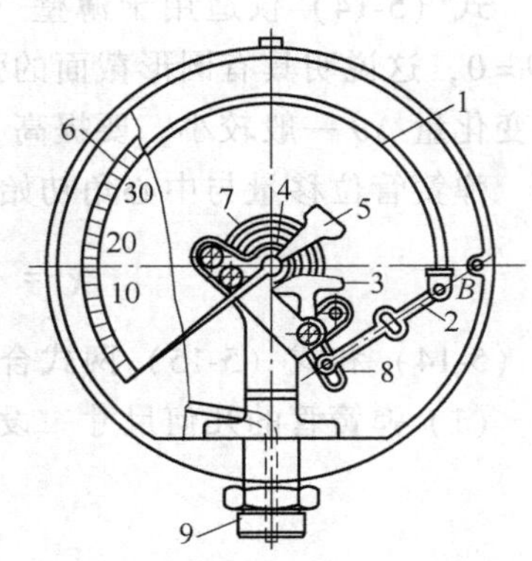

图 5-4 单圈弹簧管压力计结构图

1—弹簧管 2—拉杆 3—扇形齿轮 4—中心齿轮 5—指针 6—面板 7—游丝 8—调整螺钉 9—接头

产生向外挺直的扩张变形，由于变形使弹簧管的自由端产生位移。通过拉杆使扇形齿轮逆时针偏转，并带动啮合的中心齿轮转动，与中心齿轮同轴的指针将同时顺时针偏转，并在面板的刻度标尺上指示出被测压力值。通过调整螺钉可以改变拉杆与扇形齿轮的接合点位置，从而改变放大比，调整仪表的量程。转动轴上装有游丝，用以消除两个齿轮啮合的间距，减小仪表的变差。直接改变指针套在转动轴上的角度，就可以调整仪表的机械零点。若输入压力为负压时，齿轮、指针的旋转方向相反。

2. 单圈弹簧管压力计的工作原理

当被测介质从开口端进入并充满弹簧管的整个内腔时，椭圆形截面在被测压力 p 的作用下将趋向圆形，弹簧管随之产生向外挺直的扩张变形，结果改变弹簧管的中心角，使其自由端产生位移，具体分析如下。

若假设弹簧管压力计受力变形前后圆弧长度不变，则有

$$R\theta = R'\theta' \tag{5-11}$$

$$r\theta = r'\theta' \tag{5-12}$$

两式相减，并代入 $R-r=2b$，$R'-r'=2b'$，得

$$b\theta = b'\theta' \tag{5-13}$$

式中，R、r 是弹簧管弯曲圆弧的外半径、内半径（m）；θ 是弹簧管中心角的初始角；a、b 是弹簧管椭圆形截面的长半轴和短半轴（m）；R'、r'、b'、θ' 是弹簧管受压变形后的对应数值。

由式（5-13）可见，因弹簧管受压有变圆的趋势，即 $b'>b$，所以变形后中心角减小，弹簧管挺直，自由端移动，这就是弹簧管能将压力转换为位移的原理。

中心角相对变化量与被测压力的关系如下：

$$\frac{\Delta\theta}{\theta} = \frac{1-\mu^2}{E}\frac{R^2}{bh}\left(1-\frac{b^2}{a^2}\right)\frac{\alpha}{\beta+k^2}p \tag{5-14}$$

式中，$\Delta\theta$ 是受压后中心角的改变量；h 是弹簧管椭圆形截面的管壁厚度（m）；k 是几何参数，$k=Rh/a^2$；α、β 是与比值 a/b 有关的参数。

式（5-14）仅适用于薄壁（$h/b<0.7\sim0.8$）的弹簧管。由上式可知，如果 $a=b$，则 $\Delta\theta=0$，这说明具有圆形截面的弹簧管不能用作压力检测敏感元件。对于单圈弹簧管，中心角变化量 $\Delta\theta$ 一般较小。要提高 $\Delta\theta$，可采用多圈弹簧管，圈数一般为 2.5～9。

弹簧管位移量与中心角初始值和改变量的关系如下：

$$\chi = \frac{\Delta\theta}{\theta}R\sqrt{(\theta-\sin\theta)^2+(1-\cos\theta)^2} \tag{5-15}$$

式（5-14）和式（5-15）两式合到一起，可以得到位移量与压力的关系。

（1）弹簧管的几何尺寸　设 $b'=b+\Delta b$，$\theta'=\theta-\Delta\theta$，代入式（5-13）整理后得

$$\Delta\theta = \frac{\Delta b}{b+\Delta b}\theta \tag{5-16}$$

由式（5-16）可知，增大弹簧管的中心角 θ（用多圈弹簧管代替单圈弹簧管），或减小弹簧管的短半轴 b（将弹簧管做得越扁），均可以增加 $\Delta\theta$，就可以提高弹簧管压力计的灵敏度。

（2）弹簧管的材料　弹簧管的刚度反映弹性材料弹性变形的难易程度。刚度大的材料在

受相同压力作用时弹性变形小；反之，变形大。所用材料视被测介质的性质、被测压力的大小而不同。一般使用时，采用磷青铜或黄铜；压力大时，则采用不锈钢或合金钢。在选用压力表时，还必须考虑被测介质的化学性质。例如，测量氨气压力必须采用不锈钢弹簧管，不能采用铜质材料；测量氧气压力时，严禁带有油脂，确保安全生产。

(3) 弹簧管的管壁厚度　弹簧管的弹性变形还与管壁厚度有关。弹簧管材料相同而管壁厚度不同时，施加相同压力作用下，其变形也不相同：管壁厚，则变形小；管壁薄，则变形大。

所以，不同刚度的材料和不同几何形状与薄厚决定了弹簧管压力计的不同量程。

5.4　压力（差压）变送器

一般用压力表传递压力信息的距离不能很远，要向远距离传输压力信息时，通常将弹性测压元件与电气传感器相结合构成压力（差压）变送器。它能以统一信号进行传输、显示和控制。常用的压力变送器有电容式、电感式、压电式、压阻式、应变式、霍尔式及振弦式等，下面主要介绍几种常用的压力变送器。

5.4.1　电容式压力变送器

电容式压力（差压）变送器是美国罗斯蒙特公司 20 世纪 80 年代开发的产品，在工业生产过程中获得了广泛应用。电容式压力（差压）变送器是微位移式变送器，其结构无机械传动及调整装置。它一般以差动电容作为测量敏感元件，并且采用全封闭焊接的固体化结构，通过引起电容量的变化来测出压力（或差压）的。

电容式差压变送器是目前工业上广泛使用的一种变送器，其检测元件采用电容式压力传感器。整个变送器无机械传动、调整装置，仪表结构简单、体积小、动态性能好、性能稳定、抗振性好，具有较高的准确度、电容量相对变化大、灵敏度高等优点，其压力测量范围为 0～1.25kPa～42MPa，差压测量范围为 0～1.25kPa～7MPa。

1. 电容式压力变送器的组成

电容式压力变送器系统构成框图如图 5-5 所示。输入差压 Δp 作用于测量部分电容式压力传感器的感压膜片，使其产生位移，从而使感压膜片电极（即可动电极）与两固定电极所组成的差动电容之容量发生变化。此电容变化量再经电容-电流转换电路转换成电流信号 I_d，电流信号 I_d 和零点调整与迁移电路产生的调零信号 I_z 的代数和同反馈信号 I_f 进行比较，

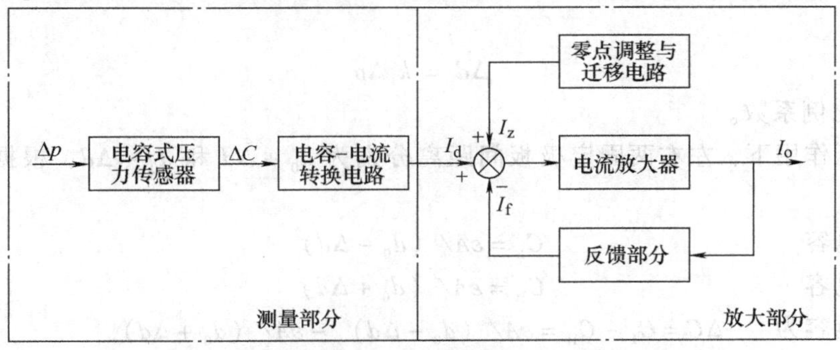

图 5-5　电容式压力变送器系统构成框图

其差值送入放大电路，经放大得到整机的输出信号 I_o。

变送器由测量部分和放大部分组成。测量部分的作用是把被测差压 Δp 成比例地转换为差动电流信号 I_d，它由测量部分和信号转换部分组成；放大部分的作用是把测量部分的输出放大为标准信号 I_0。

2. 电容式压力（差压）传感器

平行极板电容器的电容量为

$$C = \frac{\varepsilon A}{d} \tag{5-17}$$

式中，C 是平行极板间的电容（F）；ε 是平行极板间的介电常数（F/m）；A 是极板的面积（m^2）；d 是平行极板间的距离（m）。

由式（5-17）可知，只要保持式中任何两个参数为常数，电容就是另一个参数的函数。故电容变送器有变间隙式、变面积式和变介电常数式三种。电容式压力（差压）变送器常采用变间隙式，图 5-6 为其工作原理图。

弹性膜片作为感压元件，是由弹性稳定性好的特殊合金薄片制成，作为差动电容传感器的活动电极。它在压差作用下，可左右移动约 0.1mm 的距离。在弹性膜片左右有两个用玻璃绝缘体磨成的球形凹面，采用真空镀膜方法在其表面镀上一层金属薄膜，作为差动电容传感器的固定极板。弹性膜片位于两固定极板的中央。它与固定极板构成两个小室，称为 δ 室，两 δ 室结构对称。金属薄膜和弹性膜片都接有输出引线。δ 室通过孔与自己一侧的隔离膜片腔室连通，δ 室和隔离腔室内都充有硅油。

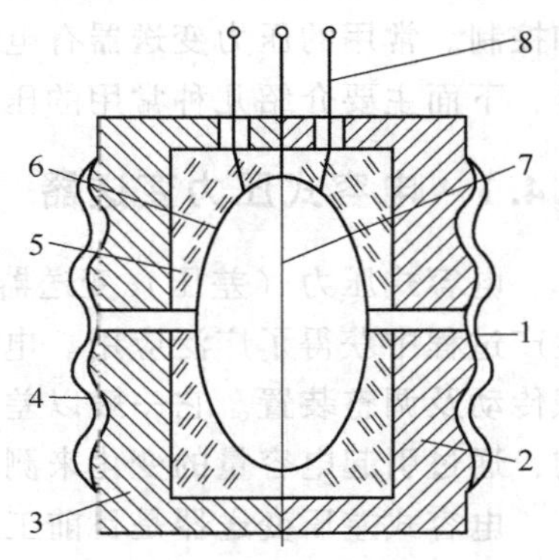

图 5-6　差动式压力-电容转换结构示意图

1，4—隔离膜片　2，3—不锈钢基座
5—玻璃绝缘层　6—固定极板
7—测量膜片　8—引线

当被测差压作用于左右隔离膜片时，通过内充的硅油使测量膜片产生与差压成正比的微小位移，从而引起测量膜片与两侧固定极板间的电容产生差动变化。差动变化的两电容 C_L（低压侧电容）、C_H（高压侧电容）由引线接到测量电路。

电容式压力变送器的压力与电容的转换关系简单推导如下。

如无差压作用在测量膜片时，测量膜片与左右两个固定极板间的距离为 d_0。设测量膜片在压差 Δp 的作用下移动位移 Δd，由于位移很小，可近似认为 Δd 与 Δp 成比例关系，即

$$\Delta d = k_1 \Delta p \tag{5-18}$$

式中，k_1 是比例系数。

则在差压作用下，左右两固定极板间距离分别为 $d_0 + \Delta d$ 和 $d_0 - \Delta d$，根据平板电容公式有：

低压侧电容 $$C_L = \varepsilon A / (d_0 - \Delta d) \tag{5-19}$$

高压侧电容 $$C_H = \varepsilon A / (d_0 + \Delta d) \tag{5-20}$$

取差动电容为 $$\Delta C = C_L - C_H = \varepsilon A / (d_0 - \Delta d) - \varepsilon A / (d_0 + \Delta d) \tag{5-21}$$

为减小非线性，取电容之差和电容之和的比值，即

$$\frac{C_{\rm L}-C_{\rm H}}{C_{\rm L}+C_{\rm H}}=\frac{\dfrac{\varepsilon A}{d_0-\Delta d}-\dfrac{\varepsilon A}{d_0+\Delta d}}{\dfrac{\varepsilon A}{d_0-\Delta d}+\dfrac{\varepsilon A}{d_0+\Delta d}}=\frac{\Delta d}{d_0} \tag{5-22}$$

令 $1/d_0=k_2$，则有

$$\frac{C_{\rm L}-C_{\rm H}}{C_{\rm L}+C_{\rm H}}=k_2\Delta d \tag{5-23}$$

上式表明：若变送器测量部分检测的是差动电容的变化，而不是单个电容的变化，则电容 C 和位移成线性关系。则可得

$$\frac{C_{\rm L}-C_{\rm H}}{C_{\rm L}+C_{\rm H}}=k_1k_2\Delta p=k\Delta p \tag{5-24}$$

由上式可知，差动电容变化量 $\dfrac{C_{\rm L}-C_{\rm H}}{C_{\rm L}+C_{\rm H}}$ 与输入差压成正比，与介电常数无关，因而电容式差压变送器的测量过程基本不受温度的影响。

3. 电容式压力（差压）变送器的转换电路

电容-电流转换电路的作用是将差动电容的相对变化量成比例地转换成差动信号 $I_{\rm d}$，并具有非线性补偿功能。它由振荡器、解调器、振荡控制放大电路和线性调整电路等部分组成。放大部分的作用是把测量部分输出的差动信号 $I_{\rm d}$ 放大并转换成 4～20mA 的直流电流，并实现量程调整、零点调整和迁移、输出限幅和阻尼调整功能。它由电流放大电路、零点调整与零点迁移电路、输出限幅电路及阻尼调整电路组成。

5.4.2 扩散硅式压力变送器

利用金属导体或半导体材料制成的电阻体，其阻值为

$$R=\rho\frac{L}{A} \tag{5-25}$$

式中，ρ 是电阻的电阻率（$\Omega\cdot$m）；L 是电阻的轴向长度（m）；A 是电阻的横向截面积（m^2）。

当电阻丝在拉力 F 作用下，轴向长度增加，横向截面积 A 减小，电阻率 ρ 也相应变化，所有这些都将引起电阻值的变化，其相对变化量为

$$\frac{\Delta R}{R}=\frac{\Delta L}{L}-\frac{\Delta A}{A}+\frac{\Delta\rho}{\rho} \tag{5-26}$$

前两项是尺寸变化引起的，这种电阻丝在外力作用下产生机械变形，其阻值发生变化的现象，称为应变效应。后一项是电阻率变化引起电阻阻值的变化，称为压阻效应。

对于金属材料，以应变效应为主，被称为金属电阻应变片，并制成应变片式压力计；对于半导体材料，以压阻效应为主，被称为半导体应变片，并制成压阻式压力计。

扩散硅式差压变送器的检测元件采用扩散硅压阻传感器。当在半导体材料上施加一作用力时，其电阻率将发生显著变化，其表达式为

$$\frac{{\rm d}\rho}{\rho}=\pi E\varepsilon \tag{5-27}$$

式中，π 是材料的压阻系数；E 是材料的弹性模数。

由此可得半导体应变片电阻变化率的表达式如下：

$$\frac{\mathrm{d}R}{R} \approx \pi E\varepsilon = \pi\sigma \tag{5-28}$$

式中，ε 是半导体材料受力后产生的应变；σ 是半导体材料受到外力作用后产生的应力。

由于单晶硅材质纯、功耗小、滞后与蠕变很小、机械稳定性好、灵敏度和准确度高，加之在制作工艺上，扩散硅压力变送器将半导体应变电阻和测量电路高度集成在同一芯片上，或先做成几个芯片再集成为一片，所以变送器的体积小，重量轻，安装方便。扩散硅式差压变送器构成框图如图 5-7 所示。

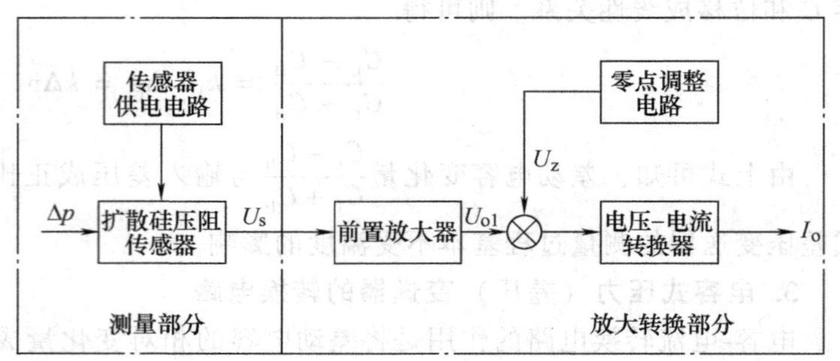

图 5-7 扩散硅式差压变送器构成框图

输入压差 Δp 作用于测量部分的扩散硅压阻传感器，压阻效应使硅材料上的扩散电阻（应变电阻）阻值发生变化，从而使这些电阻组成的有源惠斯顿电桥产生不平衡电压 U_s。U_s 由前置放大器放大为 U_{o1}，U_{o1} 与零点调整与迁移电路产生的调零信号 U_z 的代数和送入电压-电流转换器转换为整机的输出信号 I_0。

扩散硅式差压变送器主要由测量部分和放大转换部分组成。扩散硅式差压传感器结构如图 5-8a 所示，采用硅杯压阻传感器作为敏感元件，通常是在硅膜片上用离子注入和激光修正方法形成 4 个阻值相等的扩散硅电阻，应用中将其接成惠斯顿电桥，如图 5-8b 所示。

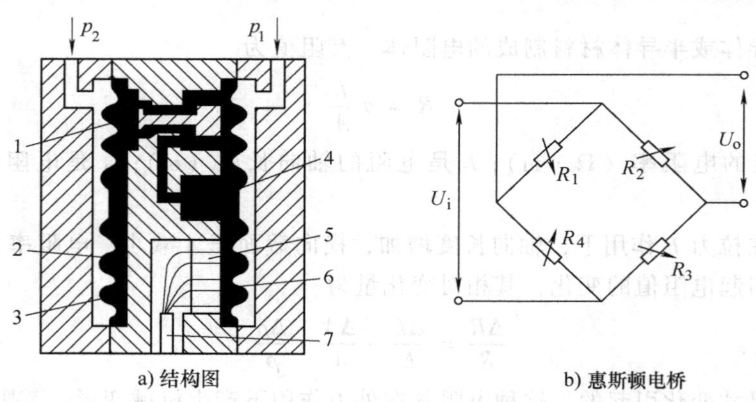

图 5-8 扩散硅式差压传感器

1—保护装置 2—负压侧隔离膜片 3—硅油 4—硅杯 5—玻璃密封件 6—正压侧隔离膜片 7—引出线 $R_1 \sim R_4$—扩散硅电阻

图 5-8 中，检测元件由两片研磨后胶合成杯状的硅片组成，即图中的硅杯 4，硅杯上的 4 个扩散硅电阻通过金属丝连到印制电路板上，再穿过玻璃密封件引出。硅杯两面分别与正、负压侧隔离膜片构成密封室，室中充满硅油，用以传送压力。正、负压侧隔离膜片的外侧分别与正、负压侧法兰构成正、负压测量室。受高压作用的桥臂电阻阻值减小，受低压作用的桥臂电阻阻值增大，桥路失去平衡，其输出电压经差动放大电路加以放大。使用时还应

考虑感压元件的压阻特性存在非线性，温度变化也要引起阻值变化，因此需要进行线性补偿和温度补偿。

5.4.3 智能压力变送器

1. 智能压力变送器的基本概念

为适应集散控制系统和现场总线控制系统的应用要求，近年来出现了采用先进传感器技术和微处理器的智能压力变送器。智能压力变送器的准确度、可靠性、稳定性均优越于模拟式差压变送器，它可以输出模拟和数字两种信号，并且可以通过现场总线网络与上位计算机相连。智能压力变送器具有以下特点：

1）测量准确度高，基本误差仅为 0.1%，且性能稳定、可靠、响应快；

2）具有温度、静压补偿功能以保证仪表的准确度；

3）具有较宽的零点迁移范围和较大的量程比；

4）具有模拟、数字两种输出方式，能够实现双向数据通信。

5）通过现场通信器能对变送器进行远程组态、调零、调量程和自诊断；

6）具有计算、显示、报警、控制等功能，与智能执行器配合使用可就地构成控制回路。

从整体上看，智能压力变送器由硬件和软件两大部分组成。硬件部分包括微处理器电路、输入输出电路及人-机联系部件等；软件部分包括系统程序和用户程序。不同厂家或不同品种的智能压力变送器的组成基本相似，只是在器件类型、电路形式、程序编码和软件功能上有所差异。

从电路结构上看，智能压力变送器包括传感器部件和电子部件两部分。下面介绍几种有代表性的智能压力变送器。

2. 几种智能压力变送器

（1）扩散硅式智能压力变送器　ST3000 系列智能压力变送器是根据扩散硅应变电阻原理进行工作的，它将输入的差压信号转换成 4～20mA 直流电流或数字信号输出，其原理框图如图 5-9 所示，它的检测元件采用扩散硅压阻传感器。但与模拟式扩散硅差压变送器不同的是，智能压力变送器所采用的是复合型传感器，该传感器在单个芯片上集成了测量差压、温度、静压用的三种感温元件，分时采集后送入微处理器，微处理器利用这些数据信息，能产生一个高准确度的输出。

图中，ROM 里存放微处理器工作的主程序，它是通用的。PROM 里所存内容则根据每

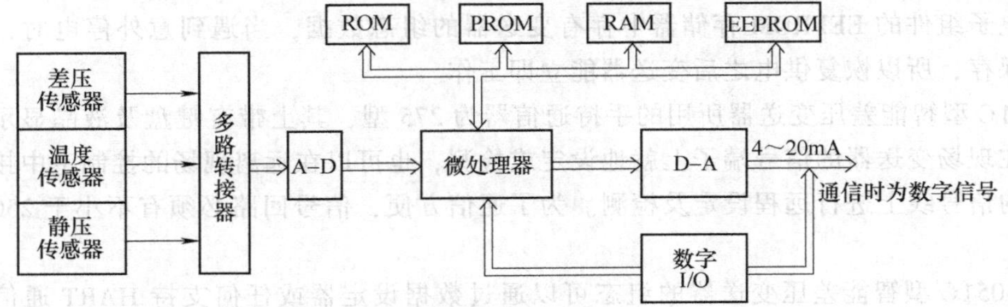

图 5-9　扩散硅式变送器原理框图

台变送器的压力特性、温度特性而不同。它是在加工完成之后，经过逐个参数检验，分别写入各自的 PROM 中，并依照其特性自行修正，保证在材料工艺稍有分散性因素下仍然能获得较高的准确度。此外，传感器所允许的参数在整个工作范围内的输入输出特性数据也都存入 PROM 里，用户可对量程进行迁移。

RAM 是微处理器运算过程中不可少的存储器，它也是通过现场通信器对变送器进行各项设定的记忆硬件。例如，变送器的标号、测量范围、线性或开方输出、阻尼时间常数、零点和量程校准等，经过现场通信器设定后，即使把现场通信器从连接导线上去掉，变送器仍按照已设定的各项数值工作，就是靠 RAM 把指令存储起来。

EEPROM 是 RAM 的后备存储器，它是电可擦除改写的 PROM。在正常工作期间，其内容和 RAM 是一致的，但遇到意外停电时，RAM 中的数据立即丢失，不过 EEPROM 里的数据仍保存下来。供电恢复后，它自动将所保存的数据转移到 RAM 里，这就不必将每台变送器都装后备电池。

(2) 电容式智能差压变送器　3051C 型智能差压变送器是美国费希尔-罗斯蒙特公司生产的一种两线制智能变送器，它将输入的差压信号转换成 4～20mA 直流电流信号或数字信号输出。图 5-10 为其原理框图，它由传感组件和电子组件两部分组成。

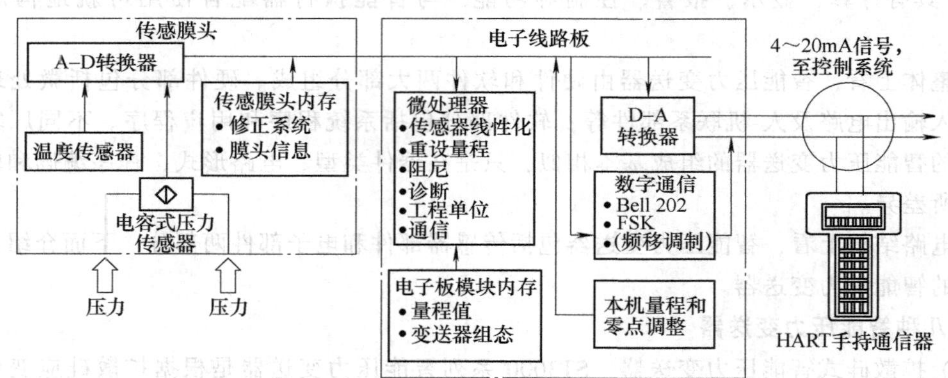

图 5-10　3051 型智能差压变送器原理框图

3051C 型智能差压变送器的检测元件采用高准确度的电容式压力传感器，其工作原理与模拟式电容差压变送器相同。但 3051C 型智能差压变送器除了电容式压力传感器之外，还配置了温度传感器，用来补偿热效应带来的误差。两个传感器的信号通过 A-D 转换器转换为数字信号送到电子组件，微处理器完成对输入信号的线性化、温度补偿、数字通信、自诊断等处理后，得到一个与输入差压对应的 4～20mA 直流电流信号或数字信号作为变送器的输出。

在电子组件的 EEPROM 存储器中存有变送器的组态数据，当遇到意外停电时，其中数据仍然保存，所以恢复供电之后变送器能立即工作。

3051C 型智能差压变送器所用的手持通信器为 275 型，其上带有键盘及液晶显示器。它可以接在现场变送器的信号端子上就地设定或检测，也可以在远离现场的控制室中接在某个变送器的信号线上进行远程设定及检测。为了通信方便，信号回路必须有不小于 250Ω 的负载电阻。

对 3051C 型智能差压变送器的组态可以通过数据设定器或任何支持 HART 通信协议的上位机来完成。首先，设定变送器的工作参数，包括测量范围、线性或二次方根输出、阻尼时间常数、工程单位；其次，可向变送器输入信息性数据，以便对变送器进行识别与物理描述，包括给变送器指定工位号、描述符等。

5.5 压力仪表的选择与安装

5.5.1 压力仪表的选择

选择压力仪表应根据被测压力的种类（压力、负压或压差）、被测介质的物理化学性质和用途（标准、指示、记录和远传等）以及生产过程所提出的技术要求，同时应本着既满足测量准确度、又经济的原则，合理地选择压力仪表的型号、量程和准确度等级。

1. 仪表类型的选择

仪表的选型必须满足生产过程的要求，例如是否要求指示值的远传或变送、自动记录或报警等；被测介质的性质及状态（如腐蚀性强弱、温度高低、黏度大小、脏污程度、易燃易爆等）是否对仪表提出了特殊要求；仪表安装的现场环境条件（如高温、电磁场、振动及安装条件等）对仪表有无特殊要求等。

如测量微压（几百至几千帕），则宜采用液柱式压力计或膜盒压力计；如被测介质压力不大，在 15kPa 以下，且不要求迅速读数的，则可选 U 形管压力计或单管压力计；如要求迅速读数，则可选用膜盒压力计；如测量高压（大于 50kPa），则应选用弹簧管压力计；若需测快速变化的压力，则应选压阻式压力计等电气式压力计；若被测的是管道水流压力且压力脉动频率较高，则应选电阻应变式压力计。

2. 仪表量程的选择

究竟选择多大量程的仪表，应由生产过程所要测量的最大压力来决定。为了避免压力仪表超过负荷被破坏，仪表的上限位应高于生产过程中可能出现的最大的压力值。一般地，在被测压力比较平稳的情况下，压力仪表上限值应为被测最大压力的 3/2 倍；在压力波动较大的测量场合，压力仪表上限值应为被测压力最大值的 2 倍。为了保证测量准确度，被测压力的最小值应不低于仪表量程的 1/3。因此，测量稳定压力时，常使用在仪表量程上限的 1/3 ~2/3 处。测量脉动（波动）压力时，常使用在仪表量程上限的 1/3 ~ 1/2 处。对于瞬间内的压力测量，可允许作用到仪表量程上限的 3/4 处。

普通压力仪表的量程规定如下：精密型压力表的准确度等级分别为 0.1、0.16、0.25、0.4 级；一般型压力表的准确度等级分别为 1.0、1.6、2.5、4.0 级。在确定仪表的量程时，应参照上述系列值进行。但有时选择压力表的量程时还要考虑压力源的极大值。

3. 仪表准确度的选择

压力仪表准确度的选择应以实用、经济为原则，在满足生产工艺准确度要求的前提下，根据生产过程对压力测量所允许的最大误差，尽可能选用价廉的仪表，一般工业用 1.6 ~ 1.0 级已经足够。在科研、精密测量和校验压力表时常用 0.4 或 0.25 级以下的精密型压力表或标准压力表。

【例题 5-1】 有一个压力容器，在正常工作时其内压力稳定，压力变化范围为 0.4 ~ 0.6MPa，要求就地显示，且测量误差应不大于被测压力的 5%，试选择压力表并确定该表的量程和准确度等级。

【解】 由题意可知，选弹簧管压力计即可。设弹簧管压力计的量程为 A，由于被测压力比较稳定，则根据最大工作压力有

$$0.6\mathrm{MPa} < 3A/4, 则 A > 0.8\mathrm{MPa} \tag{5-29}$$

根据最小工作压力有

$$0.4\mathrm{MPa} > A/3, 则 A < 1.2\mathrm{MPa} \tag{5-30}$$

根据压力表量程系列，可选量程范围为 0～1.0MPa 的弹簧管压力计。

该表的最大允许误差为

$$\gamma_{\max} = \frac{0.4 \times 5\%}{1.0 - 0} \times 100\% = 2.0\% \tag{5-31}$$

按照压力表的准确度等级，应选 1.6 级的压力表。

综上所述，应选 1.6 级、量程为 1.0MPa 的弹簧管压力计。

5.5.2 压力仪表的安装与管路敷设

压力仪表安装得正确与否，直接影响到测量结果的正确性与仪表的寿命，一般要注意以下几项。

1. 取压点的选择

取压点必须真正反映被测介质的压力，应该取在被测介质流动的直线管道上，而不应取在管路急弯、阀门、死角、分叉及流束形成涡流的区域；当管路中有突出物体（如测温元件）时，取压点应取在其前面；当必须在控制阀门附近取压时，若取压口在其前，则与阀门距离应不小于 2 倍管径，若取压口在其后，则与阀门距离应不小于 3 倍管径。

2. 导压管的敷设

导压管的长度一般为 3～50m，内径为 6～10mm，连接导管的水平段应有一定的斜度，以利于排除冷凝液体或气体。当被测介质易冷凝或冻结时，应加保温伴热管线。在取压口与测压仪表之间，应靠近取压口装切断阀。对于液体测压管道，应靠近压力表处装排污沉淀器。

3. 测压仪表的安装

测压仪表安装时应注意：仪表应垂直于水平面安装，且仪表应安装在取压口同一水平位

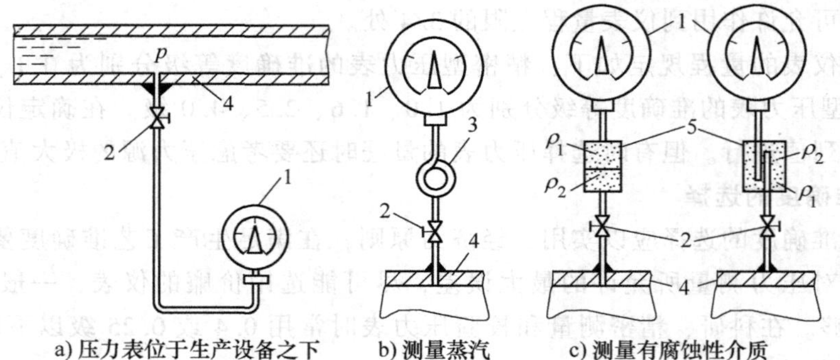

图 5-11 压力表安装示意

1—压力表 2—切断阀 3—冷凝管 4—生产设备 5—隔离罐

ρ_1、ρ_2—被测介质和隔离液的密度

置，否则需考虑附加高度误差的修正，如图5-11a所示；仪表安装处与测定点之间的距离应尽量短，以免指示迟缓；保证密封性，不应有泄漏现象出现，尤其是易燃易爆气体介质和有毒有害介质。当测量蒸汽压力时，应加装冷凝管，以避免高温蒸汽与测温元件接触，如图5-11b所示。对于有腐蚀性或黏度较大、有结晶、沉淀等介质，可安装适当的隔离罐，罐中充以中性的隔离液，以防腐蚀或堵塞导压管和压力表，如图5-11c所示。为了保证仪表不受被测介质的急剧变化或脉动压力的影响，应加装缓冲器、减振装置及固定装置。

5.6 压力仪表的校验

压力检测仪表在出厂前都需要进行检验，使之符合自身准确度；使用中的仪表会因弹性元件疲劳、传动机构磨损及腐蚀、电子元器件的老化等产生误差，若仪表误差超过了准确度数值，则必须检定和校准。其周期应视使用频率和重点程度而定。所谓校验，就是将被校压力表和标准压力表通过相同的压力，比较它们的同批数值大小。在标准表的量程大于等于被校表量程的情况下，所选用的标准表的基本误差一般应小于被校表绝对误差的1/3，此时标准表的误差可以忽略，标准表的读数就是真实值；当被校表对于标准表的基本误差小于被校表的规定误差时，则被校表准确度合格。

常用活塞式压力计作为校验压力计的标准仪器，它的准确度等级有0.2、0.05和0.02级，可用来校准0.25级精密压力计，亦可校准各种工业用压力计。

5.6.1 活塞式压力计的使用

活塞式压力计是利用静力平衡原理工作的，活塞式压力计的特点：①活塞式压力计是检验、标定压力表和压力传感器的标准器之一，同时也作为一种标准压力发生器，它在压力基准的传递系统中占有重要地位。②一等标准准确度为0.02%，二等标准准确度为0.05%，三等标准准确度为0.2%。③可用于液体压力计所不能测量的压力范围内，如在低压范围内，可使用气体活塞式压力计来取代液体压力计。④活塞式压力计具有测量范围宽、准确度高、结构简单、使用方便等优点。

活塞式压力计也存在一些不足之处，如在压力作用下，由于活塞与活塞筒之间有间隙，易使工作液体发生泄露；测压时要加减砝码，使压力测量点的压力示值不能连续显示。

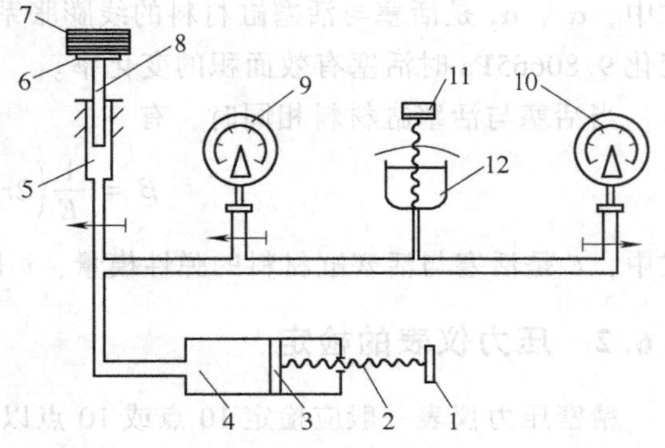

图5-12 活塞式压力计

1—手轮 2—丝杠 3—加压泵活塞 4—工作液体 5—活塞缸 6—托盘 7—砝码 8—活塞 9—标准压力表 10—被校压力表 11—进油阀 12—油杯

1. 结构及测量原理

活塞式压力计由压力发生系统（压力泵）和测量活塞两部分组成，如图5-12所示。图中序号1～5为压力发生系统，6～11为测量系统。通过手轮1带动丝杠2改变加压泵活塞3的位置，从而改变工作液体4的压力p。此压力通过活塞缸5内的工作液作用在活塞8上。在活塞8上面的托盘6上放有砝码 7。当活塞 8 下端面受到压力 p 作用所产生的向上顶的力与活塞 8、托盘 6 及砝码 7 的总重力相平衡时，活塞被稳定在活塞缸 5 内的任一平衡位置上，此时力的平衡关系为

$$pA = G \tag{5-32}$$

式中，A 是活塞底面的有效面积；G 是活塞、托盘及砝码总重力。

据式（5-32）有

$$p = G/A \tag{5-33}$$

一般 $A = 10^{-4}\text{m}^2$ 或 10^{-5}m^2，因此，根据式（5-33）可以方便而准确地由平衡时所加砝码的重量求出被测压力值。

2. 产生误差的影响因素

（1）重力加速度的影响　活塞式压力计受重力加速度变化的影响最大。重力加速度的数值与所在地的海拔、纬度有关，可用下式计算：

$$g_\phi = \frac{9.80665(1 - 0.00265\cos 2\phi)}{1 + 2H/R} \tag{5-34}$$

式中，g_ϕ 是活塞式压力计使用地点的重力加速度（m/s^2）；R 是地球半径，按 $R = 6371 \times 10^3\text{m}$ 计算；H 是压力计使用地点的海拔高度（m）；ϕ 是活塞式压力计使用地点的纬度。

（2）空气浮力的影响　当地重力加速度按式（5-34）算出后，再考虑空气对砝码产生浮力的影响，则压力值应按下式计算：

$$p = g_\phi \frac{G}{A}\left(1 - \frac{\rho_1}{\rho_2}\right) \tag{5-35}$$

式中，ρ_1 是当地空气密度（kg/m^3）；ρ_2 是砝码材料的密度（kg/m^3）；G 是承重盘与砝码质量的总和（kg）；A 是活塞的有效面积（m^2）。

（3）温度变化的影响　温度变化会影响活塞的有效面积，当环境温度不是 20℃ 时，式（5-35）变为

$$p = g_\phi \frac{G}{A}\left(1 - \frac{\rho_1}{\rho_2}\right) \times \frac{1}{[1 + (\alpha_1 + \alpha_2)(t - 20)]\left(1 + \beta g_\phi \dfrac{G}{A}\right)} \tag{5-36}$$

式中，α_1，α_2 是活塞与活塞缸材料的线膨胀系数（1/℃）；t 是环境温度（℃）；β 为压力每变化 9.80665Pa 时活塞有效面积的变化率。

当活塞与活塞缸材料相同时，有

$$\beta = \frac{1}{E}\left(2r + \frac{\nu^2}{R^2 + r^2}\right) \tag{5-37}$$

式中，E 是活塞与活塞缸材料的弹性模量；ν 是泊松比；r、R 是活塞、活塞缸半径。

5.6.2　压力仪表的检定

精密压力仪表一般应检定 10 点或 10 点以上，一般压力仪表按标有数字的分度线进行检定（不少于 5 点）。这些检定点应均匀分布在整个分度盘上。均匀增压至刻度上限，保持上限压力 3min，然后均匀降至零压，主要观察指示有无跳动、停止、卡塞现象；单方向增压至校验点后读数，轻敲表壳再读数。用同样的方法增压至每一校验点进行校验。然后再单方向缓慢降压至每一校验点进行校验。计算出被校表的基本误差、变差、零位和轻敲位移等。

本章小结

压力是非电物理量常见的一种参量，本章介绍了几种实现压力-电转换的方法及相关仪表。

(1) 压力的概念　所谓压力是指由气体或液体均匀垂直地作用于单位面积上的力。

(2) 压力测量方法　根据工作原理的不同，压力检测方法有以下几种：弹性力平衡法、重力平衡法、机械力平衡法及物性测量法。

(3) 液柱式压力计　液柱式压力计是根据流体静力学原理，将被测压力转换为液柱高度进行测量的。

(4) 弹性压力计　弹性压力计是利用各种形式的弹性元件，在被测介质的表压或真空度作用下产生的弹性变形与被测压力之间的关系制成的。

(5) 压力（差压）变送器　通常将弹性测压元件与电气传感器相结合构成压力（差压）变送器。它能以统一信号进行传输、显示和控制。常用的有电容式、电感式、压电式、压阻式、应变式、霍尔式及振弦式等。

(6) 压力仪表的选择与安装　选择压力仪表应根据被测压力的种类（压力、负压或压差）、被测介质的物理化学性质和用途（标准、指示、记录和远传等）以及生产过程所提出的技术要求，同时应本着既满足测量准确度、又经济的原则，合理地选择压力仪表的型号、量程和准确度等级。

(7) 压力仪表的校验　所谓校验，就是将被校压力表和标准压力表通过相同的压力，比较它们的同批数值大小。在标准表的量程大于等于被校表量程的情况下，所选用的标准表的基本误差一般应小于被校表绝对误差的1/3，此时标准表的误差可以忽略，标准表的读数就是真实值；当被校表对于标准表的基本误差小于被校表的规定误差时，则被校表准确度合格。

思考题与习题

5-1　什么叫压力，表压力、绝对压力、负压力（真空度）之间有何关系？

5-2　测压仪表有哪几类，各基于什么原理？

5-3　常用的压力检测弹性元件有哪几种，各有何特点？

5-4　弹簧管压力计的弹簧管截面为什么要做成扁形或椭圆形的，可以做成圆形截面吗？

5-5　弹簧管压力计的测压原理是什么，试述弹簧管压力计的主要组成及测压过程。

5-6　某弹簧管压力计的测量范围为0～1MPa，准确度等级为1.5级，试问此压力计允许绝对误差是多少？若用标准压力计来校核该压力表，在校验点为0.5MPa时，标准压力计上的读数为0.512MPa，试问被校压力表在这一点是否符合1.5级准确度，为什么？

5-7　试述电容式压力传感器的工作原理，它有何特点？

5-8　常用的液柱式压力（差压）计有哪几种？简述其工作原理及特点。

5-9　何为压阻效应，简述压阻式压力传感器的工作原理和特点。

5-10　简述电容式压力（差压）变送器的工作原理，它有何特点？

5-11　简述扩散硅压力（差压）变送器的工作原理和特点。

5-12　试述智能型压力（差压）变送器的组成及特点。

5-13　如何正确选用压力计，压力计安装要注意什么问题？

第6章 流量测量

6.1 流量测量概述

在电力、冶金、石油、化工等工业生产中，工质的流量测量是必不可少的。流量是判断生产过程的状态、衡量设备的效率和经济性的重要指标。在现代化的工业生产中，流量的测量显得尤为重要，例如：在热力发电厂中需要准确测量水、蒸汽、燃料等各种介质的流量，这些流量的测量不仅是观测设备状态的重要手段，而且为热工自动控制系统提供了信号，是实现热工自动化的基础。

6.1.1 流量的概念

流量通常是瞬时流量的简称，是指单位时间内流过管道或特定通道某一截面的流体数量。若流体的数量用质量来表示，则称为质量流量；若流体的数量用体积来表示，则称为体积流量。质量流量通常用 q_m 表示，其国际单位为 kg/s；体积流量通常用 q_V 表示，其国际单位为 m^3/s；如果被测介质的密度用 ρ 表示，则质量流量与体积流量的关系如下：

$$q_m = \rho q_V$$

为了进行经济核算，需要测量介质的累积流量，累积流量也称为总量。总量是指一段时间内流过管道或特定通道某一截面的数量。总量通常用 Q 表示，总量的单位可以与质量相同，也可以与体积相同。在一定的时间内对瞬时流量求积分就得到总量，要求出从起始时间是 t_1 到终止时间 t_2 这段时间内的总量 Q，可用下式来表达：

$$Q = \int_{t_1}^{t_2} q \mathrm{d}t$$

式中，q 可以是质量流量，也可以是体积流量。总量除以时间间隔就得到这段时间内的平均流量。

6.1.2 流量测量方法

工业上常用的流量测量方法可分为三类：速度式、容积式和质量式。

速度式是通过测量管道某一截面处的平均流速 $\bar{v}$ 或某一点的流速 v 来实现的，因管道的截面积(即流束的截面积)A 为定值，则体积流量 $q_V = A\bar{v}$或 $q_V = kAv$，其中 k 为管道的平均流速与某一点流速的比值，它与管道上流速分布有关，在特定情况下 k 也是常数。

常用的速度式流量计有：差压式流量计、涡轮式流量计、涡街式流量计、电磁流量计及超声波流量计等。在电力生产中差压式流量计应用最为广泛，其原理是通过测量流体流动过程中产生的差压来测量流速，这种差压的产生可能是由于流体滞止造成的，也可能是由于流体通流截面改变引起流动速度的变化造成的。常用的差压式流量计有节流变压降流量计、毕托管流量计、均速管流量计、浮子流量计及靶式流量计等。

容积式是通过测量单位时间内经过仪表所排出的固定体积 V 的数目来实现的。常用的容积式流量计有：椭圆齿轮流量计、腰轮流量计及刮板流量计等。

质量式是通过直接或间接的方法测量流体的质量流量，前面两种方法测出的都是体积流量。质量式流量测量的测量准确度不受温度、压力等因素的影响。质量式流量计分为直接质量流量计和间接质量流量计，间接质量流量计又分为推导式质量流量计和温度压力补偿式质量流量计。在实际应用中，温度压力补偿式质量流量计应用较为广泛。

6.2 节流变压降流量计

6.2.1 概述

节流变压降流量计是目前工业生产中应用最广泛的流量计。其工作原理是：在管道内装入节流件，流体流过节流件时流束收缩，流动速度增加，于是在节流件前后产生差压，对于一定形状和尺寸的节流件，一定的测压位置和前后直管段情况，一定参数的流体，节流件前后产生的差压值随流量而变，两者之间并有确定的关系，因此可通过测量节流件前后的差压来测量流体流量。

节流变压降流量计通常包括节流装置和差压计(或差压变送器)两部分。节流装置的作用是把流量转变成差压；差压计(或差压变送器)的作用是测量差压并显示流量。两者之间通过信号管路传递差压信号，其构成如图 6-1 所示。

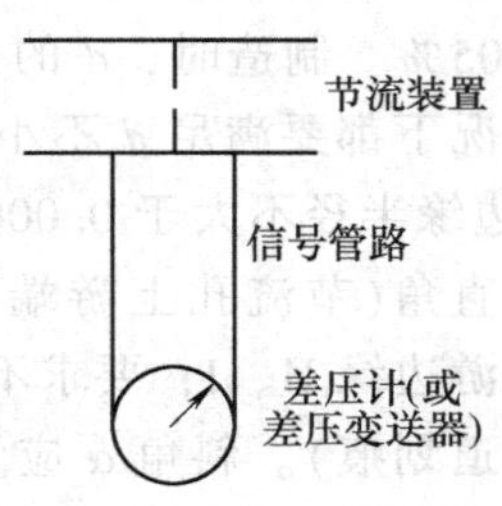

图 6-1 节流变压降流量计的构成

节流装置分为标准节流装置和非标准节流装置。标准节流装置指节流件的结构形式、技术要求等均已标准化，同时还规定了相应的取压方式及对节流件前后直管段的要求。标准节流装置在对节流装置进行设计、计算时要严格遵循国家标准(或国际标准)，按标准进行设计、安装使用的标准节流装置，其差压与流量之间的关系及测量不确定度可按国家标准直接确定。非标准节流装置是指没有统一标准化的数据、资料，没有统一的误差计算方法的节流装置。对于不适合用标准节流装置测流量的情况，就不得不采用非标准节流装置。

用标准节流装置测流量时必须同时满足下列条件：

1）被测介质必须是充满圆管道的流体。

2）被测介质必须是单相、均质流体。也就是说被测介质必须是气体或液体，不能是气体和固体颗粒的混合物，也不能是液体和固体颗粒的混合物。

3）被测介质必须是定常流，即流量不随时间变化或变化非常缓慢。

4）被测介质流经节流件前，其流束必须与管道轴线平行，不得有旋转流。

5）流速低于声速。

6.2.2 标准节流装置

标准节流装置除包括节流件及取压装置外，还包括节流件上游第一阻力件、上游第二阻力件、下游第一阻力件以及这些阻力件和节流件之间的直管段，如图 6-2 所示。节流件是为了测量流量而加入的使流束截面缩小的部件，流体通过节流件而产生输出信号(差压)。阻力件是管道中所固有的对流体产生阻力的部件，如管道的弯头、接头、阀门及测温元件等。

1. 节流件

我国的标准节流装置(参见 GB/T 2624.1—2006、GB/T 2624.2—2006、GB/T 2624.3—2006 和 GB/T 2624.4—2006)有：角接取压标准孔板、法兰取压标准孔板、径距取压标准孔板、角接取压标准喷嘴(ISA1932 喷嘴)、径距取压长径喷嘴、经典文丘里管(入口圆筒段上取压和喉部取压)及文丘里喷嘴(上游角接取压和喉部取压)。

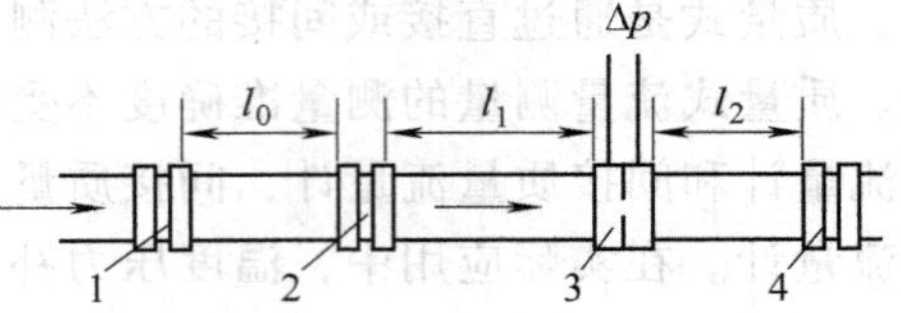

图 6-2 标准节流装置
1—上游第二阻力件 2—上游第一阻力件
3—节流件 4—下游第一阻力件

(1) 标准孔板 标准孔板是具有圆形开孔的金属薄板，如图 6-3 所示。标准孔板在管道内的部分应该是圆的并与管道轴线同轴，孔板的两端面应始终是平整的和平行的。孔板的开孔应与管道同心，标准孔板开孔是正圆形，开孔直径 d 是一个非常重要尺寸，应该通过实际测量得出，其值应取不少于四个单测直径的平均值，而且这些直径应均匀分布，并要求任一单测值与平均值之差不得超过 0.05%。制造时，d 的加工公差必须满足规定的要求，在任何情况下都要满足 d 不小于 12.5mm，孔板上游边缘 G 应是锐边(边缘半径不大于 $0.0004d$)且无卷口或毛边。孔板上游边缘应是直角(节流孔上游端面与节流孔之间的角度为 90° ± 0.3°)。下游边缘 H、I，要求不如 G 严格，允许有些小缺陷(例如：有一道划痕)。斜角 α 应为 45° ± 15°。节流孔厚度 e 应在 $0.005D$ 和 $0.02D$ 之间，在节流孔任意点上所测得各个 e 值之间的差应不大于 $0.001D$。孔板厚度 E 应在 e 和 $0.05D$ 之间，当 50mm ≤ D ≤ 64mm 时，E 可达到 3.2mm。若 $D \geq 200$mm，则孔板任意点上所测得各个 E 值之间的差应不大于 $0.001D$，如 $D < 200$mm，则孔板任意点上所测得各个 E 值之间的差应不大于 0.2mm。

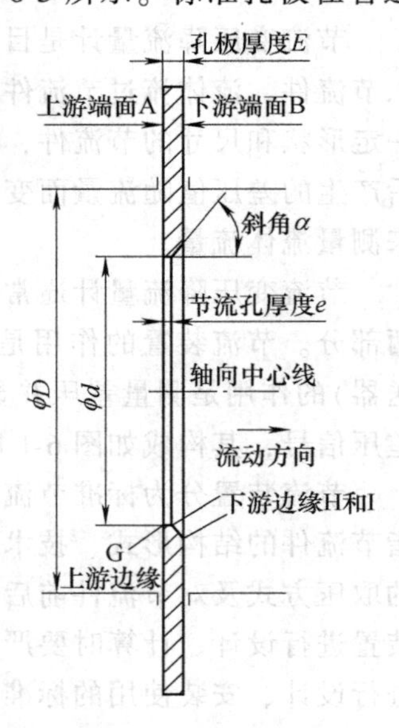

图 6-3 标准孔板

标准孔板结构简单，体积小，加工方便，成本低，因而在工业上应用较多。但其测量准确度较低，压力损失较大，而且只能用于测量清洁的流体。

(2) 标准喷嘴 标准喷嘴有两种类型：ISA1932 喷嘴和长径喷嘴。ISA1932 喷嘴的形状如图 6-4 所示，它由垂直于管道轴线的入口平面 A、两个圆弧曲面 B 和 C 组成的收缩部分、圆筒形喉部 E 和保护槽 F 等部分组成。入口平面 A 是以管道轴线为圆心，直径为 $1.5d$ 的圆周和直径为管道内径 D 的圆周所围成的圆环平面；圆弧曲面 B 分别与入口平面 A 和曲面 C 相切，半径为 R_1，圆弧曲面 C 分别与曲面 B 和喉部 E 相切，半径为 R_2；圆筒形喉部 E 的中心与管道中心重合，直径就是喷嘴的开孔直径 d，圆筒形的喉部长度为 $0.3d$；保护槽 F 是为了防止出口边缘 f 被损伤，保护槽的直径应不小于 $1.06d$，轴向长度小于或等于 $0.03d$，出口边缘 G 应保持尖锐，无明显倒角。当 $\beta > 2/3$(β 为直径之比，$\beta = d/D$)时，喷嘴的入口直径 $1.5d$ 大于管道内径 D，此时应将喷嘴的上游端面切去一段，使入口部分的直径与管道内径相等，如图 6-4b 中所示。

长径喷嘴有两种型式：高比值喷嘴($0.25 \leq \beta \leq 0.80$)和低比值喷嘴($0.20 \leq \beta \leq 0.50$)，

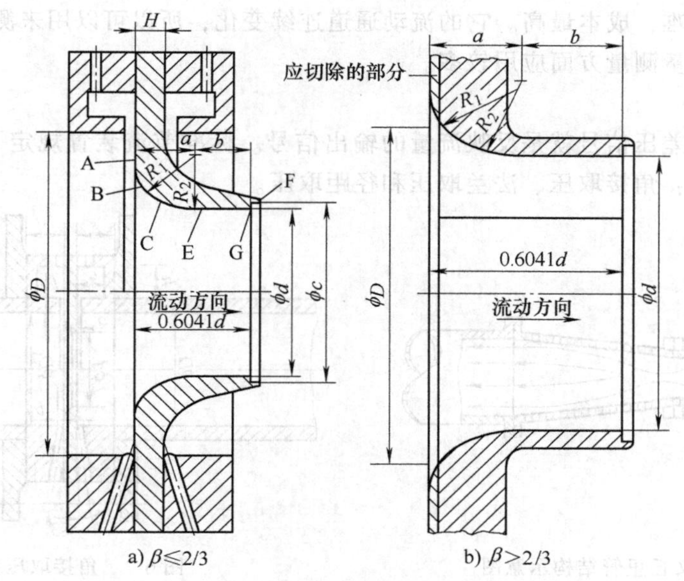

图 6-4　IAS1932 喷嘴

其结构如图 6-5 所示。长径喷嘴是由入口的收缩部分 A 和圆筒形喉部 B 组成。高比值喷嘴的收缩部分 A 是一个 1/4 椭圆旋转曲面，椭圆的圆心距管道轴线 $D/2$，其长轴平行于管道轴线，长半轴长为 $D/2$，短半轴长为 $(D-d)/2$。喉部 B 是直径 d 的圆筒面，长度为 $0.6d$。C 是下游端面。入口端面厚度 H 应大于或等于 3mm，并小于或等于 $0.15D$。喉部的壁厚 F 应大于或等于 3mm，当直径 $D \leqslant 65$mm 时，喉部的壁厚大于或等于 2mm。低比值喷嘴只是入口收缩部分 A 与高比值喷嘴不同，其椭圆的圆心距管道轴线为 $7D/6$，其长轴平行于管道轴线，长半轴长为 d，短半轴长为 $2d/3$。

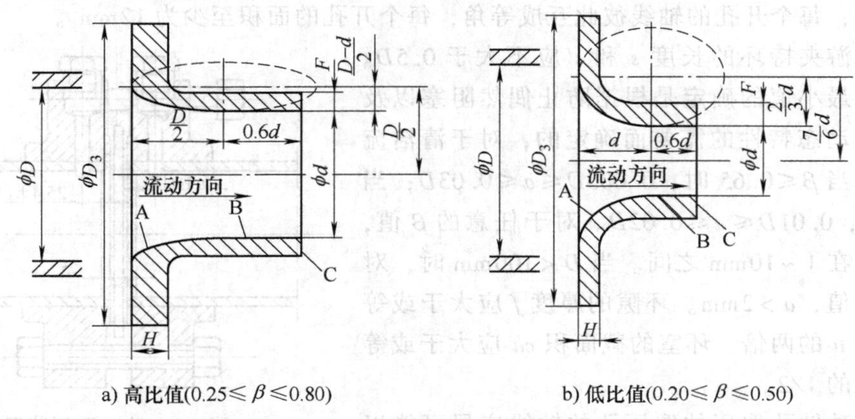

图 6-5　长径喷嘴的结构示意图

标准喷嘴测量过程中压力损失小，测量准确度较高。但其结构较复杂，体积大，加工困难，成本较高，一般用于测量高速流动的流体的流量。

(3) 文丘里管　文丘里管包括经典文丘里管和文丘里喷嘴，其结构大同小异，其关键部分主要由入口的收缩段、圆筒形喉部和出口的扩散段组成，如图 6-6 所示。文丘里管的压力损失小，但加工困难，成本最高。它的流动通道连续变化，所以可以用来测量脏污流体的流量，并在大管径流量测量方面应用较多。

2. 取压装置

节流件前后的差压信号就是反映流量的输出信号。标准节流装置规定了几种取压方式，常用的取压方式有：角接取压、法兰取压和径距取压。

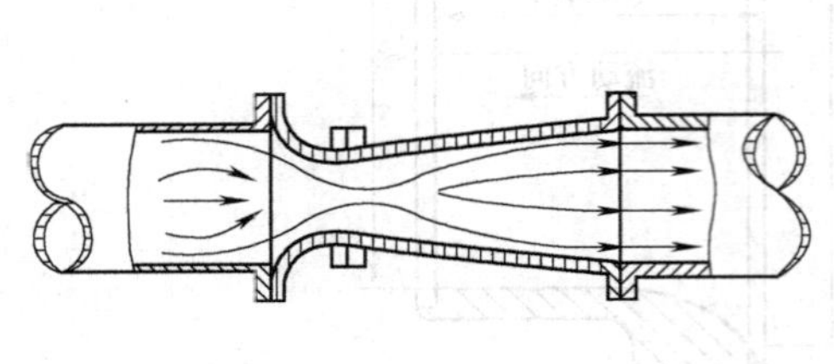

图 6-6 文丘里管结构示意图

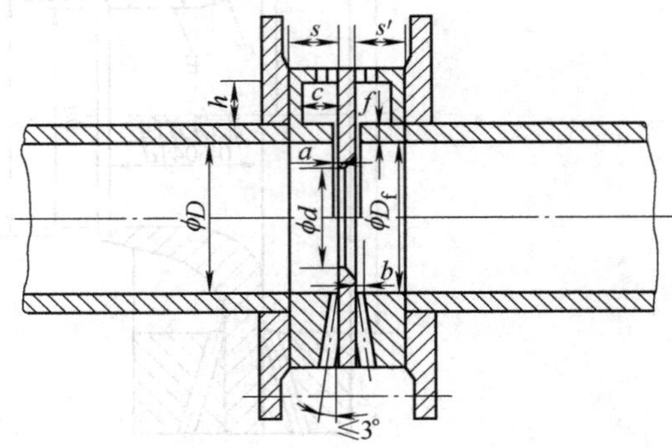

图 6-7 角接取压装置

角接取压装置的上下游取压口位于节流件上下游端面与管道形成的顶角处。角接取压包括环室取压和单独钻孔取压，如图 6-7 所示，图中上半部为环室取压，下半部为单独钻孔取压。环室取压取出的是一周的平均压力，所以准确度较高，但如果管道内径大于 500mm 时，环室加工困难，此时多采用单独钻孔取压。角接取压装置的上下游取压孔可以位于管道、管道法兰或夹持环上。夹持环的直径 D_f 的取值范围是 $D \leqslant D_f \leqslant 1.04D$，并且满足：

$$\frac{D_f - D}{D} \times \frac{S}{D} \times 100 < \frac{0.1}{0.1 + 2.3\beta^4}$$

环隙通常在整个圆周上穿通管道，连续而不中断，否则每个环室应至少有 4 个开孔与管道内部连通，每个开孔的轴线彼此互成等角，每个开孔的面积至少为 12mm^2。

上、下游夹持环的长度 s 和 s' 应不大于 $0.5D$。环隙宽度 a 最小值的确定是根据防止偶然阻塞以及取得良好的动态特性的需要而确定的，对于清洁流体和蒸汽：当 $\beta \leqslant 0.65$ 时，$0.005D \leqslant a \leqslant 0.03D$；当 $\beta > 0.65$ 时，$0.01D \leqslant a \leqslant 0.02D$。对于任意的 β 值，环隙宽度应在 1～10mm 之间。当 $D < 100$mm 时，对于任意的 β 值，$a > 2$mm。环隙的厚度 f 应大于或等于环隙宽度 a 的两倍。环室的截面积 ch 应大于或等于环隙面积的 1/2。

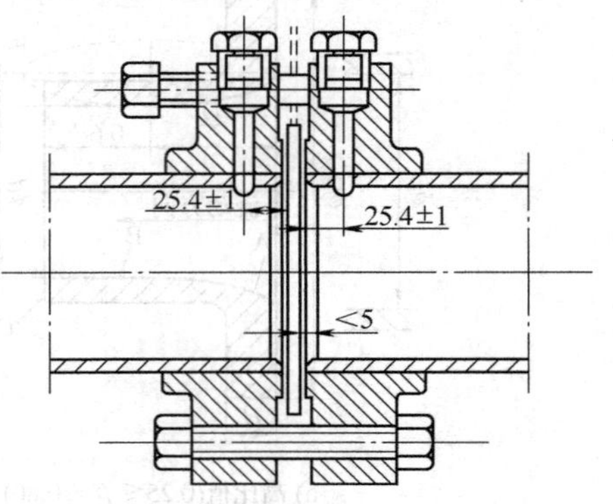

图 6-8 法兰取压装置

采用单独钻孔取压的取压孔的轴线应尽可能以 90°角度与管道轴线相交。取压孔的直径 b 与环室取压环隙宽度 a 基本相同，只是当被测介质为蒸汽时，取压孔的直径 b 应在 4～10mm。

角接取压可以应用于节流件采用标准孔板和标准喷嘴的场合。

法兰取压装置的取压孔是从带取压孔的法兰上取出，如图 6-8 所示。法兰取压上下游取压孔中心距节流件上下游端面的距离为 25.4mm，当管道直径 D 为 150～1000mm 时，可以有

1mm 的误差；当管道直径 D 小于或等于 150mm，且 β 大于 0.6 时，前后可以有 0.5mm 的误差。上下游取压孔的直径 b 相同，其值应小于 $0.13D$，同时小于 13mm。法兰取压应用于节流件采用标准孔板的场合。

径距取压（即 D 和 $\frac{1}{2}D$ 取压）装置的上游取压孔中心线到节流件上游端面的距离等于管道内径 D，允许误差为 $0.1D$。下游取压孔中心线到节流件下游端面的距离等于管道内径 D 的一半，$\beta \leqslant 0.6$ 时允许误差为 $\pm 0.2D$，$\beta > 0.6$ 时允许误差为 $\pm 0.1D$。取压孔的要求与单独钻孔取压相同。径距取压可以应用于节流件采用标准孔板和长径喷嘴的场合。

不同节流件及取压方式，其适用范围也不同，表 6-1 列出了不同节流件的适用范围。

表 6-1　节流件的适用范围

节流件	取压方式	孔径 d/mm	管径 D/mm	直径比 β	雷诺数 R_{eD}
标准孔板	角接取压	$d \geqslant 12.5$	$50 \leqslant D \leqslant 1000$	$0.2 \leqslant \beta \leqslant 0.75$	$\beta \leqslant 0.56, R_{eD} \geqslant 5000$ $\beta > 0.56, R_{eD} \geqslant 16000\beta^2$
	径距取压				$R_{eD} \geqslant 5000$ 且 $R_{eD} \leqslant 170\beta^2 D$
	法兰取压				
标准喷嘴	角接取压		$50 \leqslant D \leqslant 500$	$0.3 \leqslant \beta \leqslant 0.80$	$0.3 \leqslant \beta < 0.44$, $7 \times 10^4 \leqslant R_{eD} \leqslant 10^7$; $0.44 \leqslant \beta \leqslant 0.80$, $2 \times 10^4 \leqslant R_{eD} \leqslant 10^7$
长径喷嘴	径距取压		$50 \leqslant D \leqslant 630$	$0.2 \leqslant \beta \leqslant 0.80$	$10^4 \leqslant R_{eD} \leqslant 10^7$
文丘里管	粗铸收缩段		$100 \leqslant D \leqslant 800$	$0.3 \leqslant \beta \leqslant 0.75$	$2 \times 10^5 \leqslant R_{eD} \leqslant 2 \times 10^6$
	加工收缩段		$50 \leqslant D \leqslant 250$	$0.4 \leqslant \beta \leqslant 0.75$	$2 \times 10^5 \leqslant R_{eD} \leqslant 1 \times 10^6$
	粗焊收缩段		$200 \leqslant D \leqslant 1200$	$0.2 \leqslant \beta \leqslant 0.70$	$2 \times 10^5 \leqslant R_{eD} \leqslant 2 \times 10^6$
文丘里喷嘴		$d \geqslant 12.5$	$65 \leqslant D \leqslant 500$	$0.316 \leqslant \beta \leqslant 0.775$	$1.5 \times 10^5 \leqslant R_{eD} \leqslant 2 \times 10^6$

3. 标准节流装置的管道条件

节流装置的流量与差压之间的关系，不仅与节流件的形式及取压方式有关，而且与流体在节流件上下游的流动情况有关。对于标准节流装置，要求在节流件上游 D 处管道截面上的流动状态已接近典型的充分发展的紊流流动状态，节流件下游的阻力件不影响流束的正常恢复，因此对节流件前后的直管段的长度、管道的圆度以及管道内的粗糙度有明确的要求。

（1）标准节流装置的直管段长度　标准节流装置中包含三段直管段（见图 6-2）：节流件与节流件上游第一阻力件之间的直管段 l_1；上游第一阻力件与上游第二阻力件之间的直管段 l_0；节流件与下游第一阻力件之间的直管段 l_2。l_1 的长度决定于节流件上游第一阻力件的形式和 β 值，l_2 只与 β 值有关，与节流件的形式无关，l_0 的长度根据节流件前第二阻力件的形式和 $\beta = 0.7$（无论实际的 β 值是多少）确定。从表 6-2 和表 6-3 中可以查出直管段的最小长度。当节流件采用喷嘴或文丘里喷嘴时，l_1、l_2 的最小长度从表 6-2 中可以直接查出，当节流件采用标准孔板时，l_1、l_2 的最小长度可从表 6-3 查出。l_0 的长度是根据节流件前第二阻力件的形式和 $\beta = 0.7$ 从表 6-2 或表 6-3 查出，其数值取表中数值的一半。表中查得的数值是管道内径的倍数。如果实际的 l_0、l_1、l_2 中有一个数值在括弧内的数值和括弧外的数值之间，则在计算流量测量的不确定度时，在流出系数的不确定度上要叠加 ±0.5% 的附加误差。

表 6-2　喷嘴和文丘里喷嘴所要求的最短直管段长度　　（单位：mm）

直径比 β ≤	节流件上游侧的局部阻力件形式和最短直管段长度 l_1							节流件下游侧最短直管段长度 l_2（含左面所有局部阻力件形式）
	单个90°弯头或只有一支管流出的三通	在同一平面内有两个或多个90°弯头	空间弯头（在不同平面内有两个或多个90°弯头）	渐缩管（在1.5D～3D的长度内由2D变为D）	渐扩管（在D～2D的长度内由0.5D变为D）	球形阀全长	全孔球阀或闸阀全开	
0.20	10(5)	14(7)	34(17)	5	16(8)	18(9)	12(6)	4(2)
0.25	10(5)	14(7)	34(17)	5	16(8)	18(9)	12(6)	4(2)
0.30	10(5)	16(8)	34(17)	5	16(8)	18(9)	12(6)	5(2.5)
0.35	12(6)	16(8)	36(17)	5	16(8)	18(9)	12(6)	5(2.5)
0.40	14(7)	18(9)	36(17)	5	16(8)	20(10)	12(6)	6(3)
0.45	14(7)	18(9)	38(17)	5	17(9)	20(10)	12(6)	6(3)
0.50	14(7)	20(10)	40(20)	6(5)	18(10)	22(11)	12(6)	6(3)
0.55	16(8)	22(11)	44(22)	8(5)	20(10)	24(12)	14(7)	6(3)
0.60	18(9)	26(13)	44(24)	9(5)	22(11)	26(13)	14(7)	7(3.5)
0.65	22(11)	32(16)	54(27)	11(6)	25(13)	28(14)	16(8)	7(3.5)
0.70	28(14)	36(18)	62(31)	14(7)	30(15)	32(16)	20(10)	7(3.5)
0.75	36(18)	42(41)	70(35)	22(11)	38(19)	36(18)	24(12)	8(4)
0.80	46(23)	50(25)	80(40)	30(15)	54(27)	44(22)	30(15)	8(4)
对于所有的直径比 β	阻力件						最短的上游直管段长度	
	对称骤缩异径管						30(15)	
	直径≤0.03D 的温度计插套或套管						5(3)	
	直径在0.03～0.13D 之间的温度计插套或套管						20(10)	

表 6-3　孔板所要求的最短直管段长度　　（单位：mm）

直径比 β ≤	节流件上游侧的局部阻力件形式和最短直管段长度 l_2									节流件下游侧最短直管段长度 l_2（含左面所有局部阻力件形式）
	单个90°弯头或任一平面上两个90°弯头（s＞30D）	同一平面上两个90°弯头：S型结构（30D≥s＞10D）	同一平面上两个90°弯头：S型结构（10D≥s）	互成垂直平面上两个90°弯头（30D≥s≥5D）	互成垂直平面上两个90°弯头（5D＞s）	带或不带延伸部分的单个90°三通斜接90°弯头	单个45°弯头或同一平面上两个45°弯头（s≥2D）	同心渐缩管（在1.5D～3D的长度内由2D变为D）	同心渐扩管（在D～2D的长度内由0.5D变为D）	全孔球阀或闸阀全开	
1	2	3	4	5	6	7	8	9	10	11	12
0.20	6(3)	10	10	19(18)	34(17)	3	7	5	6	12(6)	4(2)
0.40	16(3)	10	10	44(18)	50(25)	9(3)	30(9)	5	12(8)	12(6)	6(3)
0.50	22(9)	18(10)	22(10)	44(18)	75(34)	19(9)	30(18)	8(5)	20(9)	12(6)	6(3)
0.60	42(13)	30(18)	42(18)	44(18)	65(25)	29(18)	30(18)	9(5)	26(11)	14(7)	7(3.5)
0.67	44(20)	44(18)	44(20)	44(20)	60(18)	36(18)	44(18)	12(6)	28(14)	18(9)	7(3.5)
0.75	44(20)	44(18)	44(22)	44(20)	75(18)	44(18)	44(18)	13(8)	36(18)	24(12)	8(4)
对于所有的直径比 β	阻力件									最短的上游直管段长度	
	对称骤缩异径管									30(15)	
	直径≤0.03D 的温度计插套或套管									5(3)	
	直径在0.03～0.13D 之间的温度计插套或套管（不推荐这种安装方式）									20(10)	

注：表中，s 是上游弯头弯曲部分的下游端到下游弯头弯曲部分的上游端测得的两个弯头之间的间隔。

（2）管道圆度　标准节流装置只适合测量圆形管道内的流量。在计算β值时所用到的管道内径D，应该是通过实际测量得到的上游取压孔的上游0.5D范围内的平均值。具体测量方法如下：在上游取压孔的0D、0.5D及前两者之间取与管道轴线垂直的三个截面，在每个截面以大约相等的角距取四个内径的单测值，这12个单测值的平均值就是管道内径的平均值D。

标准节流装置要求在节流件上游2D长度范围内是圆的，越靠近节流件圆度要求越高。具体标准是：上游取压孔上游0.5D范围内任意单测值与平均值D的偏差不能大于±0.3%，并且在节流件上游2D长度范围内的直管段上，任何一个直径单测值与平均值的偏差不得大于±3%。

（3）管道内壁粗糙度　管道内表面至少在节流件上游10D和下游4D的范围内没有肉眼可见的明显凹凸。粗糙度的具体要求见表6-4和表6-5。

表6-4　标准孔板上游管道相对粗糙度(K_s/D)上限值

β	≤0.3	0.32	0.34	0.36	0.38	0.40	0.45	0.50	0.60	0.75
$10^4K_s/D$	25.0	18.1	12.9	10.0	8.3	7.1	5.6	4.9	4.2	4.0

表6-5　ISA1932喷嘴的管道相对粗糙度(K_s/D)上限值

β	≤0.35	0.36	0.38	0.40	0.42	0.44	0.46	0.48	0.50	0.60	0.70	0.77	0.80
$10^4K_s/D$	25	18.6	13.5	10.6	8.7	7.5	6.7	6.1	5.6	4.5	4.0	3.9	3.9

6.2.3　流量公式

流体经过节流件时，其流动情况如图6-9所示。在截面1处流体未受节流件的影响，流体充满管道；在截面2处流体受节流件的影响流束截面收缩到最小，当节流件采用孔板时，此位置在节流件之后，当节流件采用喷嘴时，此位置一般在喷嘴的圆筒内；在截面3处流束恢复充满管道。截面1处的平均流速、密度、静压力分别用$\bar{v}_1$、ρ_1、p_1'表示；截面2处的平均流速、密度和静压力分别为$\bar{v}_2$、ρ_2和p_2'；截面3处流束的静压力用p_3表示。根据伯努利方程可写出下面能量关系。

对于不可压缩性理想流体，其能量关系为

$$\frac{p_1'}{\rho_1}+C_1\frac{\bar{v}_1^2}{2}=\frac{p_2'}{\rho_2}+C_2\frac{\bar{v}_2^2}{2}+\xi\frac{\bar{v}_2^2}{2} \tag{6-1}$$

流体的连续性方程为

$$\rho_1\frac{\pi}{4}D^2\bar{v}_1=\rho_2\frac{\pi}{4}d'^2\bar{v}_2 \tag{6-2}$$

式中，D为管道内径（也就是流束受节流件影响之前的直径）；d'为流束收缩到面积最小处的直径；C_1、C_2为动能修正系数，即以平均流速代替中心点流速计算动能时的修正系数；ξ为节流件的阻力系数。

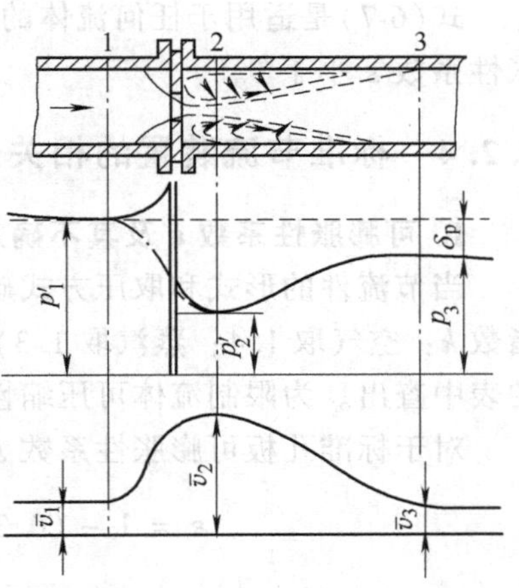

图6-9　流体流过节流件时的流动情况

对于不可压缩性流体，可以认为节流件前后的流体密度不变，即$\rho_1=\rho_2=\rho$。由式(6-1)和(6-2)得

$$\bar{v}_2 = \sqrt{\frac{1}{C_2 - C_1\left(\frac{d'}{D}\right)^4 + \xi}}\sqrt{\frac{2(p_1' - p_2')}{\rho}} \tag{6-3}$$

式中，d'是很难测出的，我们只能得到节流件的开孔直径 d。

另外，流束最小截面 2 的位置随流速变化而变化，而实际取压点的位置是固定的，用固定取压点测出的静压 p_1、p_2 代替 p_1'、p_2'，则需引入取压系数 ψ，$\psi = \frac{p_1' - p_2'}{p_1 - p_2}$。并令 $\beta = \frac{d}{D}$，$\mu = \left(\frac{d'}{d}\right)^2$。$\mu$ 称为流束的收缩系数。

则式(6-3)可写成：

$$\bar{v}_2 = \sqrt{\frac{\psi}{C_2 - C_1\mu^2\beta^4 + \xi}}\sqrt{\frac{2(p_1 - p_2)}{\rho}} \tag{6-4}$$

将(6-4)代入下列流量公式

$$q_m = \rho\frac{\pi}{4}d'^2\bar{v}_2$$

得

$$q_m = \frac{\mu\sqrt{\psi}}{\sqrt{C_2 - C_1\mu^2\beta^4 + \xi}}\frac{\pi}{4}d^2\sqrt{2\rho(p_1 - p_2)} \tag{6-5}$$

如果节流装置输出的差压 $\Delta p = p_1 - p_2$，并引入流出系数 C 或流量系数 α：

$$\alpha = \frac{\mu\sqrt{\psi}}{\sqrt{C_2 - C_1\mu^2\beta^4 + \xi}}$$

$$C = \alpha\sqrt{1 - \beta^4}$$

得

$$q_m = \frac{C}{\sqrt{1 - \beta^4}}\frac{\pi}{4}d^2\sqrt{2\rho\Delta p} \tag{6-6}$$

式(6-6)是不可压缩流体的流量公式，对可压缩流体需要加可膨胀性系数 ε。

$$q_m = \frac{C}{\sqrt{1 - \beta^4}}\varepsilon\frac{\pi}{4}d^2\sqrt{2\rho\Delta p} \tag{6-7}$$

式(6-7)是适用于任何流体的流量公式，对于不可压缩流体 $\varepsilon = 1$，对于可压缩流体可膨胀性系数 ε 小于1。

6.2.4 标准节流装置的相关系数

1. 可膨胀性系数 ε 及其不确定度

当节流件的形式和取压方式确定后，可膨胀性系数 ε 与 β、$\Delta p/p_1$ 以及等熵指数 k(等熵指数 k：空气取 1.4；蒸汽取 1.3)有关，可膨胀性系数 ε 可根据经验公式计算得到或从相应的表中查出。为限制流体可压缩性对流量测量的影响，规定标准节流装置的 $\Delta p/p_1 < 0.25$。

对于标准孔板可膨胀性系数 ε 可由下面的经验公式求出。

$$\varepsilon = 1 - (0.351 + 0.256\beta^4 + 0.93\beta^8)\left[1 - \left(\frac{p_2}{p_1}\right)^{1/k}\right] \tag{6-8}$$

若 ε 与 β、$\Delta p/p_1$ 已知且无误差，则标准孔板的可膨胀性系数 ε 的百分率不确定度(置信概率 95%)为

$$\frac{\delta_\varepsilon}{\varepsilon} = \pm 3.5\frac{\Delta p}{kp_1}\%$$

对于标准喷嘴可膨胀性系数 ε，可由下面的经验公式求出：

$$\varepsilon = \left\{\left(1-\frac{\Delta p}{p_1}\right)^{\frac{2}{k}}\left(\frac{k}{k-1}\right)\left[\frac{1-\left(1-\frac{\Delta p}{p_1}\right)^{\frac{k-1}{k}}}{\frac{\Delta p}{p_1}}\right]\left[\frac{1-\beta^4}{1-\beta^4\left(1-\frac{\Delta p}{p_1}\right)^{\frac{2}{k}}}\right]\right\}^{\frac{1}{2}} \tag{6-9}$$

若 ε 与 β、$\Delta p/p_1$ 已知且无误差，则标准喷嘴的可膨胀性系数 ε 的百分率不确定度(置信概率95%)为

$$\frac{\delta_\varepsilon}{\varepsilon} = \pm 2\frac{\Delta p}{p_1}\%$$

对于文丘里管，其可膨胀性系数 ε 的经验公式与标准喷嘴相同，可膨胀性系数 ε 的百分率不确定度(置信概率95%)为

$$\frac{\delta_\varepsilon}{\varepsilon} = \pm(4+100\beta^8)\frac{\Delta p}{p_1}\%$$

2. 流出系数 C

标准节流装置的流出系数 C 是通过实验测得流量 q_m 和与之相对应的差压 Δp，然后用流量公式(6-7)计算得到。在一定的安装条件下，给定的节流装置(包含一定的取压方式)的流出系数 C 与 β 和雷诺数 R_{eD} 有关。对于不同的节流装置，只要这些节流装置满足几何相似和动力学相似，则 C 是相同的。对于一定标准节流装置的 C 值，在 β 和雷诺数 R_{eD} 已知的前提下，可根据经验公式或相应的表格查出。

1）对于标准孔板的流出系数 C 用 Reader-Harris/Gallagher 公式计算，则

$$\begin{aligned} C = {} & 0.5961 + 0.0261\beta^2 - 0.216\beta^8 + 0.000521\left(\frac{10^6\beta}{R_{eD}}\right)^{0.7} + \\ & (0.0188 + 0.0063A)\beta^{3.5}\left(\frac{10^6}{R_{eD}}\right)^{0.3} + \\ & (0.043 + 0.080e^{-10L_1} - 0.123e^{-7L_1}) \\ & (1 - 0.11A)\frac{\beta^4}{1-\beta^4} - 0.031(M_2' - 0.8M_2'^{1.1})\beta^{1.3} \end{aligned} \tag{6-10}$$

若 $D<71.12$mm，则有：

$$\begin{aligned} C = {} & 0.5961 + 0.0261\beta^2 - 0.216\beta^8 + 0.000521\left(\frac{10^6\beta}{R_{eD}}\right)^{0.7} + \\ & (0.0188 + 0.0063A)\beta^{3.5}\left(\frac{10^6}{R_{eD}}\right)^{0.3} + \\ & (0.043 + 0.080e^{-10L_1} - 0.123e^{-7L_1}) \\ & (1 - 0.11A)\frac{\beta^4}{1-\beta^4} - 0.031(M_2' - 0.8M_2'^{1.1})\beta^{1.3} + \\ & 0.011(0.75 - \beta)\left(2.8 - \frac{D}{25.4}\right) \end{aligned}$$

式中，L_1 是孔板上游端面到上游取压口的距离除以管道直径得出的商，$L_1(=l_1/D)$；L_2 是孔板下游端面到下游取压口的距离除以管道直径得出的商 $L_2(=l_2'/D)$（l_2'表示孔板下游端面到下游取压口的距离，l_2 表示孔板上游端面到下游取压口的距离）。

$$M_2' = \frac{2L_2'}{1-\beta}$$

$$A = \left(\frac{19000\beta}{R_{eD}}\right)^{0.8}$$

对于角接取压有 $L_1 = L_2' = 0$

对于法兰取压有 $L_1 = L_2' = \dfrac{25.4}{D}$

式中，D 为管道内径（mm）。

对于径距取压有 $L_1 = 1$；$L_2' = 0.47$

对于标准孔板的三种取压方式，若 β、D、R_{eD} 和相对粗糙度 K_S/D 已知且无误差，则流出系数 C 的百分率不确定度（置信概率 95%）为：当 $0.1 \leqslant \beta < 0.2$ 时，$\dfrac{\delta_C}{C}=(0.7-\beta)\%$；当 $0.2 \leqslant \beta \leqslant 0.6$ 时，$\dfrac{\delta_C}{C}=0.5\%$；当 $0.6 < \beta \leqslant 0.75$ 时，$\dfrac{\delta_C}{C}=(1.667\beta-0.5)\%$。

若 $D<71.12$mm，则相对不确定度应在上述值的基础上算术相加下列相对不确定度：

$$0.9(0.75-\beta)\left(2.8-\frac{D}{25.4}\right)\%$$

若 $\beta>0.5$ 和 $R_{eD}<10000$，则相对不确定度应在上述值的基础上算术相加 0.5%。

2）对于标准喷嘴的流出系数 C。

ISA1932 喷嘴：

$$C = 0.9900 - 0.2262\beta^{4.1} - (0.00175\beta^2 - 0.0033\beta^{4.15})\left(\frac{10^6}{R_{eD}}\right)^{1.15} \tag{6-11}$$

长径喷嘴：

$$C = 0.9965 - 0.00653\beta^{0.5}\left(\frac{10^6}{R_{eD}}\right)^{0.5} \tag{6-12}$$

若不考虑 β、D、R_{eD} 的不确定度，并假设相对粗糙度 K_S/D 在规定的极限内，则流出系数 C 的百分率不确定度（概率 95%）：当 $\beta \leqslant 0.6$ 时，$\dfrac{\delta_C}{C}=\pm 0.8\%$；当 $\beta>0.6$ 时，$\dfrac{\delta_C}{C}=\pm(2\beta-0.4)\%$。

3. 压力损失

流体流经节流件时，涡流的产生造成流体能量的损失使压力降低，如图 6-9 中所示，经过节流件前流体的压力为 p_1'，经过节流件恢复原状后（截面 3 处）的压力是 p_3，则压力损失的表达式：$\Delta\omega = p_1' - p_3$。压力损失与节流件的形式有关，标准孔板的压力损失大于标准喷嘴，对同一形式的节流件，β 越小节流损失越大。对于标准喷嘴和孔板的压力损失都可以用下式估算：

$$\Delta\omega \approx \frac{\sqrt{1-\beta^4(1-C^2)} - C\beta^2}{\sqrt{1-\beta^4(1-C^2)} + C\beta^2}\Delta p \tag{6-13}$$

对于标准孔板，还可以用下式估算：

$$\Delta\omega = (1-\beta^{1.9})\Delta p \tag{6-14}$$

6.2.5　流量测量的温度、压力补偿

用节流变压降流量计测量流量时，对于一定形式的标准节流装置，在被测介质的性质及温度压力确定的情况下，流出系数 C、可膨胀性系数 ε、直径比 β、节流件的开孔直径 d 和介质密度 ρ 为不变的常数。流量公式(6-7)就简化为：

$$q_m = k\sqrt{\Delta p} \tag{6-15}$$

式中，$k=\frac{\pi}{4}\frac{C}{\sqrt{1-\beta^4}}\varepsilon d^2\sqrt{2\rho}$在设计工况下为常数。

实际上在工作过程中介质的温度和压力是变化的，当温度压力偏离设计工况时，流出系数 C、可膨胀性系数 ε、直径比 β、节流件的开孔直径 d 和介质密度 ρ 就会发生变化，尤其是密度的变化比较明显，式(6-15)中的 k 就变化，从而引起较大的测量误差。所以在测量过程中需要对节流变压降流量计进行温度压力补偿。如果只对温度压力引起密度的变化进行补偿称为流量测量的温度压力校正。如果全面考虑工况的影响，对 C、ε、β、d 和 ρ 进行实时计算，则称为流量测量的全补偿。

1. 流量测量的温度压力校正

为了简化，可以只对受温度压力影响比较明显的密度 ρ 进行补偿，其他量的变化可以忽略。这时流量公式(6-7)就简化为

$$q_m = k'\sqrt{\rho\Delta p} \tag{6-16}$$

在设计工况下，介质的密度和流量分别用 ρ_s 和 q_{ms} 表示；实际工作工况下，介质的密度和流量分别用 ρ 和 q_m 表示，则密度修正系数为

$$k_\rho = \frac{\rho}{\rho_s}$$

则：

$$q_m = k'\sqrt{\rho\Delta p} = k'\sqrt{k_\rho\rho_s\Delta p} = \sqrt{k_\rho}q_{ms} \tag{6-17}$$

也就是设计工况下的流量乘以$\sqrt{k_\rho}$就得到实际流量。不同的介质的密度修正系数是不同的。

1）对于液体，密度只与温度有关，其密度修正系数与温度的关系如下式：

$$k_\rho = \frac{\rho}{\rho_s} = \frac{\rho_0[1+\mu(t_0-t)]}{\rho_0[1+\mu(t_0-t_s)]} = \frac{1+\mu(t_0-t)}{1+\mu(t_0-t_s)} \tag{6-18}$$

式中，μ 为被测介质的体积膨胀系数，1/℃；ρ_0、t_0 分别是标准状况下被测介质的密度和温度。

则 $\sqrt{k_\rho} = \sqrt{\frac{1+\mu(t_0-t)}{1+\mu(t_0-t_s)}} = f_1(t)$。也就是说$\sqrt{k_\rho}$是温度 t 的函数，与压力无关。结合式(6-17)，对锅炉给水等液体流量进行温度校正的原理框图如图6-10所示。

2）对于低压范围内的气体，可看作理想气体，其密度修正系数与温度的关系如下式(下式中下标为“0”的量表示标准状态下的量，下标为“s”的量表示设计工况下的量)：

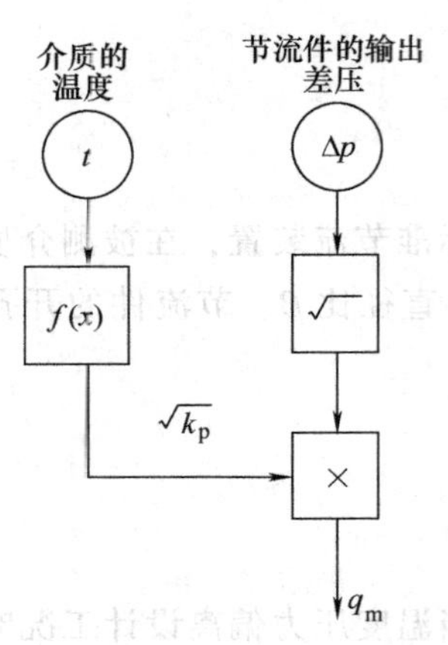

图 6-10 液体的温度校正

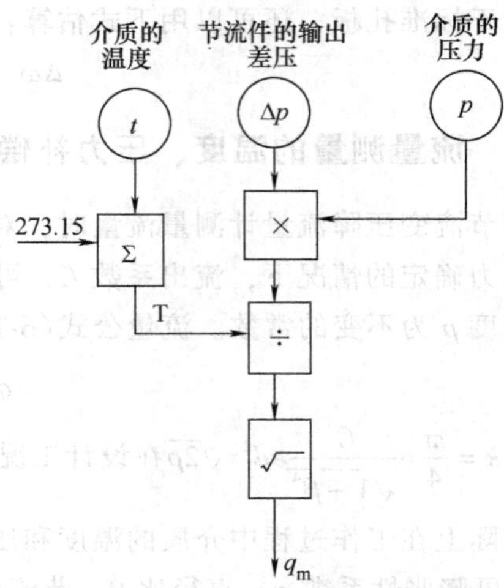

图 6-11 低压气体的温度压力校正

$$k_\rho = \frac{\rho}{\rho_s} = \frac{\rho_0 \dfrac{T_0}{p_0} \dfrac{p}{T}}{\rho_0 \dfrac{T_0}{p_0} \dfrac{p_s}{T_s}} = \frac{T_s}{p_s} \frac{p}{T} = k'' \frac{p}{T} \tag{6-19}$$

结合式(6-17)，对电厂一次风、二次风等低压气体的流量进行温度压力校正的原理框图如图 6-11 所示。

3）对于高温高压的主蒸汽，其密度与温度压力间的关系比较复杂，可根据经验公式列出：

$$\left.\begin{aligned}
\rho &= \frac{k_m p}{t - c_m p + d_m} \\
k_m &= \frac{712}{1 - \dfrac{p_m}{921}\left(\dfrac{1000}{t_m + 300}\right)^{4.53}} \\
c_m &\approx \frac{k_m}{712}\left(\frac{1000}{t_m + 300}\right)^{3.53} \\
d_m &\approx k_m\left(\frac{t_m + 300}{219}\right) - t_m
\end{aligned}\right\} \tag{6-20}$$

式中 p_m、t_m 分别为使用的压力、温度范围的中心值。当压力温度范围确定后 p_m、t_m 就能求出具体值，从而可以求出 k_m、c_m 和 d_m，密度就是温度和压力的函数。当温度压力变化范围较大时，为了提高准确度还可以分段求 p_m、t_m。根据式(6-16)和式(6-20)得出，主蒸汽流量的温度压力校正的原理框图如图 6-12 所示。

2. 流量测量的全补偿

用模拟仪表构成流量测量系统，由于受到功能的限制只对密度进行补偿，把 C、ε、β、d 看作常数，因而测量准确度较低。实际上温度压力变化后这些量都要变化。假设被测介质工作温度为 t，在此温度下节流件的开孔和管道内径分别用 d_t 和 D_t 表示。

$$D_t = D_{20}[1 + \lambda_D(t - 20)]$$

$$d_t = d_{20}[1 + \lambda_d(t - 20)]$$

式中，d_{20}和D_{20}分别代表20℃时节流件的开孔直径和管道内径。

$$\beta = \frac{d_t}{D_t}$$

对于可压缩性介质，可膨胀性系数，$\varepsilon = f\left(\beta, \frac{\Delta p}{p_1}, k\right)$，可以认为节流件上游取压孔的压力$p_1$与被测介质的压力$p$相等。流出系数为

$$C = f(\beta, R_{eD})$$

式中，雷诺数

$$R_{eD} = \frac{4}{\pi}\frac{q_m}{D_t\eta} \tag{6-21}$$

式(6-21)中，动力黏度η是温度压力的函数，即$\eta = f(p, t)$。

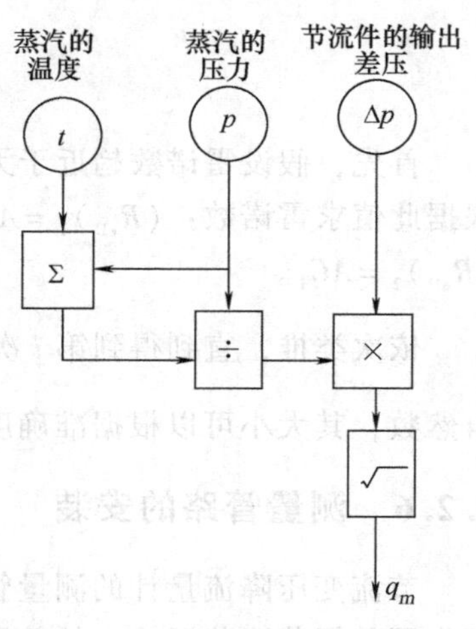

图6-12 过热蒸汽的温度压力校正

智能流量计，通过采集节流件的差压Δp和被测介质的温度t、压力p，就可以实现流量测量的全补偿。智能流量计的硬件组成如图6-13所示。

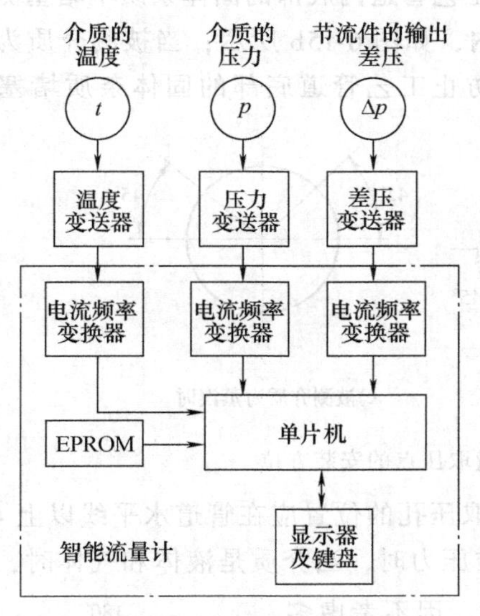

图6-13 智能流量计硬件系统图

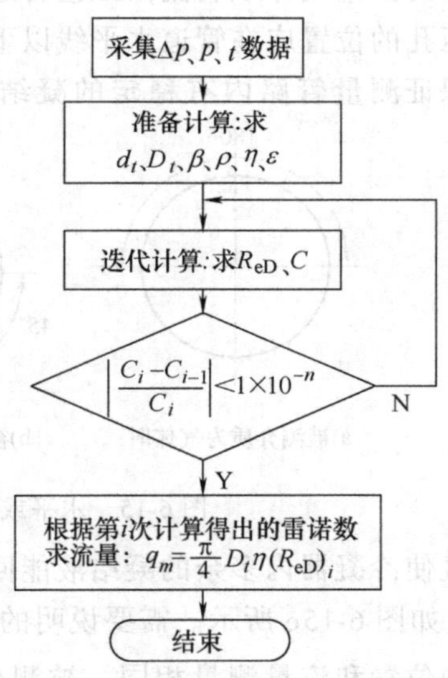

图6-14 智能流量计软件设计流程图

智能流量计的软件设计流程图如图6-14所示。智能流量计接受通过变送器送来的节流件的差压和被测介质的压力与温度，在准备计算中可以直接求出工作温度下节流件的开孔直径、管道内径、直径比、介质的密度、介质的动力黏度和可膨胀系数。由于流出系数C无法直接求出，需要用迭代计算，根据式(6-7)和式(6-21)可得出：

$$\frac{C}{\sqrt{1-\beta^4}}\varepsilon\frac{\pi}{4}d^2\sqrt{2\rho\Delta p} = \frac{\pi}{4}D_t\eta R_{eD} \tag{6-22}$$

把式(6-22)中的已知量和未知量分别移到等式的两边，可得到：

$$\frac{R_{eD}}{C}=\frac{\varepsilon d_t^2\sqrt{2\rho\Delta p}}{D_t\eta\sqrt{1-\beta^4}}=A \tag{6-23}$$

首先，假设雷诺数趋近于无穷大，根据直径比计算得到流出系数的初始值：$C_0=f(\beta)$，根据此值求雷诺数：$(R_{eD})_1=AC_0$；然后，根据$(R_{eD})_1$求流出系数：$C_1=f[\beta,(R_{eD})_1]$，则$(R_{eD})_2=AC_1$。

依次类推，直到得到第 i 次迭代的流出系数 C_i，满足：$\left|\frac{C_i-C_{i-1}}{C_i}\right|<1\times10^{-n}$为止，$n$ 为自然数，其大小可以根据准确度来定，一般不小于 5。最后可根据 C_i 或$(R_{eD})_i$ 计算流量。

6.2.6　测量管路的安装

节流变压降流量计的测量管路是连接节流装置和差压显示仪表(或差压变送器)的部件，其作用是把节流装置输出的差压传递给差压显示仪表。测量管路如果安装不正确就会产生附加误差、影响测量的准确度，安装要求如下：

1）节流装置如果是在水平或倾斜敷设的管道上，应根据所测介质的性质确定取压孔的位置。当被测介质为气体时，测量管路内是气体，为了使测量管路的凝结液能顺利流回工艺管道，取压孔的位置应在管道水平线以上，如图 6-15a 所示；当被测介质为液体时，应使液体内析出的少量气体顺利流回工艺管道，并且保证工艺管道内底部的固体杂质不堵塞测量管路，取压孔的位置应在管道水平线以下 45°的范围内，如图 6-15b 所示；当被测介质为蒸汽时，应保证测量管路内有稳定的凝结液，同时要防止工艺管道底部的固体杂质堵塞测量管路，并且使冷凝器内多余的凝结液能回流管道中，取压孔的位置应在管道水平线以上 45°的范围内，如图 6-15c 所示。需要说明的是，测量介质压力时，当介质是液体和气体时，压力取压孔的位置和流量测量相同，被测介质是蒸汽时，因不考虑多余凝结液回流的问题，所以压力取压孔的位置比测量流量时可选范围更大，如图 6-16 所示。

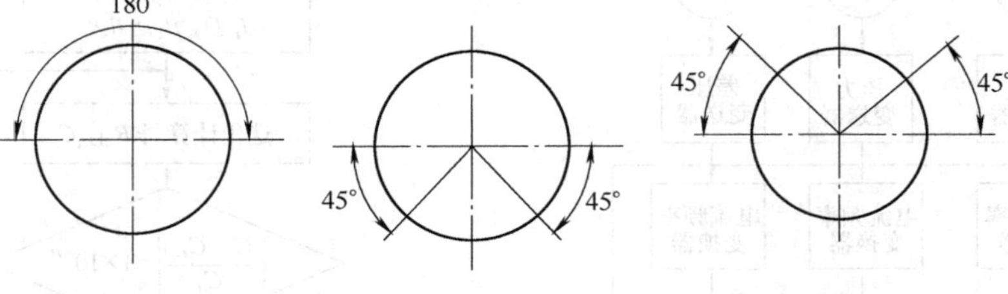

a)被测介质为气体时　　b)被测介质为液体时　　c)被测介质为蒸汽时

图 6-15　水平或倾斜管道上流量取压点的安装方位

2）测量管路应尽量以最短的路径进行敷设，以减小测量的时滞，提高灵敏度。但对于蒸汽测量管路，为了使导管内有足够的凝结液，管路又不能太短。

3）测量管路应敷设在环境温度为 5～50℃的范围内，如果温度太低，则应通过加保温层或伴热的方式以防冻，如果温度太高，则应采取隔热措施。

图 6-16　介质为蒸汽时，水平或倾斜管道压力测量取压点的安装方位

4）差压测量管路的正负压引压管内介质的温度应该相同，否则两引压管内介质产生的压力不同，从而产生附加误差，因此在敷设引压管时要求两引压管所处环境温度相同。

5）测量蒸汽流量时，应装设冷凝器，使导压管内充满凝结液，并保证正负压引压管内液面高度相同。装设冷凝器时要保证正负压侧冷凝器的高度相同，尤其是对竖直管道内流量测量时更应注意。另外为了保证多余的凝结液顺利地回流到管道内，冷凝器与工艺管道的联通管应有一定的坡度，如图 6-17 所示。

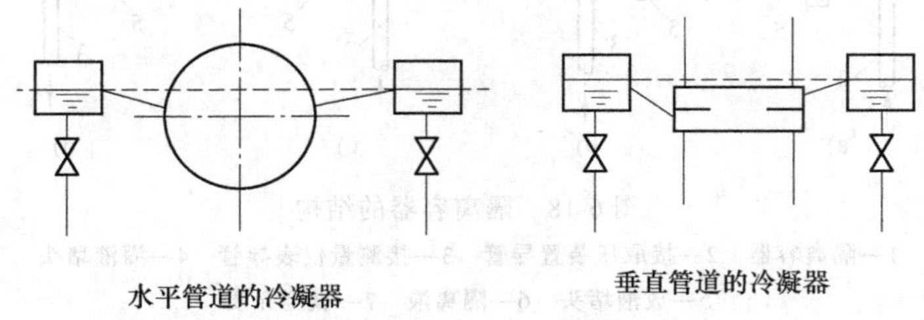

图 6-17　蒸汽流量测量中冷凝器的安装示意图

6）测量管路水平敷设时，坡度应大于 1∶12，倾斜方向应能保证测量管内没有影响测量的气体或凝结液，并在管路的最低或最高点装设排气或排水容器或阀门。

测量蒸汽和液体流量时，为了防止空气进入差压计，节流装置的位置最好高于差压计（或差压变送器）。否则，测量管路有节流装置引出时应先下垂，再向上接至仪表，其下垂距离一般不应小于 500mm，使测量管路内的蒸汽或液体得以充分凝结或冷却，不至于产生对流热交换，并在管路的最高点设置气体收集容器和排气阀。

测量气体流量时，为了使析出的水分和尘粒流回工艺管道，节流装置的位置最好低于差压计。否则，测量管路应先向上敷设 600mm，使由于流速降低析出的水分和尘粒沿这段管路流回工艺管道，并在管路的最低处装设排水容器和排水阀。

7）在进行压力或差压测量的测量管路中需要装设取源阀、仪表阀、平衡阀，必要时还要装设排放阀。取源阀装设在测量管路靠近工艺管道处，其作用是隔离测量系统和工艺管道，仪表阀装设在测量管路靠近显示仪表（或变送器）处，其作用是隔离仪表，平衡阀装在仪表阀后，用来隔离进入仪表的正负引压管，当平衡阀打开时，进入仪表的差压为零。通常平衡阀和仪表阀合在一起用三阀组实现。排放阀分为排气阀和排水阀，其作用是排出测量管路内的气体或液体，当测量介质是蒸汽或液体时，如果差压计高于节流装置，在管路的最高处应装设排气阀，当被测介质为气体时，如果差压计低于节流装置，应在管道的最低处装设排水阀。

8）测量黏度大和腐蚀性强的流体时，应在取源阀门至仪表阀门之间的管路上装设隔离容器，在隔离容器和表计之间充入隔离液，以防表计被腐蚀，隔离容器的结构如图 6-18 所示，根据情况不同隔离容器的导管有四种连接方式：如果隔离液的密度比被测介质小，测量仪表高于取压装置时，如图 6-18a 所示；如果隔离液的密度比被测介质小，测量仪表低于取压装置时，如图 6-18b 所示；如果隔离液的密度比被测介质大，测量仪表高于取压装置时，如图 6-18c 所示；如果隔离液的密度比被测介质大，测量仪表低于取压装置时，如图 6-18d 所示。

若介质凝固点高、黏度大时，在取压装置和隔离容器的管路上应有伴热并保温。

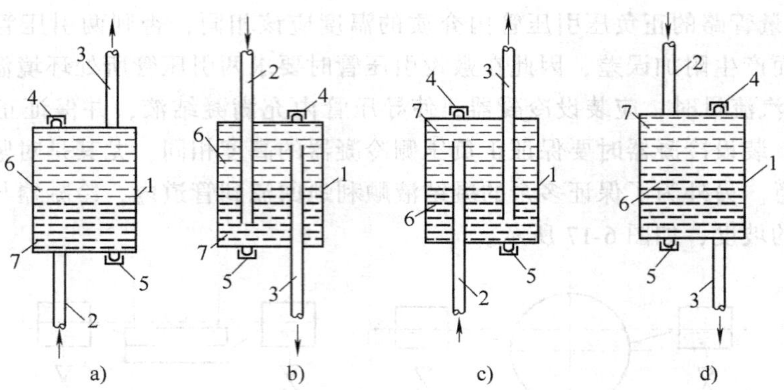

图 6-18 隔离容器的结构

1—隔离容器 2—接取压装置导管 3—接测量仪表导管 4—灌液堵头 5—放液堵头 6—隔离液 7—被测介质

6.3 无节流元件的主蒸汽流量测量

中小型发电机组的主蒸汽流量测量通常采用节流变压降流量计。但对于大容量机组由于主蒸汽管道管径大，喷嘴的体积大，成本高，安装时对直管段的要求高，而且产生的节流损失也是相当可观的，因此越来越多的机组采用无节流元件的主蒸汽流量测量法。

对于单元发电机组，蒸汽进入汽轮机做功，如果在经过某级组未达到临界状态时，级组的流量与级组前后的压力之间的关系可以用弗留格尔公式表示：

$$\frac{q_1}{q_{01}} = \sqrt{\frac{p_1^2 - p_2^2}{p_{01}^2 - p_{02}^2}}\sqrt{\frac{T_0}{T_1}} \tag{6-24}$$

式中，q_1、q_{01} 分别代表变工况后和设计工况下流过级组的蒸汽流量；p_1、p_2 分别代表变工况后级组的前后压力；p_{01}、p_{02} 分别代表设计工况下级组的前后压力；T_1、T_0 分别代表变工况后和设计工况下调节级后的热力学温度。

6.3.1 根据汽轮机第一压力级组前后压力测量主蒸汽流量

第一压力级组即调节级级后到第一抽汽口之间的级构成的级组。在机组运行中测得调节级级后及第一抽汽口处的压力 p_1、p_2，以及调节级后温度 T_1，设计工况下的参数(p_{01}、p_{02}、T_0)为已知。对式(6-24)变换可得到：

$$q_1 = q_{01}\sqrt{\frac{T_0}{p_{01}^2 - p_{02}^2}}\sqrt{\frac{p_1^2 - p_2^2}{T_1}}$$

$$q_1 = K\sqrt{\frac{p_1^2 - p_2^2}{T_1}} \tag{6-25}$$

式中，K 为常数，$K = q_{01}\sqrt{\frac{T_0}{p_{01}^2 - p_{02}^2}}$。式(6-25)表达了第一压力级组前后的压力和调节级后温度与通过汽轮机第一压力级组蒸汽流量的关系。

主蒸汽流量与通过汽轮机第一压力级组蒸汽流量的关系如下：

$$q = q_1 + q_2 + q_3 + q_4 \tag{6-26}$$

式中，q_2 是汽轮机高压轴封漏汽量，约占负荷的 1% ~2%；q_3 是主气门和调速气门的漏汽量，约占负荷的 0.25%；q_4 是旁路流量，在旁路阀关闭后，此流量为零。

式(6-26)可简化为 $q = kq_1 (k > 1)$。(6-27)

把式(6-25)代入式(6-27)得

$$q = kK\sqrt{\frac{p_1^2 - p_2^2}{T_1}}$$

由于调节级后的温度 T_1 不容易测量，实际测量中可以根据主蒸汽温度 T 来推算，也可以根据第一段抽汽温度来推算调节级后温度，两者大同小异，下面以主蒸汽温度为例来介绍。

$T_1 \approx k_T T$，则

$$q = kK\sqrt{\frac{p_1^2 - p_2^2}{k_T T}}$$

令 $C = kK\frac{1}{\sqrt{k_T}}$，得

$$q = C\sqrt{\frac{p_1^2 - p_2^2}{T}} \tag{6-28}$$

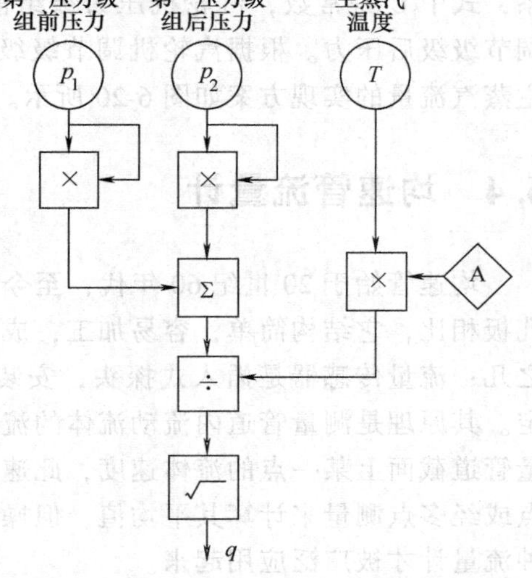

图 6-19　根据第一压力级组前后压力测量主蒸汽流量

从式(6-28)可以看出，测出了汽轮机第一压力级组前后的压力和主蒸汽温度，就可以推断出主蒸汽流量，其实现方案如图 6-19 所示。

6.3.2　根据汽轮机调节级级后压力测量主蒸汽流量

对于喷嘴调节的凝汽式汽轮机，如果变工况前后各级均未达到临界状态，可将全部压力级取成一个级组，弗留格尔公式可进行下列变换：

$$\frac{q_1}{q_{01}} = \sqrt{\frac{p_1^2 - p_2^2}{p_{01}^2 - p_{02}^2}}\sqrt{\frac{T_0}{T_1}} = \sqrt{\frac{p_1^2\left[1 - \left(\frac{p_2}{p_1}\right)^2\right]}{p_{01}^2\left[1 - \left(\frac{p_{02}}{p_{01}}\right)^2\right]}}\sqrt{\frac{T_0}{T_1}}$$

由于级组内级数较多，所以级组前后压力比 p_2/p_1 和 p_{02}/p_{01} 很小，上式可简化为

$$\frac{q_1}{q_{01}} = \frac{p_1}{p_{01}}\sqrt{\frac{T_0}{T_1}}$$

变换得

$$q_1 = q_{01}\frac{\sqrt{T_0}}{p_{01}}\frac{p_1}{\sqrt{T_1}} \tag{6-29}$$

令 $k' = q_{01}\frac{\sqrt{T_0}}{p_{01}}$，并用主蒸汽温度 T 代替调节级温度，则式(6-29)变为

$$q_1 = k'\frac{p_1}{\sqrt{k_T T}} \tag{6-30}$$

把式(6-30)代入式(6-27)得：

$$q = k\,k'\frac{p_1}{\sqrt{k_T T}} = C'\frac{p_1}{\sqrt{T}} \tag{6-31}$$

式(6-31)给出了汽轮机压力级组前的压力和主蒸汽温度的关系，式中 C' 是常数，汽轮机压力级组前的压力 p_1 也就是汽轮机调节级级后压力。根据汽轮机调节级级后压力和主蒸汽温度推算主蒸汽流量的实现方案如图 6-20 所示。

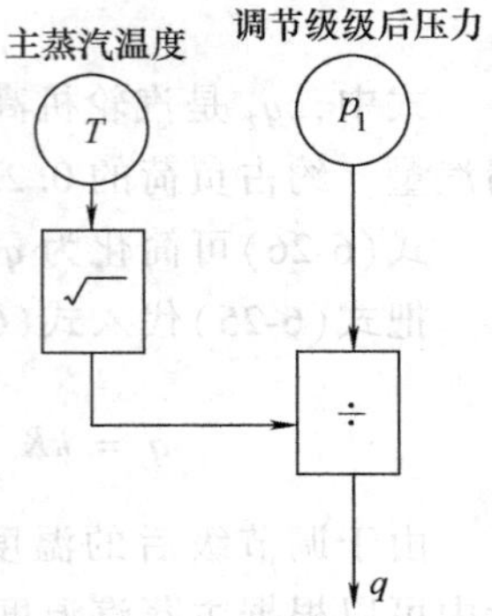

图 6-20 根据调节级级后压力测主蒸汽流量

6.4 均速管流量计

均速管始于 20 世纪 60 年代，至今已有 40 余年历史。与节流孔板相比，它结构简单，容易加工，成本低廉，压力损失小，大约只相当于节流装置的百分之几；流量传感器是插入式探头，安装简易，不断流即可进行装卸和维护，而且性能较稳定。其原理是测量管道内流动流体的流速，典型的方法是早期使用的皮托管，其缺点是只测量管道截面上某一点的流体速度，此速度不能代表流体的平均流速，虽然可以通过优选检测点或经多点测量来计算其平均值，但操作起来较麻烦。后来，在其基础上发展了均速管，这种流量计才被广泛应用起来。

均速管又称为均速流量传感器或均速探头，均速测量技术近年来发展很快，其结构形式多种多样，圆形截面的均速管已被淘汰，现在常采用菱形、T 字形、椭圆形与子弹头形等形式。均速管的开孔位置与数目也不尽相同，迎流方向的全压孔(或称高压孔)设在管的前端，开孔数目有 2、3、4、5 等(即管道半径对应的开孔数目)，具体数目视管径大小而确定。开孔的布置按对数-线性法或对数-契比雪夫法计算，见表 6-6，y/D 是开孔中心(测点)距管道壁的相对距离(y 是测点距管壁的距离，D 是管道内径)。静压孔设在测杆的背部或侧面。

表 6-6 均速流量传感器的开孔(测点)分布

在管道半径长度上的开孔数目	对数-线性法	对数-契比雪夫法
	y/D	y/D
2		0.29048 ±0.0050 0.4205 ±0.0016
3	0.3123 ±0.0050 0.1374 ±0.0050 0.0321 ±0.0016	0.3207 ±0.0050 0.1349 ±0.0050 0.0321 ±0.0016
4	0.3343 ±0.0050 0.1938 ±0.0050 0.1000 ±0.0050 0.0238 ±0.0012	
5	0.3567 ±0.0050 0.2150 ±0.0050 0.1554 ±0.0050 0.0764 ±0.0038 0.0189 ±0.0009	0.3612 ±0.0050 0.2171 ±0.0050 0.1525 ±0.0050 0.0765 ±0.0038 0.0189 ±0.0009

均速管流量计主要有阿牛巴(Annubar)、威力巴(Vrabar)、威尔巴(Wellbar)、德尔塔巴(Deltaflow)、托巴(Torbar)、双巴等几种。它们的共同特点都是具有结构简单的插入式探头，适于气体、蒸汽和液体的流量测量，管道内径范围大，使用范围很广。一般要求雷诺数$10^4 \leqslant Re_D \leqslant 10^7$，测量准确度通常为1% ~3%。均速管尚未标准化，故制作的均速管应经过标定后才能使用。由于均速管的取压孔直径仅为几毫米到十几毫米，取压孔容易堵塞，因此一般不适于含尘或黏度大的流体；其次差压信号较小，通常用微压差或低压差变送器做二次仪表。这里只简要介绍阿牛巴、热线均速管与威尔巴流量计。

6.4.1 阿牛巴流量计

阿牛巴(Annubar)流量计能够直接测出管道截面上的平均速度，几十年来在插入式流量计的使用过程中，因它简单实用，至今仍常被选用。

为了获得管道内流体的平均速度，先要测量其平均速度头。将管道截面分成几个等面积圆环，插入一根总压管1和静压管2，如图6-21所示。总压管面对气流方向开有四个取压孔，所测量的是这四个环形截面的流体总压头(包括静压头和动压头)，在总压管内插入一根引压管，由它引出四个总压头的平均值p_1。静压管装在背着气流方向上，取压孔在管道轴线位置上，引出流体的静压头p_2。将p_1、p_2分别引入差压变送器，测出两者的压差Δp即为流体的平均速度头。根据柏努利方程式从平均速度头可求出流体平均速度和流量，实用流量方程式如下：

$$q_V = 0.12645 K_r Y_r F_r D^2 \sqrt{\Delta p/\rho} \tag{6-32}$$

$$q_m = 0.12645 K_r Y_r F_r D^2 \sqrt{\Delta p/\rho} \tag{6-33}$$

式中，D是管道内径，mm；Δp是压差，kPa；ρ是流体密度，kg/m³；K_r、Y_r分别为均速管流量系数、气体膨胀系数(对液体$Y_r=1$)；F_r是雷诺数修正系数，与均速管结构、管道直径、液体种类、雷诺数大小等有关，由实验求得或由生产厂提供。

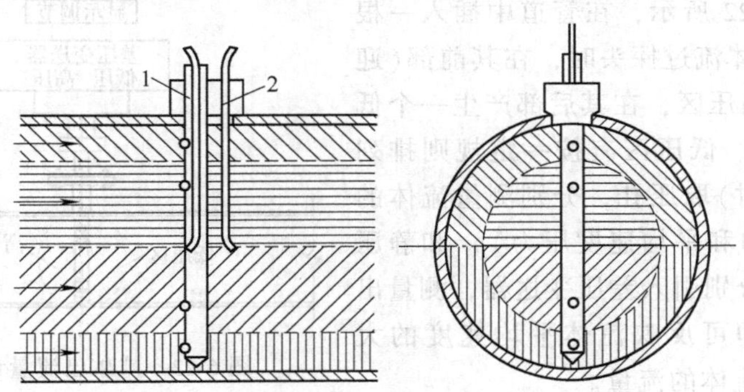

图6-21 阿牛巴流量计原理图

1—总压管 2—静压管

阿牛巴管是一种均速流量探头，配以差压变送器和流量积算仪而组成阿牛巴流量计，也属于差压式流量测量仪表，用来测量一般气体、液体和蒸汽的流量，适用范围：管径$D=25$ ~2500mm(特殊达5000mm)，工作压力小于等于5MPa，工作温度要求小于400°，雷诺数大于10^4。

阿牛巴管等插入式探头结构简单，使用方便，应用广泛。为了提高测量准确度，应对有关因素进行修正。目前还没有成熟的实验数据，一般仍在现场直接校验确定修正系数。

6.4.2 热线均速管流量计

热线风速计是早已广泛用于风洞上的测速仪表，每一个热线与电子转换器构成一台热线风速计，它是通过专用的微型风洞标定的，使用很方便。为了测量平均流速应采用热线均速管。热线均速管类似上述阿牛巴流量计，也将管道截面分成几个等面积圆环，每一个热线感测元件对应测量一个圆环中的流体速度，通过几个圆环流体速度的平均值计算出其质量流量。

设热线的电阻为 R、加热电流为 I，导热系数为 λ、表面积为 A_R、加热温度为 T_J，流动气流的温度为 T_Q，当流体的流速为 v 时，则有：

$$I^2R = \lambda A_R(T_J - T_Q),\ \lambda A_R = a_1 + a_2(\rho v)^m \tag{6-34}$$

由此得质量流速为

$$\rho v = \left[\frac{I^2R}{a_2(T_J - T_Q)} - \frac{a_1}{a_2}\right]^{\frac{1}{m}} \tag{6-35}$$

质量流量为

$$q_m = KA(\rho v) \tag{6-36}$$

式中，A 为管道横截面积；a_1、a_2、m 与 k 均为常数，仪表出厂时给出。

6.4.3 威尔巴流量计

威尔巴(Wellbar)流量计是国内生产的均速管流量计中的一种主要产品。它由威尔巴探头、差压变送器和流量积算仪等组成测量系统，其测量原理如图 6-22 所示，在管道中插入一根威尔巴探头。当流体流过探头时，在其前部(迎流方向)产生一个高压区，在其后部产生一个低压区，探头杆在高、低压区有按一定规则排列的多对(一般为三对)取压孔，分别测量流体的全压力(包括静压力和平均速度压力)p_1 和静压力 p_2，将 p_1 和 p_2 分别引入差压变送器，测量出差压 Δp，该差压即可反映流体平均速度的大小，由此可计算出流体的流量。

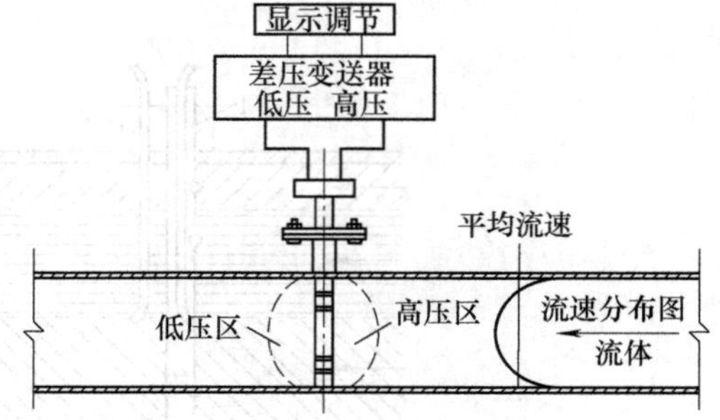

图 6-22 威尔巴流量计测量原理图

1. 威尔巴探头

威尔巴流量计采用截面形状如子弹头的探头，一体化双腔金属结构，如图 6-23 所示。取压孔在弹头前端部形成较高的高压区，可阻止流体中的微粒进入取压孔；低压孔位于探头侧后两边，在流体与探头的分离点以前，可减少低压孔被堵塞的可能性。探头前部金属表面进行了粗糙化处理，根据空气动力学原理，流体流过粗糙表面时，会形成一个稳定的紊流边界层，有利于提高低流速状态的测量准确度，使得流体在低流速时，探头仍可获得稳定而准确的差压信号，从而延伸了探头的量程下限，并保持流量系数稳定。

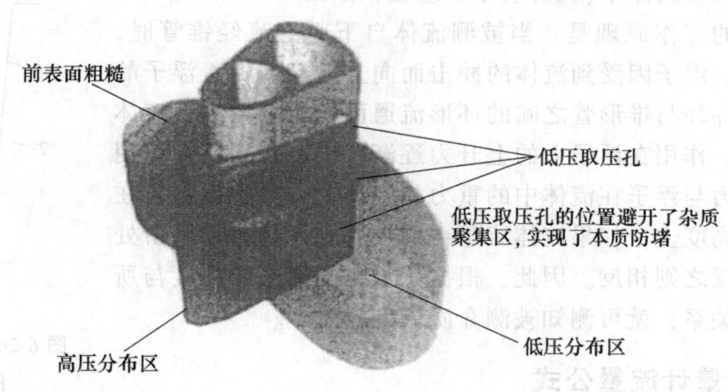

图 6-23 威尔巴探头

2. 主要特点

威尔巴流量计是一种新型的插入式差压流量计，它是阿牛巴流量计的发展，具有子弹头形的探头，技术性能优良，这种流量计具有如下的主要特点：1)子弹头形探头，符合流体动力学原理，一体化双腔结构，强度高，耐高温，可用于高温高压的场合；2)探头前部金属表面进行了粗糙化处理，后部低压取压孔进行防堵设计，产生的差压信号稳定，防堵性能好；3)流量系数不受雷诺数的影响，流量系数稳定，测量准确度高；4)应用范围广泛，可用于测量气体、液体、蒸汽、腐蚀性介质和高温高压介质等流体，适应各种尺寸的圆形管道和方形管道；5)安装方便，可不断流装卸，对直管段的长度要求较短。

6.5 浮子流量计

浮子流量计(又称面积式流量计或恒压降式流量计)，与节流变压降流量计不同，浮子流量计在测量过程中，其工件原理是基于节流效应。与节流式差压流量计不同的是，浮子流量计在测量中，始终保持节流件(浮子)前后的压降不变，而是通过改变环形流通面积来测量流量的仪表，所以又称恒压降式流量计。浮子流量计是一种历史悠久，应用广泛的流量测量仪表。其主要特点是：结构简单，反应灵敏，使用维护方便，价格便宜；测量范围宽，适应性广，示值清晰，工作可靠且线性刻度；可测有腐蚀性的介质流量，压损小且恒定，可测小至零点几升每小时的流量，适合测量较小流量。因此，除在工业上得到广泛应用外，在实验室或一些仪器装置(如自动成分分析仪)中也得到了广泛应用。

浮子流量计按其制造材料不同，可分为玻璃管浮子流量计和金属管浮子流量计。其中，玻璃管浮子流量计结构简单、成本低、易制成防腐蚀型仪表，一般多用于常温、常压下透明介质的流量测量。金属管浮子流量计按远传信号的不同，又可分为电远传和气远传两种。金属管浮子流量计输出标准信号，能实现流量的指示、积算、记录和控制等多种功能，多用于高温、高压非透明和腐蚀性介质的流量测量。

6.5.1 浮子流量计的工作原理

浮子流量计主要是由一个向上扩张的锥形管和一个置于锥形管内且能随被测流体流量大

小而作上下自由移动的浮子(又称转子)组成，如图6-24所示。

浮子流量计的工作原理是：当被测流体自下而上流经锥管时，由于流体的作用，浮子因受到流体的冲击而向上运动。随着浮子的上移，浮子最大外径与锥形管之间的环形流通面积逐渐增大，流体流速则相应减小，作用在浮子上的上升力逐渐减弱，直到流体作用在浮子上的上升力与浮子在流体中的重力相平衡时，浮子就稳定在锥形管中的某一高度上。如果流体流量再增大，则平衡时浮子所处的位置就升高；反之则相反。因此，根据浮子在锥管中的高度与所通过流量的对应关系，就可测知被测介质流量的大小。

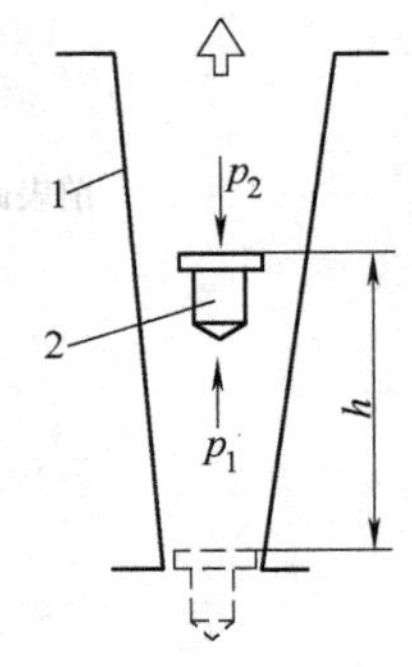

图6-24　浮子流量计的原理图

1—链管　2—浮子

6.5.2　浮子流量计流量公式

浮子流量计的流量方程式，通过分析浮子受力情况可推导出来。由图6-24可知，作用在浮子上的力有浮子本身垂直向下的重力；流体对浮子所产生的垂直向上的浮力；以及流体作用在浮子上的冲击力(即动压力)和因浮子的节流作用而产生的静压差等。设浮子的密度、体积分别为ρ_f和V_f，浮子迎流面积为A_f，流体介质的密度为ρ，则浮子主要受以下三个力的作用而平衡：

1）作用在浮子上的力有浮子本身垂直向下的重力F_1

$$F_1 = V_f\rho_f g \tag{6-37}$$

2）流体对浮子所产生的垂直向上的浮力F_2

$$F_2 = V_f\rho g \tag{6-38}$$

3）迎面差压阻力F_3。流体流经浮子时，由于节流作用，使浮子上下浮动产生差压Δp，该差压的大小和流体在浮子与锥形管壁间环形通道中的流速二次方成正比，比例常数为C，则

$$F_3 = \Delta pC = C\rho v^2 A_f/2 \tag{6-39}$$

当浮子在流体中处于平衡时，则有

$$F_1 - F_2 - F_3 = 0 \tag{6-40}$$

设环行流通截面处的流体流速为v，当浮子在流体中处于平衡时，有如下关系：

$$V_f(\rho_f - \rho)g = CA_f\rho v^2/2 \tag{6-41}$$

由此可求出流体通过环形流通截面处的流速为

$$v = \sqrt{\frac{2gV_f(\rho_f - \rho)}{CA_f\rho}} \tag{6-42}$$

若设环形流通面积为A_0，则可求得介质的体积流量为

$$q_V = A_0 v = \alpha A_0\sqrt{\frac{2gV_f(\rho_f - \rho)}{A_f\rho}} \tag{6-43}$$

式中，α为流量系数，$\alpha = \sqrt{1/C}$。式(6-43)称为浮子流量计的基本流量方程式。

由式(6-43)可知，当锥形管、浮子形状和材质一定时，环形流通面积A_0随浮子所处的位置不同而变化，即随被测流体流量变化而改变。

很明显，要直接测量不同流量下的流通面积来确定介质流量的大小十分困难。因此，浮

子流量计一般都以浮子所处的高度来间接反映被测介质的流量大小。设浮子的最大半径为 r，当它处于锥管中某一平衡位置时的高度为 h，在此高度处锥形管的内半径为 R，则 $R=r+h\tan\theta$，浮子的高度 h 与环形流通面积 A_0 之间的关系为

$$A_0 = \pi(R^2 - r^2) = \pi(2rh\tan\theta + h^2\tan^2\theta) \tag{6-44}$$

式中，θ 为锥形管的锥度。

将式(6-44)代入式(6-43)可得

$$q_V = \alpha\pi[2rh\tan\theta + (h\tan\theta)^2]\sqrt{\frac{2g}{\rho}\frac{V_f(\rho_f-\rho)}{A_f}} \tag{6-45}$$

由式(6-45)可知，q_V 与浮子高度 h 之间并非线性关系，只是因为角 θ 很小，$\tan^2\theta$ 一般很小可以忽略不计，故 q_V 与 h 之间近似线性的关系。

6.5.3 浮子流量计刻度换算

浮子流量计的基本流量方程式(6-43)，是在流体密度 ρ 为常数的条件下导出的，故当 ρ 发生变化时，q_V 与 h 之间原有的对应关系就会改变。仪表在出厂之前是用水或空气在标准状态下进行标定的，只要保证使用条件与标定条件相同，仪表示值就是准确的。如果使用温度、压力及被测介质与标定条件不同，则要进行修正。因此，若仪表直接以流量刻度时，必须标明被测介质的名称、密度、黏度、温度和压力等条件。

1. 测量非水液体介质时的修正

对于各种液体介质，由于其本身密度、温度和黏度等不同，会引起密度和流量系数 α 的差别。这时，流量可按下式进行修正。设 q_{V1}、ρ_1、α_1 分别为实际被测液体的体积流量、密度和流量系数，q_{Vw}、ρ_w、α_w 分别为出厂标定时水的体积流量、密度和流量系数，对于被测介质是非水液体的浮子流量计的示值，可用下式进行示值修正。

$$\frac{q_{V1}}{q_{Vw}} = \sqrt{\frac{(\rho_f-\rho_1)\rho_w}{(\rho_f-\rho_w)\rho_1}}\cdot\frac{\alpha_1}{\alpha_w} \tag{6-46}$$

2. 测量非空气气体介质时的修正

设标定状态下的绝对压力和绝对温度为 p_0、T_0，工作状态下的绝对压力和绝对温度为 p_1、T_1，测量介质在20℃时的密度为 ρ_1，空气的密度为 ρ_0，仪表指示值为 q_0，测量介质的流量换算为标定状况下的流量值为 q_1，对于被测介质是气体的浮子流量计的示值，可用下式进行示值修正。

$$q_1 = q_0\sqrt{\frac{\rho_0 p_1 T_0}{\rho_1 p_0 T_1}} \tag{6-47}$$

6.5.4 金属管浮子流量计

金属管浮子流量计在功能上有许多发展，克服了过去产品中的一些缺点，其原理如图6-25所示。由于微机的应用，将过去需要在用户中进行的读数修正运算由仪表中所带微机进行。用户可将具体使用条件，如被测介质的密度、工作时的压力、温度、黏度等参数通过键盘输入，经过微机运算后直接给出实际流量及与其相一致的远传信号，便于进行操作和控制。

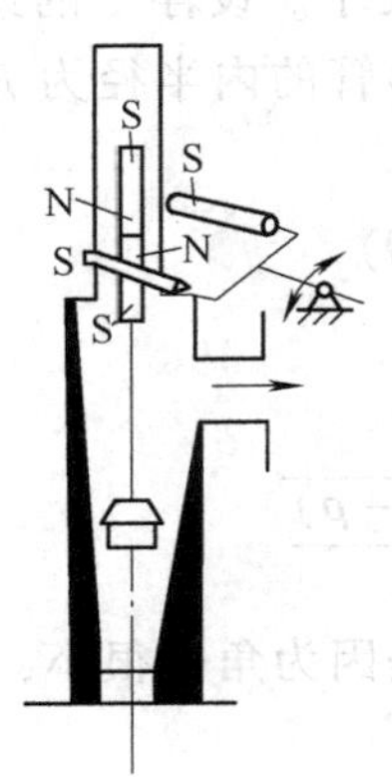

图 6-25 金属管浮子流量计

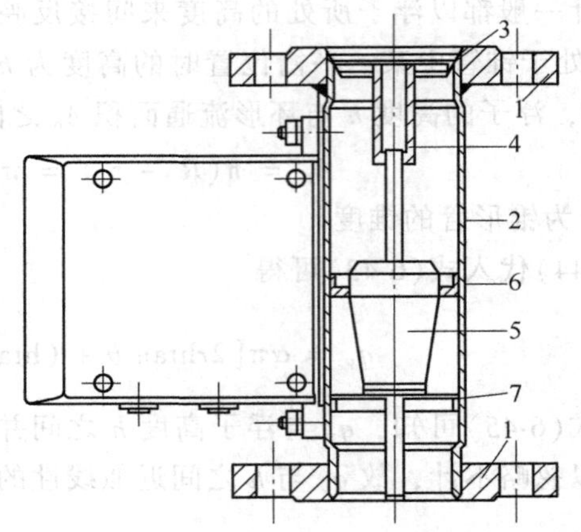

图 6-26 新型金属管浮子流量计

1—法兰 2—测量管 3—开口环 4—浮子阻尼器

5—浮子 6—孔板 7—浮子导向环

新型金属管浮子流量计浮子行程短，所有口径的浮子流量计的高度均为 250mm，其结构如图 6-26 所示。可以看出，新型金属管浮子流量计不再使用锥形管，而浮子是锥形的，达到短行程的目的。浮子处于任何工作位置，均不突出法兰，给使用安装带来很大方便。

金属管浮子流量计有两大类：电远传浮子流量计，除有表头就地指示流量外，并输出 0 ~10mA 或 4 ~20mA 的标准直流电流信号；气远传浮子流量计，除有表头就地指示流量外并输出 0. 02 ~0. 1MPa 的标准气压信号。

6. 5. 5 浮子流量计的使用

一般情况下，浮子流量计的浮子将沿锥形管轴线上下浮动，但当仪表安装不垂直或浮子上附有气泡时，必将产生测量误差。此外，由于浮子对沾污较敏感，故当它受到沾污或与锥管壁发生摩擦时，也将进一步增大测量误差。因此，浮子流量计必须垂直安装，入口应保证有 5 倍以上管道直径的直管段。最好在仪表旁安装旁路管，供检修和冲洗仪表时使用。

1. 流量指示值的修正

浮子流量计在出厂前是用水或空气在标准状态下进行标定的。因此，在大多数情况下，实际使用的仪表应按照实际被测介质和工作条件进行标定(即刻度)。浮子流量计上的刻度值，测量液体是指 20℃时水的流量值；测量气体是指 20℃、101325Pa 条件下空气的流量值。所以，在实际使用时，如果被测介质的密度(如液体不是水、气体不是空气)和工作状态(如温度、压力等)与刻度条件不同时，必须按照实际被测介质的密度、温度及压力等参数的具体情况对流量指示值进行修正。

2. 浮子流量计量程的更改

浮子流量计在使用时，有时需要更改变浮子流量计的量程。玻璃管浮子流量计一般采用改变浮子重量的方法来实现。因为浮子有空心和实心两种形式，要减轻实心浮子的重量可把它加工成空心的形式；若要增加空心浮子的重量，可在空心部分填加铅等物质来满足。倘若要增加实心浮子的重量或减轻空心浮子的重量，那就比较困难。此时，可另选密度不同的材料按原浮子的形状另行加工浮子。浮子重量改变后，应重新进行标定。对于金属锥管浮子流量计，可用改变浮子重量或锥管锥度的办法来实现。

对于形状和体积相同、材质不同的浮子，当其密度增加后，浮子流量计的量程将扩大；反之，则缩小。因为随着浮子密度的增加，使浮子达到受力平衡时所需的冲击力将增大。而浮子在同一高度处环形缝隙的流通面积 A_0 是相同的，因此，在式(6-37)中，只有增大 ρ 才能增大 F_1。这就是说，在同一浮子平衡位置上所对应的流量就增大了，因而达到了扩大量程的目的。

改变量程后的流量指示值也可由原来刻度标尺上的指示值乘上校正系数 K 而得到。设改量程前后浮子的密度分别为 ρ_f、ρ_f'，则校正系数 K 可用下式求得：

$$K = \sqrt{\frac{\rho_f' - \rho}{\rho_f - \rho}} \tag{6-48}$$

可见，如果 $\rho_f' > \rho_f$，则 K 值增大，量程扩大；反之量程缩小，但仪表的灵敏度将增大。

6.6 电磁流量计

6.6.1 概述

电磁流量计是根据法拉第电磁感应定律工作的，它能测量具有一定电导率的液体的体积流量。由于它测量的准确度不受被测液体的黏度、密度、温度以及电导率变化的影响，测量管中没有任何阻碍被测液体流动的部件，所以没有压力损失。由于其独特的优点，目前已广泛地被应用于工业过程中各种导电液体的流量测量，如各种酸、碱、盐等腐蚀性介质，各种易燃易爆介质，污水处理以及化工、食品、医药等工业中的各种浆液流量测量，形成独特的测量领域。

电磁流量计具有以下特点：

1)电磁流量计的传感器结构简单，测量导管内没有可动部分，也没有阻碍被测介质流动的节流部件，被测介质在流量计的测量管内流过时，几乎没有压头损失，在这一段只有很小的沿程阻力，因而可以忽略不计，是运行能耗最低的流量计之一。

2)电磁流量计是一种体积流量测量仪表，它不仅可以测量单相导电液体的流量，也可以测量液固两相介质的流量，而不受被测介质的温度、黏度、密度、压力以及电导率(在一定范围内)等物理参数变化的影响。因此，电磁流量计只需经水标定以后，就可以用来测量导电性液体或液固两相介质的流量。

3)电磁流量计量程范围极宽，对于同一台电磁流量计可达1:100，有的甚至可达1:1000，可以任意改变量程。此外，电磁流量计测体积流量时只与被测介质的平均流速成正比，而与轴对称分布下的流动状态(层流或紊流)无关。

4)电磁流量计无机械惯性，反应灵敏，可以测量瞬时脉动流量，线性好，也可测量正反两个方向的流量，可将测量信号直接用转换器线性地转换成标准信号输出，既可以就地指示，也可以将信号远距离输送。

5)耐磨蚀性能好。由于电磁流量计与被测液体接触的部分只有测量管衬里和电极表面，因此可根据被测介质的物理化学性质来选择合适的材料。

6）对直管段要求不高，使用维护方便，使用寿命较长。

7）电磁流量计不能用于测量气体、蒸汽以及含有大量气泡的液体。

8）电磁流量计现在还不能用来测量电导率很低的液体，例如石油制品、有机溶剂等。

9）由于衬里材料和电气绝缘材料的温度限制，目前一般工业电磁流量计还不能用于测量高温介质。

10）电磁流量计易受外界电磁干扰的影响。

11）流速测量下限有一定限制，一般为0.5m/s。

6.6.2 电磁流量计的测量原理

电磁流量计原理如图6-27所示。根据法拉第电磁感应定律，当导体在磁场中运动而切割磁力线时，在导体两端将产生感应电动势E_x，其感应电动势的方向可以由右手定则判断，其大小与磁场的磁感应强度B，导体在磁场内的有效长度D以及导体垂直于磁场的运动速度成正比，如果B、D、v三者互相垂直，则

$$E_x = BDv \tag{6-49}$$

式中，E_x是感应电动势；B是磁感应强度；D是管道直径，即垂直切割磁力线的导体的长度；v是垂直于磁力线方向的液体速度。

体积流量q_V（m^3/s）与流速v的关系为

$$q_V = \frac{1}{4}\pi D^2 v \tag{6-50}$$

将此式代入式（6-49），可得

$$E_x = 4\frac{B}{\pi D}q_V = Kq_V \tag{6-51}$$

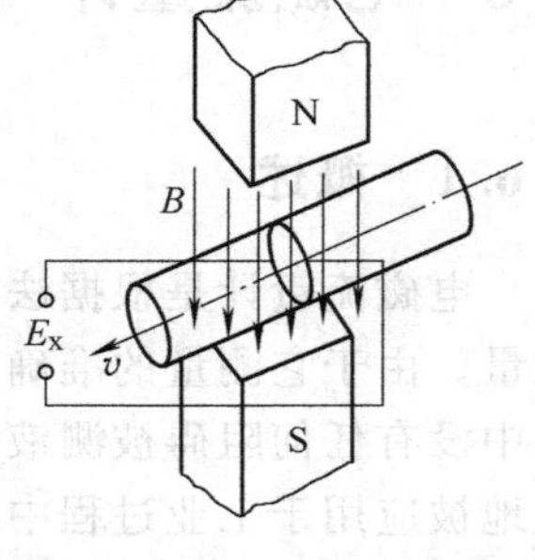

图6-27 电磁流量计原理

式中，K称为仪表常数，$K=4B/\pi D$，当管道直径D确定并维持磁感应强度B不变时，K就是一个常数，这时感应电动势与体积流量具有线性关系。因此，在管道两侧各插入一根电极，便可以引出感应电动势，并由仪表指出流量的大小。

在使用时应满足下列条件：磁场是均匀分布的恒定磁场；被测流体各向同性，具有一定的电导率；流速以管轴为中心对称分布。

6.6.3 电磁流量变送器

电磁流量变送器是把管道内被测流体的流量线性地转换成电压信号的一种检测装置。它的作用是：输出一个与流量成正比的线性电压信号；具有较好的抗干扰能力，信噪比足够大；由于变送器安装在被测管道内与介质接触，工作环境也比较恶劣，因此变送器结构应简单、可靠、耐腐蚀、耐磨损。电磁流量变送器的结构如图6-28所示。

1. 变送器的组成

变送器主要由测量导管、绝缘衬里、电极、外壳、磁路系统、正交干扰调整装置等组成。

（1）测量导管及衬里　测量导管与被测介质直接接触，通常由非导磁、低电导率、低热导率和具有一定机械强度的材料（如不锈钢、玻璃钢及铝合金等）制成。被测液体由管内通过，还有支撑整个变送器的作用。衬里的主要作用是防止流量信号被金属测量管管壁短路，

所以衬里必须是电绝缘材料。常用的衬里材料有聚四氟乙烯、聚三氟氯乙烯及玻璃钢等。

(2) 电极　电极用不导磁且耐腐蚀和耐磨的金属材料(如不锈钢、白金等)制成。变送器的电极安装在与磁力线垂直的测量管两侧管壁上，它的作用是把被测介质切割磁力线所产生的流量信号引出，输出感应电动势。

(3) 外壳　通常起隔离外界、保护仪表的作用，外壳通常由铸铁制成。它可防止外界腐蚀性气体的腐蚀及屏蔽周围的杂散磁场。

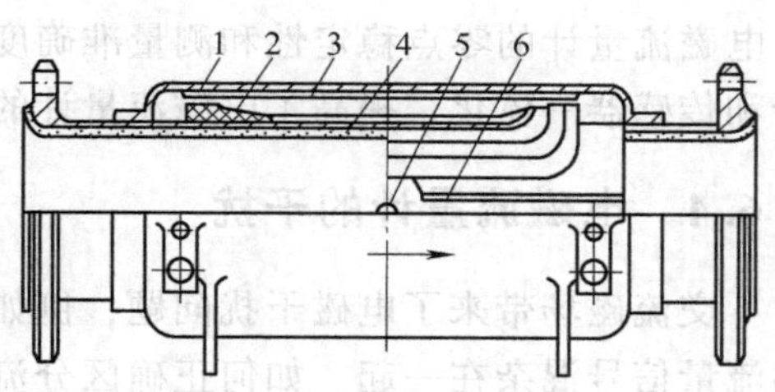

图 6-28　电磁流量变送器结构

1—外壳　2—励磁线圈　3—磁轭　4—内衬　5—电极　6—绕组支持件

(4) 磁路系统　它是产生工作磁场的激磁系统。磁路系统分为交流励磁、直流励磁两类。交流励磁的磁路系统产生均匀的交变磁场，直流励磁的磁路系统产生均匀的直流磁场。

2. 励磁方式

(1) 直流励磁方式　利用永久磁铁或者直流电源给电磁流量计传感器励磁绕组供电，以形成恒定均匀的直流磁场。这种变送器的最大优点是受交流磁场干扰的影响很小。但是使用直流励磁易使通过测量管内的电解质液体被极化，正电极被负离子包围，负电极被正离子包围，导致电极间的内阻增大，严重影响仪表的正常工作。

(2)交流励磁　电解性液体一般采用工频励磁，即利用工频(50Hz)电源交流励磁。这种变送器的主要优点是能消除电极表面的极化作用，降低变送器的内阻。另外，采用交流励磁，输出信号也是交流的，放大和转换低电平、高阻抗的交流信号要比直流信号容易。

采用交变磁场时磁感应强度为

$$B = B_m \sin \omega t \tag{6-52}$$

则电极上产生的感应电动势为

$$E_x = B_m D v \sin \omega t \tag{6-53}$$

式中，B_m 是磁感应强度的最大幅值；ω 是交变磁场的角频率。

被测液体的体积流量为

$$q_V = \frac{\pi D E_x}{4 B_m \sin \omega t} \tag{6-54}$$

由式(6-54)可知，当测量管内径 D 固定不变，磁感应强度 B 为一定值时，被测流量 q_V 与两电极输出的感应电动势 E_x 成正比。

(3)恒定电流方波励磁　恒定电流方波励磁又称低频矩形波励磁。它是结合直流励磁和交流励磁技术的优点且避免其缺点的一种励磁技术。其工作原理是由转换器中的晶体管开关电路产生正负交变的方波恒定电流，然后输入变送器的励磁线圈。开关电路转换的频率仅为市电频率的1/2或1/4。在变送器两电极上产生的感应电动势与励磁电流的大小及被测介质的平均流速成正比。

恒定电流方波励磁方式的优点：能避免正弦波交流励磁的正交干扰；基本消除由分布电容引起的工频干扰；能抑制交流磁场在管壁和流体内引起的涡电流；能消除直流磁场的极化现象。

恒定电流方波励磁技术的采用，解决了长期困扰电磁流量计的电磁干扰问题，大大提高了电磁流量计的零点稳定性和测量准确度，缩小了传感器的体积，降低了励磁功率，使转换器和传感器一体化，提高了电磁流量计的整体性能。

6.6.4 电磁流量计的干扰

交流磁场带来了电磁干扰问题，例如90°干扰、同相干扰等，而且这些干扰信号与有用的流量信号混杂在一起。如何正确区分流量信号和干扰信号，并有效地抑制和排除各种干扰信号，提高信噪比，是研制和使用电磁流量计的重要技术问题。

干扰信号基本上可以归纳为两大类，一类是90°干扰信号，一类是同相干扰信号。

1. 90°干扰

90°干扰也称为正交干扰，是指在相位上与流量信号相差90°的干扰信号。

(1)90°干扰产生的原因 90°干扰产生的原因有如下情况：

1)信号输出线与转换器输入阻抗以及被测介质三者之间形成的闭合回路，与励磁磁通相交链，如图6-29所示，要绝对避免这种交链是不可能的。由于磁通是交变的，在回路中必定产生一个感应电动势 e_f，它是与被测液体流速无关的干扰。

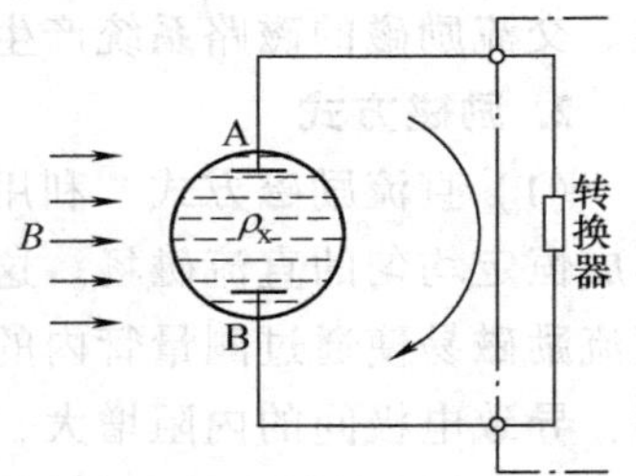

图6-29 “变压器效应”二次回路示意

2）由于被测液体有一定的电导率，交变磁通必然在其中引起涡流，因磁场是对称的，所以产生的涡流也是对称的，可以互相抵消。如果这种对称性受到破坏，就不能互相抵消，将有一个合成的涡流在被测液体中流动，它将造成两测量电极的电位差，这也是一个与被测液体流速无关的干扰。

3）磁场在电动机附近一段区域里是均匀的，在变送器两端则急剧减弱为零。在电动机附近感应电动势较大，在变送器两端感应电动势较小甚至趋于零，那么电动势大的地方将有电流流向电动势小的地方。

以上三种干扰都是由交变磁通产生的感应电动势造成的。

在图6-29中，从电极 A→引出线→输入电路→另一引出线→电极 B→被测介质→电极 A，形成一个闭合回路。变送器的励磁线圈相当于变压器的一次绕组，这个闭合回路则相当于变压器的一个匝数为1的二次绕组。这个二次绕组不可能与变送器的磁场所产生的磁力线完全平行，总会有一部分交变的磁力线穿过这个闭合回路所组成的平面，根据楞次定律可知，当变送器通电后，在闭合回路内就产生出感应电动势 e_f，这就是90°干扰电动势，其大小为

$$e_f = -\frac{dB}{dt} \tag{6-55}$$

式中，“ - ”号表示按楞次定律感应电动势的方向与磁场的方向相反。将 $B = B_m \sin \omega t$ 代入式(6-55)可得

$$e_f = -B_m \omega \cos \omega t = -B_m \omega \sin\left(\frac{\pi}{2} - \omega t\right) \tag{6-56}$$

可见，干扰电动势 e_f 与信号电动势 E_x 的频率相同，而相位上相差90°。

(2)抑制和排除90°干扰的方法 目前，消除90°干扰主要采用两种方法。一种是人为地

造成一个与90°干扰幅值相同、相位相反的干扰的方法。变送器的调零信号与干扰信号相互抵消。另一种原理如图6-30所示，将一个电极引出线分成两根导线，分别接在一个电位器RP的两端，这样就形成了两个与磁力线相交链的闭合回路Ⅰ和Ⅱ，在两个回路里由交变磁通引起的感应电流在转换器的输入阻抗上是相反的，可以互相抵消，适当调整RP的中心触点即可补偿正交干扰的大部分。

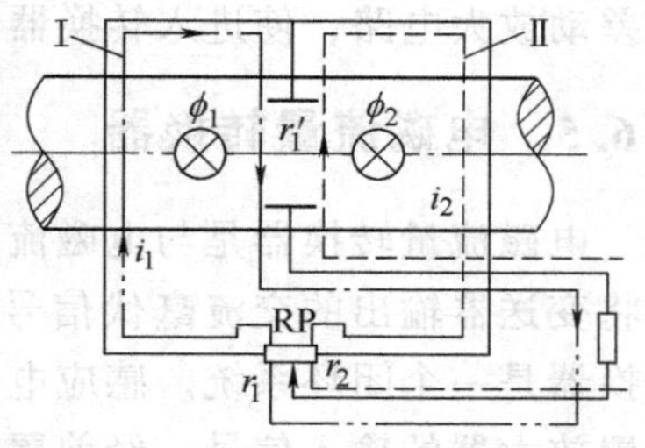

图6-30　消除90°干扰电极引线方式

变送器的调零补偿剩余的90°干扰信号一旦进入转换器放大，就会使主放大器的末级处于饱和状态。因此需要在转换器的输出端设置抑制和补偿90°干扰的机构，把经过主放大器放大后的90°干扰信号鉴别和分离出来，然后再反馈到主放大器输入端，以抵消输入端进来的90°干扰信号。

2. 同相干扰

同相干扰也称为共模干扰或共变干扰，是指幅值和相位一致的干扰信号在某一瞬间同时出现在变送器的两电极上。当流量为零时，即被测液体静止时所测出来的同相信号就是同相干扰信号。

（1）同相干扰产生的原因

1）杂散电流引起的同相干扰。变送器管道上的杂散电流是同相干扰产生的主要原因。如果在变送器安装地点周围有强电力设备(例如发电机、电动机、电焊机及电力变压器等)，或者把变送器的地线接到动力设备的公共地线上，就会产生较强的杂散电流。从图6-31所示的等效电路可以看出，在接地线接地电阻上产生的电压降将通过变送器内阻分别加在电极A和B上，其相位相同、幅值相等，形成了同相干扰。

2）地电流引起的同相干扰。变送器安装于工业管道上，这些管道又都是接地的，在管道及地中往往存在着杂散电流，这些地电流在接地电阻上产生电压降，因而在地的不同点电位并不完全相同。变送器的电极是与被测流体接触的，被测液体是接地的，电磁流量计的转换器也是接地的。在变送器通过被测液体所接的地与转换器的地之间由地电流造成的电位差，又产生一个同相干扰。

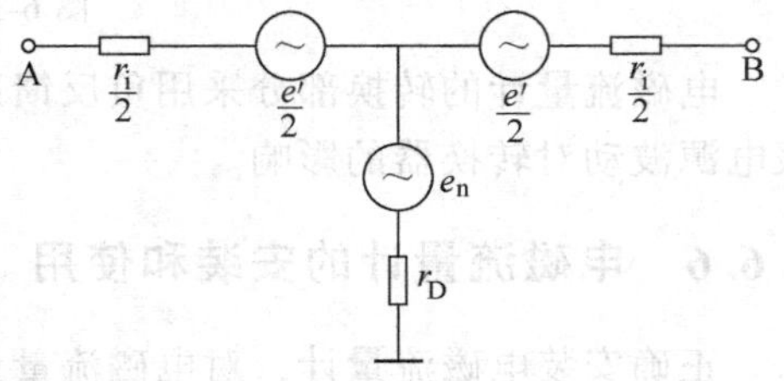

图6-31　杂散电流在接地电阻上产生电压降时变送器的等效电路

（2）抑制同相干扰的方法　对于静电感应引起的同相干扰，首先应对电极和励磁绕组进行严格的静电屏蔽，以降低励磁绕组与电极间的分布电容。降低励磁电压也能降低同相干扰。为了减少杂散电流造成的同相干扰，安装很重要，必须有单独的接地线，以减少接地电阻，而且不与动力设备的公共地线共地。在安装接地线时，要把变送器两端的管道法兰盘与转换器的外壳都接在同一点上。为消除地电流引起的同相干扰，一方面要避免变送器附近出现大的地电流，更重要的是用一根导线将变送器的壳体、转换器的壳体、被测液体管道等连在一起并良好接地。

采取以上办法可以减少同相干扰，但是不能完全消除同相干扰。因此，还需要在转换器内采取抑制同相干扰的措施，以提高仪表抗同相干扰的能力。通常在转换器的前置放大级采用差动放大电路，使进入转换器输入级的同相干扰信号互相抵消。

6.6.5 电磁流量转换器

电磁流量转换器是与电磁流量变送器配套使用的转换单元。如图6-32所示，它的任务是将变送器输出的交流毫伏信号转换成与被测介质体积流量成正比的4～20mA直流信号。转换器是一个闭环系统。感应电动势e与反馈电压U_z进行比较后，得到的差值信号ε_x作为前置放大器的输入信号，经前置放大器、主放大器、相敏整流器和功率放大器后，得到4～20mA的直流输出电流I_o，反馈电压U_z是通过量程电位器对乘法器的输出电压U_H分压得到的，即$U_z=K_zU_H$，K_z为分压系数。霍尔乘法器的输出电压U_H与霍尔磁场的磁感应强度B_y、控制电流I_y之间的关系为$U_H=R_HB_yI_y$，R_H为霍尔常数；而霍尔磁场是以I_o作为励磁电流，$B_y=K_1I_o$；控制电流I_y是与检测部分的励磁电流I_o取自同一电源，并与I_o成比例，即$I_y=K_2B_y$。所以霍尔乘法器可以将输出电流反馈到转换部分的输入端，形成闭环系统。正交干扰抑制器作为主放大器的反馈网络，将正交干扰信号反馈到主放大器的输入端以再次削弱正交干扰的影响。

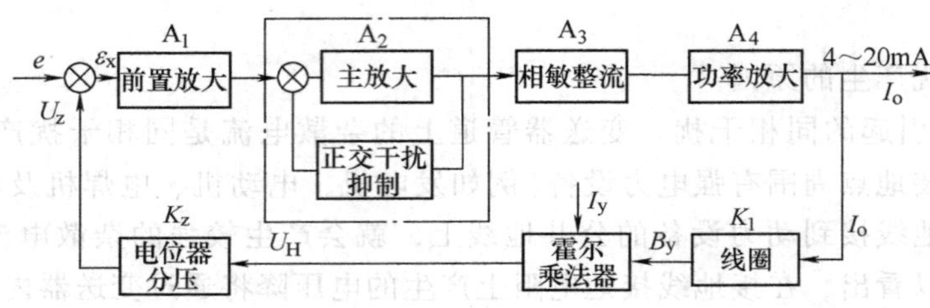

图6-32 转换部分方框图

电磁流量计的转换部分采用负反馈系统，不仅提高了转换部分的稳定性，而且还可以克服电源波动对转换器的影响。

6.6.6 电磁流量计的安装和使用

正确安装电磁流量计，对电磁流量计的正常运行极为重要，安装和使用不当将影响电磁流量计的正常使用。电磁流量计应安装在没有强电磁场的环境，附近也不应有大的用电设备，同时应避免安装在周围有强腐蚀性气体的场所；应将变送器的“地”与被测液体和转换器的“地”用一根导线连接起来，并用接地线将其深埋地下，接地电阻应小，接地点不应有地电流；电磁流量计可水平安装，也可垂直或倾斜安装，为保证变送器中没有沉淀物和气泡积存，变送器最好垂直安装，使被测流体自下而上流动，如条件不允许，也应使变送器低于出口管，以免积存气体，并保证测量电极在同一水平线上。为方便检修变送器和仪表调零，变送器应加旁路管，这样有可能使变送器充满不流动的被测液体，便于仪表检修和调整零点。被测液体的电导率下限由转换器的输入阻抗决定，如果输入阻抗为100MΩ，则被测液体的电导率不得低于10μΩ/cm。

6.7 靶式流量计

靶式流量计的测量元件是一个放在管道中心的圆形靶，靶与管道间形成环形流通面积。液体流动时质点冲击到靶上，会使靶面受力，这个力就反映了液体流量的大小。其主要特点是：适用于黏性介质、脏污介质、腐蚀性介质和有悬浮固体颗粒的介质的流量测量，也可以测量一般气体、液体的流量；与节流变压降流量计相比，它具有结构简单、不需安装导压管和其他辅助管件等优点，给安装、维护和使用带来了方便；可以实现远距离传送、记录及输出统一标准信号。其缺点是输出信号受介质密度变化的影响，与流量之间是非线性的，压力损失较大；流量系数受靶的加工和安装准确度的影响较大，故测量准确度仅在 ±1% 左右；仪表需进行个别标定。

6.7.1 靶式流量计的工作原理

靶式流量计工作原理如图 6-33 所示，1 为靶，2 为输出轴密封膜片，3 为靶的输出力杠杆。靶置于管道中央，造成一个环形流通截面，此截面的面积较管道流通截面积小，由于这种节流作用，在靶的前后形成静压差，同时流体对靶也要产生一定的黏滞性摩擦力，但当流量很大时，此摩擦力可以略而不计。

设圆盘形靶直径为 d，管道内径为 D，则环形流通面积 A_0 为

$$A_0 = \frac{\pi}{4}(D^2 - d^2) \tag{6-57}$$

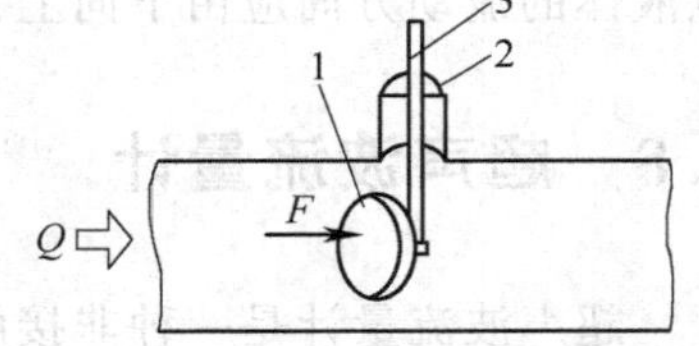

图 6-33 靶式流量计工作原理示意图

流体作用于靶上的力 F 主要取决于动压力和静压差，可表示为

$$F = \alpha_0 A_d \frac{\rho}{2} v^2 \tag{6-58}$$

式中，α_0 是阻力系数；A_d 是垂直于流速的靶面积；ρ 是流体的密度；v 是靶与管道间形成的环形流通截面内的平均流速。

由式(6-58)可得

$$v = \sqrt{\frac{2F}{\alpha_0 A_d \rho}} = \sqrt{\frac{8F}{\alpha_0 \pi d^2 \rho}} \tag{6-59}$$

根据流量定义可知

$$q_V = A_0 v = \frac{\pi(D^2 - d^2)}{4} \sqrt{\frac{8F}{\alpha_0 \pi d^2 \rho}} \tag{6-60}$$

令 $\alpha = 1/\sqrt{\alpha_0}$，$\alpha$ 为流量系数，靶径比 $\beta = d/D$，则式(6-60)可变换为

$$q_V = C_0 \alpha D\left(\frac{1}{\beta} - \beta\right) K_t \sqrt{\frac{F}{\rho}} \tag{6-61}$$

式中，C_0 是比例系数；K_t 是靶受热膨胀的修正系数，其值可参考节流装置的热膨胀修正系数。式(6-61)称为靶式流量计的流量方程式。式中各参数的单位为：D 取 mm，d 取 mm，q_V

取 m^3/h，F 取 N，ρ 取 N/m^3，v 取 m/s，可得 $C_0=14.129$。因此，通过力矩转换的方式测出靶上所受的力就可求得流速和流量，这就是靶式流量计进行流量测量的原理。

为了利用流量方程进行计算，那就必须解决式中流量系数 α 及靶的阻力 F 的求取问题。一般流量系数 α 是通过实验确定的，在大于极限雷诺数的情况下，α 可视为一常数。这个常数与以下一些因素有关：管道内径 D、靶径比 β、雷诺数 R_{eD}、靶的形状(尤其是入口边缘的几何形状对流量系数影响很大)以及靶的安装准确度(如同心度)等。流量系数趋于平稳时的相应雷诺数值，比节流变压降流量计要低，所以用它测量高黏度、低雷诺数的流体流量具有明显的优越性。但雷诺数较低时随 R_e 值的变化较显著，这表明了此时作用在靶上的黏滞摩擦力有较大的影响，因此，应用时必须予以充分注意。

6.7.2 靶式流量计的安装

安装靶式流量计应注意以下问题：靶式流量计除靶件本身外，靶前、靶后还应有一定的直管段长度。由于它应用的是环孔节流件，所以对直管段长度的要求可比标准节流装置低一些，一般上游管段可选 $8D$，下游管段可选 $5D$；为了便于加工与安装，整个仪表可采用三段式结构，前、后引管单独加工，中间段用法兰压紧；水平安装并有旁路管路，以便调整、校对仪表零点及防止维修仪表时影响生产；仪表安装时必须保证靶的中心与管道轴线同心；流量计是按水平位置校验和调节的，故一般应水平安装，如果必须安装在垂直管道上，则要注意液体的流动方向应由下向上，但水平安装后必须重新调整零点。

6.8 超声波流量计

超声波流量计是一种非接触式流量测量仪表。它是利用超声波在流体中传播时，会载带流体流速的信息。因此，根据对接收到的超声波信号进行分析计算，可以检测到流体的流速，进而可以得到流量值。超声波流量计测量的方法有很多，但用得较多的还是速度差法流量计和多普勒超声波流量计。速度差法流量计的基本原理是通过测量超声波脉冲在顺流和逆流传播过程中的速度之差来得到被测流体的流速。速度差法流量计可分为时差法超声波流量计、频差法超声波流量计和相位差法超声波流量计。这里主要介绍时差法超声波流量计、频差法超声波流量的基本原理与流量方程。

超声波速度差法流量计原理图如图 6-34 所示。在测量管道中，装两个超声波发射换能器 F_1 和 F_2 以及两个接收换能器 J_1 和 J_2，F_1J_2 和 F_2J_1 与管道轴线夹角为 α，管道直径为 D，流体由左向右流动，速度为 v，此时由 F_1 到 J_2 超声波传播速度为

$$c_1=c+v\cos\alpha \tag{6-62}$$

F_2 到 J_1 超声波传播速度为

$$c_2=c-v\cos\alpha \tag{6-63}$$

则流体的流速为

$$v=\frac{c_1-c_2}{2\cos\alpha} \tag{6-64}$$

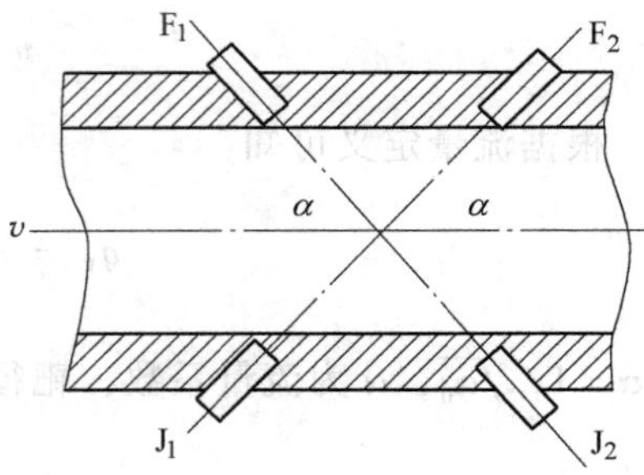

图 6-34 超声波速度差法流量计原理图

6.8.1 时差法

如果超声波发生器发射一短小脉冲，其顺流传播时间为

$$t_1 = \frac{D/\sin\alpha}{c + v\cos\alpha} \tag{6-65}$$

而逆流传播的时间为

$$t_2 = \frac{D/\sin\alpha}{c - v\cos\alpha} \tag{6-66}$$

$$\Delta t = t_2 - t_1 = \frac{2Dv\cot\alpha}{c^2 - v^2\cos^2\alpha} \tag{6-67}$$

由于 $v << c$，则

$$\Delta t = \frac{2Dv\cot\alpha}{c^2} \tag{6-68}$$

流体的流速为

$$v = \frac{c^2\Delta t}{2D\cot\alpha} \tag{6-69}$$

流体的体积流量为

$$q_V = Av = \frac{\pi D^2}{4}\frac{c^2\Delta t}{2D\cot\alpha} = \frac{\pi Dc^2}{8}\Delta t\tan\alpha \tag{6-70}$$

从式(6-70)可以看出，当声速 c 为常数时，流体的体积流量与时间差 Δt 成正比，测得时间差，就可以求出流量。但是在实际应用中 Δt 非常小，若流量测量要达到1%的准确度，则时差测量需要达到0.01μs的准确度。这样不仅对测量电路要求高，而且限制了测量流量的下限。

6.8.2 频差法

频差法是通过测量顺流和逆流时超声脉冲的重复频率差去测量流速。在单通道法中，脉冲重复频率是在一个发射脉冲被接收器接收之后，立即发射出一个脉冲，这样以一定频率重复发射，对于顺流和逆流重复发射频率为

$$f_1 = \frac{c + v\cos\alpha}{D/\sin\alpha} = \frac{c + v\cos\alpha}{D}\sin\alpha \tag{6-71}$$

$$f_2 = \frac{c - v\cos\alpha}{D/\sin\alpha} = \frac{c - v\cos\alpha}{D}\sin\alpha \tag{6-72}$$

发射频率之差为

$$\Delta f = f_1 - f_2 = \frac{c + v\cos\alpha}{D}\sin\alpha - \frac{c - v\cos\alpha}{D}\sin\alpha = \frac{\sin 2\alpha}{D}v \tag{6-73}$$

则流体的体积流量为

$$q_V = \frac{\pi}{4}D^3\frac{\Delta f}{\sin 2\alpha} \tag{6-74}$$

由式(6-74)可知，流体的流量与频差成正比，与声速 v 无关，这是频差法的最显著的特点。频差 Δf 很小，直接测量时误差大，为了提高测量准确度，一般采用倍频技术。由于顺、逆流两个声回路在测循环频率时会相互干扰，工作难以稳定，而且要保证两个声循环回路的

特性一致也是非常困难的。因此在实际应用频差法测量流量时，用一对换能器按时间交替转换作为接收器和发射器使用。超声波流量计由超声波换能器、电子线路和测量显示仪表组成。电子线路包括发射电路、接收电路和控制测量电路，显示系统可显示瞬时流量和累积流量。在测量时，超声波换能器置于管道外，不与流体直接接触，不破坏流体的流场，没用压力损失，可用于测量腐蚀性、高黏度液体和非导电液体的流量，尤其是测量大口径管道的水流量或各种水渠、河流、海水的流速和流量，在医学上还用于测量血液流量等。

6.9 容积式流量计

容积式流量计又称定排量流量计，是利用机械测量元件，把流经测量仪表内的流体分割成单个固定已知体积部分，并进行连续不断地充满和排放该体积部分的流量，从而累加计量出流体容积总量的流体仪表。它广泛应用于测量石油类流体(如原油、汽油、柴油、液化石油气等)、饮料类流体、气体以及水的流量。

假定某一时间间隔内经仪表排出流体的固定容积数目为 n，V 为测量室固定容积，则被测流体的体积流量 $Q=nV$。在测量室的固定容积一定的情况下，只要测出仪表排出的固定容积数目 n，便可以知道被测介质的流量。

容积式流量计的种类很多，按其测量元件形式和测量方式可分为椭圆齿轮流量计、腰轮流量计、刮板流量计及旋转活塞流量计等。

容积式流量计具有以下特点：①准确度高。容积式流量计一般不受流动状态的影响，也不受雷诺数大小的限制，所以是准确度较高的一种流量测量仪表，可用来测量各种液体和气体的体积流量，受被测流体黏度的影响小，可用于高黏度液体的流量测量。②对测量管道安装不要求前后直管段，安装管道条件对计量准确度没有影响，而其他大部分流量计都要受管内流体流速分布的影响，这使容积式流量计在现场应用中有特殊的意义。③测量范围较宽，量程比可达 1:(5~10)。④机械结构较复杂。⑤对介质的要求较高。要求被测流体干净、不含固体颗粒，否则在仪表前应加过滤器。被测液体中也不能含有气泡，当可能含有气泡时，仪表前要加气体分离器。⑥容积式流量计工作适应范围不够宽，工作压力可高达 10MPa，工作温度可达 300℃。

6.9.1 椭圆齿轮流量计

椭圆齿轮流量计又称奥巴乐流量计，由测量部分、传动机构和显示机构三部分构成。测量部分是由两个互相啮合的椭圆形齿轮、轴和壳体构成。椭圆齿轮流量计的工作原理如图 6-35 所示。当被测流体流经椭圆齿轮流量计时，它将带动椭圆齿轮旋转，而椭圆齿轮每旋转一周，就有一定数目的流体流过仪表，用累积传动机构记录下椭圆齿轮的转数，则可表示被测流体流过仪表的流量总量。

在图 6-35a 中，互相啮合的一对椭圆形齿轮在被测流体压力的推动下产生旋转运动。椭圆齿轮 1 两端分别处于被测流体入口侧和出口侧。由于流体经过流量计有压力差，故入口侧和出口侧压力不等，椭圆齿轮 1 左侧压力高右侧压力低，所以椭圆齿轮 1 旋转，而椭圆齿轮 2 是从动轮，被齿轮 1 带着转动。当转至图 6-35b 的位置时，齿轮 2 是主动轮，齿轮 1 变成从动轮。这样，在被测流体压力推动下不断旋转。两齿轮的旋转，把齿轮与壳体之间所形成的新月形空腔中的流体从入口侧推移至出口侧。每个齿轮旋转一周，就有4个这样容积的被测流体从入口推移至出口，因此只要计量齿轮的转数即可得知有多少体积的被测流体通过仪表。椭圆齿轮流量计就是将这个齿轮转动通过一套减速齿轮传递给仪表指针，指示出被测流体的累积流量。

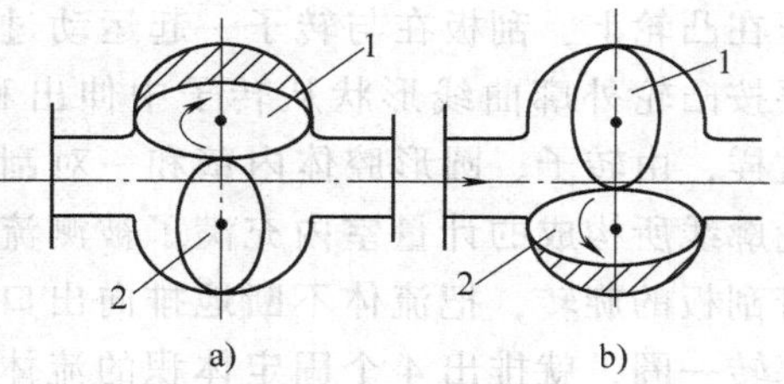

图6-35 椭圆齿轮流量计的工作原理

椭圆齿轮流量计适合于测量中小流量，其最大口径为 ϕ250mm。椭圆齿轮流量计结构复杂，加工制造较为困难，因而成本较高，如果使用不当或使用时间过久，易发生泄露现象，会引起较大的误差，使用时要求介质必须清洁；常用于石油、燃料油和气体的流量测量。

6.9.2 腰轮流量计

腰轮流量计又称罗茨流量计，其结构与椭圆齿轮流量计很相似，是由测量部分、传动机构和显示远传部分组成，只是转子的形状有所不同。如图6-36所示，腰轮流量计的转子是一对不带齿的腰形轮，两腰轮在传动过程中不直接接触，而依靠套在壳体外的腰轮引出轴上的两个啮合齿轮来驱动，这一点与椭圆齿轮相比具有明显的优点。

腰轮流量计测量流量的工作原理与椭圆齿轮流量计相同。

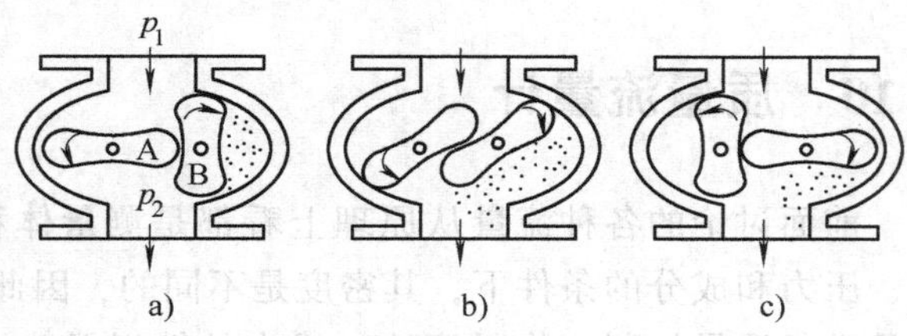

图6-36 腰轮流量计原理图

腰轮流量计不仅可以测液体的流量，也可以测气体的流量；既可以测小流量，也可以测大流量。以测液体为例，其准确度为0.2%和0.5%两种，被测液体的黏度为0.3~500MPa·s。其准确度比较高，被测液体的黏度范围也广。其主要的缺点是体积大、笨重，进行周期检定比较困难，压损较大，运行中有振动。

6.9.3 刮板式流量计

刮板式流量计由于结构的特点，适用于不同黏度和带有细小颗粒杂质的液体流量测量。其优点是性能稳定，准确度较高，运行时振动和噪声小，压力损失小于椭圆齿轮流量计和腰轮流量计，适用于大、中等流量的测量。

刮板式流量计按其结构的不同，有凸轮式、凹线式等多种形式，不论哪一种形式的刮板流量计，一般都由测量部分、传动机构和显示机构三部分组成。而测量部分由壳体、转子和刮板组成，传动机构采用机械齿轮变速器将测量的流量信号传至表头进行流量显示。

刮板式流量计的工作原理如图6-37所示，图6-37a为凸轮式刮板流量计原理图，图6-37b为凹线式刮板流量计原理图。流量计的转子中开有4个两两互相垂直的槽，槽中装有可以伸出缩进的刮板，伸出的刮板在被测流体的推动下带动转子旋转。伸出的两个刮板与壳体内腔之间形成计量容积，转子每旋转一周便有4个这样容积的被测流体通过仪表，因此计量转子的转数即可测得流过仪表的流体的体积。

凸轮式刮板流量计的转子是一个空心圆筒，中间固定一个不动的凸轮，刮板一端的滚子

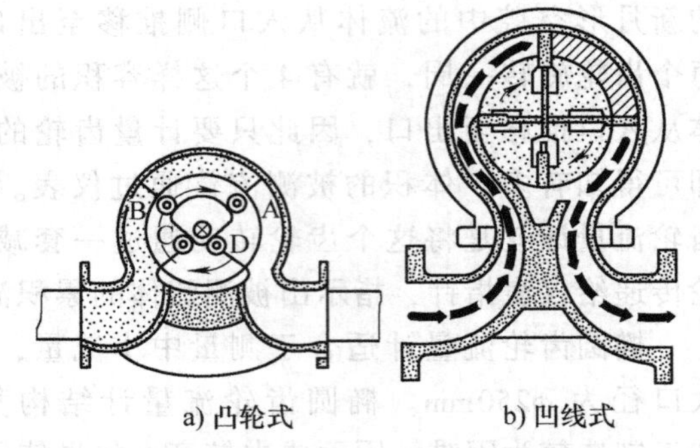

图 6-37　刮板式流量计原理图

压在凸轮上，刮板在与转子一起运动过程中还要按凸轮外廓曲线形状从转子中伸出和缩进。这样，由转子、圆形腔体内壁和一对刮板的外轮廓线所构成的计量室内充满了被测流体，随着刮板的旋转，把流体不断地排向出口，转子每转一圈，就排出4个固定体积的流体，只要测得转数，就可以求得被测流体的流量。

凹线式刮板流量计的工作原理与凸轮式刮板流量计基本相同，区别在于凸轮式刮板流量计刮板的滑动是靠凸轮控制的，而凹线式刮板流量计刮板的滑动是靠壳体凹线来实现的。

凹线式刮板流量计在腔体内有一可旋转的转子，转子上有两个定长的刮板，刮板在弹簧力的作用下可在转子槽内伸缩，并始终压向腔体内壁。当刮板转过流体入口处时，在流体动能的带动下，刮板循着特定的曲线在腔体内壁带动转子一起旋转。这样由转子、腔体内壁和刮板的外轮廓线所构成的计量室内充满了被测流体，随着刮板的旋转，把流体不断排向出口，只要测得转子的转数，就可以求得被测流体的累计流量。

6.10　质量流量计

前面讨论的各种流量从原理上看都是测量体积流量的，但同体积的流体，在不同的温度、压力和成分的条件下，其密度是不同的，因此在很多场合下要求测量质量流量。例如对产品进行质量控制、物料配比、成本核算以及生产过程自动控制等，以及产品交易、储存等，都需要直接知道介质的质量流量。随着现代工业的发展，要求节约能源以提高经济效益，对测量准确度的要求越来越高，因此不能采用上述办法，而需要直接测出质量流量，希望流量计能直接测量和显示被测介质的质量流量，所以质量流量的测量自然成为人们重要的研究内容。

6.10.1　质量流量计的分类

质量流量计总的来说分为两大类：直接式质量流量计和间接式质量流量计。直接式质量流量计是直接检测被测流体的质量流量，原理上与介质所处的状态参数(温度、压力)和物理参数(黏度、密度)等无关的流量计。间接式质量流量计是用体积流量计和密度计组成的仪器来测量质量流量，同时检测出体积流量和流体的密度，通过运算器从而可间接地确定质量流量。间接式质量流量计又可分为两类：推导式质量流量计和自动补偿式质量流量计。推导式质量流量计也称组合式质量流量计，它是由仪表分别检测出流体的密度和流速，将两个信号相乘作为仪表输出信号。应该注意，对于瞬变流量或脉动流量，推导式质量流量计检测到的是按时间平均的密度和流速，通常情况下，推导式质量流量计不适于测量瞬变流量。自动补偿式质量流量计是检测出管道内流体的温度和压力后再与体积流量计组合起来，自动换算成预先设定的标准状态下的体积流量或质量流量。

6.10.2 直接式质量流量计

直接式质量流量计有差压式、角动量式、双涡轮式及陀螺式等，下面主要介绍差压式质量流量计。

差压式质量流量计是以马格纳斯诱导回流效应为基础的流量计，应用中是利用孔板和定流量泵组成的。如图6-38所示，在主管道上安装两个结构和尺寸完全相同的孔板A和B，在副管线上安装两个定流量泵，并且两者的流向相反。设q_V为主管道内的体积流量，q为流经定流量泵的流量，ρ为流体的密度，K为常数，由图6-38可以看出，流经孔板A的体积流量为q_V-q，流经孔板B的体积流量为q_V+q，根据差压式流量测量的原理可得

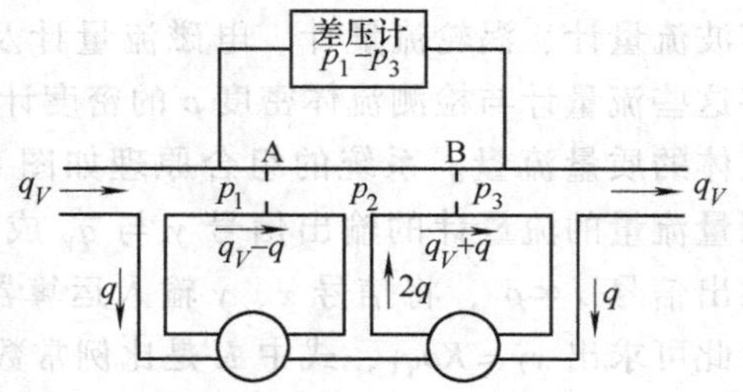

图6-38 差压式质量流量计

$$\Delta P_A = K\rho(q_V - q)^2,\ \Delta P_B = K\rho(q_V + q)^2 \tag{6-75}$$

则有

$$\Delta P_B - \Delta P_A = 4K\rho q_V q \tag{6-76}$$

在设计中，采用定量泵的流量q大于主管道的流量q_V，当$p_1<p_2$时，$\Delta p_A=p_2-p_1$；当$p_2>p_3$时，$\Delta P_B=p_2-p_3$。若将ΔP_A和ΔP_B代入式(6-76)，则孔板前后的压差可表示为

$$p_1 - p_3 = 4K\rho q_V q \tag{6-77}$$

由式(6-77)可知，当定流量泵的循环流量一定时，孔板A和B的压差值与流经主管道的流体流量和密度的乘积ρq_V成正比。

因此，测出孔板A、B前后的压差，便可以求出质量流量。

6.10.3 间接式质量流量计

间接式质量流量计是由测量体积流量的仪表与测量密度的仪表配合，再用运算器将两表的测量结果加以适当的运算，间接得出质量流量。这类仪表可分为推导式质量流量计和补偿式质量流量计。

1. 推导式质量流量计

推导式质量流量计是由直接式质量流量计和密度计组合而成的。设ρ为流体的密度，q_V为主管道内的体积流量，推导式质量流量计有以下三种形式：

1)检测ρq_V^2的流量计和密度计组合方式；

2)检测q_V的流量计和密度计组合方式；

3)检测ρq_V^2的流量计和检测q_V的流量计的组合方式。

(1) 检测ρq_V^2的流量计和密度计的组合方式 这种方式通常采用节流变压流量计和密度计组合，间接测量质量流量。检测系统的组成原理如图6-39所示。

由孔板两端测得的压差Δp与ρq_V^2成比例，设差压变送器的输出信号为y，则$y\propto\rho q_V^2$。设密度计的输出信号为x，则$x\propto\rho$。将x、y信号输入到运算器，并进行开二次方，则可得

$$\sqrt{xy} = K\rho q_V \tag{6-78}$$

式中，K 为常数，故可求出质量流量。

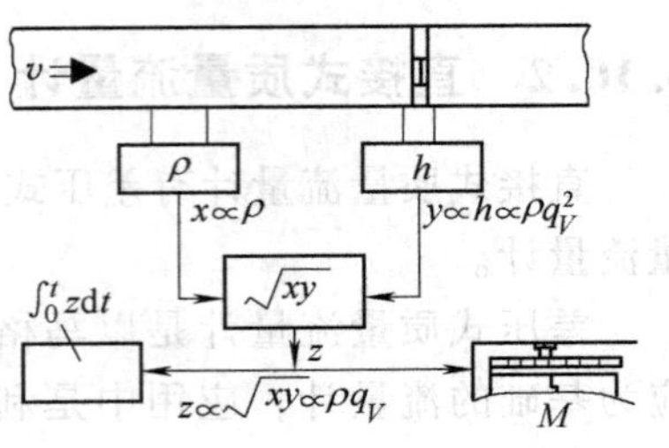

图 6-39 差压流量计和密度计组合方式

(2) 检测 q_V 的流量计和密度计的组合方式 作为检测流体体积流量 q_V 的流量计可以采用容积式流量计、超声波流量计、涡轮流量计、电磁流量计及涡街流量计等。将这些流量计与检测流体密度 ρ 的密度计组合，可以测出流体的质量流量。系统的组合原理如图 6-40 所示。由于测量流量的流量计的输出信号 y 与 q_V 成正比，密度计的输出信号 $x \propto \rho$，将信号 x、y 输入运算器进行乘法运算，由此可求出 $xy = K\rho q_V$，式中 K 是比例常数。

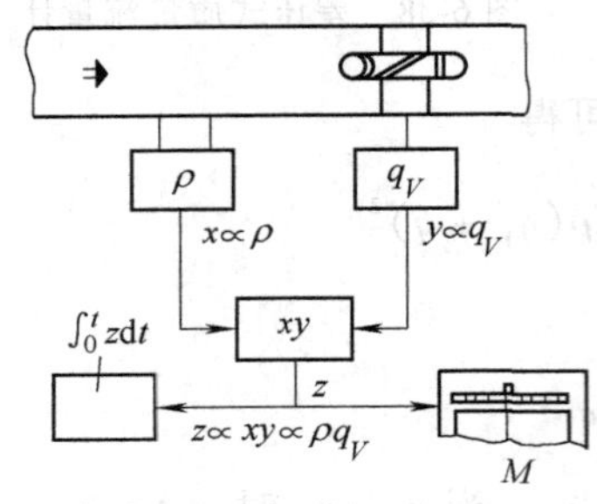

图 6-40 涡轮流量计和密度计组合方式

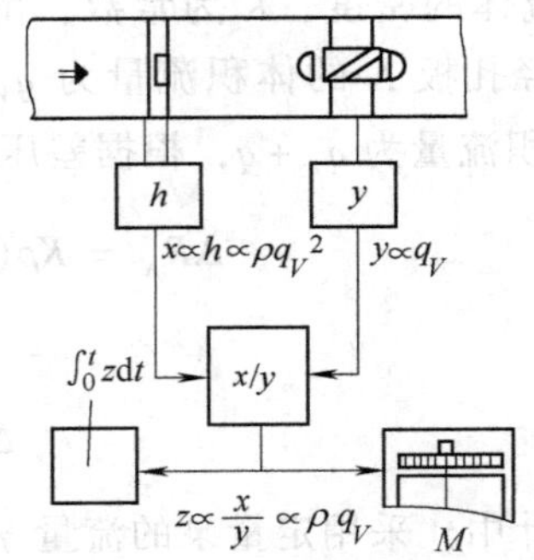

图 6-41 差压和涡轮流量计组合方式

(3) 检测 ρq_V^2 和检测 q_V 流量计的组合方式 如图 6-41 所示，这种质量流量测量系统是由两个不同类型的流量计组成的：由 ρq_V^2 流量计检测输出的 x 信号与 ρq_V^2 成比例；另一类是体积流量计，如容积流量计或涡轮流量计等，设其输出信号为 y，由 q_V 流量计检测输出的信号 y 与 q_V 成比例，将 x、y 信号输入运算器作除法运算，可得如下检出信号比，从而求出质量流量。

$$\frac{x}{y} \propto \frac{\rho q_V^2}{q_V} = \rho q_V \tag{6-79}$$

2. 补偿式质量流量计

补偿式质量流量计在用体积流量计或检测差压的流量计测量流体流量的同时，测量流体的温度和压力，然后利用流体的密度与温度、压力的关系求出该温度、压力状态下的流体密度，并对流量进行补偿计算出质量流量值。连续测量流体的温度和压力要比连续测量流体的密度容易，因此，目前工业上使用的质量流量计大多采用这种原理。

(1) 被测流体为液体 此时可只考虑温度对流体密度的影响。在温度变化范围不大的情况下，温度对流体密度的影响用下式表示：

$$\rho = \rho_0[1 + \mu(T_0 - T)] \tag{6-80}$$

式中，ρ 是工作温度 T 下的流体密度；ρ_0 是标准状态（或仪表标定状态）温度 T_0 下流体的密度；μ 是被测流体的体积膨胀系数。

因此，对于容积式或叶轮式流量计，测得的液体体积流量 q_V 可用下式进行温度补偿：

$$q_m = \rho q_V = q_V\rho_0[1 + \mu(T_0 - T)] = q_V\rho_0 + q_V\rho_0\mu(T_0 - T) \tag{6-81}$$

若被测物体的种类确定，则 ρ_0 和 μ 是定值，此时只需测得体积流量 q_V 和温度变化(T_0-T)，通过自动运算即可获得被测流体的质量流量 q_m。对于水和油类，当温度在 ±40℃以内变化时，上式的准确度可达到 ±0.2%。

若用节流变压流量计测量液体体积流量 q_V，则输出差压信号 Δp 和体积流量 q_V 的关系为

$$q_V = K_1\sqrt{\frac{\Delta p}{\rho}} \tag{6-82}$$

式中，K_1 为常数。此时对节流变压流量计进行温度补偿的计算式为

$$q_m = \rho q_V = K_1\sqrt{\Delta p\rho} = K_1\sqrt{\Delta p\rho_0[1+\mu(T_0-T)]} \tag{6-83}$$

当被测流体一定时，只要在节流变压流量计输出信号 Δp 上加上一项与输出 Δp 和(T_0-T)乘积成比例的补偿量，然后开方就可求得质量流量。

(2) 被测流体为低压范围内的气体　被测流体为低压范围内的气体时，设 ρ 是绝对温度为 T、压力为 p 工作状态下的流体密度，ρ_0 是绝对温度为 T_0、压力为 p_0 标准状态下的流体密度，则流体密度的变化认为符合理想气体状态方程，即

$$\rho = \rho_0\frac{p}{p_0}\frac{T_0}{T} \tag{6-84}$$

此时，对于容积式流量计或叶轮式流量计测得的流体体积流量 q_V，可用下式进行温度、压力补偿，得到质量流量为

$$q_m = \rho q_V = \frac{p}{p_0}\frac{T_0}{T}\rho_0 q_V = K\frac{p}{T}q_V \tag{6-85}$$

式中，$K=\dfrac{\rho_0 T_0}{p_0}$为常数。

对于节流变压流量计，则可按下式进行温度、压力补偿：

$$q_m = \rho q_V = \rho K_1\sqrt{\frac{\Delta p}{\rho}} = K_1\sqrt{\Delta p\rho}$$
$$= K_1\sqrt{\Delta p\rho_0\frac{p}{p_0}\frac{T_0}{T}} = K_2\sqrt{\Delta p\frac{p}{T}} \tag{6-86}$$

式中，$K_2 = K_1\sqrt{\rho_0\dfrac{T_0}{p_0}}$ 为常数。

由上式可知，只要测得节流变压流量计的差压值和温度、压力值，就能求得质量流量值。

图6-42为气体质量流量测量的温度、压力补偿系统原理图。

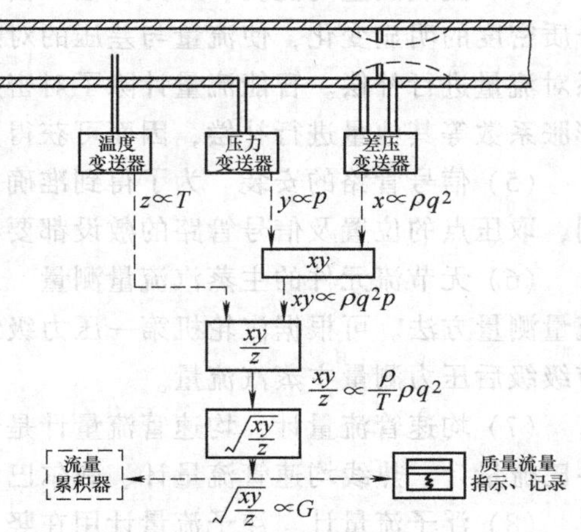

图6-42　气体质量流量测量的温度、压力补偿系统

本章小结

本章主要介绍了各种流量测量的方法及工业上常用的各种流量计。主要包括下面几项

内容。

(1) 流量的基本概念：流量是指单位时间内流过管道或特定通道某一截面的流体数量。根据计量单位的不同又分为质量流量 q_m 和体积流量 q_V。工业上常用的流量测量方法可分为三类：速度式、容积式和质量式，其中，速度式流量计应用最广。速度式流量计又包括：差压式流量计、涡轮式流量计、涡街式流量计、电磁流量计及超声波流量计等。在电力生产中差压式流量计应用最为广泛。

(2) 节流变压降流量计　节流变压降流量计主要用来测量电厂中水和蒸汽的流量，节流变压降流量计由节流装置、信号管路和差压计组成，标准节流装置把流量转变成差压，差压计是测量差压并显示流量，信号管路把节流装置的输出信号传送给差压计。

标准节流装置指节流件的结构形式、技术要求等均已标准化，同时还规定了相应的取压方式及节流件前后直管段要求的节流装置。标准节流装置的节流件有：标准孔板、标准喷嘴、及文丘里管，其取压方式有角接取压、法兰取压和径距取压。标准节流装置除包括节流件及取压装置外，还包括节流件前后的三个阻力件和三段直管段。标准节流装置对直管段的长度和粗糙度都有具体的要求。

(3) 标准节流装置流量与差压的关系　标准节流装置流量与差压的关系如下：

$$q_m = \frac{C}{\sqrt{1-\beta^4}}\varepsilon\frac{\pi}{4}d^2\sqrt{2\rho\Delta p}$$

从式中可看出：在规定的工作条件下流量与差压的二方方根成正比。在一定的安装条件下，给定的节流装置(包含一定的取压方式)的流出系数 C 与 β 和雷诺数 R_{eD} 有关。当节流件的形式和取压方式确定后，可膨胀性系数 ε 与 β、$\Delta p/p_1$ 以及等熵指数 k 有关。

(4) 流量测量的温度、压力补偿　由于在测量过程中被测介质的温度、压力变化会引起介质密度的明显变化，使流量与差压的对应关系发生改变，所以根据密度与温度、压力的关系对流量进行补偿。智能流量计除了对密度进行补偿外，还能对流量公式中流出系数、流束膨胀系数等其他量进行补偿，因而可获得更高的准确度。

(5) 信号管路的安装　为了得到准确的测量结果，信号管路安装时，根据被测介质的不同，取压点的位置及信号管路的敷设都要满足不同的要求。

(6) 无节流元件的主蒸汽流量测量　对大容量的发电机组一般采用无节流元件的主蒸汽流量测量方法。可根据汽轮机第一压力级组前后压力测量主蒸汽流量，也可以根据汽轮机调节级级后压力测量主蒸汽流量。

(7) 均速管流量计　均速管流量计是通过测量全压与静压之差测量流量，分别介绍了阿牛巴流量计、热线均速管流量计、威尔巴流量计。

(8) 浮子流量计　浮子流量计用在竖直管道内测量流量，也属于差压式流量计，在测量过程中浮子处于力平衡状态，通过浮子的位置反映流量的大小。

(9) 容积式流量计　容积式流量计又称定排量流量计，是利用机械测量元件，把流经测量仪表内的流体分割成单个固定已知体积部分，并进行连续不断地充满和排放该体积部分的流量，从而累加计量出流体容积总量的流体仪表。它广泛应用于测量石油类流体(如原油、汽油、柴油、液化石油气等)、饮料类流体、气体以及水的流量。分别介绍了椭圆齿轮流量计、腰轮流量计、刮板式流量计的工作原理、结构、特点和使用要求。

(10) 质量流量计　质量流量计可直接测出流体的质量流量，质量流量计总的来说分为两大类：直接式质量流量计和间接式质量流量计。直接式质量流量计是直接检测被测流体的质量流量，原理上与介质所处的状态参数(温度、压力)和物理参数(黏度、密度)等无关的流量计。间接式质量流量计是用体积流量计和密度计组成的仪器来测量质量流量，同时检测出体积流量和流体的密度，通过运算器从而可间接地确定质量流量。

思考题与习题

6-1　何谓流量、平均流量和总(流)量，流量测量方法有哪些？

6-2　何谓标准节流装置，标准节流件有哪几种，取压方式有几种，各有何不同？

6-3　用标准节流装置进行流量测量时，流体必须满足哪些条件？

6-4　标准节流装置的流出系数、流量系数和流束膨胀系数受哪些因素影响？如何求取各系数值？

6-5　标准节流装置对直管段的长度有何要求？

6-6　电厂中为什么采用无节流元件的方法测量主蒸汽流量？如何测量？

6-7　浮子流量计是如何工作的，它与孔板有何异同？

6-8　已知被测液体的实际流量 $q=500\text{L/h}$，密度 $\rho=0.8\text{g/cm}^3$。为了测量这种介质的流量，试选一台适合测量范围的浮子流量计(设浮子材料为不锈钢，密度 $\rho=7.9\text{g/cm}^3$，标定条件下水的密度为 0.998g/cm^3)。

6-9　电磁流量计是根据什么原理工作的，比较说明不同励磁方式的电磁流量计的特点。

6-10　椭圆齿轮流量计是根据什么原理测量流量的，它与腰轮流量计相比有何异同？

6-11　靶式流量计是如何工作的？使用靶式流量计有何注意事项？

6-12　使用椭圆齿轮流量计时，对介质有何要求？

6-13　简述常用的各种质量流量计的使用方法。

第7章 液位测量

液位测量属于物位测量的一种形式。在工业生产过程中，常遇到大量的液体物料和固体物料，它们占有一定的体积，堆成一定的高度。其中，罐、塔和槽等容器中存放的液体高度或液面位置称为液位；料斗、堆场、仓库等储存的块状、颗粒状、粉粒状等固体物料的堆积高度或表面位置称为料位；容器中两种互不溶解液体或固体与液体界面位置称为界位。液位、料位以及界位总称为物位。液位测量示意图如图7-1所示，料位测量示意图如图7-2所示。

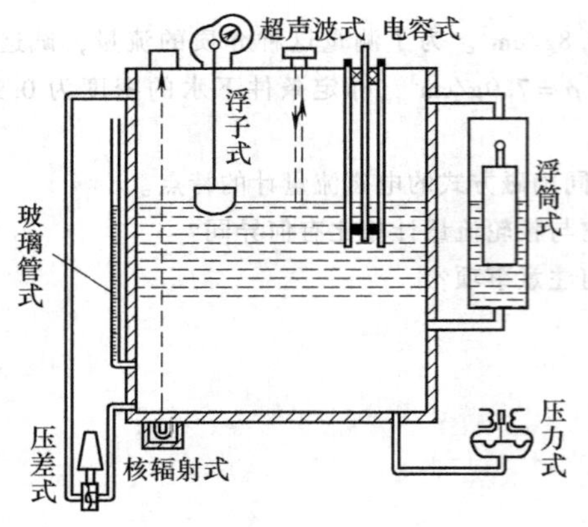

图7-1　液位测量示意图

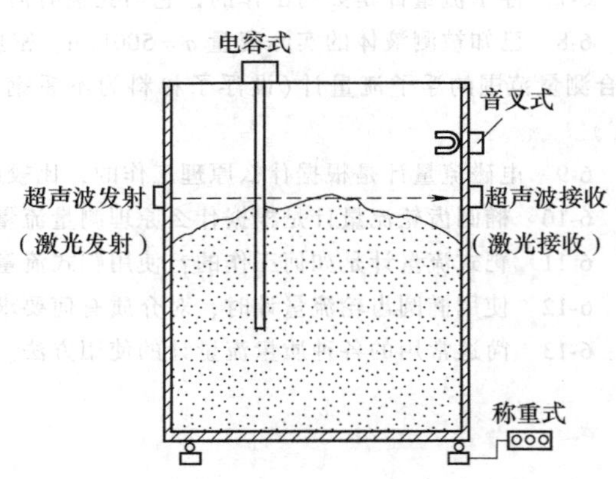

图7-2　料位测量示意图

在生产过程的物位测量中，不仅有常温、常压、一般性介质的液位、料位、界位的测量，而且还常常会遇到高温、低温、高压、易燃易爆、黏性及多泡沫沸腾状介质的物位测量问题。为满足生产过程物位测量的要求，目前已建立起各种各样的物位测量方法，按其工作原理不同，常用的物位测量仪表有直读式液位计、差压式物位计、浮力式液位计、电容式物位计、声波式物位计和核辐射物位计。

直读式液位计是将指示液位用的玻璃管或特制的玻璃板接于被测容器，根据连通器原理，从玻璃管或玻璃板上的刻度读出液位的高度。直读式液位计结构简单、显示直观，但只能就地读数，不能直接远传显示。目前，常采用闭路电视将液位信号传送到控制室的电视显示屏上。

差压式物位计是假定被测物质的密度为恒定值，容器中液体或固体物料堆积的高度与它在某测试点所产生的压力成正比，因而可以用测量压力的方法来测量物位。这种仪表结构简单，便于远传指示，但是因为液体介质温度、压力的变化会影响物位-差压转换的单值函数关系，因此应该采取一定的补偿措施。

浮力式液位计是根据液位变化时漂浮在液体表面的浮子随之同步移动的原理工作的。这一移动距离通过传动机构转变成气压信号或电信号，即可测出液位；也可以将浮筒的一部分浸入液体中，并使之不能自由漂浮，则其所受的浮力随液位而变化，测出此浮力变化即可测出液位。如果将浮筒所受浮力变化，经联杆和扭管传到霍尔传感元件，并变换成相应的电信号输出，那么经过仪表就可以显示或调节液位。

电容式物位计的工作原理是把物位信号变换成相应电容量的变化，然后测量此电容量的变化从而得到物位变化的。电容式物位计用于测量导电、非导电液体或固体物料的液位、料位或界面位置，可以供连续测量和定点监控使用。

声波式物位计一般分为利用声波阻断原理和利用声波反射原理两种类型。声波阻断式物位计在物位升高而阻断从发射换能器到接收换能器的声束时，接收换能器接收到的声能会产生突变，并发出突变的开关信号；声波反射物位计是根据声波从发射换能器到液面或料面，再从这一表面反射回到接收换能器的时间间隔来测出物位的。

核辐射物位计是通过放射源发出射线，穿过被测物料后由探测器接收。当物位改变时，由于被测物料的吸收剂量改变，而使探测器接收到的辐射强度改变，再转换为电信号的变化，经放大后送给显示仪表连续显示物位。这种物位计的特点是：射线能穿透很厚的壁以实现非接触测量，因而可以用于高压、高温和有毒的密封容器的液位或料位测量，且不受周围电磁场、烟气和灰尘等影响，但是使用时必须注意保护。

火电厂中一般需要测量锅炉锅筒水位、凝汽器水位、除氧器水位和各种水箱水位等，其中锅炉锅筒水位是热力生产过程中的一个重要参数，及时准确地测量锅筒水位，并将其控制在正常范围内，对保证火电厂安全、经济运行有重要意义。由于负荷、燃烧工况以及给水压力的变化，锅筒水位会经常发生波动。水位过高或急剧波动会影响水汽分离效果，使锅炉出口的饱和蒸汽湿度增加，含盐量增多，引起蒸汽品质恶化，轻则使过热器管道和汽轮机通流部分结垢加重，引起过热器管壁超温甚至爆管，汽轮机效率降低，轴向推力增大，重则使汽轮机产生水冲击，引起破坏性事故；水位过低则会引起下降管带汽，影响锅炉水循环工况，严重时会造成水冷壁局部过热甚至发生爆管。另外，准确测量锅筒水位，对蒸汽品质的研究等工作同样具有重要意义。本章以火电厂常用的水位计为例，主要介绍就地式水位计、电接点水位计和差压式水位计等测量锅筒水位的常用仪表的结构及其工作原理。

7.1　就地式水位计

就地式水位计是一种使用最早和最简单的就地安装指示的水位计，是监视锅筒水位最可靠的仪表。常用的就地式水位计有玻璃管式水位计、玻璃板式水位计、云母水位计及双色水位计等，其中云母水位计的测量原理及基本结构如图7-3所示。

就地式水位计虽然方式有所不同，但都是按照连通器原理工作的。从图7-3*a*中可见，饱和蒸汽通过蒸汽侧阀门进入就地式水位计上部，饱和水通过水侧阀门进入就地式水位计下部，构成一个连通器。根据连通器原理，水位计中水位高度与锅筒水位相等，因此从水位计的水面高度便可以看出锅筒的水位值。然而由于就地式水位计的环境温度远低于仪表内的蒸汽温度，仪表中的水向周围空间散热使得其平均温度低于饱和温度，而锅筒是在一定压力下工作的，锅筒内的水温处于对应锅筒蒸汽压力的饱和温度，因此水位计中的水为锅筒压力下的过冷水，其密度大于锅筒内饱和水的密度，使水位计指示的水位低于锅筒中的实际水位。

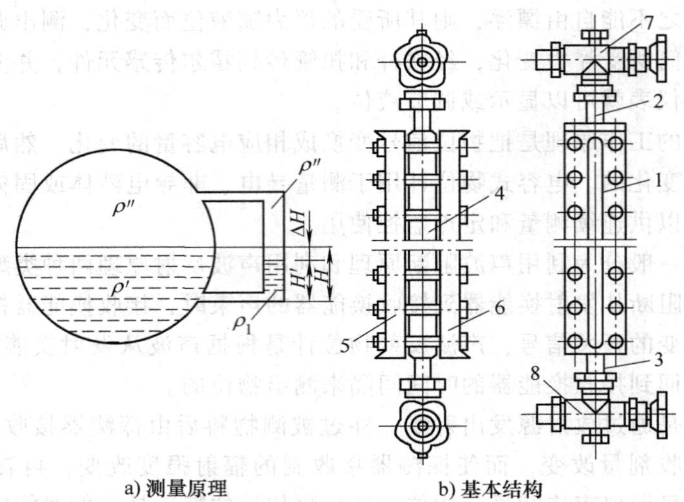

图 7-3 云母水位计的测量原理及基本结构

1—云母（玻璃）板 2、3—上、下金属管 4—水位计体 5、6—前后夹板 7、8—阀门

7.1.1 云母水位计

玻璃管式水位计主要用于无压或极低压力容器的液位测量，玻璃板式水位计可以用于中低压锅炉锅筒水位的测量。因为高压锅炉炉水对玻璃有较强的腐蚀性，时间稍长，玻璃板的透明度就会变差，不利于水位监视，所以高压及超高压锅炉的锅筒水位计将玻璃板改为优质云母片，称为云母水位计。云母水位计结构简单、显示直观、指示值可靠，常用来校核和标定其他形式的水位测量仪表。

对于云母水位计的测量误差，简单分析如下。

如图 7-3 所示，根据连通器平衡原理得

$$H\rho' g = H'\rho_1 g + (H - H')\rho'' g \tag{7-1}$$

式中，H 是锅筒内的实际水位高度（m）；H'是水位计显示的水位高度（m）；ρ'、ρ''是锅筒压力下的饱和水、饱和蒸汽的密度（kg/m^3）；ρ_1 是水位计中水的密度（kg/m^3）；g 是重力加速度（m/s^2）。

由式（7-1）可得出云母水位计的测量误差为

$$\Delta H = H - H' = \frac{\rho_1 - \rho'}{\rho' - \rho''}H' \tag{7-2}$$

由式（7-2）可以看出，在一定的锅筒压力下，水位计内水温越低，其密度 ρ_1 就越大，水位计所显示的水位也就越低，其与实际水位的偏差 ΔH 也就越大。随着锅筒压力的升高，水位计指示的水位偏离实际水位的值也不断增大，指示水位越来越低于实际水位。也就是说，这个水位的偏差值不是固定不变的，而是随着锅炉参数的升高不断增加的，这就给修正水位计显示水位和锅筒中水位的差值带来了困难。就地式水位计的正常水位示值和锅筒实际零水位的差值 ΔH 见表 7-1。

表 7-1 就地式水位计的正常水位示值和锅筒实际零水位的差值 ΔH

锅筒压力/MPa	16.14 ~ 17.65	17.66 ~ 18.39	18.40 ~ 19.60
零水位差值 ΔH/mm	−76	−102	−150

上面的数据是按照云母水位计中水的平均温度为340℃计算的。锅筒压力为17.66MPa时，对应的饱和温度为360℃，这时云母水位计中水的平均温度约为340℃。当水位计中的水位升高时，由于散热面积的增大，水的平均温度还会降低，使其平均密度增大，水位计的显示值会比计算值还要低，也就是说锅筒中水位的差值会增大；当水位计中水位降低时，由于散热面积的减小，水的平均温度可能升高，使其平均密度减小，水位计的显示值会比计算值还要高，与锅筒中水位的差值也会增大。

当锅筒工作压力降低时，云母水位计与锅筒中水位的差值也逐渐减小。通过计算可知，当汽压低于10MPa时，水位计显示水位和锅筒水位的差值很小，可以不再考虑。因此对于工作压力为10MPa以下的锅炉，以云母水位计为依据去监视和控制锅筒水位完全可以保证水位控制准确度和锅炉安全运行，但是对亚临界压力的锅炉，再以云母水位计为依据监视和控制锅筒水位就无法保证锅筒水位在允许的范围内。一般情况下，制造厂规定水位计的零水位差值应该不大于25mm，特别是在机组变压运行过程中，更无法满足锅炉安全运行的要求。为此必须采用更为准确和可靠的水位计，而云母水位计只能在额定压力下作为校核水位的手段，当工况改变时，云母水位计的显示值必须经过人工修正后才能作为监视锅筒水位的手段。

为了减小和消除云母水位计的测量误差，应该尽量减少水位计向四周的散热量。一般采用在水位计水侧至连通器处加保温的方法，以减少水位计中水柱温度与锅筒饱和水温度的差值。

7.1.2 双色水位计

1. 双色水位计的工作原理

云母水位计的最大优点是直接反映锅筒水位，显示直观、读数可靠，但只能就地监视，并且液位显示不够清晰，尤其当水位超出水位计可视范围时，很难正确判断是满水还是缺水，为此在云母水位计的基础上，辅以光学系统，利用光从空气进入蒸汽或水产生不同的折射，将云母水位计的汽、水两相无色显示变成红绿两色显示，即蒸汽柱显红色，水柱显绿色，显示清晰，克服了云母水位计观察困难的特点，这就是目前推广使用的双色水位计。双色水位计也是一种连通器式水位计，可以就地监视水位，还可以采用彩色工业电视系统远传至控制室进行水位监视。

图7-4表示了双色水位计双色显示的原理。光源8发出的普通光经过红色和绿色滤光玻璃10、11后，红光和绿光平行到达组合透镜12，由于透镜的聚光和色散作用，形成了红、绿两股光束，射入由水位计钢座3、云母片15和两块光学玻璃板13以及垫片14等构成的测量室5（即连通器空间）。两块玻璃板与测量室轴线有一定角度，因此测量室截面呈梯形。当内部介质为水柱和蒸汽柱（见图7-4b、c）时，连通器内水和蒸汽形成两段棱镜。红、绿光束射入测量室时，绿光折射率较红光大（光折射率与介质和光的波长有关）。在有水部分，由于水形成的棱镜作用，绿光偏转较大，正好射到观察窗17，人们看见水柱呈绿色，红光束因出射角度不同未能到达观察窗口；在测量室内蒸汽部分棱镜效应较弱，使得红光束正好到达观察窗口，而绿光因为没有发生折射不能射到窗口，因此蒸汽柱呈红色。

当用于超高压及以上压力的锅炉锅筒水位测量时，水位计的光学玻璃板由长条形板改做成多个圆形板，这样玻璃板小，装配容易，受力较好，而水位计显示窗也由长条形（称为

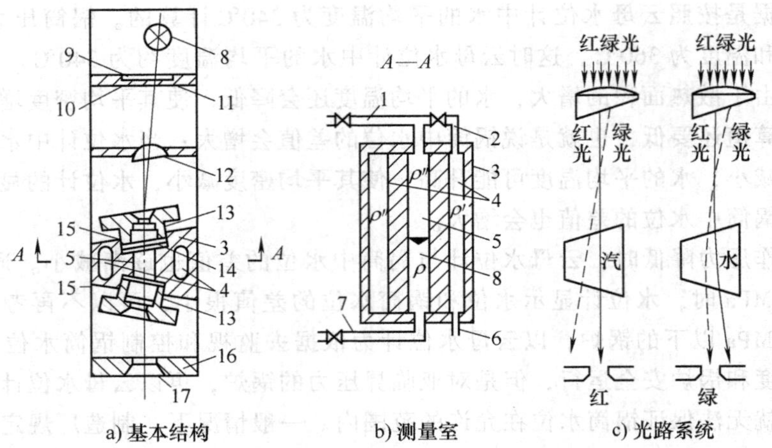

图 7-4 双色水位计原理结构示意图

1—蒸汽侧连通管 2—加热用蒸汽进口管 3—水位计钢座 4—加热室 5—测量室 6—加热用蒸汽出口管 7—水侧连通管 8—光源 9—毛玻璃 10—红色滤光玻璃 11—绿色滤光玻璃 12—组合透镜 13—光学玻璃板 14—垫片 15—云母片 16—保护罩 17—观察窗

单窗式）变为沿水位高度排列的圆形窗口，称为多窗式双色牛眼水位计。该结构的缺点是小窗之间一段不透明，会形成水位指示的盲区，在观察水位变化趋势方面不如单窗式。

为了减小由于测量室温度低于被测容器内水温而引起的测量误差，双色水位计还设有加热室 4 对测量室加热，使测量室温度接近容器内水温。当被测对象为锅炉锅筒时，加热室应该使测量室水温接近饱和温度，并维持测量室中的水柱温度有一定的过冷度，否则在锅筒压力波动（突降）时，会因水位计内水沸腾而影响测量。

2. 工业电视监视锅筒水位

就地安装的双色水位计可以通过工业电视系统将锅筒水位的清晰图像直接送入集控室，这样可以大大减轻工作人员的劳动强度，为锅炉运行人员准确操作提供可靠依据。

锅筒水位工业电视监视系统如图 7-5 所示，由双色牛眼水位计、彩色摄像机、彩色监视器等部分组成。摄像机将摄取的双色水位信号转换成电信号，再通过视频电缆传送到集控室内的彩色

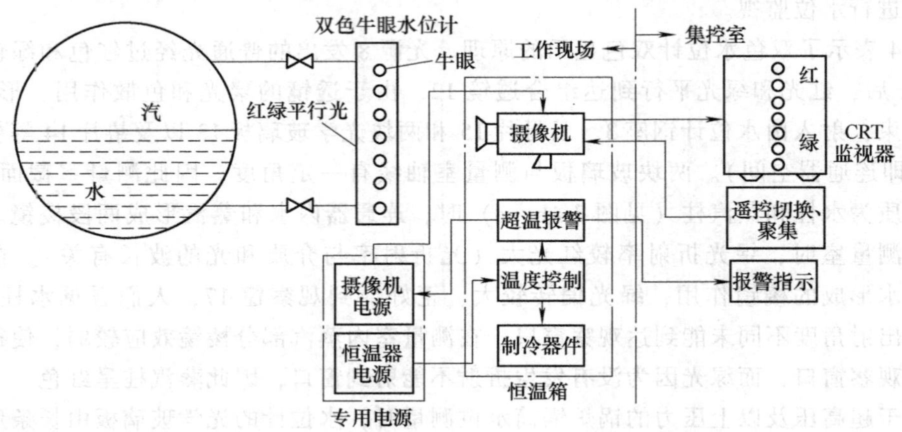

图 7-5 锅筒水位工业电视监视系统

监视器上显示，便可以看到蒸汽红、水绿的“牛眼”式水位信号，从而看出水位的变化。

由一台摄像机、一台监视器组成的监视方式，称为单路单点监视方式；由多台摄像机和一台监视器组成的监视系统，称为多路单点监视方式。采用多路单点监视方式时，需要在系统中增加一个多路转换器。

利用工业电视监视锅筒水位时，图像清晰、显示直观、可信度高，大大增强了锅炉运行的安全性。

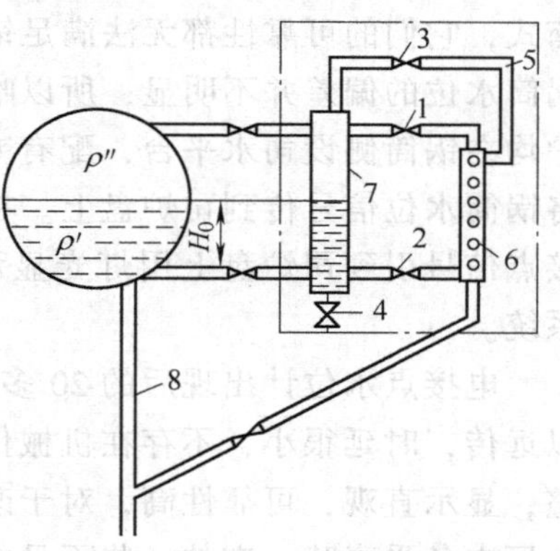

图 7-6　双色水位计安装系统图
1—汽阀　2—水阀　3—加热阀　4—排污阀　5—加热管　6—水位计本体　7—凝结水管　8—锅炉下降管

3. 双色水位计的安装

双色水位计通过汽、水阀门分别与锅筒蒸汽侧、水侧相连接，形成连通器，如图 7-6 所示。水位计与锅筒间的连通管，应该保证管道的倾斜度不小于 100:1，对于蒸汽侧取样管应该使取样孔侧高，对于水侧取样管应该使取样孔侧低。蒸汽侧取样管、水侧取样管、取样阀门和连通管均应该良好保温。由于水位计安装位置的环境温度与锅筒内温度相差很大，因此，水位计的显示水位低于锅筒实际水位，具体数值随锅筒工作压力等级不同而有所不同。

4. 双色水位计的故障与分析

在实际运行中，双色水位计常发生显示不清或泄漏现象，常见故障原因分析及处理方法见表 7-2。

表 7-2　运行中水位计常见故障原因分析及处理方法

故障	故障原因	处理方法及注意事项
显示不清	红、绿颜色调整不好	重新调整水位计灯座角度、红绿玻璃架位置和反光镜角度
	出现假水位	重新投入水位计
	摄像头位置不正确	调整摄像头位置
	水位计灯坏	更换新灯柱（或灯泡）
	水位计云母结垢	冲洗水位计或更换新的云母组件
泄漏	锅筒超压运行	注意锅筒运行压力，一般水位计不参与锅炉超压试验
	水位计检修不正确	严格按照水位计说明书或检修工艺进行检修
	水位计备件不合乎有关技术指标要求	最好采用与水位计厂家配套的水位计备件
	水位计表体或压盖变形	安装水位计密封组件前，要测量水位计表体及压盖的变形度，发现变形及时进行修整或更换。紧固水位计压盖螺栓时一定要用力矩扳手按要求力矩紧到位
	云母结垢严重，发生腐蚀	定期冲洗水位计，减少水位计的结垢量，延长水位计密封组件的使用周期
	水位计云母密封组件到使用周期	水位计云母片的使用周期一般为一个小修周期（10～12 月），不泄漏也应该定期更换

7.2　电接点水位计

电接点水位计是 20 世纪 50 年代后期，从火电厂技术革新运动中产生的水位测量仪表。

当时锅炉所配的远传式水位计，无论是重液式、机械式、电感传送式，甚至其后出现的力平衡式，它们的可靠性都无法满足锅炉安全运行的要求，由于玻璃水位计在中低压工况下显示锅筒水位的偏差并不明显，所以唯一可信的锅筒水位测量仪表只有玻璃水位计。当时所有锅炉均在锅筒侧设司水平台，配有专责值班员（司水）监视玻璃水位计，并通过手动水位计将锅筒水位信号传到司炉盘上。在这一背景下，许多电厂先后自行研制了电接点水位计，将接点信号引到司炉盘上用灯光显示锅筒水位变化，并逐渐发展到将接点信号引入跳闸停炉系统。

电接点水位计出现后的20多年中，由于测量系统结构简单，工作原理简单，电信号可以远传，时延很小，不存在机械传动所产生的变差及分度误差，不需要仪表复杂的校验和调整，显示直观，可靠性高，对于改善中低压锅炉的安全水平确实起到了重要作用，因此在火电厂中备受青睐。它的一些不足之处在中压锅炉上是体现不出来的，甚至对于高压锅炉也是可以容忍的。当锅炉工作压力进入亚临界状态时，情况就开始改变了，因为电接点水位计与玻璃水位计同为连通器式水位计，其基本工作原理完全相同，所以它存在的问题与玻璃水位计完全相同，即电接点水位计的零水位与锅筒零水位有偏差，且锅筒水位波动后电接点水位计内水位波动不能与之对应。另外，由于电接点水位计和玻璃水位计结构不同，形状不同，散热条件不同，当两种水位测量仪表同时使用时，它们的显示值之间必然会产生明显的偏差，因此使用电接点水位计监视亚临界锅炉的锅筒水位并不是一个明智的选择。虽然不断有人提出对电接点水位计的升级改造方案并付之实行，但并没有能触及它的先天性问题，因此，电接点水位计目前只应用于22MPa压力（饱和温度373.7℃）以下的锅筒锅炉。

20世纪的下半叶，我国某些机组上已经有引进英国同类型内置加热蒸汽双筒热套式测量筒电接点水位计，这种结构虽然提高了电接点水位计测量准确度，但是其输出信号不连续、分辨力低（电接点最少也要间隔15~30mm安装）、遗漏点多、电接点容易结垢、水位波动时容易挂水爬电、不能进行数据记录等固有先天性缺陷，仍然未获得很好地根治。因此，多年来国内外仍然不能将其升格为监控基准仪表。

7.2.1　电接点水位计的工作原理

电接点水位计是利用锅筒内蒸汽、水介质的电阻率相差很大的性质来测量锅筒水位的，它属于电阻式水位测量仪表。在360℃以下，纯水的电阻率小于$10^4\Omega\cdot m$，而蒸汽的电阻率大于$10^6\Omega\cdot m$。由于炉水中含盐，电阻率较纯水低，因此炉水与蒸汽的电阻率相差就更大了。电接点水位计就是根据这一特点将水位信号转变成相应的电接点的通断信号，由水位显示器远距离显示锅炉锅筒水位的。

电接点水位计的基本结构如图7-7所示，它是由水位发送器（包括测量筒、电接点）、传送电缆和水位显示仪表组成的。电接点安装在水位容器的金属壁上，电极芯与金属壁绝缘，显示器内有氖灯，每一个电接点的中心极芯与一个相应的氖灯组成一条并联支路。水位容器中，汽水界面以下的电接点被水淹没，而汽水界面

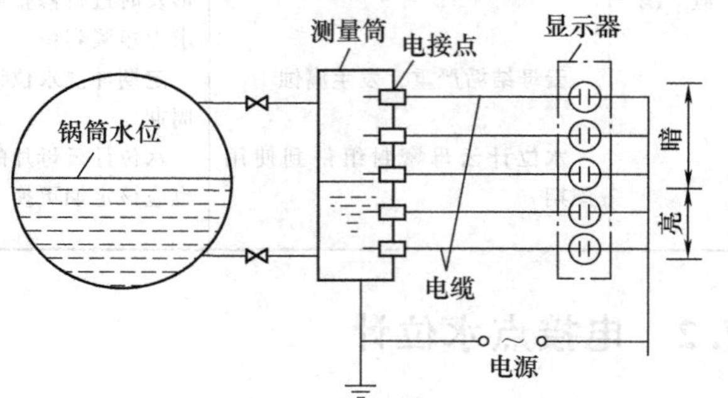

图7-7　电接点水位计的基本结构

以上的电接点处于饱和蒸汽中。当某一电接点被淹没在水下时，因为水的导电性能好，电极芯与水位容器壁相连构成回路，使相应的氖灯燃亮；而处在饱和蒸汽中的电接点，由于蒸汽电阻很大，相当于断路，相应的氖灯不亮。水位越高，被淹没的电接点越多，显示器上燃亮的氖灯数量越多。通过观察显示器上燃亮氖灯的数量，即可以了解水位的高低。

7.2.2 水位发送器结构

1. 水位容器

水位容器的测量筒通常用直径 76mm 或 89mm 的 20 号无缝钢管制成，其长度由水位测量范围决定，其内壁应该加工得光滑些，以减少湍流。水位容器的直径和壁厚应根据强度要求选择，强度根据介质工作压力、温度及容器壁开孔的个数、间距来计算。为了保证测量筒有足够的强度，安装电接点的开孔位置通常呈 120°或 90°夹角，在筒壁上分三列或四列沿高度交错排列。为了减小水位监视的误差，电接点之间在高度上的间距是不均匀的，在正常水位附近间距较小，约为 15mm，远离正常水位（±50mm 以上）的，可取间距为 50mm。电接点数目可根据运行中监视水位的要求来确定，目前多为 15 个、17 个或 19 个，通常中间点为水位零点。

应该指出，由于热损失，水位容器内的温度低于饱和温度，所以容器内的水位比锅筒实际水位低。为了减小这项误差，应该对水位容器的水侧连通管加以保温。此外，电接点之间有一定的间距，当水位处于两个电接点之间时，仪表没有显示变化而造成指示误差，此误差等于两电极之间的距离。

2. 电接点

电接点是水位计的关键部件，主要由电极芯和绝缘材料制成。由于它在高温、高压以及具有强烈腐蚀性的炉水中工作，所以为了保证电接点水位计长期可靠地运行，要求电极芯与水位容器金属壁间有可靠的绝缘，并且具有一定的机械强度和抗氧化、耐腐蚀性能。

目前，高压或超高压锅炉上的电接点是用超纯氧化铝瓷管（其材料成分为 99.95% 的氧化铝和 0.05% 的氧化镁）烧制成的刚玉瓷件作为电极绝缘材料，其工作温度可达 374℃。如图 7-8 所示，电极芯 4 是一种铁钴镍合金，和喷涂金属的瓷封件 5 焊在一起作为电接点的一个极，电极螺栓 8 和喷涂金属的瓷封件 6 焊在一起作为电接点的另一个极（即公共接地极，焊在测量筒筒壁上），两极之间用超纯氧化铝瓷管 7 和芯杆绝缘套管 9 隔离开。瓷封件 5、6

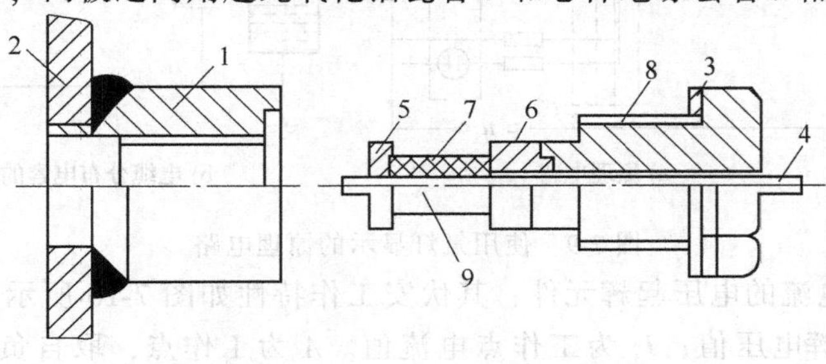

a) 电接点固定座　　b) 高压炉电接点

图 7-8 电接点结构

1—固定座 2—测量筒壳 3—紫铜垫圈 4—电极芯 5、6—瓷封件 7—瓷管 8—电极螺栓 9—芯杆绝缘套管与氧化铝管之间是用银铜合金或纯铜在一定温度下封接而成的。封接质量的好坏对电接点的使用寿命有很大影响。

氧化铝瓷管具有很高的机械强度和优良的绝缘性能，还具有很强的高温抗酸碱腐蚀能力，常用于炉水品质较好的高压及超高压锅炉，寿命可达一年以上。另外，超纯氧化铝瓷管的抗热冲击性能较差，容易造成超纯氧化铝瓷管和瓷封口处损坏而泄漏，因此在使用中应尽可能缓慢地对电接点升温和冷却，防止因汽流冲击和温度骤变损坏电极。在运行中需要调换电极时，应该首先稍开蒸汽门，使新换上的电极逐步加热升温。拆卸电极时，应该待测量筒充分冷却后方可拆卸，以防电极螺栓和电极座的螺纹损坏。此外，在检修中不应该敲打电极，以免电极受振动而损坏。高压锅炉上电接点损坏的原因，多见于氧化铝绝缘材料和瓷封件封口处由于受腐蚀而泄漏。目前，采用等离子喷涂氧化锆技术，可以使绝缘子和瓷封件封口的使用寿命增加。

电接点的电源采用交流电源，避免电介质极化而造成外电路电流不通。通常用24V交流电压，根据显示器的改进元件，也可以采用5V交流电压。为考虑安全起见，单数接点和双数接点分别由两组电源供电，这样当任何一组电源发生故障时，最多造成一个电极间距的误差，但是仍然可以继续指示水位。

7.2.3 电接点水位计显示电路

电接点水位计的显示电路既可以采用模拟式显示，也可以采用数字式显示。常用的有氖灯显示、双色显示和数字显示三种。

1. 氖灯显示

电接点的通断信号可以直接由氖灯进行显示，单个电接点使用氖灯显示的原理电路如图7-9所示。用氖灯显示水位的电路，结构简单、价格便宜、运行可靠、维护量小，已经被广泛使用。一般采用交流氖灯，可以省略整流电路，并避免电极极化现象。由于氖灯的内阻高、功耗小，因此在没有放大电路的情况下也可以可靠地显示。

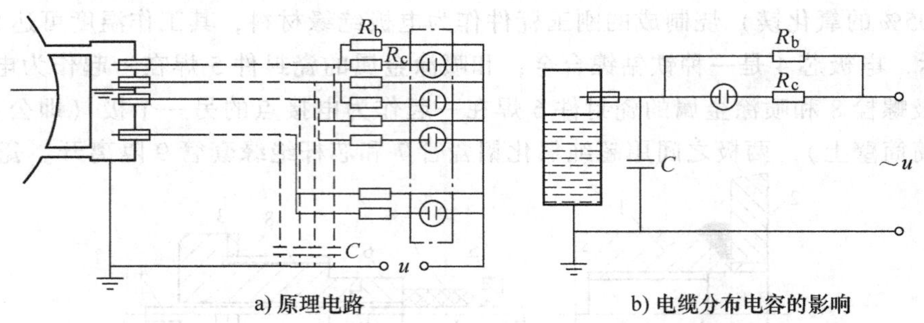

a) 原理电路 b) 电缆分布电容的影响

图 7-9 使用氖灯显示的原理电路

氖灯是一种低电流的电压起辉元件，其伏安工作特性如图 7-10 所示。U_k 为初始起辉电压值；U_e 为极限起辉电压值；I_A 为工作点电流值。A 为工作点，取自负载线与工作特性线中 BC 段的交点。当电接点进入水中时，水的电阻很小，此时要求氖灯起辉显示，则供给氖灯的电源电压必须高于氖灯的极限起辉电压。为了防止氖灯导通时，通过氖灯的电流过大，缩短氖灯的使用寿命，在电路中串联一限流电阻 R_c。当电接点进入饱和蒸汽中时，蒸汽的电阻很大，氖灯不应该起辉。但是由于电接点水位计的氖灯显示装置距离水位容器较远，其电缆较长（约50~80m），因此电缆之间分布电容 C（图7-9中虚线所示）较大。在交流供电的情况下，分布电容提供一个电流通路，氖灯很可能通过容抗 $X_C = \frac{1}{2\pi fC}$（其中 f 为电源频率，单位为Hz）在电极没接通情况下起辉，造成误指示，为了防止这种情况，在每个氖灯支路上并联设计了一个分压电阻 R_b，以保证电接点处于蒸汽中时氖灯不会起辉。

电阻 R_b 和 R_c 的计算如下：

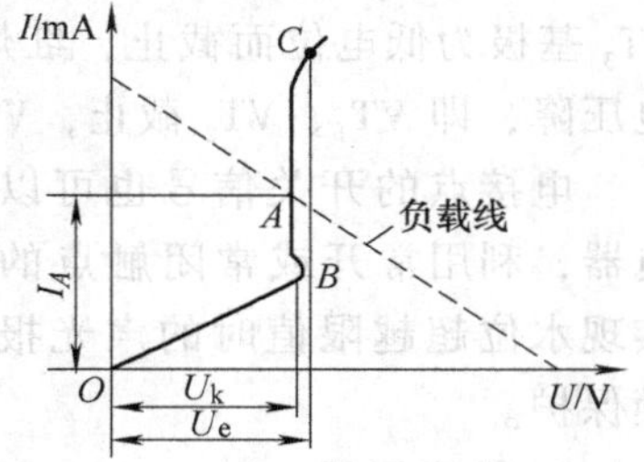

图7-10 氖灯管的伏安特性

当电接点处于蒸汽侧时，不计数值较大的电极电阻，并考虑到加于氖灯的电压应该低于起辉电压，设电源电压有效值为 u，则

$$u\frac{R_b}{\sqrt{R_b^2 + X_C^2}} < U_k$$

所以

$$R_b < \frac{X_C}{\sqrt{\left(\frac{u}{U_k}\right)^2 - 1}}$$

当电接点处于水侧时，其接点水阻 R_S 与容抗并联后的总阻抗为 R_Σ：

$$R_\Sigma = \frac{1}{\sqrt{\left(\frac{1}{R_S}\right)^2 + (2\pi fC)^2}}$$

流过 R_Σ 上的电流为 $\left(I_A + \frac{I_A R_c + U_A}{R_b}\right)$，设氖灯的工作电压 $U_A \approx \frac{1}{2}(U_k + U_e)$，按电压平衡方程有

$$R_\Sigma\left(I_A + \frac{I_A R_c + U_A}{R_b}\right) + I_A R_c + U_A = u$$

整理后可得

$$R_c = \frac{u - R_\Sigma I_A - U_A\left(1 + \frac{R_\Sigma}{R_b}\right)}{I_A\left(1 + \frac{R_\Sigma}{R_b}\right)}$$

2. 双色显示

若在显示屏上用绿色光的高度模拟锅筒中的水侧高度，用红色光的高度模拟锅筒中的蒸汽侧高度，则水位指示具有醒目直观的效果。红、绿双色显示屏的外形及内部结构如图7-11所示。整个结构为一个长方槽形盒子，盒内用隔光片隔成与电接点数目相同的小暗室，将显示电路中红、绿灯（或用普通灯加红、绿透光片，由相应的一个电接点来控制）水平安装在暗室内。盒子面板上是一截面为半圆形的有机玻璃屏，仪表工作时，在显示屏上可以见到光

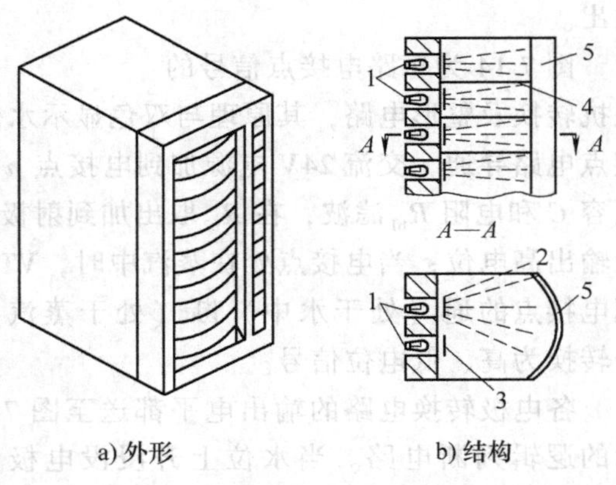

图7-11 双色显示屏的外形及内部结构

1—显示灯 2—红色滤光片 3—绿色滤光片 4—隔光片 5—有机玻璃显示屏

色均匀的红绿灯光色带的水位模拟显示。

水位计中，控制红、绿灯泡亮灭的电路如图 7-12 所示。交流电源经过导线、电接点及电阻 R_1 组成一个回路。当电接点处在水中时，回路接通，因此在电阻 R_1 上产生一交流电压，此交流信号经二极管 VD_1 半波整流、电容 C_1 和电阻 R_2 滤波，经电阻 R_3 分压后，加到晶体管 VT_1 的基极，使 VT_1 导通，设计电阻 R_4 上产生的电压降驱动 VT_2 导通，绿灯亮；VT_3 基极为低电位而截止，红灯灭。当电接点处于蒸汽中时，相当于电路断开，R_1 上没有电压降，即 VT_1、VT_2 截止，VT_3 导通，这时绿灯灭，红灯亮。

电接点的开关信号也可以控制继电器，利用常开或常闭触点的动作来实现水位超越限值时的声光报警及互锁保护。

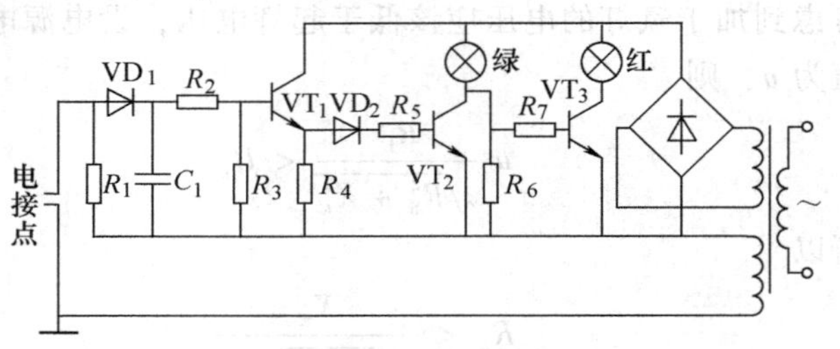

图 7-12 晶体管双色显示电路

3. 数字显示

电接点工作时输出的开关信号便于实现数字显示，然而与水位测量筒配套的数字显示仪表不同于一般的工业数字显示仪表。由于水位测量筒输出的是数字信号（电接点状态），因此显示仪表中没有 A-D 转换部件。又由于水位测量筒只有 19 个电接点，因此显示仪表只显示 19 个水位数字量。下面对火电厂普遍应用的 DYS—19 型数字电接点水位计做一简单介绍。

DYS—19 型数字电接点水位计适用于发电厂中锅炉锅筒水位测量。该仪表的水位测量筒配套使用 19 个电接点，二次仪表原理框图如图 7-13 所示。输入信号经阻抗变换、整形及逻辑判断环节后译码显示水位数值，并附有模拟电流输出及报警、保护信号输出。

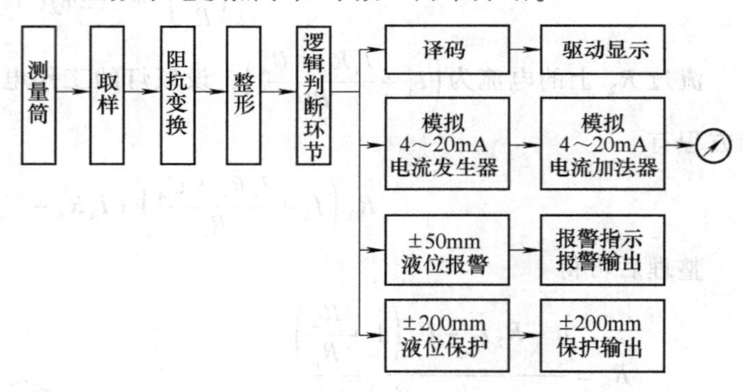

图 7-13 数字水位计框图

图 7-14 为每路电接点信号的阻抗转换及整形电路，其原理与双色显示水位计的显示电路相似。当电接点处在水中时，电接点电路导通，交流 24V 电源加到电接点 n 及电阻 R_1 上，R_1 上的电压经二极管 VD 整流，电容 C 和电阻 R_{b1} 滤波，在 R_{b2} 取出加到射极输出器晶体管 VT 的基极，使 VT 导通，其发射极输出高电位；当电接点处在蒸汽中时，VT 处于截止状态，VT 发射极输出低电位，这样就把电接点的通（处于水中）断（处于蒸汽中）信号转换为高、低电位信号。

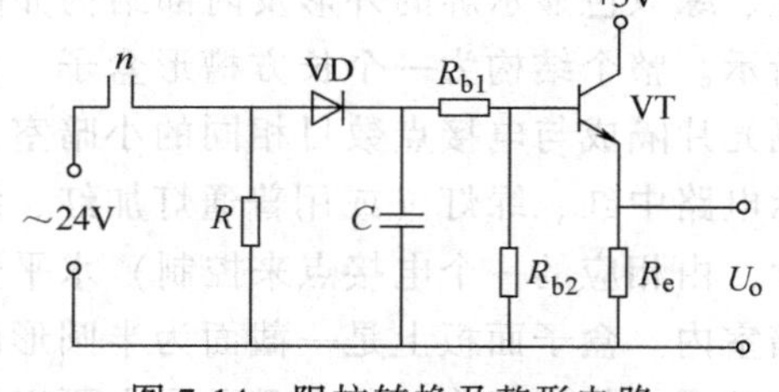

图 7-14 阻抗转换及整形电路

各电极转换电路的输出电平都送至图 7-15b 所示的逻辑判断电路。当水位上升浸没电极 A_3 时，A_3 经转换电路转换成高电位，经非门 F_3 和 F_3' 后输出 V_3'' 为高电位；它上边与其相邻的电极 A_2 被转换成低电位，经非门 F_2 反相输出 V_2' 为高电位，这两

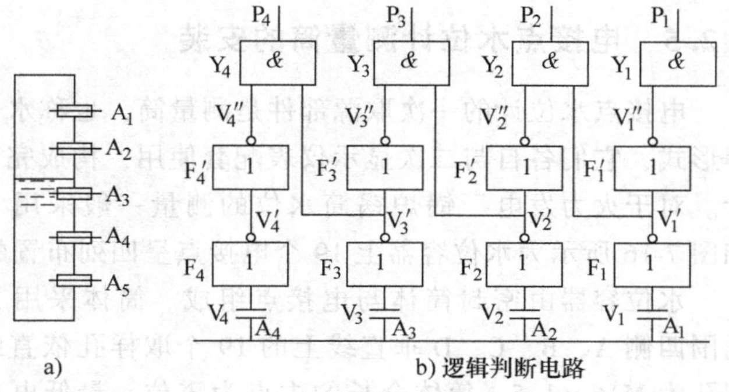

图7-15　水位数字显示原理

个高电位作为与门 Y_3 的输入信号，与门 Y_3 开放，P_3 端输出为高电位。而与与门 Y_3 相邻的与门 Y_2 及 Y_4 的两个输入均为一个高电位一个低电位，所以它们的输出端 P_2 和 P_4 均输出低电位。将 P_3 端输出送至译码显示电路，即可以显示出电极 A_3 所代表的水位数值。

由此可见，在水位计的测量范围内的任何位置，所有的与门中只有一个开通，译码显示电路有显示，而其余的与门均关闭，没有显示。所以，数字式显示仪表显示的水位值为处于水中且离水面最近的电接点的高度。

7.2.4　电接点水位计测量的误差分析

电接点水位测量系统的测量误差主要来源于测量筒。影响水位测量准确性的因素主要有水位测量筒内水柱的温度、锅炉锅筒的工作压力及相邻电接点的间距。

1. 测量筒内水柱温度的影响

测量筒与被测锅筒的连接是连通方式，筒内水柱产生的压力与锅筒内重力水位产生的压力相平衡。测量筒内水柱温度低于锅筒内饱和水的温度，所以测量筒内水柱高度低于锅筒内的重力水位。分析表明，在锅筒工作压力 $p=14\mathrm{MPa}$、$H_0=300\mathrm{mm}$、$\Delta H=0$ 条件下，测量筒内水温 240℃时，其筒内水位误差为 $-83\mathrm{mm}$；测量筒内水温 300℃时，筒内水位误差为 $-48\mathrm{mm}$。显然测量筒内水柱温度的影响是不可忽视的。测量筒内水温造成的这种测量误差可预见，在实际的水位测量中通常是采取一些措施尽量消除其影响，使测量筒内水的温度尽量与锅筒内的饱和水温度保持一致。目前采用的措施有：水位测量筒与锅筒的连通管的管径不宜过小，以便于筒内汽水向锅筒回流。目前也有采用套管保温结构形式保证水位测量筒内水的温度与锅筒内饱和水温度一致，以消除测量筒内水柱温度的影响。

2. 锅筒工作压力的影响

用于测量锅筒水位的电接点水位测量筒，因为测量筒内水温与锅筒内汽水温度总有差异（类似云母水位计的情况），所以锅筒工作压力和锅筒水位对测量筒内的水位高度都将产生影响。对于一定结构尺寸的测量筒，压力越高，筒内水柱高度越低（误差越大）。分析表明，在 $H_0=300\mathrm{mm}$、$\Delta H=0$，测量筒内水温 300℃条件下，当锅筒工作压力 $p=10\mathrm{MPa}$ 时，测量筒内水位误差为 $-12\mathrm{mm}$；锅筒工作压力 $p=14\mathrm{MPa}$ 时，测量筒内水位误差为 $-48\mathrm{mm}$。显然锅筒工作压力的影响也是不可忽视的。

3. 电接点间距的影响

电接点间距对示值的影响是显然的。电接点间距对示值的影响是负误差，误差的大小取决于测量筒内水柱的高度。这种误差由于结构原因不能消除。电接点间距产生的测量误差也是可以分析的。

7.2.5 电接点水位计测量筒的安装

电接点水位计的一次取源部件是测量筒，也称水位容器，其结构有普通单筒式和热套式等形式，它们各自与二次显示仪表配套使用，构成完整的电接点水位计。对于火力发电厂锅炉锅筒水位的测量一般采用19点的测量筒，如图7-16所示为水位容器上19个电接点呈四列布置的情况。

水位容器由密封筒体与电接点组成。筒体采用20号无缝钢管，周围四侧A、B、C、D垂直线上的19个取样孔依直线排列，电接点螺孔为M16×1.5，筒体全长的中点为零位，最低电接点至最高电接点的距离为600mm。以零位为基准时，各电接点距离分别为：A侧，0、±75、±250；B侧，+200、+50、-15、-100、-300；C侧，±30、±150；D侧，+300、+100、+15、-50、-200。

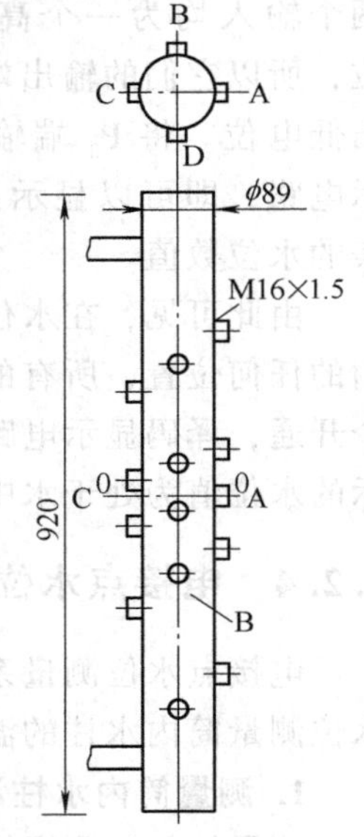

图7-16 单筒式水位容器

筒体安装孔设于C侧，安装孔开孔口径为ϕ24mm，开孔距离根据实际需要而定。测量筒必须垂直安装，垂直度偏差应该小于2mm。当用于测量锅筒水位时，筒体中点零水位电极中轴线必须与锅筒的正常水位线处于同一水平面，即与云母水位计的零水位对准。

测量筒与锅筒的连接管不要过长、过细或弯曲。测量筒越接近锅筒，其筒内的压力、温度、水位就越接近锅筒内的真实情况。测量筒体底部应该接放水阀门及放水管，便于冲洗。

电极安装前应该做退火处理，并检查电极的丝牙与筒体丝口配合是否良好，用500V绝缘电阻表测量电极对地绝缘电阻，应该大于100MΩ，安装电极时应该加装紫铜垫圈旋入筒体电接点孔，丝口要涂抹二硫化钼或铅油并旋紧和密封好。测量筒上的引线应该使用耐高温的氟塑料线绑扎整齐引至接线盒。测量筒处用瓷接线端子连接，不得用锡焊。测量筒本体接地，并由此引出公用线。

热套式水位容器的结构及安装系统如图7-17所示。该水位容器是在单筒式水位容器的基础上增加一蒸汽罩，可以减少水位容器的热量损失。水位容器内部温度接近锅筒内饱和温度，其内部水位可以认为与锅筒水位相同，因此，热套式电接点水位计的测量误差小，可以作为标准仪表校核其他水位测量仪表。

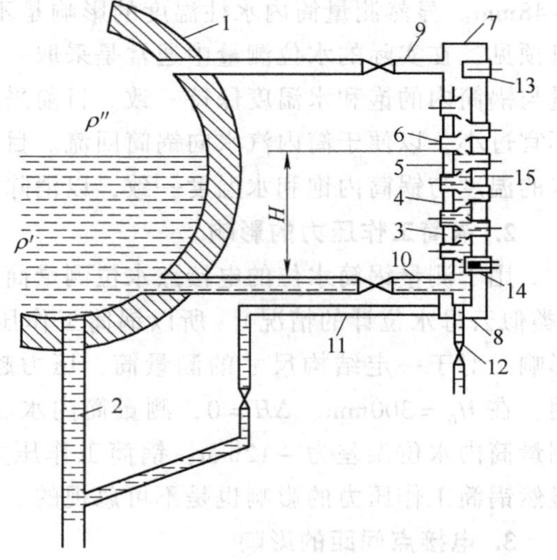

图7-17 热套式水位容器的结构及安装系统图
1—锅筒 2—下降管 3—内管 4—外管 5—短管 6—电接点座 7、8—上、下封头 9—汽侧连通管 10—水侧连通管 11—引流管 12—排污泄压管 13、14—汽、水温度测点 15—热套

热套式水位容器的结构特点是：①具有内、外两个连通器，即由锅筒1、水侧连通管10、内管3和汽侧连通管9构成内连通器，锅筒1、下降管2、引流管11、内外管之间的热套15和汽侧连通管9构成外连通器。②热套式水位容器采用套管结构，外管承受压力较

大，内管承受压力较小，因此内管可以选用管壁较薄、直径较小的钢管制造，其优点是水位容器传热快，而且能迅速响应水位变化。实践表明，热套式水位容器比单筒式水位容器取样误差小50～70mm，响应水位变化速度快2～3倍。此外，热套式水位容器的蒸汽侧和水侧分别设有温度测点13和14，用于测量温度，以便查表精确计算水位测量误差。

热套式水位容器的安装要点与单筒式水位容器相同。除此之外，为使内管3与外管4之间在正常工作状态下充满饱和蒸汽，引流管11应该紧靠着水侧连通管10下面敷设至锅筒附近，再往下弯接至下降管2，并将两管水平段保温在一起，其余部分裸露。热套内饱和蒸汽凝结水水位应该与引流管11出口相同。

7.3　差压式水位计

差压式水位计测量范围广、仪表准确度高，是目前使用最广泛的锅筒水位测量仪表，它是将锅筒水位对应的水柱产生的压力与作为参比的平衡容器中保持不变的水柱所产生的压力进行比较，即将水位信号转换为差压信号来实现水位测量的仪表，主要由水位-差压转换装置（又称平衡容器）、压力信号导管和差压显示仪表（即差压计）三部分组成，如图7-18所示。如果将差压计改为差压变送器，则可以将水位信号转换成电流信号，远传至控制室进行连续水位指示、记录以及为调节系统提供水位信号。

差压式水位计测量锅筒水位的关键在于水位与差压之间的准确转换，这种转换是通过平衡容器来实现的。根据平衡容器正压取压管引出形式的不同，将平衡容器分为三种结构：单室平衡容器、双室平衡容器和补偿型平衡容器。

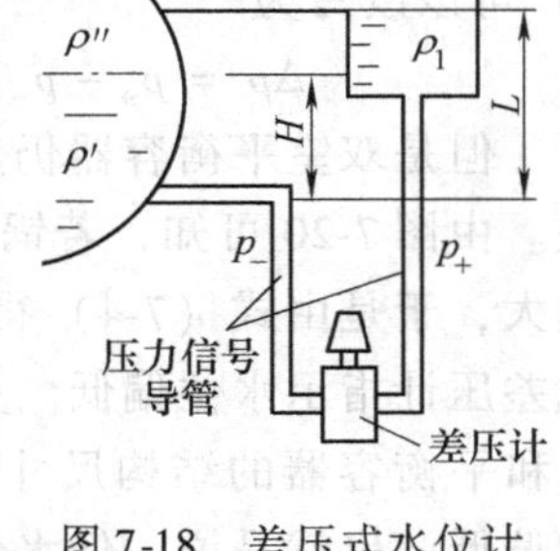

图7-18　差压式水位计

7.3.1　单室平衡容器

图7-19所示是现代化锅炉上测量锅筒水位时已经普遍采用的最简单的凝汽筒式平衡容器。平衡容器一般采用单室型，是一个球形或圆柱形容器，容器侧面水平引出一个管口接到锅筒上的蒸汽侧取样管，容器底部直接引出一个管口接到差压计的正压侧，进入容器的饱和蒸汽不断凝结成水，多余的凝结水沿取样管流回锅筒。比较的基准点是水位计水侧取样孔的中心线。因此，可以保证平衡容器内的水平面到水位计水侧取样孔的中心线的高度，即参比水柱的高度相对稳定。由于参比水柱的高度是保持不变的，测得的压差就可以直接反映出锅筒中的水位。对于这种方式下的水位测量，理论计算平衡容器的输出差压为

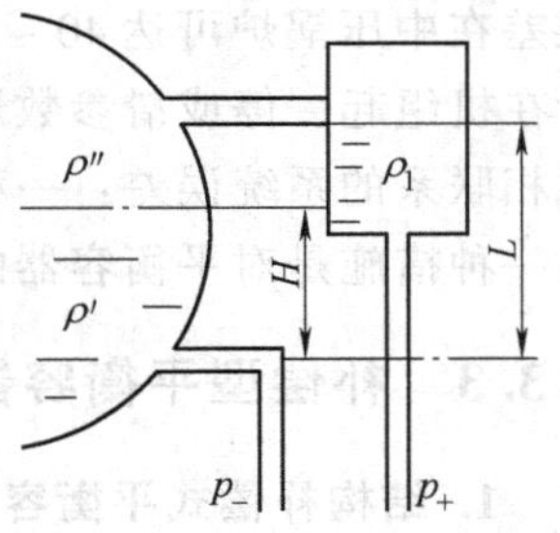

图7-19　凝汽筒式平衡容器

$$\begin{aligned}\Delta p &= p_+ - p_- = L\rho_1 g - [H\rho' g + (L-H)\rho'' g] \\ &= Lg(\rho_1 - \rho'') - Hg(\rho' - \rho'')\end{aligned} \tag{7-3}$$

式中，L是平衡容器的安装尺寸（m）；g是重力加速度（m/s^2）；ρ'、ρ''是锅筒压力下饱和水与饱和蒸汽的密度（kg/m^3）；ρ_1是平衡容器正压管中冷凝水的平均密度（kg/m^3），它是压力及温度的函数；H是锅筒实际水位（m）。

由上式可见，当平衡容器的结构一定、锅筒压力及冷凝水的平均密度一定时，平衡容器

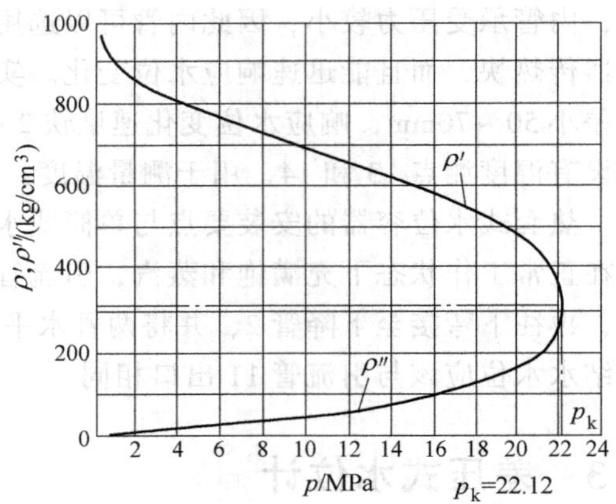

图 7-20 饱和水、饱和蒸汽的密度与压力的关系

的输出差压 Δp 与锅筒水位 H 成线性关系，这就是单室平衡容器的工作原理。由上式还可以看出，Δp 与 H 的关系具有负的斜率，即水位越高，差压越小。

用上述平衡容器测量水位时主要存在两个问题：

1）由于平衡容器向外散热，正压管中冷凝水的温度由上至下逐步降低，且温度分布不容易确定，因此密度 ρ_1 很难确定。

2）锅筒压力变化时，会引起饱和水密度 ρ'、饱和蒸汽密度 ρ'' 发生变化，引起测量误差。ρ'、ρ'' 与锅筒压力的关系曲线如图 7-20 所示。

7.3.2 双室平衡容器

如果对图 7-19 中平衡容器及汽水连通管保温和蒸汽加热（注意宽容器顶面不应保温或加热，以产生足够的冷凝水量），使 ρ_1 接近 ρ' 并且稳定，就可以减小平衡容器正压管中冷凝水的温度变化带来的误差，如图 7-21 所示。

常用的双室平衡容器结构示意如图 7-21 所示，式（7-3）可以改写为

$$\Delta p = p_+ - p_- = (L - H)g(\rho' - \rho'') \tag{7-4}$$

但是双室平衡容器仍然不能解决锅筒压力变化引起的误差。由图 7-20 可知，若锅筒工作压力越低，则密度差 $\rho' - \rho''$ 越大，于是由式（7-4）得出，平衡容器输出差压越大，造成差压计指示水位偏低。另外，水位指示误差还与锅筒水位 H 和平衡容器的结构尺寸 L 有关。$L - H$ 越大，指示误差更加偏低，也就是说，低水位比高水位偏低程度更严重。这种误差在中压锅炉可达 40 ~ 50mm，在高压锅炉可达 100mm 以上，因此简单方案的差压式水位计在机组起、停或滑参数运行时不能使用。目前常采用两种措施来减小或消除这种与压力变化相联系的系统误差：一种措施是改进平衡容器的结构，力图得到仅与水位有关的差压值；另一种措施是对平衡容器的输出信号引入压力校正，即采用自动补偿运算装置。

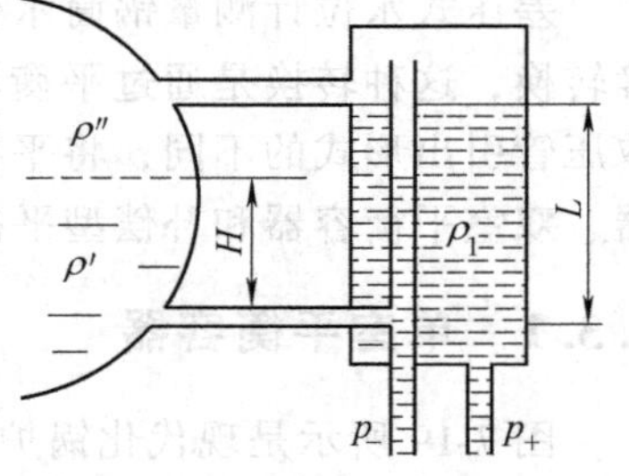

图 7-21 双室平衡容器

7.3.3 补偿型平衡容器

1. 结构补偿式平衡容器

结构补偿式平衡容器，如图 7-22 所示，是一种有蒸汽罩的平衡容器，特点在于正压容器分为两段，其中，上面的补偿管段 l 段通过蒸汽加热的方法使其中的水温等于饱和温度，下面一段处于周围环境中，密度为 ρ_1。由于补偿管段的补偿，可以保证在零水位时水位计指示基本不随锅筒压力变化。当锅筒水位发生变化时，为使正压管中的水位保持恒定，增大了正压容室的截面积，使其直径大于 100mm，同时在其上面装有一凝结水漏盘，使凝结水不断流入正压室，正压室中多余的水不断溢出，并有一定的过冷度，不致因锅筒压力减小而

沸腾。蒸汽凝结水由泄水管流入下降管，负压管直接从锅筒水侧引出。为确保压力引出管的垂直部分水的密度，即正压室冷凝水的密度 ρ_1 等于环境温度下水的密度，压力信号引出管的水平距离必须大于800mm。

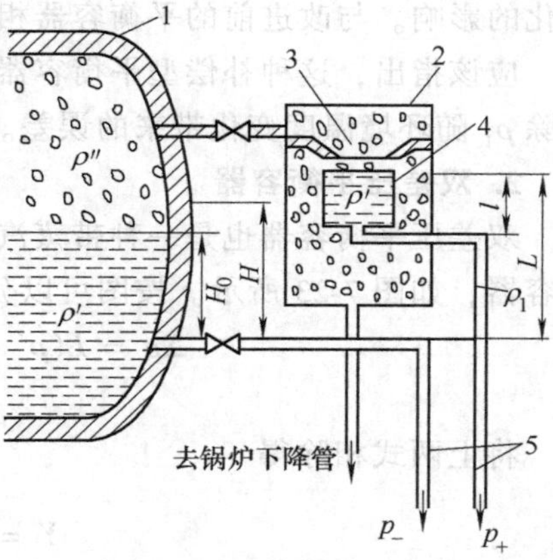

图7-22　结构补偿式平衡容器

1—锅筒　2—蒸汽罩　3—凝结水漏盘　4—正压恒位水槽　5—正、负压取压管

平衡容器的输出差压为

$$\begin{aligned}\Delta p &= p_+ - p_- \\ &= [\rho' g l + \rho_1 g(L-l)] - [\rho'' g(L-H) + \rho' g H] \\ &= \rho_1 g(L-l) + \rho' g(l-H) - \rho'' g(L-H)\end{aligned} \tag{7-5}$$

锅筒零水位时，即 $H = H_0$，有零水位差压为

$$\Delta p = \rho_1 g(L-l) + \rho' g(l-H_0) - \rho'' g(L-H_0) \tag{7-6}$$

在启动锅筒压力 $p_{0.5} = 0.5\text{MPa}$ 下，有

$$\Delta p_{0.5} = \rho_1 g(L-l) + \rho' g(l-H_0) - \rho'' g(L-H_0) \tag{7-6a}$$

额定锅筒压力 p_e 下，有

$$\Delta p_e = \rho_{1e} g(L-l) + \rho'_e g(l-H_0) - \rho''_e g(L-H_0) \tag{7-6b}$$

希望在 $p_{0.5} \sim p_e$ 压力变化范围内能得到补偿，即零水位下平衡容器输出的差压保持不变，即 $\Delta p_{0.5} = \Delta p$。由此可以计算补偿管段 l 的长度（计算中假定正压室凝结水密度 ρ_1 受锅筒压力的影响可以忽略，即 $\rho_1 \approx \rho_e$）为

$$l = H_0 + (L-H_0)\frac{\rho'' - \rho''_e}{\rho' - \rho'_e} \tag{7-7}$$

由上述推导可以看出：①这种平衡容器只在零水位附近有较好的补偿效果，这一点使得水位波动偏离零水位较大时误差也增大；②因为 ρ' 和 ρ'' 与锅筒压力不是线性关系，所以 $\frac{\rho''-\rho''_e}{\rho'-\rho'_e}$ 不是常数，只是在两个压力 $p_{0.5}$ 和 p_e 之间把密度变化看成线性关系后才是常数，这样补偿管段 l 的长度对于 $p_{0.5}$ 和 p_e 之间的某个压力并非最佳值。这就限制了锅筒压力变化范围，压力变化大时，密度非线性变化带来的误差也必然增大。

此外，由于考虑平衡容器输出差压的最大值与差压计测量上限值一致，即在锅筒水位最低时，平衡容器输出的最大差压等于差压计测量上限 Δp_{max}，即

$$\Delta p_{max} = \rho_1 g(L-l) + \rho' g l - \rho'' g L \tag{7-8}$$

联立式（7-7）和式（7-8）解得

$$L = \frac{\Delta p_{max} + H_0\left(1 - \dfrac{\rho''-\rho''_e}{\rho'-\rho'_e}\right)(\rho_1 - \rho')g}{\left(1 - \dfrac{\rho''-\rho''_e}{\rho'-\rho'_e}\right)(\rho_1 - \rho')g + (\rho' - \rho'')g} \tag{7-9}$$

求得 L 和 l 的值后，所制造的平衡容器工作在锅筒压力为0.5MPa和额定压力时，具有相同的零水位 H_0 指示，从而实现了压力补偿。因此这种改进后的平衡容器，可以使零水位下的差压受锅筒压力变化的影响大大减小。但是当水位偏离正常值时，输出还将受锅筒压力

变化的影响。与改进前的平衡容器相比，改进后的差压式水位计的准确度有很大提高。

应该指出，这种补偿型平衡容器结构复杂，其锅筒压力补偿准确度不高，而且不能完全消除 ρ_1 随环境温度变化带来的误差。

2. 双差压平衡容器

双差压平衡容器也是一种带蒸汽罩的平衡容器，但蒸汽罩中除平衡容器外，还有一个补偿容器，如图 7-23 所示。按图可以分别写出测量差压 Δp 和补偿差压 $\Delta p'$ 为

$$\Delta p = L(\rho' - \rho'')g - (H_0 + \Delta H)(\rho' - \rho'')g$$

$$\Delta p' = (\rho' - \rho'')gL_1$$

将上两式相除得

$$Y = \frac{\Delta p}{\Delta p'} = \frac{L - (H_0 + \Delta H)}{L_1} \tag{7-10}$$

由式（7-10）可以看出，若以 $Y = \frac{\Delta p}{\Delta p'}$ 为输出，则 Y 仅与锅筒水位有关，完全补偿了密度变化的影响。

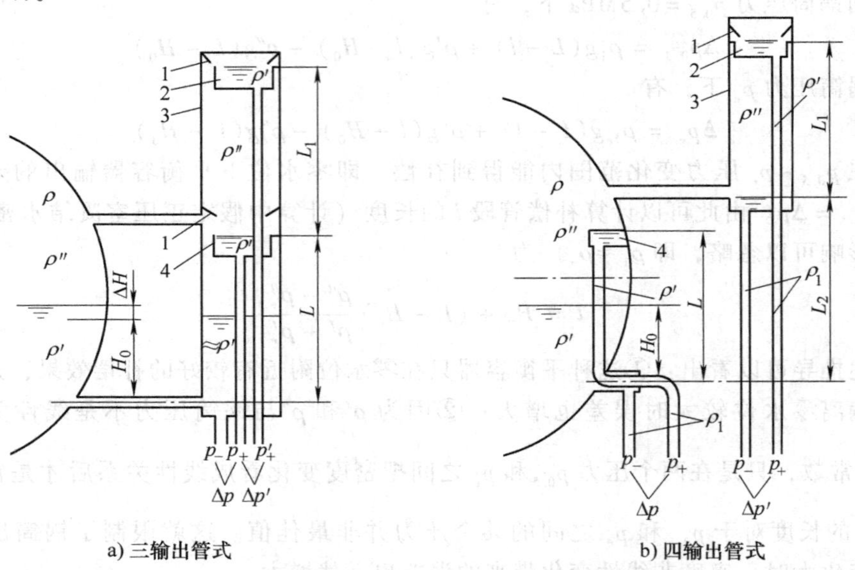

图 7-23 双差压平衡容器

1—凝结水集水漏斗 2—补偿容器 3—保温套 4—平衡容器

7.3.4 差压式水位计锅筒压力的自动校正

采用上述几种平衡容器测量锅筒水位时，由于正负压管中水温不同以及锅筒压力变化影响正负压管中水的密度、锅筒中的饱和水和饱和蒸汽密度不同而产生附加误差，特别是测量高参数锅炉的锅筒水位时存在锅筒压力对输出差压的影响，因此已经不能满足使用要求。为进一步消除锅筒压力变化对差压式水位计指示值的影响，可以同时测量出锅筒压力信号，根据锅筒压力与密度之间的关系，对差压信号进行校正运算，校正因锅筒压力偏离额定值带来的测量误差，使差压水位计在起停炉的全过程中有比较准确的指示。

带压力校正的差压水位计测量系统与平衡容器结构有关，其中单室平衡容器的压力校正

系统如图7-24所示。水位测量系统如图7-19所示，将式（7-3）改写成锅筒水位表达式为

$$H = \frac{L(\rho_1 - \rho'')g - \Delta p}{(\rho' - \rho'')g} \tag{7-11}$$

图7-24中，$f_1(p)$ 和 $f_2(p)$ 为函数发生器，它们接收压力传感器测量得到的锅筒压力信号，其输出量为 $(\rho_1 - \rho'')gL$ 和 $(\rho' - \rho'')g$，二者能自动地跟随锅筒压力变化而变化，达到校正的目的。然后将差压信号 $(-\Delta p)$ 与反映密度变化的 $(\rho_1 - \rho'')gL$ 代数相加，再除以密度变化信号 $(\rho' - \rho'')g$，则测量系统输出为锅筒水位 H。由于采用单室平衡容器，ρ_1 随环境温度而变化，因此测量上仍然存在一定误差。

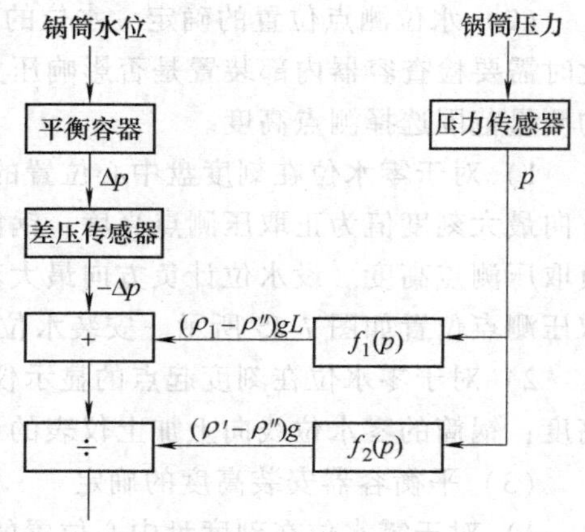

图7-24 锅筒水位测量压力校正系统

7.3.5 平衡容器的安装

平衡容器是差压式水位计的一次取源部件，直接与主体设备连接。安装平衡容器时，应按照下列步骤及要求进行。

1. 安装前的工作

（1）平衡容器安装水位线的确定 平衡容器制作后，应该在其外表标出安装水位线。单室平衡容器的安装水位线应为平衡容器蒸汽侧取压孔内径的下缘线；双室平衡容器的安装水位线应为平衡容器正、负取压孔间的平分线；蒸汽罩补偿式平衡容器的安装水位线应为平衡容器正压恒位水槽的最高点，如图7-25所示。

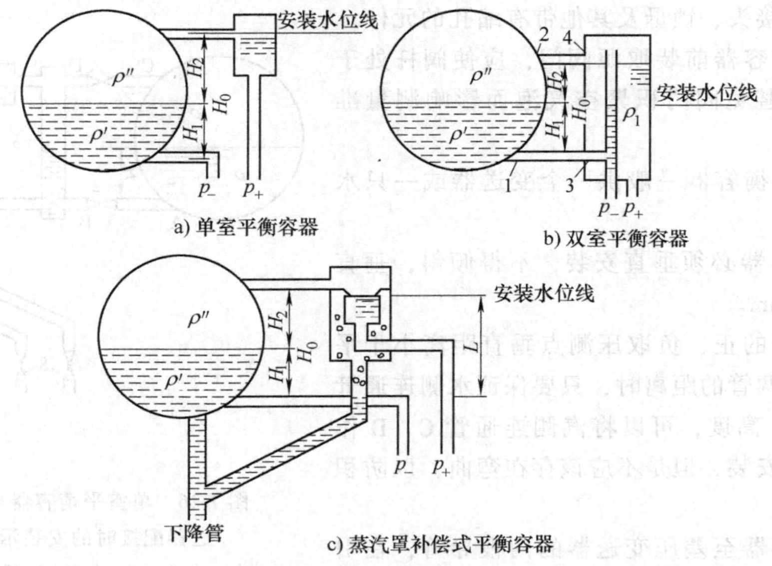

图7-25 平衡容器的安装水位线与水位测点位置及锅筒正常水位之间的关系

1—负取压测点 2—正取压测点 3—平衡容器负取压孔 4—平衡容器正取压孔

(2) 水位测点位置的确定　水位的正、负取压点一般由制造厂确定并安装好取压装置，此时需要检查容器内部装置是否影响压力的取出。如果制造厂未安装，则可以根据显示仪表的测量范围选择测点高度。

1) 对于零水位在刻度盘中心位置的显示仪表，以锅筒的正常水位线向上加上仪表的正方向最大刻度值为正取压测点高度；锅筒的正常水位线向下加上仪表的负方向最大刻度值为负取压测点高度。设水位计负方向最大刻度值为 H_1，正方向最大刻度值为 H_2，水位正、负取压测点位置如图 7-25 所示。安装水位测点时，正、负取压测点应在同一垂直线上。

2) 对于零水位在刻度起点的显示仪表，以锅筒的云母水位计的零水位线为负取压测点高度；锅筒的零水位线向上加上仪表的最大刻度值为正取压测点高度。

(3) 平衡容器安装高度的确定

1) 对于零水位在刻度盘中心位置的显示仪表，如果采用单室平衡容器，则其安装水位线应该和锅筒的正取压测点高度一致；如果采用双室平衡容器，则其安装水位线应该和锅筒的正常水位线高度一致；如果采用补偿式平衡容器，则其安装水位线应该比负取压口高出 L 值，如图 7-25 所示。

2) 对于零水位在刻度起点的显示仪表，若采用单室平衡容器，则其安装水位线应该比锅筒的云母水位计的零水位线高出仪表的整个刻度值；若采用双室平衡容器，则其安装水位线应该比锅筒的零水位线高出仪表的整个刻度值的 1/2。

2. 平衡容器的安装及要求

安装平衡容器时，应该遵照下列要求：

1) 水位取压测点位置和平衡容器的安装高度按上述原则确定。

2) 平衡容器与锅筒壁之间的连接管应该尽量缩短，水侧取样管应该严格按水平位置敷设，如图 7-26 所示，即保证 B 点高度与 A 点高度一致。连接管上避免安装影响介质正常流通的元件，如接头、锁母及其他带有缩孔的元件。

3) 在平衡容器前装取源阀门，应使阀杆处于水平位置，以避免阀门积聚空气泡而影响测量准确度。

4) 一个平衡容器一般供一个变送器或一只水位计使用。

5) 平衡容器必须垂直安装，不得倾斜，垂直度偏差小于 2mm。

6) 当容器的正、负取压测点垂直距离小于平衡容器汽、水两管的距离时，只要保证水侧连通管 A、B 点在同一高度，可以将汽侧连通管 C、D 作直线向上倾斜安装，但是不应该存在弯曲，以防积水，影响运行。

7) 平衡容器至差压变送器的两根导管，在引出处应有 1m 以上的水平段，以减小输出差压的附加误差。

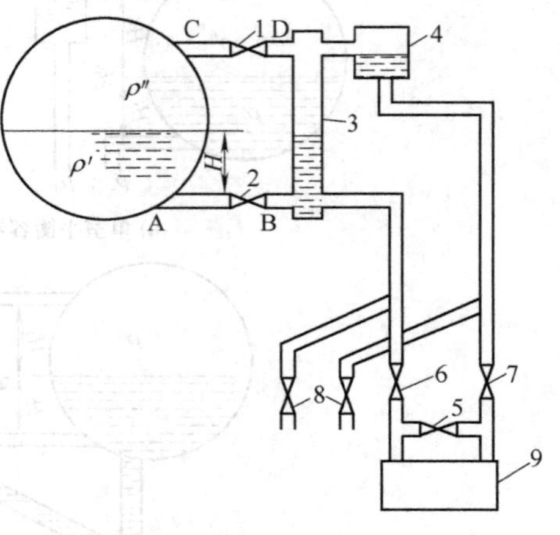

图 7-26　单室平衡容器与差压变送器配接时的安装示意图

1—汽侧一次阀　2—水侧一次阀　3—凝结水管　4—平衡容器　5—平衡阀　6—负压二次阀　7—正压二次阀　8—排污阀　9—差压变送器

8）平衡容器及连接管安装后，水侧连通管应该加保温。但是为使平衡容器内蒸汽凝结加快，汽侧连通管与平衡容器上部不应该加保温。

9）工作压力较低（如凝汽器、除氧器等）处的平衡容器安装时，可以在平衡容器顶部加装水源管（中间应该装截止阀）或灌水丝堵，以保证平衡容器内有充足的凝结水，以便能较快地投入水位计。如图7-26中的凝结水管3用于投运时向平衡容器内充水或冲洗导压管。

7.4 水位计的安装

水位计是由测量部件（或称取源部件）、压力导管或连接导线及水位显示仪表等组成。在火力发电厂中，水位计安装质量好坏直接影响水位计的运行可靠性和准确性，对保证机组安全运行有着重要意义。因此，安装水位计时，应该按照下面要求进行。

1）锅筒锅炉应至少配置两只彼此独立的就地锅筒水位计和两只远传式水位计。水位计的配置应采用两种以上工作原理共存的配置方式，以保证在任何运行工况下对锅炉锅筒水位的正确监视。

2）对于过热器出口压力为13.5MPa及以上的锅炉，其锅筒水位计应以差压式（带压力校正回路）水位计为基准。锅筒水位信号采用三选中值的方式进行优选，即将三台差压变送器中某一中间值作为水位监示、水位调节信号使用，而将较大和较小的两只变送器的输出值去掉。

3）差压水位计（变送器）应该采用压力补偿。锅筒水位测量应该充分考虑平衡容器的温度变化造成的影响，必要时采用补偿措施。

4）锅筒水位测量系统，应该采取正确的保温、伴热及防冻措施，以保证锅筒水位测量系统的正常运行及正确性。

本章小结

1. 就地式水位计

就地式水位计指就地安装指示的水位计，它是采用连通器原理来显示水位的，较成熟的产品有云母水位计、双色水位计等。云母水位计虽然直观可靠，但是由于液位显示不够清晰，尤其是水位超出测量范围时，很难正确判断是满水还是缺水，因而无法通过工业电视远传至集控室进行显示，在高压、超高压锅炉上已经很少使用。目前使用较广的是双色水位计，即在原云母水位计的基础上作了改进，辅以光学系统，利用光从空气进入蒸汽和水产生不同的折射，产生红绿两色以区分水与蒸汽，并采用工业电视将其远传至集控室显示。就地式水位计最大的优点就是显示直观、读数可靠，在所有的测量方式中其可靠性最高。但是这种测量方式目前还存在不少问题，它只能观测到水位的大致位置，给运行人员一个参考；其次，由于水位计中水的平均温度低于锅筒中饱和水的温度，从而造成所测水位较锅筒内实际水位偏低。

2. 电接点水位计

电接点水位计是利用锅筒内蒸汽、水介质的电阻率相差很大的性质来测量锅筒水位的。

其主要由水位发送器（包括测量筒、电接点）、传送电缆和水位显示仪表组成，电接点及测量筒是水位测量仪表的重要部件。电接点水位计的显示仪表可以采用模拟式显示及数字式显示。常用的有氖灯显示、双色显示和数字显示。

由于电接点水位计的电极是以一定间距安装的，这种测量方式就决定了其测量存在固定误差；另外由于水位测量筒的散热造成的冷却误差，即电接点水位计测量筒内的水温低于锅筒内的饱和水温度，使测量筒内水的密度大于锅筒内饱和水的密度而造成误差。

3. 差压式水位计

差压式水位计是通过水位仪表的传感器——平衡容器，将水位高低信号转化成相应差压信号来实现水位测量的。平衡容器输出的差压与锅筒水位成单值函数关系。水位越高，输出差压越小；水位越低，输出差压越大。

由于双室平衡容器在实际使用中受锅筒压力变化和环境温度变化的影响，因而会导致水位测量产生误差，因此必须进行改进。本章主要介绍了两种改进方法：一种措施是改进平衡容器的结构，即采用结构补偿式平衡容器和双差压平衡容器，力图得到仅与水位有关的差压值；另一种措施是对平衡容器的输出信号引入压力校正，即采用自动补偿运算装置。改进后的差压式水位计的准确度有很大的提高。

平衡容器直接与主体设备连接，因此正确安装平衡容器，对准确测量水位值和保证机组安全运行有着重要意义。因此对平衡容器的安装方法及要求进行了重点介绍。

思考题与习题

7-1　简述物位测量的方法。

7-2　在火力发电厂中，常用的锅炉锅筒水位测量仪表有哪几种？各种水位计的测量原理是什么？安装时需要注意哪些问题？

7-3　云母水位计具有哪些特点？其指示误差与哪些因素有关？

7-4　简述双色水位计的测量原理。

7-5　运行中双色水位计经常出现的故障状态及处理措施有哪些？

7-6　电接点水位计测量锅筒水位的特点是什么？该水位计有哪几种显示方式？

7-7　影响电接点水位计测量锅筒水位的因素有哪些？如何克服？

7-8　简述热套式电接点水位计水位容器的结构。该水位容器有哪些优点？安装时应该注意哪些问题？

7-9　差压式水位计是由哪几部分组成的？其测量水位的基本原理是什么？如何正确使用差压变送器测量锅筒水位？

7-10　画出简单平衡容器结构图，推导出其水位-差压特性公式。

7-11　已知单室（双室）平衡容器 $L=640\text{mm}$，零水位 $H_0=320\text{mm}$，冷凝水平均密度 $\rho_1=994\text{kg/m}^3$，饱和水密度 $\rho'=565.29\text{kg/m}^3$，饱和蒸汽密度 $\rho''=119.03\text{kg/m}^3$，请计算出锅筒相对水位 ΔH 为 -320mm、-160mm、0mm、$+160\text{mm}$、$+320\text{mm}$ 时产生的差压各为多少 Pa？

7-12　已知在额定运行工况下，锅筒水位分别为 -100mm 和 $+80\text{mm}$ 时，平衡容器实际输出差压分别为 4600Pa 和 3700Pa，试求锅筒水位分别为 -320mm、-160mm、0mm、$+160\text{mm}$、$+320\text{mm}$ 时产生的差压各为多少 Pa？

7-13　图 7-21 所示的双室平衡容器水位计在实际使用中出现测量误差的主要原因是什么？应如何改进平衡容器？改进后是否还存在问题？

7-14　如图 7-22 所示，改进后的平衡容器结构的水位计减小测量误差的基本原理是什么？当这种水位计水位偏高正常水位时为什么输出差压信号 Δp 还是受到锅筒压力变化的影响？

7-15 测量锅炉锅筒水位时，为什么要进行压力校正？以双室平衡容器为例分析差压式水位计受锅筒压力的影响，并设计一个锅筒压力自动校正系统。

7-16 电接点水位计与差压式水位计相比具有哪些优点？为了减小测量误差和延长使用寿命，使用电接点水位计时应该注意哪些问题？

7-17 600MW 机组在正常运行时，测量锅炉锅筒水位的各种水位计的指示是否一致？在锅炉起、停过程中必须监视哪一种水位计？在正常运行时必须监视哪一种水位计？

7-18 怎样确定水位的正负取样点高度？以双室平衡容器为例，说明安装水位线与平衡容器的正负取压孔之间的关系。怎样确定平衡容器的安装高度？

第8章 烟气含氧量测量

8.1 烟气测量概述

在火电厂中，为了保持锅炉燃烧处于最佳工况，燃料量与空气量必须有恰当的比例，这一比例可由过量空气系数 α 的大小反映出来。过量空气系数 α 太大，会降低炉温，增加排烟热损失；而如果 α 太小，又会由于燃烧不充分使得燃烧不完全，热损失增加，降低锅炉热效率，甚至使锅炉冒黑烟污染环境。因此，过量空气系数 α 应保持适当的值，一般燃煤锅炉为 1.2～1.3。燃油锅炉为 1.1～1.2。然而直接测量 α 是非常困难的，但因其与烟气中的含氧量或二氧化碳的含量呈一定函数关系，如图 8-1 所示，所以目前的办法主要是对烟气的成分进行分析。用于烟气成分分析的仪表很多，如氧化锆氧量计、热磁式氧量计、热导式二氧化碳分析仪及气相色谱分析仪等。

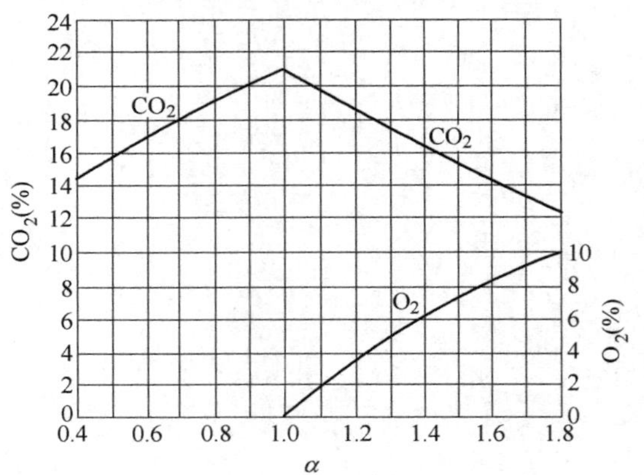

图 8-1 烟气中 CO_2 及 O_2 含量与过量空气系数之间的关系

从图 8-1 中看出，氧含量与过量空气系数之间是单值关系，而且此关系受燃料品种的影响较小，因此目前电厂中大多采用氧量计。经验表明，当烟气中氧的含量为 3%～5% 时，燃烧最经济。氧化锆氧量计以其结构简单、响应快、灵敏度高、测量范围宽、运行可靠、安装方便、维护量小等优点，在电力、冶金、化工、环保等工业部门得到了广泛的应用。

8.2 氧化锆氧量计

8.2.1 氧化锆管的结构

氧化锆氧量计的传感器就是氧化锆管，氧化锆管有封底和不封底两种，其结构如图 8-2 所示。氧化锆管由氧化锆（ZrO_2）中渗入一定数量的氧化钙（CaO）或氧化钇（Y_2O_3）并经高温焙烧后制成的，它的气孔率很小。在管子的内外壁上用高温烧结等方法，附上金、银或铂的

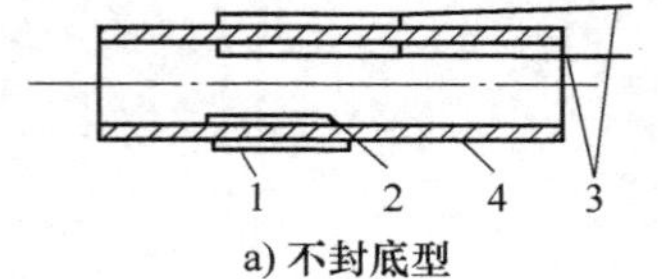

a) 不封底型

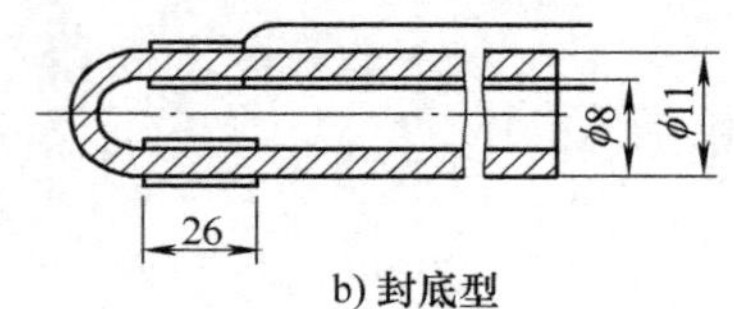

b) 封底型

图 8-2 氧化锆管的结构
1—外铂电极 2—内铂电极
3—电极引线 4—氧化锆管

多孔性电极和引线，电极的长度为 10～20mm。

经上述掺杂和焙烧而成的氧化锆材料，其晶型为稳定的萤石型立方晶格，晶格中部分四价的锆离子被二价钙离子或三价的钇离子所取代而在晶格中形成氧离子空穴。由于氧离子空穴的存在，在 600～1200℃高温下，这种氧化锆材料成为对氧离子有良好传导性的固体电解质。

8.2.2　工作原理

当氧的浓度不同的气体分别通过氧化锆管内外两侧时，就在两电极上形成电动势，这个电动势是由于两侧氧的浓度不同而产生的，称为浓差电动势，如图 8-3 所示。下面分析一下浓差电动势的形成过程。

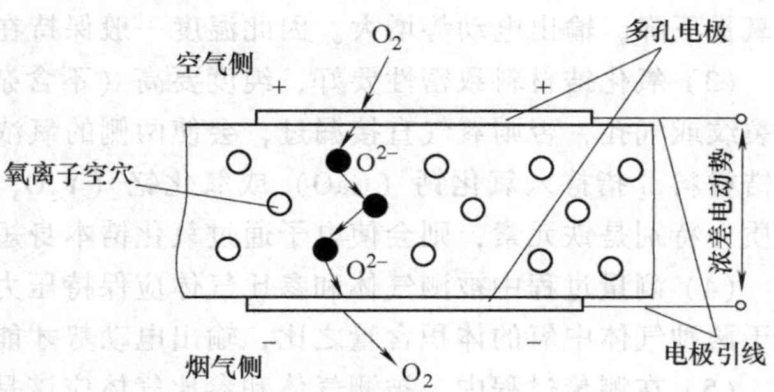

图 8-3　浓差电动势的形成过程

当氧的浓度不同的气体分别通过氧化锆管内外两侧时，氧分子在电极上得到电子变成负二价的氧离子去填补氧化锆管中的氧离子空穴，氧浓度大的一侧在电极和固体电解质界面上，氧离子空穴中氧离子浓度较高，在扩散作用下进入空穴的氧离子会跑出来去填补附近的氧离子空穴，这样会使氧离子通过固体电介质向氧浓度小的一侧游走，当到达浓度小的一侧时，氧离子向电极释放两个电子变成氧原子，两个氧原子再结合成氧气分子。这样就在浓度高的一侧聚集正电荷，在浓度低的一侧聚集负电荷，两个电极之间形成电场，此电场力阻碍这种由于扩散作用而引起的氧离子的迁移，当电极上聚集的电荷数较少时，扩散作用使氧离子向浓度低的一侧迁移，随着聚集的电荷数的增加电场力逐渐增强，当扩散作用与电场力的作用达到平衡时，电极上聚集的电荷数不再变化，这时在两电极上就形成了稳定的浓差电动势。

浓差电动势可由能斯特公式计算，即

$$E = \frac{RT}{nF}\ln\frac{p_2}{p_1} \tag{8-1}$$

式中，R 是理想气体常数，其值为 8.315J/（mol. K）；F 是法拉第常数，其值为 96500C/mol；T 是热力学温度，单位为 K；n 是一个氧分子携带的电子数，$n=4$；p_1、p_2 分别为被测气体（烟气）和参比气体（空气）中氧的分压。

若被测气体总压力与参比气体的总压力相等，都用 p 表示；被测气体（烟气）和参比气体（空气）中氧的含量分别用 ϕ_1、ϕ_2 表示。则

$$\phi_1 = p_1/p;\phi_2 = p_2/p$$

则式（8-1）可写成

$$E = \frac{RT}{nF}\ln\frac{p_2}{p_1} = \frac{RT}{nF}\ln\frac{\phi_2}{\phi_1} \tag{8-2}$$

式（8-2）中如果参比气体氧含量 ϕ_2 为定值，在温度 T 也是定值的前提下，浓差电动势与烟气中氧含量 ϕ_1 就是单值关系，通过测量浓差电动势就可知道烟气中氧的含量。在实际测量

中，一般采用空气作为参比气体，空气中氧的含量是固定不变的，其值约为20.8%。

8.2.3 使用氧化锆氧量计应注意的问题

使用氧化锆氧量计应注意以下几点：

（1）测量中氧化锆管应处于恒温下或进行温度补偿　根据能斯特公式，氧浓差电动势与氧化锆管的工作温度成正比关系。要消除温度对测量的影响，一般可以采取两种方法：一种是通过温控装置使工作温度恒定；另一种是采取温度补偿的方法，分别测量浓差电动势和温度，然后通过一定的运算，消除温度的影响。

（2）使用氧化锆氧量计，工作温度应在600～1200℃之间　根据能斯特公式可看出，温度过低，输出电动势减小，输出灵敏度下降；温度过高，烟气中的可燃物质会与氧化合，使含氧量下降，输出电动势增大。因此温度一般保持在800℃左右。

（3）氧化锆材料致密性要好，纯度要高（不含杂质）　氧化锆管材质应均匀致密，不能有裂纹或气孔，否则氧气直接漏过，会使两侧的氧浓差下降，输出电动势减小。高纯度的氧化锆材料［指掺入氧化钙（CaO）或氧化钇（Y_2O_3）经过焙烧后］是电的绝缘体，如存在杂质，特别是铁元素，则会使电子通过氧化锆本身短路，使输出的浓差电动势降低。

（4）测量过程中被测气体和参比气体应保持压力相等　这样两种气体的氧分压之比才能等于两种气体中氧的体积含量之比，输出电动势才能真正反映含氧量。

（5）在测量过程中，被测气体和参比气体应该是流动的　由于在浓差电动势形成的过程中，参比气体中的氧气不断向被测气体中扩散，所以两侧的氧浓度有趋于一致的倾向，因此必须保证被测气体和参比气体有一定的流速，以便不断更新。但为了控温的需要，其流动速度也不能太快。

（6）显示仪表应具有较高的输入阻抗　由于氧化锆材料本身的阻抗很高，并且随着工作温度的降低按指数规律上升，所以与氧化锆管配接的二次仪表应有很高的输入阻抗。

（7）信号的线性化　如果以氧化锆管的输出作为自动调节信号，则应采用线性化电路将浓差电动势与含氧浓度之间的对数关系转换为线性关系。

8.3 氧化锆氧量计测量系统

根据氧化锆管安装方式的不同，可分为直插式与抽出式两种测量系统。抽出式系统是将气样抽出后再送入氧化锆管测量，带有抽气和净化系统，能除去杂质和SO_2等有害气体，对保护氧化锆管有利，并且氧化锆管处于800℃恒温下工作，准确度较高，但系统复杂，迟延较大，不能及时反映被测烟气的含氧量变化。生产中一般多采用直插式测量系统，直插式就是将氧化锆管直接插入烟道的高温部分。直插式测温系统又分为直插定温式和直插补偿式，下面分别介绍这两种测量系统。

1. 直插定温式测量系统

直插定温式测量系统是采用控温电炉加热方式使氧化锆管维持恒温的测量系统，其测量探头的结构如图8-4所示。它主要由碳化硅陶瓷过滤器、氧化锆管、恒温室、热电偶、气体导管和接线盒等组成。过滤器处于恒温室前端，氧化锆管置于恒温室内部，热电偶用来测量恒温室内的温度。恒温室衬套内装有一组均匀排列的加热电阻丝，衬套外边是一个用绝热材料制成的保温套。不锈钢导管用来作为加热丝、热电偶、氧浓差电极的引线通道以及作为参比空气和标准校正气样导管的引入通道。末端接线盒内装有接线座及参比空气和校正气样的接气嘴。蛇皮管连接到电磁泵，蛇皮管是烟气和空气的出口通道。

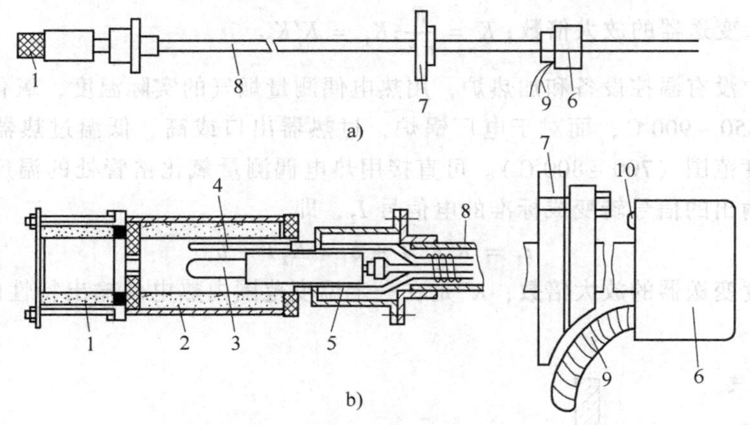

图 8-4　直插定温式氧化锆管的结构

1—陶瓷过滤器　2—恒温室衬套　3—氧化锆管　4—热电偶　5—标准气体导管
6—接线盒　7—安装法兰　8—不锈钢导管　9—蛇皮管　10—接气管

在测量过程中，烟气经过陶瓷过滤器通过氧化锆管的外部，作为参比气体的空气通入氧化锆管内侧，用电磁泵抽吸烟气和空气使它们流速稳定，并且使两种流体的总压力基本相同。直插定温式测量系统如图 8-5 所示，热电偶把氧化锆管的工作温度并送入温度控制器，由温度控制器来控制流过加热炉丝的电流的通断，使恒温室温度控制在一定的温度。氧化锆管输出的浓差电动势送到显示仪表进行显示，也可以经过变送器变成标准信号送入控制系统。

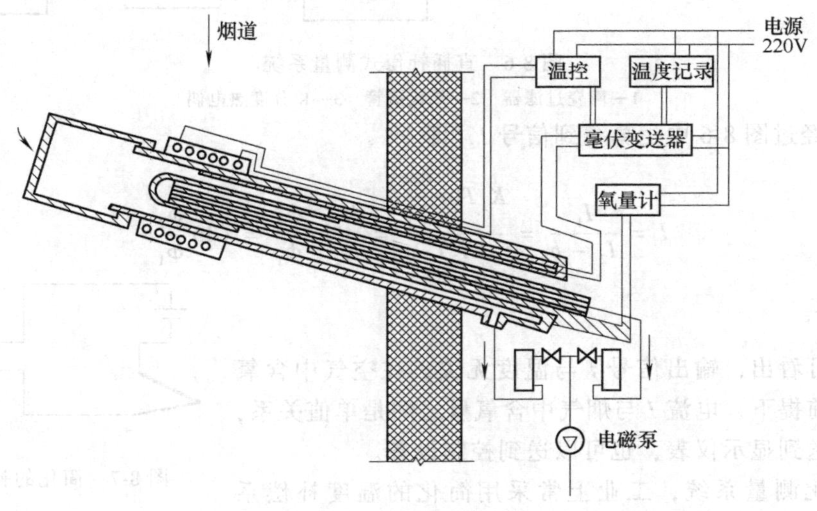

图 8-5　直插定温式测量系统

2. 直插补偿式测量系统

用氧化锆氧量计测量电厂锅炉烟气中的含氧量时，也可以采用直插补偿式测量系统，该测量系统的组成如图 8-6 所示。由氧化锆管的电极引线输出的浓差电动势，经过高输入阻抗

的毫伏变送器把毫伏级的电动势转变为标准的电信号 I_1，根据式（8-2）可得

$$I_1 = K'E = K'KT\ln\frac{\phi_2}{\phi_1} = K_1T\ln\frac{\phi_2}{\phi_1}$$

式中，K'是毫伏变送器的放大倍数；$K = \frac{R}{nF}$;$K_1 = K'K$。

测量系统中没有温控设备和加热炉，用热电偶测量烟气的实际温度，氧化锆氧量计工作的最佳温度是650～900℃，而对于电厂锅炉，过热器出口或高、低温过热器之间的烟气温度符合上述温度范围（700～800℃）。可直接用热电偶测量氧化锆管处的温度，经过温度变送器把热电偶输出的信号转变成标准的电信号 I_2，即

$$I_2 = K''K'''T + b = K_2T + b$$

式中，K''是温度变送器的放大倍数；K'''是在一定温度范围内热电偶输出特性的斜率；b 是常数。$K_2 = K''K'''$。

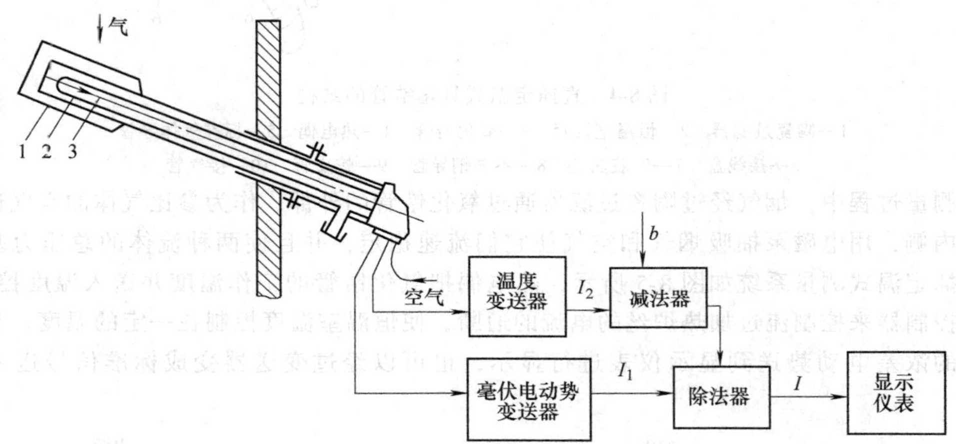

图8-6 直插补偿式测量系统

1—陶瓷过滤器 2—氧化锆管 3—K 分度热电偶

I_1 和 I_2 经过图8-6中运算得到信号 I，即

$$I = \frac{I_1}{I_2 - b} = \frac{K_1T\ln\frac{\phi_2}{\phi_1}}{K_2T} = \frac{K_1}{K_2}\ln\frac{\phi_2}{\phi_1} = C\ln\frac{\phi_2}{\phi_1}$$

式中，$C = \frac{K_1}{K_2}$。

从上式可看出，输出信号 I 与温度无关，在空气中含氧量为定值的前提下，电流 I 与烟气中含氧量之间是单值关系，比信号可以送到显示仪表，也可以送到控制设备。

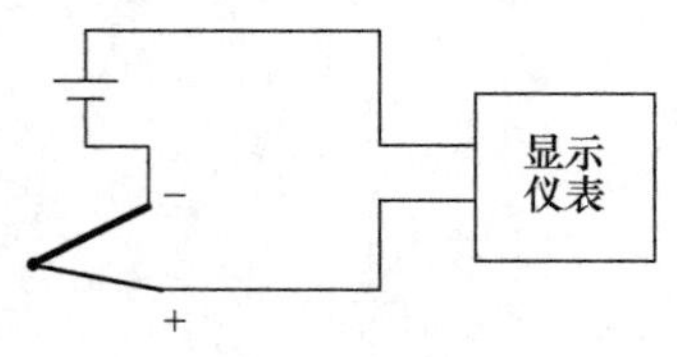

图8-7 简化的补偿系统

为了简化测量系统，工业上常采用简化的温度补偿系统，补偿系统的原理如图8-7所示。在700～800℃温度范围内，K 分度热电偶的热电动势随热端温度的变化率与氧化锆浓差电动势随工作温度的变化率基本相等，在这一温度范围内，浓差电动势与热电偶热电动势的差值随温度变化很小，可以忽略不计。工业测量系统中把热电偶与氧化锆管反向串联，输出的电势差基本上不随温度变化。这一信号可以送给显示仪

表，也可送到控制设备。

8.4　氧化锆氧量计的检定

由于氧化锆氧量计工作在600℃的高温下，而且工作环境恶劣，可能造成电极材料的升华、电解质的立方晶体转化为单斜晶体，氧浓差电池在正常运行中也会慢慢失效。为此应进行定期检查和校验。

检定的最好方法当然是在规定条件下向传感器通入标准成分的气样。在未能取得标准气样时也可以利用能斯特公式，维持参比气体和被测气体的氧含量不变，改变工作温度并测量相应的电动势，如果在 773.15 ~ 1123.15K(500 ~850℃) 内能得到正比关系，作出氧化锆氧量计的输出特性曲线，若此直线通过原点，如图 8-8 所示，则认为该氧化锆氧量计可以继续使用。同时，通过检定可以得到最适当的工作温度范围，如果线性的温度范围太小，则说明测量的准确性下降了。

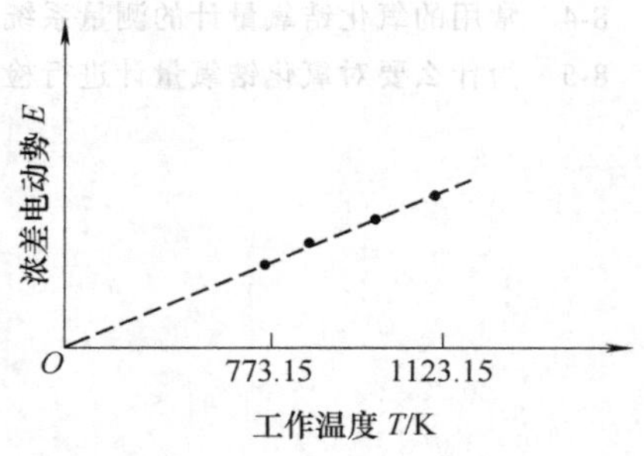

图 8-8　氧化锆氧量计的输出特性

本 章 小 结

本章介绍了火力发电厂烟气中氧气含量的测量，主要包含下面几项内容。

(1) 烟气含氧量测量的意义　火力发电厂烟气中氧气的含量是燃烧的经济性的主要指标，为了保证机组安全经济运行，必须对烟气中含氧量进行准确的测量。

(2) 氧化锆氧量计的工作原理　火力发电厂烟气中氧气的含量的测量大多采用氧化锆氧量计，氧化锆氧量计是把含氧量转变成浓差电动势 E，其关系如下：

$$E = \frac{RT}{nF}\ln\frac{p_2}{p_1} = \frac{RT}{nF}\ln\frac{\phi_2}{\phi_1}$$

在参比气体的浓度 ϕ_2 为定值，温度 T 固定的前提下，浓差电动势 E 与烟气中氧含量 ϕ_1 就是单值关系，通过测量浓差电动势就可知道烟气中氧的含量。

(3) 使用氧化锆氧量计应注意的问题　为了得到准确的测量结果，使用氧化锆氧量计应注意下面几点：1) 对测量中氧化锆管应处于恒温下或进行温度补偿。2) 氧化锆氧量计工作温度应在 600 ~1200℃之间，温度一般保持在 800℃左右。3) 氧化锆材料致密性要好，纯度要高（不含杂质）。4) 测量过程中被测气体和参比气体应保持压力相等。5) 在测量过程中，被测气体和参比气体应该是流动的。6) 显示仪表应具有较高的输入阻抗。7) 含氧量与浓差电动势的关系是非线性关系，必要时要线性化。

(4) 氧化锆氧量计的测量系统　电厂中用氧化锆氧量计测量时，大多采用直插式，直插测量系统中又分为直插定温式和直插补偿式。直插定温式测量系统是用温控炉使氧化锆管的工作温度固定；直插补偿式测量系统是用热电偶测量氧化锆管的工作温度，并通过一定的运算消除温度对输出信号的影响。

(5) 氧化锆传感器的检定　为了保证氧化锆氧量计的准确度，需要进行定期检查和校验，常用的方法是在规定条件下向传感器通入标准成分的气样，以检查其输出特性曲线是否通过原点。

思考题与习题

8-1 说明烟气中含氧量与过量空气系数的关系。

8-2 说明氧化锆氧量计的工作原理？

8-3 写出氧化锆氧量计浓差电动势的关系式；并说明使用氧化锆氧量计测量时，应注意哪些问题？

8-4 常用的氧化锆氧量计的测量系统有哪几种？说明其原理。

8-5 为什么要对氧化锆氧量计进行检定？如何检定？

第9章 机械量测量

在火力发电厂中，汽轮机、水泵和风机都是高速旋转的设备，为了保证这些设备运行的安全性，在运行过程中需要密切监测转速、轴向位移、相对膨胀、绝对膨胀、偏心度及振动等参数，这些参数都属于机械量。机械量测量概括起来主要是位移、振动和转速的测量。下面分别结合火力发电厂的实际情况对这几种量的测量进行介绍。

9.1 位移测量

在机组起动、运行及停机过程中，汽轮机动、静部件的相对膨胀、收缩量很大。根据发电机组安全、经济运行的要求，汽轮机的转动部件（如转子、叶片、大轴）与静止部件（如隔板、气缸、喷嘴）之间的间隙要很小。若控制得不好，会发生动、静部件的摩擦、碰击，便会产生轴封磨损、叶片断裂等，甚至会造成整机损坏的重大事故。为此，运行中要认真地对动、静部件进行监测。

机械位移量测量仪表一般用于测量汽轮机转子的轴向位移、相对膨胀（气缸、转子之间的相对膨胀）、绝对膨胀（气缸热膨胀量）及偏心度等参数。根据仪表工作原理的不同，机械位移量测量仪表一般有机械式、液压式、电感式及涡流式几种。

9.1.1 机械式位移测量

机械式位移测量仪表结构如图9-1所示。机械式位移测量仪表安装在固定体上，滑动触点与被测位移部件上的特制凸缘相接触。当被测部件有轴向、径向或其他方向的位移时，带动滑动触点移动，使传动轴偏转，传动轴又通过调整杆、传动杆使扇形齿轮偏转，由扇形齿轮带动太阳轮和指针轴，使指针偏转，指示出位移量的大小，完成对汽轮机转子位移的监测。这种仪表通常是完成位移的就地显示。当被测位移量超过设定值时，与指针同步偏转的凸轮8使信号触点9、掉闸触点10闭合，也可以使仪表发出事故信号，输出相应的保护动作。

此类仪表的缺点：一是表示位移量大小的模拟量信号不能远传，只有事故信号可以远传；另外，长期使用容易磨损滑动触点而影响测量准确度。一般只用在小型汽轮机组的转子轴向位移及转子气缸热膨胀位移量的测量。

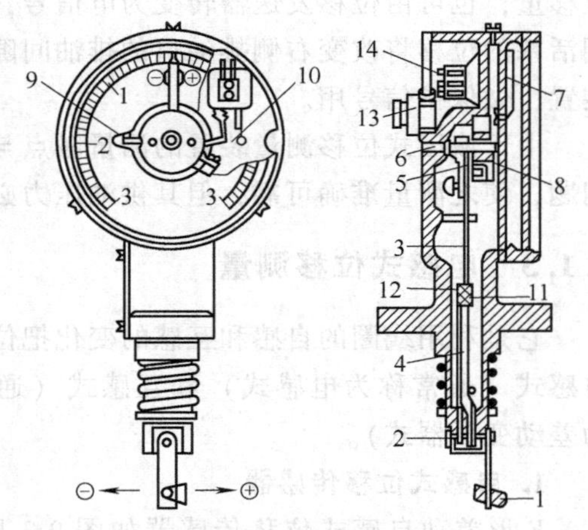

图9-1 机械式位移测量仪表结构

1—滑动触点 2—传动轴 3—传动杆 4—调整杆 5—扇形齿轮 6—指针轴 7—指针 8—凸轮 9—信号触点 10—掉闸触点 11—螺钉 12—调整螺钉 13—电缆进线口 14—接线端子

9.1.2 液压式位移测量

液压式位移检测装置又称为液压随动阀，其结构如图 9-2 所示。液压式位移测量装置的工作原理是：转轴的轴向位移改变就改变了喷油嘴与汽轮机轴端平面之间（或与转轴上凸缘平面之间）的间隙，从而引起油压变化，检测油压的变化就可实现位移测量。

液压式位移检测装置的工作过程为：压力为 p_1 的油进入油缸，经随动阀活塞节流阀 9 流到活塞左侧，由喷油嘴向被测部件（如汽轮机转子）凸缘处喷出。当喷油嘴与凸缘之间的间隙保持某一定值 δ 时，作用在随动阀活塞左右两侧的油压 p_a 及 p_b 使活塞保持平衡状态，即：$p_aA_1=p_bA_2$，其中 A_1 为随动阀活塞左侧的油压面积，A_2 为随动阀活塞右侧的油压面积。

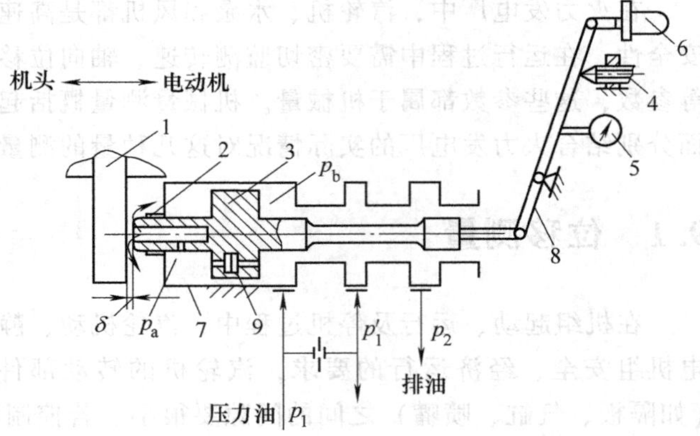

图 9-2 液压式位移检测装置

1—被测物体凸缘 2—喷油嘴 3—随动阀活塞 4—调节螺钉 5—指示表 6—位移发送器 7—随动阀油缸 8—杠杆 9-节流阀

当被测物体产生位移，如向左边移动时，间隙 δ 增大，泄油量增加，p_a 下降，这时在油压差产生的力 $p_aA_1-p_bA_2$ 的作用下，随动阀活塞将向左移动，使 δ 恢复原值，p_a 又将升高，使随动阀活塞保持新的平衡状态；如向右边移动时，间隙 δ 减小，泄油量减少，p_a 上升，这时在油压差产生的力 $p_aA_1-p_bA_2$ 的作用下，随动阀活塞将向右移动，使 δ 恢复原值，p_a 又将降低，又使随动阀活塞保持新的平衡状态。

机械位移造成的随动阀活塞的随动位移可以通过杠杆使指示表（百分表）就地指示出位移量，也可由位移发送器转变为电信号，再经放大器放大后送入显示仪表进行显示。随动阀活塞的位移将改变右侧排油口的排油间隙，从而使油压 p_1' 变化。p_1' 信号送入液压保护控制装置，做保护信号用。

由于液压式位移测量装置的测量触点与被测物体不发生直接机械接触，因而不存在磨损问题，使之测量准确可靠，但其供油压力必须稳定。此种测量装置应用较广。

9.1.3 电感式位移测量

它是利用线圈的自感和互感的变化把位移信号转变成电量信号。电感式位移测量又分为自感式（通常称为电感式）和互感式（通常称为差动变压器式）。

1. 自感式位移传感器

E 形差动自感式位移传感器如图 9-3 所示。上下是两个完全相同的 E 形铁心，中间为导磁材料的衔铁。当位移为零时，上下两个线圈电感量相等，当衔铁发生位移时，两磁路磁阻发生变化，磁通量也发生变化，两线圈的电感量

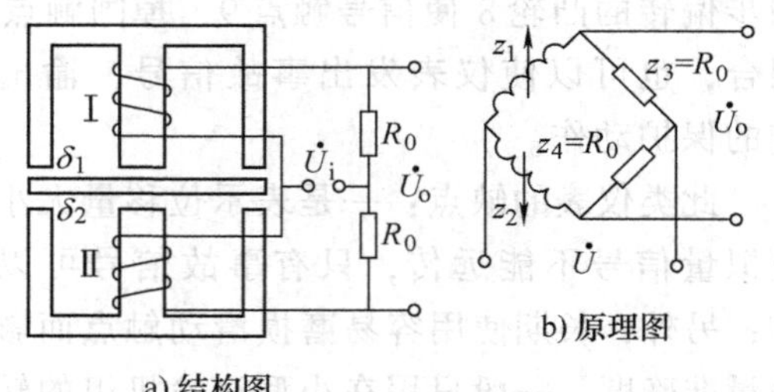

图 9-3 差动自感式位移传感器

发生变化，使电桥输出电压变化。在一定的范围内，输出电压与中间衔铁的位移成正比。

2. 差动变压器式位移传感器

差动变压器按结构形式不同，分为平板式和螺管式，如图 9-4 和 9-5 所示。下面以二段螺管式差动变压器为例介绍差动变压器的工作原理。

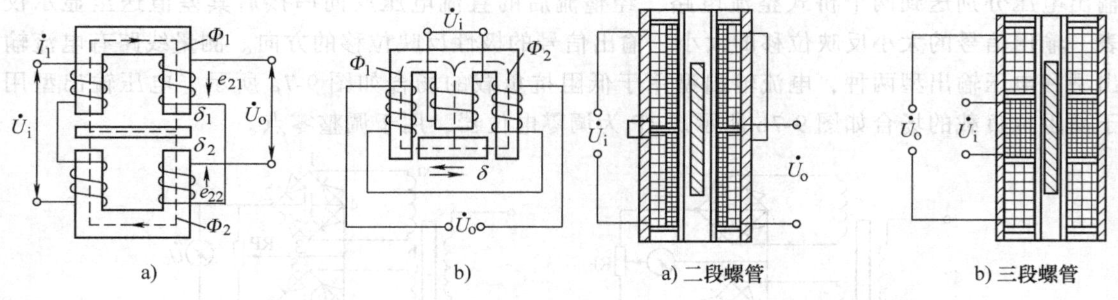

图 9-4　平板式差动变压器　　图 9-5　螺管式差动变压器

如图 9-6 是二段螺管式差动变压器的结构原理图。其骨架分成长度相等的两段，先把一次绕组均匀地绕在两段骨架上，并将两段一次绕组首尾串联相接。然后把二次绕组绕在两段一次绕组的外面，并将两段二次绕组反向串接。两段一次绕组所用的导线的材料、直径及匝数完全相同，两段二次绕组所用的导线的材料、直径及匝数也完全相同。导磁材料的铁心随被测对象的位移在绕组中移动，可改变一次绕组与上下两段二次绕组的耦合情况。当铁心处于中间位置时，由于一次绕组和上下两段二次绕组的耦合情况相同，两段二次绕组中的感应电动势 e_1、e_2 大小相等，由于是反向串接，所以 e_1 与 e_2 相位相反，这时总的输出电动势为零。当铁心偏离中间位置时，输出一交流电动势 $\dot{U}_o$，其大小决定于铁心偏离中间位置的距离大小，而其相位取决于铁心偏离中间位置的方向，也就是说，铁心偏离中间位置的方向决定了输出电动势与一次绕组输入电动势的相位是相同或相反。假设当铁心向上发生位移时，上面绕组的互感系数增加，下面绕组的互感系数减小，因而 e_1 增大 e_2 减小，输出电动势 $\dot{U}_o$ 的相位与 e_1 相同，其大小决定于位移的大小；当铁心向下发生位移时，e_1 减小 e_2 增大，输出电动势 $\dot{U}_o$ 的相位与 e_2 相同，其大小决定于位移的大小。实验证明，铁心在一定距离内的位移与输出电动势的大小基本上成线性关系。

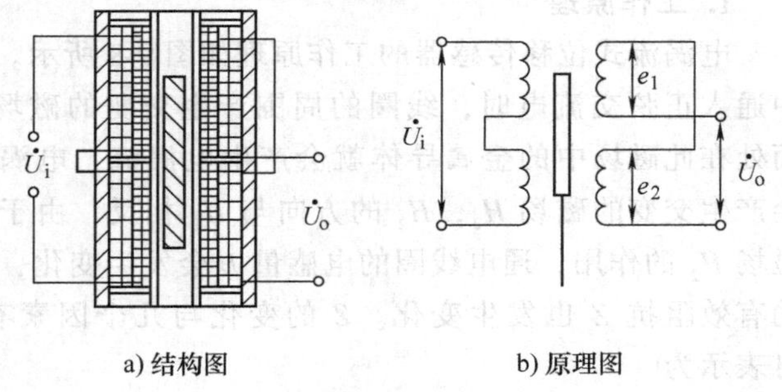

图 9-6　差动变压器结构原理图

实践证明，图 9-4 所示的平板式差动变压器灵敏度较高，测量范围较窄，一般用于测量几微米到几百微米的微小位移。对于较大的位移测量，常采用带圆柱形衔铁的螺管式差动变压器，如图 9-5 所示。螺管式差动变压器的位移与输出电压间的关系是非线性的，只有当位移较小时，才近似线性。螺管式差动变压器分为两段式和三段式，两段式的优点是灵敏度较高、线性范围较大；三段式的优点是零位电压较小。差动变压器的非线性误差属于原理性误差，无法避免，只能在参数设计时考虑得合理些，以求尽可能减小非线性误差，或者采用补偿措施来补偿这种非线性误差。

3. 差动变压器式位移传感器测量电路

差动变压器式位移传感器常用的测量电路如图 9-7 所示。差动变压器的两个二次绕组的输出电压分别送到两个桥式整流电路，经整流后的直流电压反向串接后其差值送至显示仪表，输出信号的大小反映位移的大小，输出信号的极性反映位移的方向。测量线路有电流输出型和电压输出型两种，电流输出型用于低阻抗负载的场合如图 9-7a 所示，电压输出型用于高阻抗负载的场合如图 9-7b 所示。RP 为调零电位器，用于调整零点。

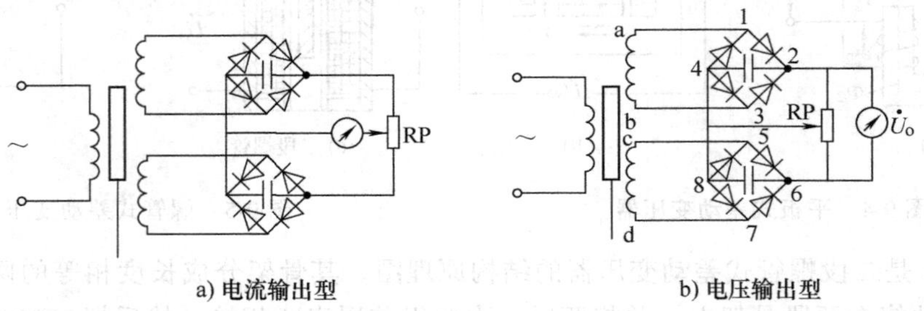

图 9-7 差动变压器式位移传感器测量电路

9.1.4 电涡流式位移传感器

1. 工作原理

电涡流式位移传感器的工作原理如图 9-8 所示。一扁平线圈置于金属导体附近，当线圈中通入正弦交流电时，线圈的周围产生交变的磁场 H_1，而处在此磁场中的金属导体就会产生电涡流，电涡流又会产生交变的磁场 H_2，H_2 的方向与 H_1 相反，由于交变磁场 H_2 的作用，通电线圈的电感量 L 会发生变化，线圈的有效阻抗 Z 也发生变化。Z 的变化与几个因素有关，可表示为

$$Z = f(d、\omega、e、\mu、\sigma、a)$$

式中，d 为线圈与金属导体的距离；ω、e 分别为线圈中交变励磁电源的频率和幅值；μ、σ、a 分别为金属导体的磁导率、电导率和导体厚度。

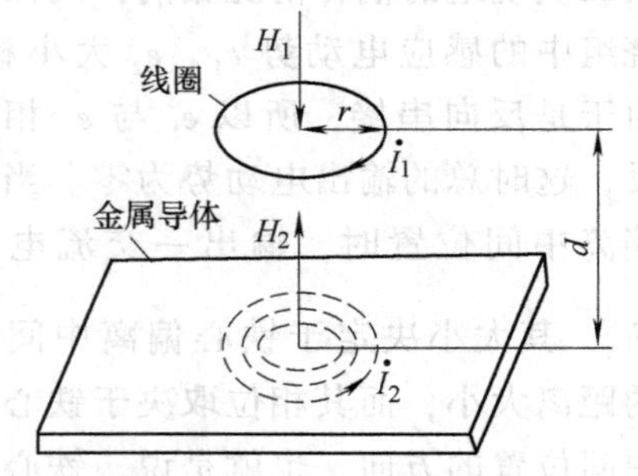

图 9-8 电涡流式位移传感器的工作原理图

线圈中的励磁电流是稳频稳幅的，若被测金属导体为某一均质材料，则 ω、e、μ、σ、a 均为定值，阻抗值 Z 就是距离 d 的单值函数。

通过转换电路把阻抗转变成电压，从而可以把位移转变成电压信号 U。电压与位移之间的关系如图 9-9 所示。经验表明，传感器的线性范围一般为线圈外径的 1/3 ~ 1/5 之间。为了增大线圈的线性范围，线圈最好做成扁薄圆片形状，使线圈外径尽可能大些。

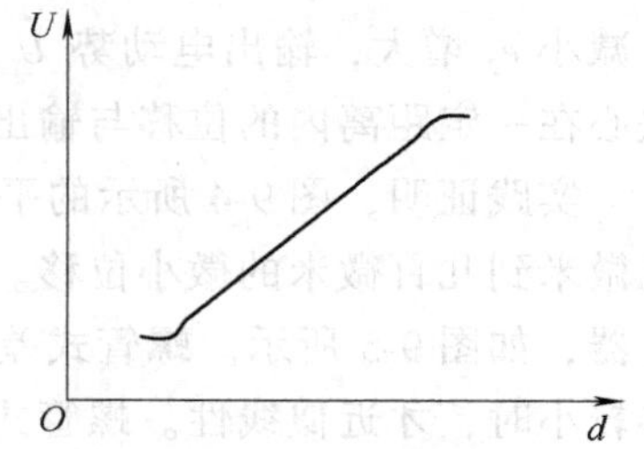

图 9-9 涡流传感器的输出特性

2. 信号转换电路

电涡流式位移传感器的线圈与被测金属导体距离 d 的

变化，变换成线圈的电感量 L、等效阻抗 Z 的变化，再通过转换电路将其转变成电压值。目前常用的检测转换方式有调幅式、调频式和调频调幅式。

（1）调幅式测量　调幅式测量电路的原理如图 9-10 所示。石英晶体振荡器产生一稳频、稳幅的高频振荡信号，此高频信号作为电阻 R、电容 C 及电感 L 的电源。当没有引入被测体时，使 L、C 回路谐振，输出最大电压值。当引入被测体时，引起传感器电感量 L 变化，从而引起阻抗 Z 变化，输出电压 U_o 是阻抗 Z 的单值函数，从前面的分析知，阻抗 Z 是线圈与被测金属导体距离 d 的单值函数。这样，就把距离 d 转变成了输出电压 U_o。

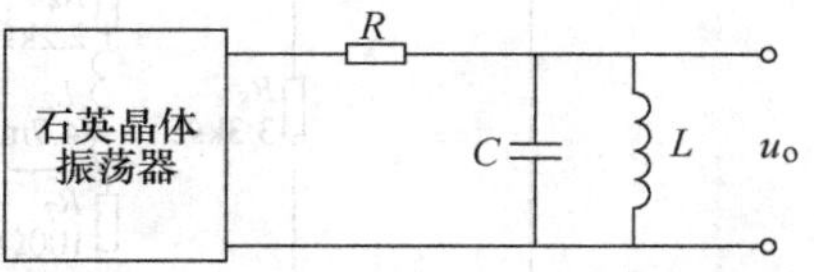

图 9-10　调幅式测量电路原理图

测量电路的电路图如图 9-11 所示。图中，L_1 为电涡流传感器检测线圈的电感。测量电路由石英晶体振荡器、射极跟随器、高频放大器、检波和滤波器等组成。石英晶体振荡器为检测线圈 L_1 提供稳频稳幅的高频信号，以激励线圈 L_1 与电容 C_1 所构成的谐振回路。当被测金属体靠近时，由于电涡流的反射作用，使线圈电感量下降，回路失谐，从而改变了输出电压的大小。射极跟随器的作用是增加输入阻抗，减小测量回路的负载，并降低输出阻抗，以增加带负载能力。高频放大器的作用是对射极跟随器的输出信号进行放大，以驱动检波器工作。检波器和滤波器的作用是把等幅振荡的高频信号转变成直流电压信号。

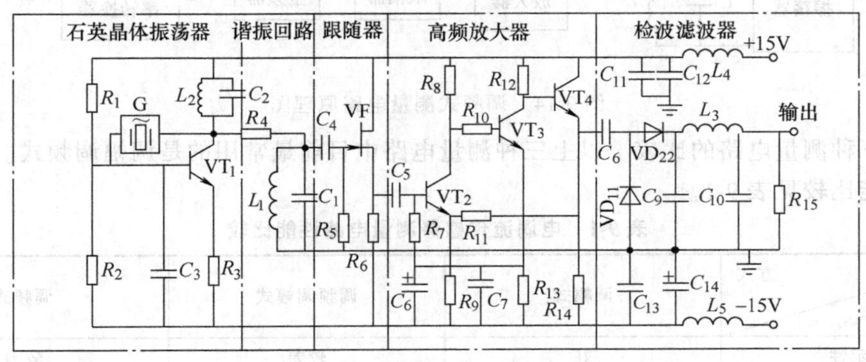

图 9-11　调幅式测量电路图

（2）调频调幅式测量　调频调幅式测量电路的原理如图 9-12 所示。主要由电容三点式振荡器、检波器和射极跟随器组成。与调幅式不同的是：调幅式的石英晶体振荡器输出的是稳频稳幅的高频信号，而电容三点式振荡器输出的是调频调幅的高频信号。电容三点式振荡器的作用是将线圈电感的变化转变成高频载波信号的幅值变化。在无被测体时，谐振频率最高，输出电压最大，当非铁磁材料的被测体靠近线圈时，线圈电感量减小，谐振频率升高，输出电压减小。调频调幅式测量电路如图 9-13 所示。

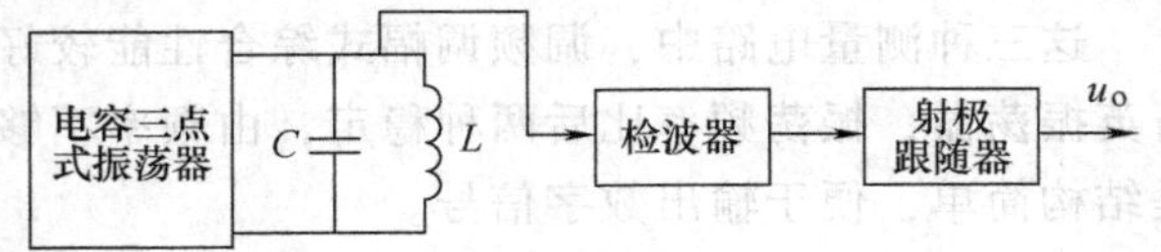

图 9-12　调频调幅式测量电路原理图

（3）调频式测量　这种测量方法与上一种测量方法的不同之处是将回路的谐振频率作为输出量，输出量可以是频率信号，也可以通过频率-电压转换器转变为电压信号。调频式测量电路的原理如图 9-14 所示。

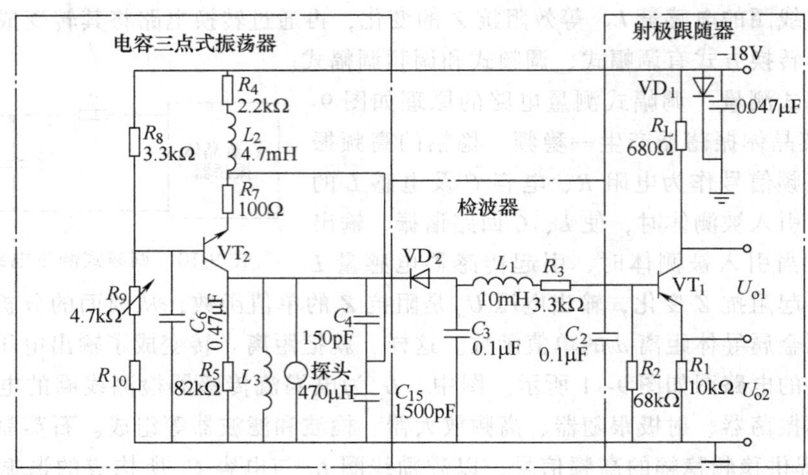

图 9-13 调频调幅式测量电路图

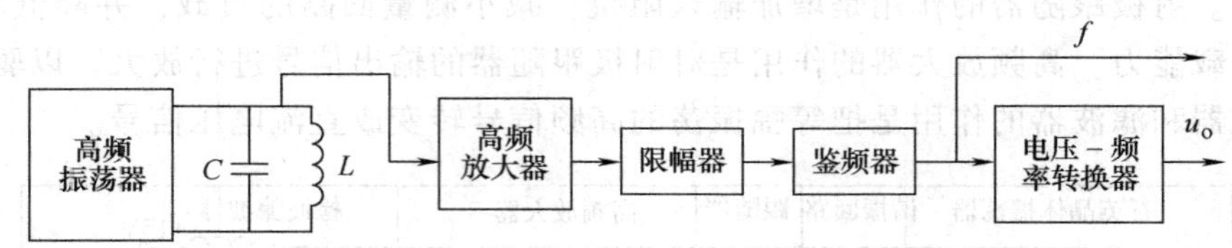

图 9-14 调频式测量电路原理图

（4）三种测量电路的比较 以上三种测量电路中目前最常用的是调幅调频式。三种测量电路的性能比较见表 9-1。

表 9-1 电涡流传感器测量电路性能比较

性能 \ 方式	调幅式	调频调幅式	调频式
稳定性	好	较差	较差
灵敏度	较差	好	较差
线性范围	次之	最好	最差
输出信号	直流电压	直流电压	频率或直流电压
结构	较复杂	较复杂	简单

这三种测量电路中，调频调幅式综合性能较好，因而应用最多；调幅式的优点是采用了石英振荡器，振荡频率比后两种稳定，由频率不够稳定引起的输出量变化小；调频式的优点是结构简单，便于输出数字信号。

3. 电涡流传感器的主要性能和影响因素

电涡流传感器由于测量线性范围大、灵敏度高、结构简单、抗干扰能力强、不受油污等介质影响，特别是无接触测量的优点，而得到了广泛的应用，可将它作为主要传感器用于转速、位移、振动及偏心度等参数的测量与监视。

利用电涡流传感器测量位移和振幅时，输出电压与距离 d 的单值函数关系是在其他条件不变的前提下得到的，这些条件变化均会影响测量的准确度和灵敏度。

被测体的面积在比传感器相对应的面积大得多时，传感器的灵敏度不受影响。当被测体面积为传感器线圈面积的一半时，其灵敏度减小一半；面积更小时，灵敏度则显著下降。假如被测体为圆柱体，当其直径为传感器直径的3.5倍以上时，不会影响被测结果；若两个直径相等，则灵敏度降至70%左右。

实验表明，工件表面热处理对测量结果也有影响，工件表面镀铬后，会使灵敏度增加，镀层厚度不均匀，会引起读数跳动，因此尽可能不要测量镀铬的表面。即使镀层均匀，也需进行静态校验。被测体表面的光洁度对测量结果基本上没有影响，被测体的材质对灵敏度有影响。不同的材质，或同一材质但表面不均匀，工件内部有裂纹等都将影响测量结果。

对于传感器而言，*LC* 振荡器的振荡频率是否稳定、探头与前置器之间电缆引线的分布电容的大小以及环境温度的变化均将影响测量结果。

9.2 振动测量

对于高速旋转的机械，振动所产生的应力、摩擦、转轴的过度弯曲以及连接件松动等现象，会引起一系列事故的发生，因此，对振动的检测与控制也是非常重要的。

在国际标准中，用振动烈度作为衡量机械振动状态的特征量，规定在机器的重要部位（例如轴承座、地脚固定处等）所测得的振动速度的最大有效值，作为振动烈度。我国也把振动幅值作为评价汽轮机振动的参数。

振动的检测元件通常叫拾振器，拾振器有很多种，常用的有两种传感器：磁电式传感器和电涡流传感器，磁电式传感器通常用于测量绝对振动，电涡流传感器用于测量相对振动。

9.2.1 磁电式传感器

磁电式传感器是将振动速度转变成感应电动势，因此也称为感应式传感器。磁电式传感器的核心部件是处在永久磁场中的线圈，由于线圈与磁场产生相对运动而产生感生电动势。磁电式传感器的结构有两种：一种是将线圈组件（线圈与骨架）与传感器壳体固定，而永久磁铁用柔软的弹簧支承；另一种是将磁铁与传感器壳体固定，而线圈组件用柔软的弹簧支承。后者的结构示意图如图9-15所示。传感器的磁钢4与壳体2固定在一起。心轴5穿过磁钢的中心孔，并由左右两片柔软的弹簧片7支承在壳体上。心轴的一端固定着线圈3，另一端固定一个圆筒形的铜杯（阻尼杯6）。阻尼杯用以减小传感器自振频率对测量信号的影响。

传感器安装在被测物体上，当振动频率远高于传感器的固有频率时，线圈组件接近静止不动，而磁铁和外壳则随被测物体一起振动。这样，线圈与磁铁之间就有相对运动，其相对运动的速度等于被测物体的振动速度。线圈在相对运动中切割磁力线，就在线圈中产生感应电动势。

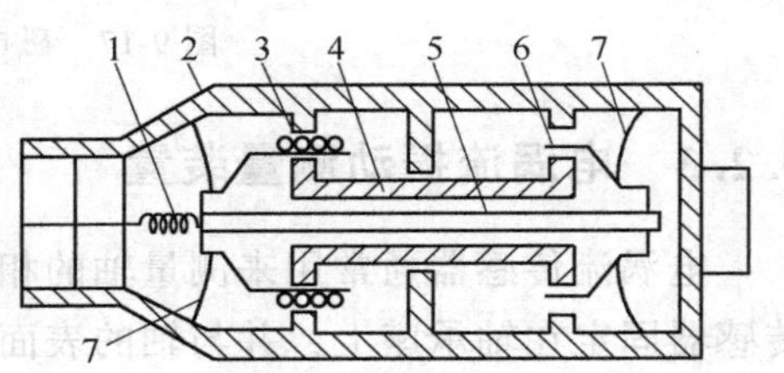

图9-15 磁电式传感器结构示意图

1—引线 2—壳体 3—线圈 4—磁钢
5—心轴 6—阻尼杯 7—弹簧片

产生的感应电动势为

$$e = wBLv$$

式中，w 是线圈的匝数；B 是磁感应强度；L 是单匝线圈的有效长度；v 是被测物体的振动速度。

若振动是正弦振动，振幅用 S 表示，则振动位移 $s = S\sin\omega t$

$$v = \frac{ds}{dt} = \omega S\cos\omega t$$

为了把速度转变成位移，采用对电压信号积分的形式。

$$\int_0^t e\mathrm{d}t = wBL\int_0^t v\mathrm{d}t = wBLS\sin\omega t$$

取其最大峰值 $\int_0^t e_{\max}\mathrm{d}t = wBLS$

从上式可看出，积分放大器的输出与振动的振幅成正比。

9.2.2 磁电式传感器的信号转换电路

磁电式传感器的测量电路可以采用如图 9-16 所示的积分放大器。磁电式传感器输出的感应电动势 e，送入由 R_1、C_1 和放大器组成的积分放大器中，积分放大器对感应电动势进行积分，其输出通过检波滤波器变为直流电压，电阻 R_4 两端的电压作为输出信号 U_o，送入显示仪表指示振动的幅值。

另一种测量电路的原理框图如图 9-17 所示。传感器送来的信号经过差分放大器放大，然后经过低通滤波器和高通滤波器滤掉干扰信号，若需要测量振动速度，开关 S_1 闭合，经有效值检波器输出的直流信号与振动速度的有效值成正比。若需输出振幅信号，则开关 S_2 闭合，经有源积分器进行积分，然后经过检波器得到直流信号，此信号与振动的幅值成正比。输出信号经放大器放大后送到显示仪表中。

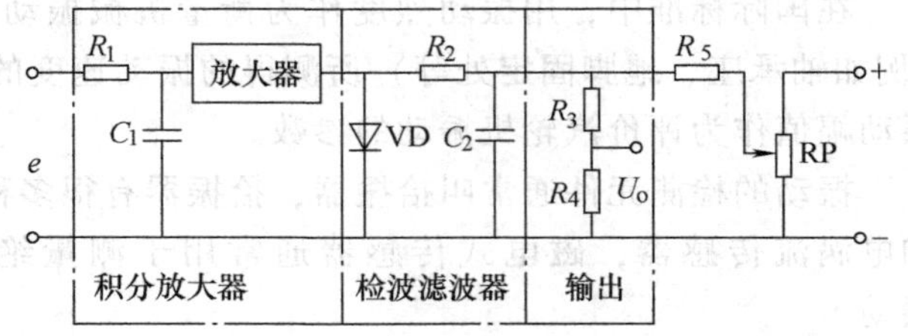

图 9-16 积分放大器原理图

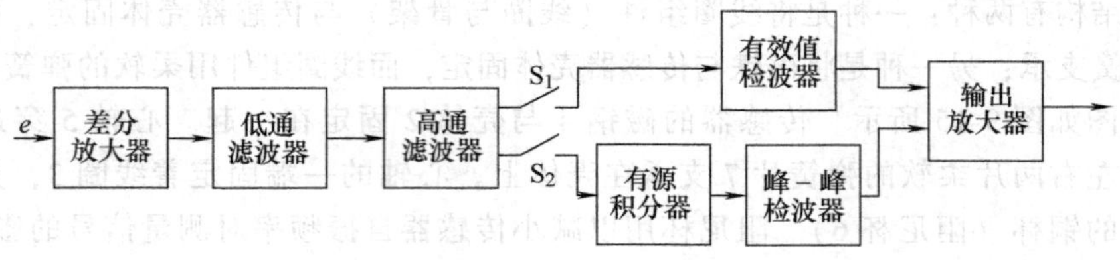

图 9-17 磁电式传感器测量电路原理框图

9.2.3 电涡流振动测量装置

电涡流传感器通常用来测量轴的相对振动（即轴与轴承座之间的相对振动）。把电涡流传感器固定在轴承座上，并与轴的表面具有一定距离。在轴振动时，电涡流传感器与轴表面之间的距离随着振动发生周期性变化，使电感线圈的电感量 L 和阻抗 Z 发生周期性的变化。

电涡流振动传感器的测量电路与电涡流位移传感器的测量电路基本相同，所不同的是当用于位移测量时，输入检波滤波器的是一等幅振荡的波，经过检波滤波后得到的是直流信

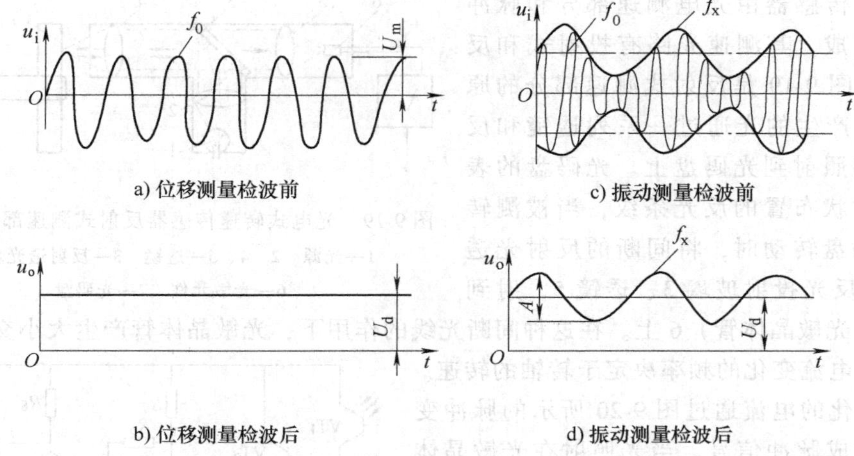

图 9-18　电涡流位移、振动测量装置波形图

号，如图 9-18a、b 所示；当用于振动测量时，输入到检波器的信号为一调幅波，图 9-18c 是检波器的输入信号，图 9-18d 是通过检波器后的输出信号，输出电压 U_o 的频率 f_x 反映振动的频率，电压的幅值 A 反映了振动的幅值，电压的直流分量 U_d 反映了传感器与轴承表面的距离。

9.2.4　振动传感器在电厂中的应用

在电厂中测量汽轮机轴的振动时，同时采用两种传感器。安装在机壳（或轴承座）上的磁电式传感器可以测得机壳（或轴承座）的绝对振动；测量轴的绝对振动需要安装复合传感器，复合传感器由一个速度传感器和一个电涡流相对振动（位移）传感器组成。安装在轴承座上的电涡流传感器可测得轴相对于轴承座的相对振动，安装在轴承座上的速度传感器可测得轴承座的绝对振动。安装在同一轴向界面上，相隔 90°的两传感器的信号向量相加即得到轴承的绝对振动幅值。

9.3　转速测量

对于汽轮机等大型旋转机械，转子转动的速度会影响生产的安全性。以发电机组的汽轮机为例，汽轮机运行过程中若转速高于或低于额定值都将引起供电频率的波动，供电品质就会下降，如果转速升高并超过一定的限度，将会引起事故，因此在生产过程中要严密检测并控制转速。转速是指单位时间内旋转机械的转数，工程上转速的单位通常用 r/min（转/分）表示。

9.3.1　转速传感器

转速传感器根据原理不同，分为光电式、磁电式、霍尔式和电涡流式等多种。

1. 光电传感器

光电传感器是利用光敏元件（如光电池、光电管、光电阻）对光的敏感性来测定转速。

光电式转速传感器由光电测速部分和脉冲变换电路组成。其测速光路有投射式和反射式两种。图 9-19 是反射式测速部分的原理图。光源产生的光通过一系列透镜和反射透光玻璃照射到光码盘上。光码盘的表面是呈辐射状布置的反光条纹，当被测转轴带动光码盘转动时，将间断的反射光透过透镜 4、反光投射玻璃 3、透镜 5，射到光敏元件（光敏晶体管）6 上。在这种间断光线的作用下，光敏晶体管产生大小交替变化的光电流。该电流变化的频率决定于转轴的转速。

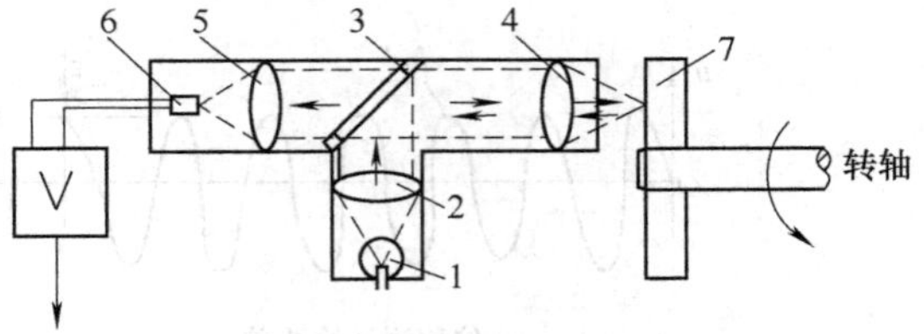

图 9-19　光电式转速传感器反射式测速部分原理图

1—光源　2、4、5—透镜　3—反射透光玻璃

6—光敏元件　7—光码盘

交替变化的电流通过图 9-20 所示的脉冲变换电路转变成脉冲信号。当光照射在光敏晶体管上 VT_1，使晶体管 VT_2、VT_3 导通，VT_4 截止，输出端输出高电平，否则输出低电平。输出端的脉冲信号送入脉冲计数器。

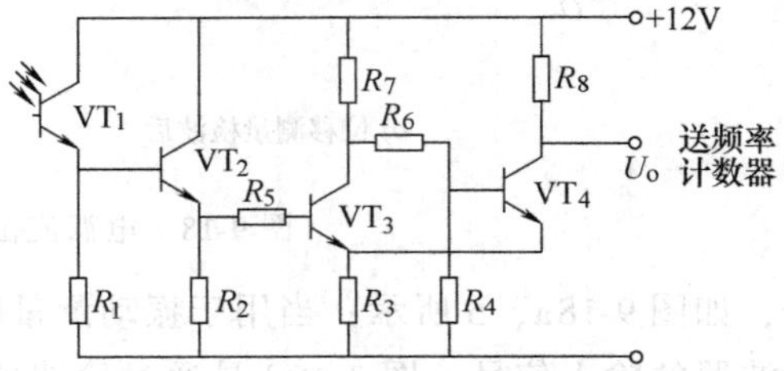

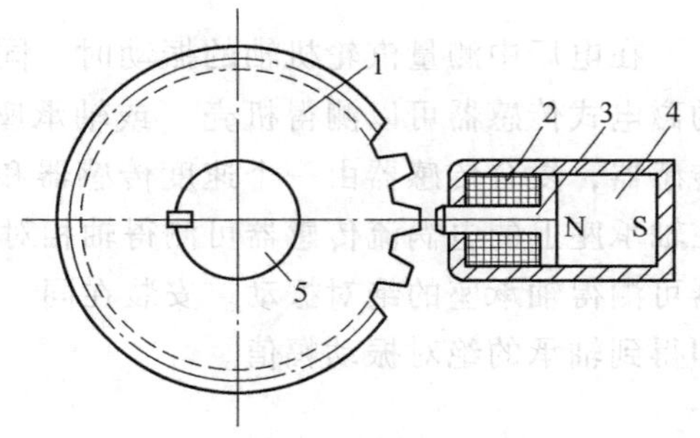

图 9-20　脉冲变换电路

2. 磁电式转速传感器

采用磁电式转速传感器和电涡流转速传感器测量转速时，均需要在转轴上安装用磁阻较小材料制成的测速齿轮。在运行过程中，测速齿轮随转轴一起转动。

磁电式转速传感器的原理如图 9-21 所示。磁电式传感器是把转轴的转速转变成感应线圈中感应电动势的频率。当测速齿轮随转轴转动时，齿轮的齿顶和齿根交替与铁心相对，使铁心与齿轮之间的距离发生周期性变化，由于距离的变化使磁路中的磁阻变化，通过线圈的磁通量也随着变化，线圈中就产生了交变的感应电动势。如果测速齿轮的齿数为 z，被测轴的转速为 n，则线圈中感应电动势的频率

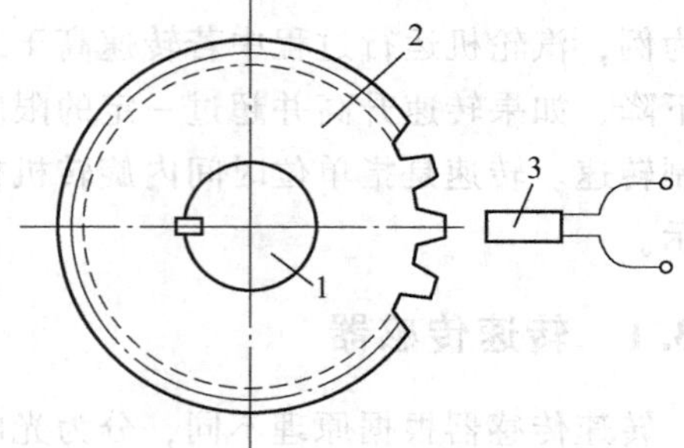

图 9-21　磁电式转速传感器原理图

1—测速齿轮　2—感应线圈　3—铁心

4—磁钢　5—被测轴

$$f = \frac{nz}{60}$$

通过测量线圈中感应电动势的频率就可知道转速，转速与频率的关系由上式变换可得出，即

$$n = \frac{60f}{z}$$

磁电式传感器所产生的感应电动势的幅值与磁通量的变化率成正比，当转速很低时，感应电动势的变化率小，感应电动势的幅值太小，信号太微弱。因此这种传感器不能测量低转速，一般测速范围为 50 ~5000r/min。

图 9-22　电涡流转速传感器测量原理图

1—被测转轴　2—测速齿轮　3—电涡流传感器

3. 电涡流转速传感器

电涡流转速传感器的安装位置和磁电式传感器相似，其原理如图 9-22 所示。当测速齿轮随着被测轴转动时，线圈与齿轮间距离就发生变化，使线圈中的电感量 L 发生周期性变化。经过转换电路，电涡流转速传感器输出的也是频率信号，转速与频率的关系与磁电式转速传感器相同。

电涡流转速传感器测速范围很宽，它可以测量的转速范围是 $1\sim10^5$r/min，因而应用较为广泛。

9.3.2　转速信号的转换与显示

转速信号的转换与显示部分有多种类型，下面介绍有代表性的两种。

1. 常用数字转速表

常用数字转速表主要由输入电路、主门电路、主控电路、标准时间脉冲发生器和计数显示电路组成，如图 9-23 所示。

输入电路的作用是把转速传感器输出的脉冲信号进行整形放大，转变成幅值一定、频率与转速成比例的脉冲信号。

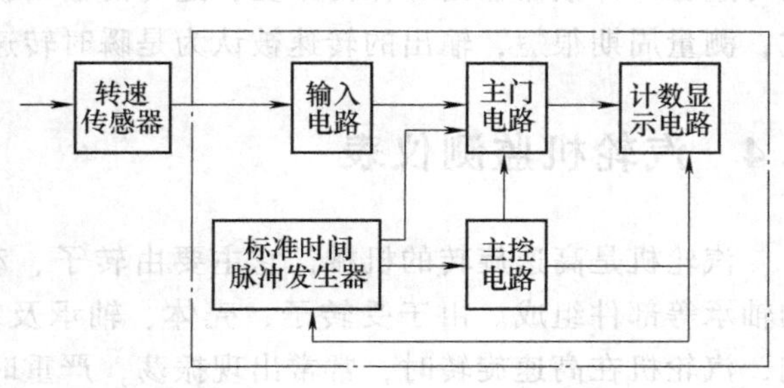

图 9-23　常用数字转速表原理框图

主门电路的作用是对脉冲信号进入计数显示电路加以控制，主门电路开启时，脉冲信号进入计数显示电路，关闭时则不能进入。主门电路的开启和关闭由主控电路控制。

主控电路是整机的指挥系统，它控制主门电路的开和关，显示时间结束时对计数显示电路清零，对标准时间脉冲发生器的输出进行控制。

标准时间脉冲发生器的作用是产生标准时基信号，也可输出标准频率脉冲信号。

计数显示电路由计数器、译码器和显示器组成。其作用是对主门电路开启这段时间输出的代表转速的脉冲信号进行计数、译码，并把转速信号显示出来。

数字显示转速表的一个测量周期分为两段：采样时间和显示时间。在采样时间内，主门电路在主控电路的控制下开启，脉冲信号进入计数器，计数器对输入脉冲数进行累计。采样时间结束时，进入显示时间，在这段时间内，主门电路关闭，计数显示电路对脉冲数存放起来，并进行译码显示，显示时间结束，计数器清零，准备进入下一个测量周期。

这种数字转速表显示的是在采样时间内的平均转速，如采样和显示时间各为 1s，则一个测量周期是 2s。

2. 瞬时转速数字式转速表

为了保证汽轮机等高速旋转机械运行的安全性，需要快速地检测瞬时转速，以保证检测数据的及时性，常常会采用瞬时转速数字式转速表。

瞬时转速数字式转速表的原理框图如图 9-24 所示。锁相倍频环路的作用是对转速传感器输出的代表转速的频率信号 f_i 进行一定倍数的放大。同步器Ⅰ、同步器Ⅱ的作用是使脉冲信号不同时进入可逆脉冲计数器，时钟脉冲发出的信号送到同步器Ⅰ，并经反相器送到同步器Ⅱ中，这样就使频率信号 f_{i1} 在时钟脉冲的高电平时段进入可逆脉冲计数器，频率信号 f_c 在时钟脉冲的低电平时段进入可逆脉冲计数器。可逆脉冲计数器的作用是当正相端输入脉冲时，输出随输入的脉冲数增加，当反相端输入脉冲时，输出随输入的脉冲数递减。脉冲变换器的作用是对脉冲信号的频率进行一定倍数的放大。

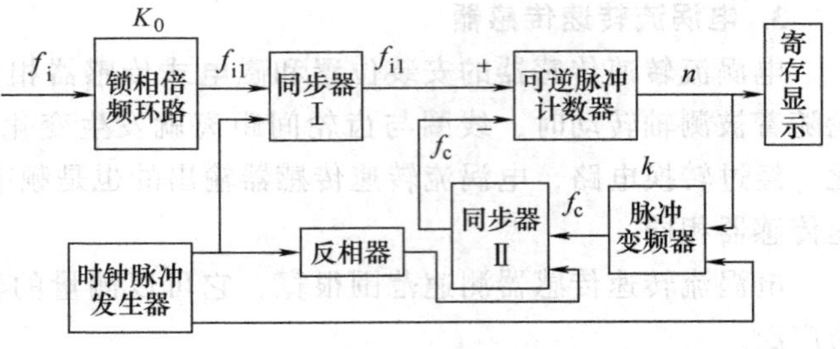

图 9-24 瞬时转速数字转速表原理框图

其工作过程如下：与被测转速成正比的频率信号 f_i 经过锁相倍频环路进行 K_0 倍频，然后通过同步器Ⅰ进入可逆脉冲计数器，若 $f_{i1} > f_c$，则可逆脉冲计数器的输出 n 增加，经脉冲变换器使 f_c 增加，若 $f_{i1} < f_c$，则可逆脉冲计数器的输出 n 减小，f_c 减小，直到 $f_{i1} = f_c$，这时的可逆脉冲计数器输出 n 保持不变，这时的输出就代表转速。这种测量系统采用脉冲比较方式，测量周期很短，输出的转速被认为是瞬时转速。

9.4 汽轮机监测仪表

汽轮机是高速旋转的机械，它主要由转子、动静叶片、机器壳体（气缸）及支承转子的轴承等部件组成。由于受转子、壳体、轴承及基础等部件的结构、加工及安装质量的影响，汽轮机在高速旋转时，常常出现振荡，严重时还会发生动静部件摩擦、大轴弯曲、推力瓦或支持瓦烧毁等事故。为了保证汽轮机安全运行，需要对汽轮机的转速、振动、轴向位移、大轴偏心度、相对膨胀、气缸膨胀等机械参数进行监测。

汽轮机监测仪表（Turbine Supervisory Instrumentation，TSI）是一种可靠地连续监测汽轮机各种机械参数的多路监控系统，可用于连续监视汽轮机的起停和运行状态。

9.4.1 TSI 的监测参数及传感器

汽轮机需要监测的参数随蒸汽参数的升高而增多，下面把通常需监测的参数及传感器的使用情况介绍如下。

1. 轴向位移监视

连续监测推力盘到推力轴承的相对位置，如图 9-25 所示，以保证转子与静止部件间不发生摩擦，避免发生严重事故。当位移过大时发出报警或停机信号。

可采用电涡流传感器测量。为了保证可靠性可以采用两只探头测量同一个位置，为了避免误报警，两只探头的测量结果是“与”的关系。

2. 差胀监视

差胀是指转子与机壳之间由于热膨胀量不同所引起的膨胀差值。通常采用电涡流传感器，也可用线性变量差动互感器（LVDT）进行测量。一般把探头安装在机壳上来测量轴的端面和机壳之间的距离。图 9-26 是差胀测量的示意图。

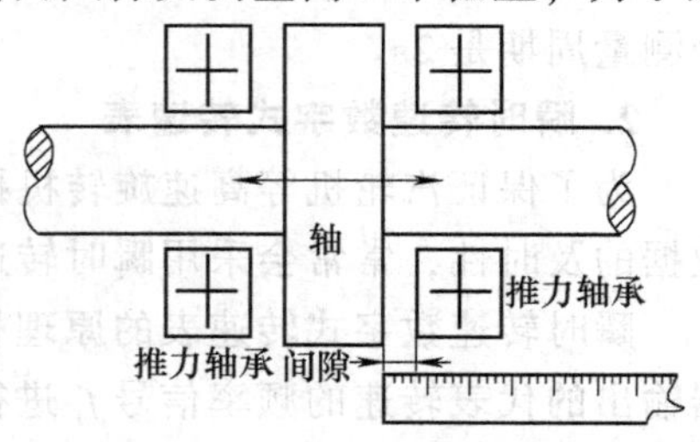

图 9-25 轴向位移测量

当差胀的变化范围较大时，可采用补偿式测量方法，在轴端法兰的两侧各安装一个传感器，探头的安装位置如图 9-27 所示，当变化范围超出一侧探头线性范围时，可紧接着进入另一侧的线性范围。

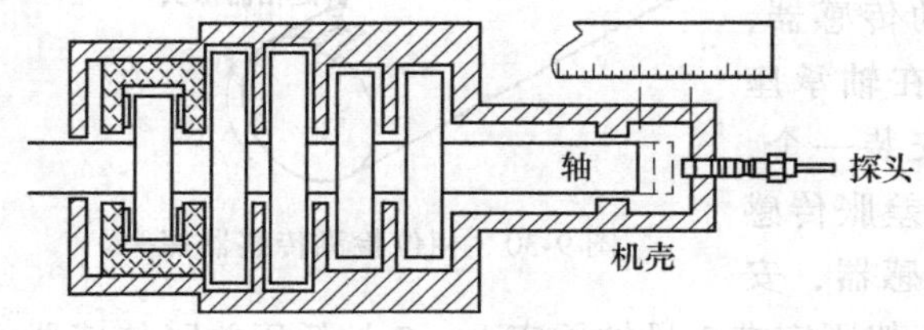

图 9-26 差胀测量示意图

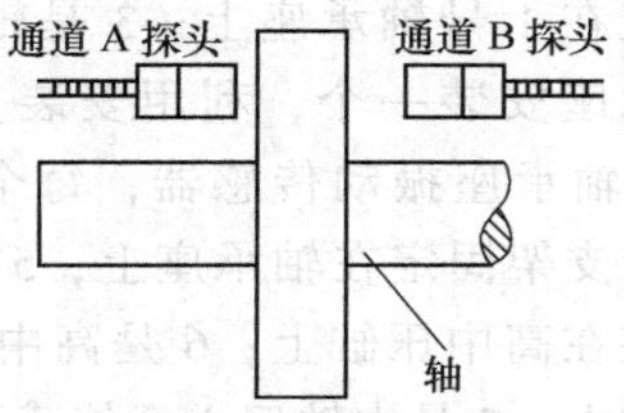

图 9-27 补偿式差胀测量探头安装位置图

3. 缸胀监视

汽轮机的缸胀是指汽缸相对于基础上某一基准点的膨胀量，一般采用线性变量差动互感器（LVDT）测量。

4. 转速监视

对于汽轮机，需要连续监测转子的转速。当转速高于整定值时给出报警信号或停机信号，可以采用电涡流传感器，也可以采用磁电式传感器。

5. 振动监视

用安装在轴承座上的接近式电涡流传感器测量轴相对于轴承座的相对振动；安装在轴承座上的磁电式速度传感器测量轴承座的绝对振动，电涡流传感器和速度传感器组成的复合传感器可以测量轴的绝对振动。图 9-28 是复合式传感器的安装图。

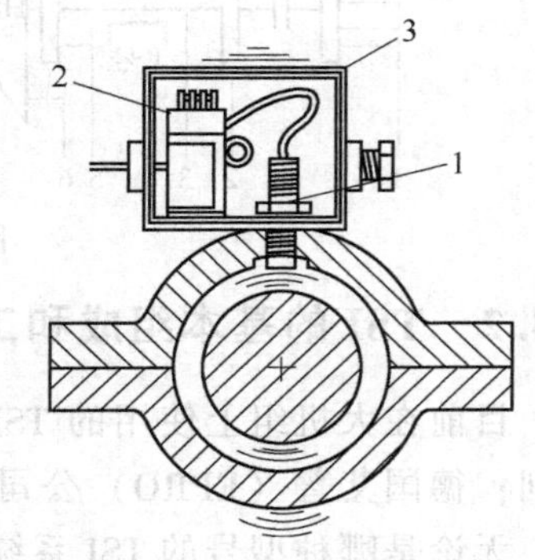

图 9-28 复合式振动传感器探头

1—电涡流传感器 2—速度传感器 3—复合传感器

轴在水平和垂直方向的振动是没有必然联系的，因此需要分别测量水平和垂直方向的振动，一般在轴向同一截面上安装两个传感器。这两个传感器的夹角为 90°，可以水平垂直安装，如图 9-29 所示，也可以都与铅垂线成 45°的夹角。

6. 偏心度监视

转子在低速运转（低于 600r/min）时，需监测转动中的转子偏心度。在高速运转时，若转子偏心度过大，就会产生振动。

测量偏心度一般采用电涡流传感器。

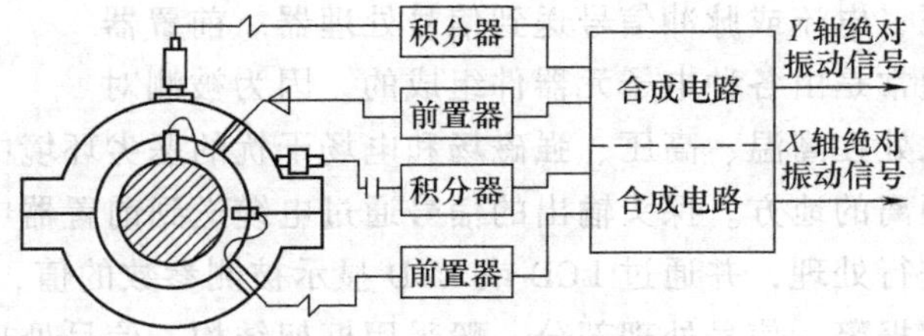

图 9-29 轴的绝对振动测量装置

7. 相位监视

相位是描述转子在某一瞬间所在位置的一个参数，相位监测是为了确定引起转子振动的不平衡量的位置。信号取自键相信号和相对振动信号，如图 9-30 所示，通过键相器的脉冲信号和振动波形的比对，就可以确定转子不平衡量的位置。键相器就是在轴上开一键槽（凹槽）或在轴上装上一个键（凸台），并装上电涡流传感器探头，当键槽与探头相对时，就会输出一脉冲信号。键相器也可以用来测量转速。

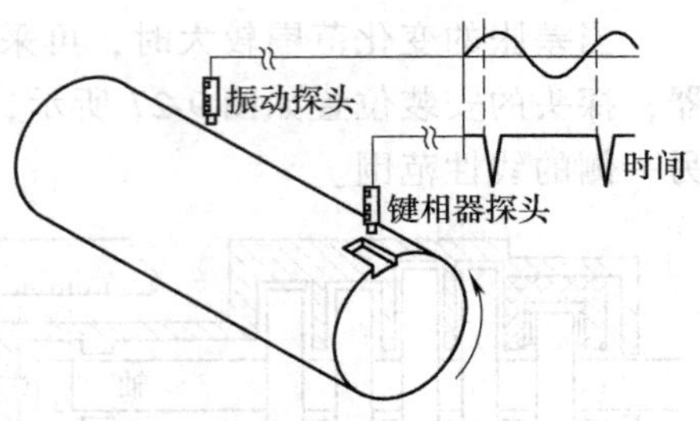

图 9-30 相位检测传感器探头

图 9-31 是汽轮发电机组 TSI 系统的典型探头布置图。图中，1 是转速传感器；2 是键相器，利用安装支架固定在 1 号轴承座上；3 是轴相对振动传感器，每个轴承座安装一个，利用安装支架固定在轴承座上；4 是轴承座振动传感器，每个轴承座安装一个，利用安装支架固定在轴承座上；5 是高中压差胀传感器，安装在高中压缸上；6 是高中压缸胀传感器，安装在基础上；7 是大轴偏心度传感器，安装支架固定在 2 号轴承座上；8 是低压差胀传感器，利用安装支架固定在低压缸上；9 是轴向位移传感器，利用安装支架固定在 4 号轴承座上。

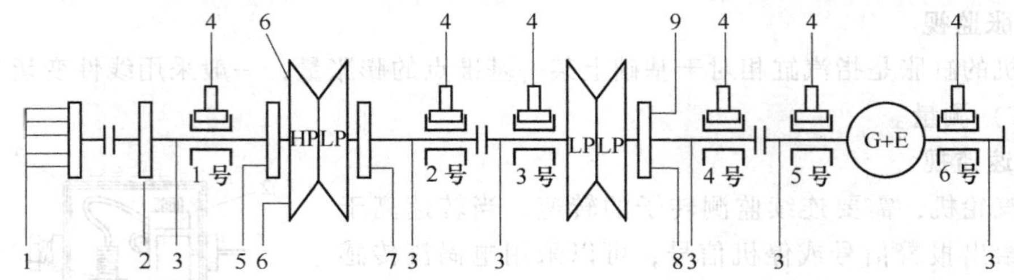

图 9-31 TSI 系统的典型探头布置图

9.4.2 TSI 的基本组成和工作原理

目前在大机组上使用的 TSI 系统主要有美国本特利（Bently）公司的 3300 系列、3500 系列；德国艾普（EPRO）公司的 MMS6000；瑞士韦伯（Vibro-meter）公司的 VM600 等。

无论是哪种型号的 TSI 系统都是由三部分组成：传感器、前置器（信号转换部分）和监视器，如图 9-32 所示。

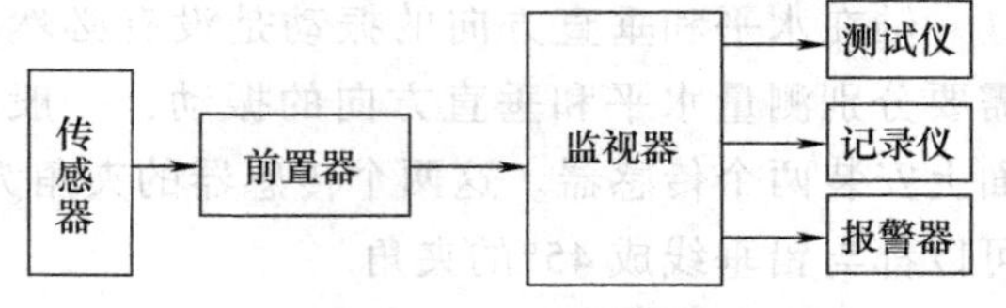

图 9-32 TSI 的基本组成

传感器的作用是把转速、位移、振动等被测参数转变成电感、阻抗、频率等电量信号。传感器（也叫探头）是安装在被测体上的。前置器的作用是把传感器的输出信号转变成电压、电流或脉冲信号送到信号处理器。前置器通常是由各种电子元器件组成的。因为被测对象处在高温、高压、强磁场和电场干扰的恶劣环境中，所以前置器一般安装在距离探头一定距离的地方。探头输出的信号通过电缆送到前置器中。监视器的作用是对前置器输出的信号进行处理，并通过 LCD 或 LED 显示被测参数的值，同时如果被测参数超过设定值时，还能够报警。信号处理部分一般采用框架结构，信号处理功能是通过一系列的模块实现的，如转速处理模块、位移监测模块、差胀监视模块、键相器模块等，这些模块都安装在框架上。另外框架上还有为这些模块提供电源的电源模块。

9.5 煤量测量

火力发电厂主要采用煤作燃料。在火力发电厂的生产成本中，燃料费用约占 70%，因此煤量的检测是电厂经济管理和成本核算的重要参数。煤量的测量可以通过电子皮带秤、核子皮带秤进行测量，也可以在原煤进厂时通过电子轨道衡来测量。

9.5.1 电子皮带秤

电子皮带秤是在传送带输送机输送煤的过程中对煤量进行连续称量，可以测出传送带输送的瞬时煤量，也可以指示经过传送带输送的累积煤量。

电子皮带秤的工作原理如下：分别测量单位长度传送带上的原煤量 m 和传送带的运行速度 v，两者的乘积就是单位时间内经过传送带输送的煤量 q。

$$q = mv \tag{9-1}$$

式中，m 是单位长度传送带上的原煤质量（kg/m）；v 是传送带运行速度（m/s）。

电子皮带秤有两个传感器：一个是称重传感器，一个是测速传感器。另外还有显示仪表组成。

1. 称重传感器

称重传感器用来测量单位传送带上的原煤质量。称重传感器可以采用电阻应变式传感器，也可以采用压磁式传感器，用的最多的是电阻应变式传感器。

图 9-33 是三种形式的应变式称重传感器，在弹性受压元件上有四个应变电阻 R_1、R_2、R_3、R_4，这四个电阻组成一个电桥，如图 9-34 所示。在不受力的情况下，$R_1=R_2=R_3=R_4$，电桥平衡输出电压为零。当传送带的重量 G 作用在弹性受压元件上时，由于压阻效应电阻 R_1、R_2、R_3、R_4 的阻值发生变化，从而使电桥的输出电压 ΔU 变化，输出电压 ΔU 与单位长度上的原煤量成正比。

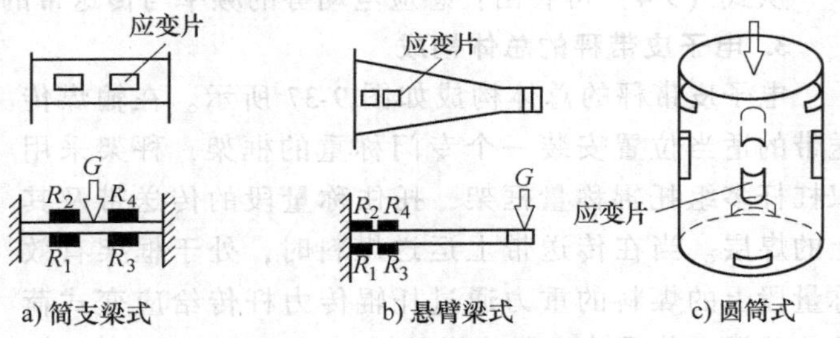

图 9-33 应变式荷重传感器结构图

铁磁性物质在外力作用下，内部发生形变，由于内应力的作用，使得磁化强度发生变化，这种现象称为压磁效应。压磁式荷重传感器就是利用压磁效应，把加在其上的重力转变成二次绕组的输出电压。压磁式荷重传感器的原理如图 9-35 所示，当压磁体不受重力作用时，压磁体内磁化强度是均匀的，当一次绕组内通入交流电流时，磁场的方向如图 9-35a 所示，二次绕组内磁通量为零，无感应电动势产生。在重力作用下磁场分布将发生变化，如图9-35b 所示，这样二次绕组内通过交变的磁场，就产生感应电动势。当通过一次绕组的励磁电流恒定时，二次绕组输出电动势与重力 G 基本上呈线性关系。

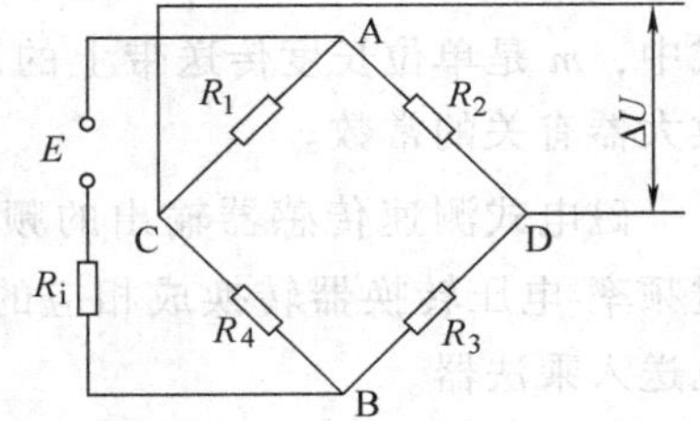

图 9-34 应变式称重传感器原理图

2. 速度传感器

速度传感器有磁阻脉冲式、光电脉冲式及霍尔效应式等，这些速度传感器是把传送带的运行速度转变成脉冲信号。下面我们以磁阻脉冲式为例简单介绍其工作原理。磁阻传感器的原理结构如图 9-36 所示。它由感应齿轮、感应齿座、感应线圈及磁钢等组成。当感应齿轮的转轴和被测轴一起转动时，感应齿座不动，感应齿轮相对于感应齿座运动，两齿轮间气隙大小发生周期性变化，引起磁阻变化，因而在线圈中产生交变感应电动势，如果齿轮的齿数为 z，被测轴的转速为 n（单位 r/min），则感应电动势的频率为

$$f=\frac{zn}{60} \tag{9-2}$$

被测轴上装有传送带轮的直径为 D，传送带的运行速度为 v，则传送带的转速为

$$n=\frac{60v}{\pi D} \tag{9-3}$$

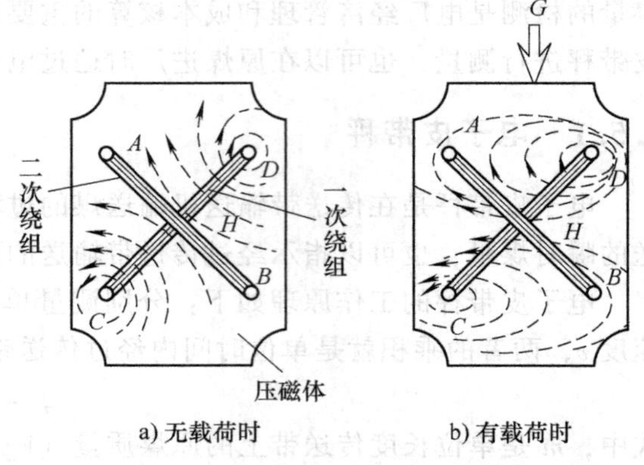

图 9-35　压磁式荷重传感器原理结构图

由式（9-2）和式（9-3）得到：

$$f=\frac{zv}{\pi D} \tag{9-4}$$

从式（9-4）可看出：感应电动势的频率与传送带的运行速度成正比。

3. 电子皮带秤的总体构成

电子皮带秤的总体构成如图 9-37 所示。在输煤传送带的适当位置安装一个专门称重的框架，秤架采用双杠杆多组托辊称量框架，托住称量段的传送带及其上的煤层。当在传送带上运送煤料时，处于框架有效称量段上的煤料的重力通过托辊传力杆传给应变式荷重传感器，荷重传感器将煤的重力转变成相应的电压，该电压经放大单元放大后，送入乘法单元。

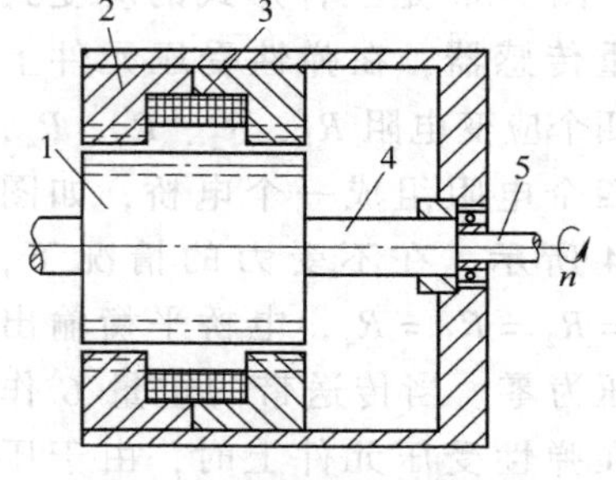

图 9-36　磁阻式速度传感器
1—感应齿轮　2—感应齿座　3—感应线圈　4—磁钢　5—被测轴

放大器的输出信号为 U_1

$$U_1=K_1m \tag{9-5}$$

式中，m 是单位长度传送带上的原煤质量（kg/m）；K_1 是与电桥的电源电压、应变电阻、放大器有关的常数。

磁电式测速传感器输出的频率信号经过频率-电压转换器转换成相应的电压 U_2，也送入乘法器。

$$U_2=K_2v \tag{9-6}$$

式中，v 是传送带的运行速度（m/s）；K_2 是与测速传感器、频率-电压转换器有关的常数。

经过乘法器后，由式（9-5）、式（9-6）和式（9-1）得：

$$U_1U_2=K_1K_2mv=cmv=cq \tag{9-7}$$

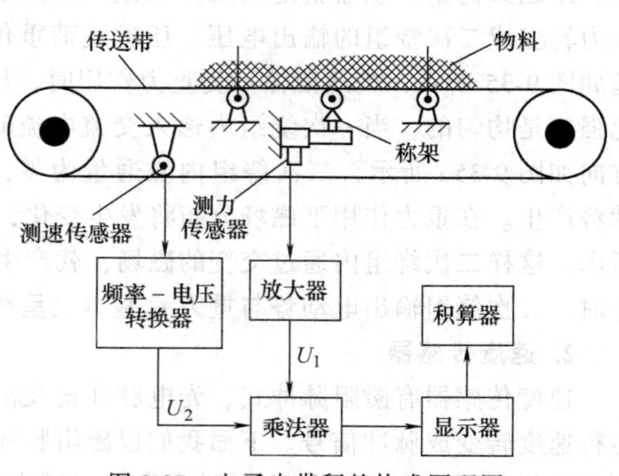

图 9-37　电子皮带秤的构成原理图

式中，q 是单位时间内经过传送带输送的

煤量（kg/s）；c 是常数，$c=K_1K_2$。

由式（9-7）可看出，两信号相乘后得到煤的瞬时流量信号。再经过积算就得到在一段时间内通过传送带所运送的总煤量。

目前电子皮带秤所用的二次仪表基本上都是微机式的，采用微机式的显示处理部分较模拟式具有更多的功能，如故障诊断、自动调零、断电保护及多种输出信号（瞬时值、累积值、操作状态）等功能。

9.5.2　核子皮带秤

核子皮带秤由γ射线放射源、γ射线探测器、测速仪、微型计算机及支架组成，如图 9-38 所示。

核子皮带秤的工作原理也是基于式（9-1），与电子皮带秤所不同的是单位长度传送带上的原煤量 m 的测量是通过γ射线放射源、γ射线探测器实现的。γ射线在通过物料时部分射线被物料吸收，吸收的射线强度与物料的性质及厚度有关。没有被吸收的射线透过物料及传送带进入γ射线探测器，产生电离电流。

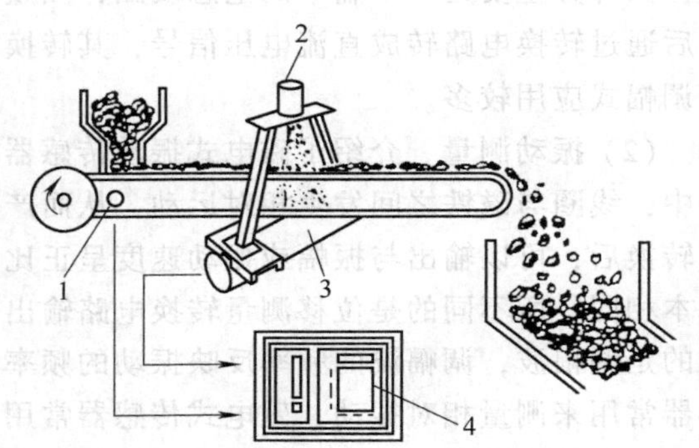

图 9-38　核子皮带秤构成图

1—测速传感器　2—放射源　3—γ射线探测器

4—微型计算机及其记录装置

γ射线通过物料时，其放射性活度逐渐减弱，有下列关系：

$$A=A_0\mathrm{e}^{-\mu\frac{m}{w}} \tag{9-8}$$

其中，A 是透过被测物料后的放射性活度；A_0 是投射到空传送带上的放射性活度，其大小与放射源的放射性活度、放射源与被测物体的距离有关；μ 是与放射源及被测物体成分有关的常数；m 是单位长度传送带上的物料质量；w 为物料的宽度。

当放射源和探测器安装固定好后，放射源的放射活度一定，投射到空传送带上的放射性活度 A_0 就是不变的值，传送带上输送的物料（煤）确定后，μ 也是定值，物料的宽度 w 也是一定的。从上式可知，测出透过被测物料后的放射性活度 A 就可得到单位长度传送带上的物料质量 m。

γ射线放射源常用铯 137，其质量小于 10g，源强为 100mCi。当防护室的门打开后，放射源就以楔状射线向传送带照射。射线通过输煤传送带后经传送带和传送带上的煤层吸收，其放射性活度减小，减小的强度决定于煤层的厚度，煤层厚度越大，透过被测物料后的放射性活度越小。

γ射线探测器是一圆柱形电离室，外有防护层。电离室有两个通有高电压的极板，室内充有绝缘性气体。电离室外有加热装置，控制电离室温度，保证其性能稳定并可防止空气中的水分凝结而造成电气短路故障。当射线进入后气体被电离，并在电场作用下流向两极板，因而在极板之间就有微弱的电流，经放大器放大后，送到显示处理单元中，此电流代表物料质量的大小。

本章小结

本章主要介绍了位移、振动、转速等机械量的测量原理，以及机械量测量在电厂的具体应用——TSI，最后介绍了电厂的煤量测量，主要包含下面几项内容。

（1）位移测量　介绍了机械式位移测量、液压式位移测量、自感式位移测量、差动变压器式位移测量和电涡流式位移测量。其中，机械式位移测量、液压式位移测量应用较少；差动变压器式位移测量是把位移信号转变为差动变压器输出的电压信号，通过整流等转换电路转变成直流电压或直流电流作为输出信号。电涡流式位移传感器是最常用的位移测量方法，其探头部分主要是一个扁平的电感线圈，测量过程中探头把位移转变成电感线圈的电感量，然后通过转换电路转成直流电压信号，其转换电路有调频式、调幅式和调频调幅式，其中调频调幅式应用较多。

（2）振动测量　介绍了磁电式振动传感器和电涡流传感器。磁电式振动传感器是测量过程中，线圈与磁铁之间发生相对运动，从而产生交变的感应电动势，然后经过不同的转换电路转换后，可以输出与振幅或振动速度呈正比的信号。电涡流传感器的工作原理与位移测量基本相同，所不同的是位移测量转换电路输出的是直流电压信号，而振动测量的转换电路输出的是调幅波，调幅波的频率反映振动的频率，调幅波的幅值反映了振动的幅值。电涡流传感器常用来测量相对振动，磁电式传感器常用来测量绝对振动。

（3）转速测量　介绍了光电传感器、磁电式转速传感器和电涡流转速传感器。光电传感器是光码盘随转动机械转动的过程中，使反射光间断地投射到光敏元件上，光敏元件就会产生间断的电信号，通过转换电路把光敏元件的输出转变成脉冲信号，送入脉冲计数器，脉冲的频率就反映转动的速度。用磁电式转速传感器和电涡流转速传感器测转速时，均需要在转动轴上装上用导磁材料制成的测速齿轮，齿轮转动过程中在探头上就会产生交变的信号，信号的频率可反映转动的速度。转速传感器转换电路中常用的数字转换电路输出的是一个采样周期内（一般为2s）的平均速度，而瞬时转速数字式转速表的测量周期大大缩短，可以认为是瞬时转速。

（4）汽轮机监测仪表（TSI）　电厂中TSI监视的项目主要有：轴向位移监视、差胀监视、缸胀监视、转速监视、振动监视、偏心度监视及相位监视等。

（5）煤量测量　电厂煤量测量是通过测量输煤传送带单位长度上煤的质量 m 以及传送带的运行速度，两者相乘就得到经过传送带运送的原煤量。文中介绍了电子皮带秤和核子皮带秤，这两种煤量测量方法中，传送带的运行速度的测量都采用测量转速的方法；输煤传送带单位长度上煤的质量 m，电子皮带秤是采用压阻式荷重传感器测量，而核子皮带秤是利用煤对 γ 射线吸收的强度测量。

思考题与习题

9-1　说明电感式位移传感器的工作原理。

9-2　说明差动变压器式传感器的工作原理。

9-3　说明电涡流式传感器的工作原理。

9-4　电涡流式位移传感器的测量电路有哪几种？这几种测量电路性能方面有什么特点？

9-5　测振动的传感器有哪几种？在应用方面有什么不同？

9-6　说明磁电式振动传感器的工作原理。

9-7　说明电涡流振动传感器的工作原理。

9-8　如何测量轴的绝对振动？

9-9　汽轮机转速测量按照其测量原理，可分为哪几种类型？并简述它们各自的工作原理。

9-10　说明瞬时转速表的工作过程。

9-11　TSI 监视的参数主要有哪些？各使用什么传感器？

9-12　说明电子皮带秤的工作原理。

9-13　说明核子皮带秤的工作原理。

附　　录

附录表 1　铂铑 10—铂热电偶分度表

（分度号为 S，冷端温度为 0℃）　　　　（单位：mV）

温度/℃	0	10	20	30	40	50	60	70	80	90
0	0.000	−0.053	−0.103	−0.150	−0.194	−0.236	—	—	—	—
0	0.000	0.055	0.113	0.173	0.235	0.299	0.365	0.433	0.502	0.573
100	0.646	0.720	0.795	0.872	0.950	1.029	1.110	1.191	1.273	1.357
200	1.441	1.526	1.612	1.698	1.786	1.874	1.962	2.052	2.141	2.232
300	2.323	2.415	2.507	2.599	2.692	2.786	2.880	2.974	3.069	3.164
400	3.259	3.355	3.451	3.548	3.645	3.742	3.840	3.938	4.036	4.134
500	4.233	4.332	4.432	4.532	4.632	4.732	4.833	4.934	5.035	5.137
600	5.239	5.341	5.443	5.546	5.649	5.753	5.857	5.961	6.065	6.170
700	6.275	6.381	6.486	6.593	6.699	6.806	6.913	7.020	7.128	7.236
800	7.345	7.454	7.563	7.673	7.783	7.893	8.003	8.114	8.226	8.337
900	8.449	8.562	8.674	8.787	8.900	9.014	9.128	9.242	9.357	9.472
1000	9.587	9.703	9.819	9.935	10.051	10.168	10.285	10.403	10.520	10.638
1100	10.757	10.875	10.994	11.113	11.232	11.351	11.471	11.590	11.710	11.830
1200	11.951	12.071	12.191	12.312	12.433	12.554	12.675	12.796	12.917	13.038
1300	13.159	13.280	13.402	13.523	13.644	13.766	13.887	14.009	14.130	14.251
1400	14.373	14.494	14.615	14.736	14.857	14.978	15.099	15.220	15.341	15.461
1500	15.582	15.702	15.822	15.942	16.062	16.182	16.301	16.420	16.539	16.658
1600	16.777	16.895	17.013	17.131	17.249	17.366	17.483	17.600	17.717	17.832
1700	17.947	18.061	18.174	18.285	18.395	18.503	18.609	—	—	—

附录表 2　铂铑 30—铂铑 6 热电偶分度表

（分度号为 B，冷端温度为 0℃）　　　　（单位：mV）

温度/℃	0	10	20	30	40	50	60	70	80	90
0	0.000	−0.002	−0.003	−0.002	−0.000	0.002	0.006	0.011	0.017	0.025
100	0.033	0.043	0.053	0.065	0.078	0.092	0.107	0.123	0.141	0.159
200	0.178	0.199	0.220	0.243	0.267	0.291	0.317	0.344	0.372	0.401
300	0.431	0.462	0.494	0.527	0.561	0.596	0.632	0.669	0.707	0.746
400	0.787	0.828	0.870	0.913	0.957	1.002	1.048	1.095	1.143	1.192
500	1.242	1.293	1.344	1.397	1.451	1.505	1.561	1.617	1.675	1.733
600	1.792	1.852	1.913	1.975	2.037	2.101	2.165	2.230	2.296	2.363
700	2.431	2.499	2.569	2.639	2.710	2.782	2.854	2.928	3.002	3.087
800	3.154	3.230	3.308	3.386	3.466	3.546	3.626	3.708	3.790	3.873
900	3.957	4.041	4.127	4.213	4.299	4.387	4.475	4.564	4.653	4.743
1000	4.834	4.926	5.018	5.111	5.205	5.299	5.394	5.489	5.585	5.682
1100	5.780	5.878	5.976	6.075	6.175	6.276	6.377	6.478	6.580	6.683
1200	6.786	6.890	6.995	7.100	7.205	7.311	7.417	7.524	7.632	7.740

（续）

温度/℃	0	10	20	30	40	50	60	70	80	90
1300	7.848	7.957	8.066	8.176	8.286	8.397	8.508	8.620	8.731	8.844
1400	8.956	9.069	9.182	9.296	9.410	9.524	9.639	9.753	9.868	9.984
1500	10.099	10.215	10.331	10.447	10.563	10.679	10.796	10.913	11.029	11.146
1600	11.263	11.380	11.497	11.614	11.731	11.848	11.965	12.082	12.199	12.316
1700	12.433	12.549	12.666	12.782	12.898	13.014	13.130	13.246	13.361	13.476
1800	13.591	13.706	13.820	—	—	—	—	—	—	—

附录表 3　镍铬—镍硅热电偶分度表

（分度号为 K，冷端温度为 0℃）　（单位：mV）

温度/℃	0	10	20	30	40	50	60	70	80	90
-200	-5.891	-6.035	-6.158	-6.262	-6.344	-6.404	-6.441	-6.458	—	—
-100	-3.554	-3.852	-4.138	-4.411	-4.669	-4.913	-5.141	-5.354	-5.550	-5.730
-0	0.000	-0.392	-0.778	-1.156	-1.527	-1.889	-2.243	-2.587	-2.920	-3.243
0	0.000	0.397	0.798	1.203	1.612	2.023	2.436	2.851	3.267	3.682
100	4.096	4.509	4.920	5.328	5.735	6.138	6.540	6.941	7.340	7.739
200	8.138	8.539	8.940	9.343	9.747	10.153	10.561	10.971	11.382	11.795
300	12.209	12.624	13.040	13.457	13.874	14.293	14.713	15.133	15.554	15.975
400	16.397	16.820	17.243	17.667	18.091	18.516	18.941	19.366	19.792	20.218
500	20.644	21.071	21.497	21.924	22.350	22.776	23.203	23.629	24.055	24.480
600	24.905	25.330	25.755	26.179	26.602	27.025	27.477	27.869	28.289	28.710
700	29.129	29.548	29.965	30.382	30.798	31.213	31.628	32.041	32.453	32.865
800	33.275	33.685	34.093	34.501	34.908	35.313	35.718	36.121	36.524	36.925
900	37.326	37.725	38.124	38.522	38.918	39.314	39.708	40.101	40.494	40.885
1000	41.276	41.665	42.053	42.440	42.826	43.211	43.595	43.978	44.359	44.740
1100	45.119	45.497	45.873	46.249	46.623	46.995	47.367	47.737	48.105	48.473
1200	48.838	49.202	49.565	49.926	50.286	50.644	51.000	51.355	51.708	52.060
1300	52.410	52.759	53.106	53.451	53.795	54.138	54.479	54.819	—	—

附录表 4　镍铬—康铜热电偶分度表

（分度号为 E，冷端温度为 0℃）　（单位：mV）

温度/℃	0	10	20	30	40	50	60	70	80	90
-200	-8.825	-9.063	-9.274	-9.455	-9.604	-9.718	-9.797	-9.835	—	—
-100	-5.237	-5.681	-6.107	-6.516	-6.907	-7.279	-7.632	-7.963	-8.273	-8.561
-0	-0.000	-0.582	-1.152	-1.709	-2.255	-2.787	-3.306	-3.811	-4.302	-4.777
0	0.000	0.591	1.192	1.801	2.420	3.048	3.685	4.330	4.985	5.648
100	6.319	6.998	7.685	8.379	9.081	9.789	10.503	11.224	11.951	12.684
200	13.421	14.164	14.912	15.664	16.420	17.181	17.945	18.713	19.484	20.259
300	21.036	21.817	22.600	23.386	24.174	24.964	25.757	26.552	27.348	28.146
400	28.946	29.747	30.550	31.354	32.159	32.965	33.772	34.579	35.387	36.196
500	37.005	37.815	38.624	39.434	40.243	41.053	41.862	42.671	43.479	44.286
600	45.093	45.900	46.705	47.509	48.313	49.116	49.917	50.718	51.517	52.315
700	53.112	53.908	54.703	55.497	56.289	57.080	57.870	58.659	59.446	60.232
800	61.017	61.801	62.583	63.364	64.144	64.922	65.698	66.473	67.246	68.017
900	68.787	69.554	70.319	71.082	71.844	72.603	73.360	74.115	74.869	75.621
1000	76.373	—	—	—	—	—	—	—	—	—

附录表 5 铁—康铜热电偶分度表

（分度号为 J，冷端温度为 0℃） （单位：mV）

温度/℃	0	10	20	30	40	50	60	70	80	90
-200	-7.890	-8.095	—	—	—	—	—	—	—	—
-100	-4.633	-5.037	-5.426	-5.801	-6.159	-6.500	-6.821	-7.123	-7.403	-7.659
-0	0.000	-0.501	-0.995	-1.482	-1.961	-2.431	-2.893	-3.344	-3.786	-4.215
0	0.000	0.507	1.019	1.537	2.059	2.585	3.116	3.650	4.187	4.726
100	5.269	5.814	6.360	6.909	7.459	8.010	8.562	9.115	9.669	10.224
200	10.779	11.334	11.889	12.445	13.000	13.555	14.110	14.665	15.219	15.773
300	16.327	16.881	17.434	17.986	18.538	19.090	19.642	20.194	20.745	21.297
400	21.848	22.400	22.952	23.504	24.057	24.610	25.164	25.720	26.276	26.834
500	27.393	27.953	28.516	29.080	29.647	30.216	30.788	31.362	31.939	32.519
600	33.102	33.689	34.279	34.873	35.470	36.071	36.675	37.284	37.896	38.512
700	39.132	39.755	40.382	41.012	41.645	42.281	42.919	43.559	44.203	44.848
800	45.494	46.141	46.786	47.431	48.074	48.715	49.353	49.989	50.622	51.251
900	51.877	52.500	53.119	53.735	54.347	54.956	55.561	56.164	56.763	57.360
1000	57.953	58.545	59.134	59.721	60.307	60.890	61.473	62.054	62.634	63.214
1100	63.792	64.370	64.948	65.525	66.102	66.679	67.255	67.831	68.406	68.980
1200	69.553	—	—	—	—	—	—	—	—	—

附录表 6 铜—康铜热电偶分度表

（分度号为 T，冷端温度为 0℃） （单位：mV）

温度/℃	0	10	20	30	40	50	60	70	80	90
-200	-5.603	-5.753	-5.888	-6.007	-6.105	-6.180	-6.232	-6.258	—	—
-100	-3.379	-3.657	-3.923	-4.177	-4.419	-4.648	-4.865	-5.070	-5.261	-5.439
-0	0.000	-0.383	-0.757	-1.121	-1.475	-1.819	-2.153	-2.476	-2.788	-3.089
0	0.000	0.391	0.790	1.196	1.612	2.036	2.468	2.909	3.358	3.814
100	4.279	4.750	5.228	5.714	6.206	6.704	7.209	7.720	8.237	8.759
200	9.288	9.822	10.362	10.907	11.458	12.013	12.574	13.139	13.709	14.283
300	14.862	15.445	16.032	16.624	17.219	17.819	18.422	19.030	19.641	20.255
400	20.872	—	—	—	—	—	—	—	—	—

附录表 7 镍铬硅—镍硅（镁）热电偶分度表

（分度号为 N，冷端温度为 0℃） （单位：mV）

温度/℃	0	10	20	30	40	50	60	70	80	90
-200	-3.990	-4.083	-4.162	-4.226	-4.277	-4.313	-4.336	-4.345	—	—
-100	-2.407	-2.612	-2.808	-2.994	-3.171	-3.336	-3.491	-3.634	-3.766	-3.884
-0	0	-0.260	-0.518	-0.772	-1.023	-1.269	-1.509	-1.744	-1.972	-2.193
0	0	0.261	0.525	0.793	1.065	1.340	1.619	1.902	2.189	2.480
100	2.774	3.072	3.374	3.680	3.989	4.302	4.618	4.937	5.259	5.585
200	5.913	6.245	6.579	6.916	7.255	7.597	7.941	8.288	8.637	8.988
300	9.341	9.696	10.054	10.413	10.774	11.136	11.501	11.867	12.234	12.603
400	12.974	13.346	13.719	14.094	14.469	14.846	15.225	15.604	15.984	16.366
500	16.748	17.131	17.515	17.900	18.286	18.672	19.059	19.447	19.835	20.224

（续）

温度/℃	0	10	20	30	40	50	60	70	80	90
600	20.613	21.003	21.393	21.748	22.175	22.566	22.958	23.350	23.742	24.134
700	24.527	24.919	25.312	25.705	26.098	26.491	26.883	27.276	27.669	28.062
800	28.455	28.847	29.239	29.632	30.024	30.416	30.807	31.199	31.590	31.981
900	32.371	32.761	33.151	33.541	33.930	34.319	34.707	35.095	35.482	35.869
1000	36.256	36.641	37.027	37.411	37.795	38.179	38.562	38.944	39.326	39.706
1100	40.087	40.466	40.845	41.223	41.600	41.976	42.352	42.727	43.101	43.474
1200	43.846	44.218	44.588	44.958	45.326	45.694	46.060	46.425	46.789	47.152
1300	47.513	—	—	—	—	—	—	—	—	—

附录表 8　铂热电阻分度表

（$R_0=100\Omega$，$\alpha=0.003851℃^{-1}$，分度号为 Pt100）　　（单位：Ω）

温度/℃	0	10	20	30	40	50	60	70	80	90
-200	18.52	—	—	—	—	—	—	—	—	—
-100	60.26	56.19	52.11	48.00	43.88	39.72	35.54	31.34	27.10	22.83
-0	100.00	96.09	92.16	88.22	84.27	80.31	76.33	72.33	68.33	64.30
0	100.00	103.90	107.79	111.67	115.54	119.40	123.24	127.08	130.90	134.71
100	138.51	142.29	146.07	149.83	153.58	157.33	161.05	164.77	168.48	172.17
200	175.86	179.53	183.19	186.84	190.47	194.10	197.71	201.31	204.90	208.48
300	212.05	215.61	219.15	222.68	226.21	229.72	233.21	236.70	240.18	243.64
400	247.09	250.53	253.96	257.38	260.78	264.18	267.56	270.93	274.29	277.64
500	280.98	284.30	287.62	290.92	294.21	297.49	300.75	304.01	307.25	310.49
600	313.71	316.92	320.12	323.30	326.48	329.64	332.79	335.93	339.06	342.18
700	345.28	348.38	351.46	354.53	357.59	360.64	363.67	366.70	369.71	372.71
800	375.70	378.68	381.65	384.60	387.55	390.48	—	—	—	—

附录表 9　铜热电阻分度表

（$R_0=100\Omega$，$\alpha=0.004280℃^{-1}$，分度号为 Cu100）　　（单位：Ω）

温度/℃	0	10	20	30	40	50	60	70	80	90
-0	100.00	95.71	91.41	87.11	82.80	78.48	—	—	—	—
0	100.00	104.29	108.57	112.85	117.13	121.41	125.68	129.96	134.24	138.52
100	142.80	147.08	151.37	155.67	159.96	164.27	—	—	—	—

参考文献

[1] 杨永军，蔡静．特殊条件下的温度测量［M］．北京：中国计量出版社，2008.

[2] 何适生．热工参数测量及仪表［M］．北京：中国水利水电出版社，1990.

[3] 朱祖涛．热工测量和仪表［M］．北京：中国水利水电出版社，1997.

[4] 吴永生，方可人．热工测量及仪表［M］．北京：中国电力出版社，1998.

[5] 张惠荣．热工仪表及其维护［M］．北京：冶金工业出版社，2005.

[6] 华东六省一市电机工程（电力）学会．热工自动化［M］．北京：中国电力出版社，2005.

[7] 华东六省一市电机工程（电力）学会．热工自动化［M］．2 版．北京：中国电力出版社，2006.

[8] 潘汪杰．热工测量及仪表［M］．北京：中国电力出版社，2006.

[9] 叶江琪．热工测量和控制仪表的安装［M］．2 版．北京：中国电力出版社，2006.

[10] 张东风．热工测量及仪表［M］．北京：中国电力出版社，2007.

[11] 何金田．自动显示技术与仪表［M］．西安：西安电子科技大学出版社，2008.

[12] 程蓓．火电厂热工检测技术［M］．北京：中国电力出版社，2008.

[13] 曾蓉．热工检测技术［M］．北京：中国电力出版社，2009.

[14] 杨晋萍．安全检测保护系统［M］．北京：中国电力出版社，2006.

[15] 张本贤．热工控制与运行［M］．北京：中国电力出版社，2006.

[16] 肖大雏．超超临界机组控制设备及系统［M］．北京：化学工业出版社，2008.

[17] 程大亨．热工过程检测仪表［M］．北京：中国电力出版社，1997.

[18] 厉玉鸣．化工仪表及自动化［M］．北京：化学工业出版社，2005.

[19] 张子慧．热工测量与自动控制［M］．北京：中国建筑工业出版社，2004.

[20] 刘元扬．自动检测和过程控制［M］．北京：冶金工业出版，2005.

[21] 王永红，刘玉梅．自动检测技术与控制装置［M］．北京：化学工业出版社 2006.

[22] 张华，赵文柱．热工测量仪表［M］．北京：冶金工业出版社，2006.

[23] 李新光，张华，孙岩．过程检测技术［M］．北京：机械工业出版社，2004.

[24] 宋自勤．传感器与检测技术［M］．北京：机械工业出版社，2006.

[25] 陈黎敏．传感器技术及其应用［M］．北京：机械工业出版社，2009.

[26] 常太华，苏杰．过程参数检测及仪表［M］．北京：中国电力出版社，2009.

[27] 黄保海，白玉，牛卫东．汽轮机原理与构造［M］．北京：中国电力出版社，2002.

[28] 付家才．传感器技术及其应用［M］．北京：中国电力出版社，2008.

[29] 王燕，方景林．过程检测与控制［M］．北京：清华大学出版社，2006.